2024

Abitur

Original-Prüfungsaufgaben
mit Lösungen

Thüringen

Mathematik

STARK

27. neu bearbeitete und ergänzte Auflage
www.stark-verlag.de

Inhalt

Abiturprüfung 2023

Aufgaben .... **www.stark-verlag.de/mystark**
Sobald die Original-Prüfungsaufgaben 2023 freigegeben sind, können sie als PDF auf der Plattform MyStark heruntergeladen werden (Zugangscode vgl. Umschlaginnenseite).

Bei **MyStark** finden Sie:
- **Interaktives Training** zum hilfsmittelfreien Prüfungsteil A
- **Jahrgang 2023**, sobald dieser zum Download bereit steht
- **Jahrgänge 2019 und 2020**

Den Zugangscode zu MyStark finden Sie auf der Umschlaginnenseite.

Sitzen alle mathematischen Begriffe? Im Interaktiven Training und unter www.stark-verlag.de/mathematik-glossar/
finden Sie ein kostenloses **Glossar** zum schnellen Nachschlagen aller wichtigen Definitionen mitsamt hilfreicher Abbildungen und Erläuterungen.

Kostenlose **Webinare** zur Prüfungsvorbereitung finden Sie ab Mitte März 2024 unter:
www.stark-verlag.de/schule/unser-angebot/kurse/online-kurse

Autoren:

Dr. Hubert Langlotz, Wutha-Farnroda (Übungsaufgaben für Teil A: Serie 1, Aufgaben 4 bis 10; Serie 2, Aufgaben 4, 7 bis 10; Serie 3, Aufgaben 4, 9, 10; Übungsaufgaben für B3; 2021: Lösungen, Hinweise und Tipps zu Teil A [Aufgaben 1 bis 5], B [Teilaufgabe 1] und C2; 2022: Lösungen, Hinweise und Tipps zu Teil A [Aufgaben 1 bis 5], B [Teilaufgabe 2] und C2; 2023: Lösungen, Hinweise und Tipps zu Teil A [Aufgaben 1 bis 5], B [Teilaufgabe 2] und C2)
Dr. Wilfried Zappe, Ilmenau (Übungsaufgaben für Teil A: Serie 1, Aufgaben 1 bis 3; Serie 2, Aufgaben 1, 2, 3, 5, 6; Serie 3, Aufgaben 1, 2, 3, 5 bis 8; Übungsaufgaben für B1 und B2; 2021: Lösungen, Hinweise und Tipps zu Teil A [Aufgaben 6 bis 10], B [Teilaufgabe 2] und C1; 2022: Lösungen, Hinweise und Tipps zu Teil A [Aufgaben 6 bis 10], B [Teilaufgabe 1] und C1; 2023: Lösungen, Hinweise und Tipps zu Teil A [Aufgaben 6 bis 10], B [Teilaufgabe 1] und C1)

Vorwort

Liebe Abiturientinnen und Abiturienten,

dieses Buch hilft Ihnen, sich frühzeitig und umfassend auf die **Abiturprüfung 2024 im Kernfach Mathematik** der Oberstufe vorzubereiten. Dazu enthält es neben den **Prüfungsaufgaben der Jahre 2021 und 2022** speziell auf die neue Struktur der Prüfung mit Computeralgebrasystem (CAS) abgestimmte **Übungsaufgaben** sowohl für den hilfsmittelfreien Teil wie auch für alle anderen Aufgaben. Diese Übungsaufgaben berücksichtigen die Vorgaben des neuen Lehrplans. Wenn Sie anhand dieser Aufgaben die Prüfungssituation „durchspielen“, sollten Sie sich sowohl an der vorgegebenen Bearbeitungszeit orientieren als auch die Situation des „Auswählen-Müssens“ von bestimmten Aufgaben berücksichtigen. Die **Aufgaben des Jahres 2023** stehen Ihnen außerdem als PDF zum Download zur Verfügung, sobald sie zur Veröffentlichung freigegeben sind. Auf der Plattform MyStark finden Sie zudem die **Prüfungsaufgaben der Jahre 2019 und 2020**.

Die Bildschirmausdrucke im Lösungsteil wurden mit einem TI-NspireCX CAS erstellt. Sie sind aber in den meisten Fällen jeweils in annähernd gleicher Weise mit einem anderen CAS reproduzierbar. In vielen Fällen wurde die Möglichkeit genutzt, **alternative Lösungsvorschläge** darzustellen, die zum Teil die verschiedenen Möglichkeiten des digitalen Werkzeugs aufzeigen oder aber ganz ohne Hilfsmittel auskommen.

Weiter finden Sie zusätzliche **Hinweise und Tipps**, die zwischen den Aufgaben und Lösungen stehen und für jede Teilaufgabe ausgearbeitet sind. Diese liefern Denkanstöße zur Lösung und sind nach zunehmendem Grad der Hilfestellung geordnet. Sollten Sie bei einer Aufgabe also keinen eigenen Lösungsansatz finden, so lesen Sie zunächst den **ersten Tipp** zu der entsprechenden Teilaufgabe und verdecken die weiteren Tipps mit einem Blatt. Denken Sie über den Tipp nach und versuchen Sie nun selbst einen Ansatz zu schaffen. Sollten Sie gar nicht weiterkommen, dann lesen Sie den **nächsten Tipp** usw. Schlagen Sie in der Lösung erst nach, wenn Sie mit allen zu der Aufgabe gehörenden Tipps nicht weiterkommen. Im Lösungsteil werden zudem ausführliche **Hinweise** gegeben, die Ihnen die vorgerechnete **Lösung erläutern und erklären**, sodass Sie die Lösung selbstständig nachvollziehen und verstehen können. Bei der Lösungsdarstellung werden teilweise auch alternative Lösungswege aufgezeigt, damit Sie Ihre angefertigte Lösung korrigieren können und um zu zeigen, dass es oft eine Vielfalt von mathematischen Lösungsansätzen gibt.

Sollten nach Erscheinen dieses Bandes noch wichtige Änderungen in der Abitur-Prüfung 2024 vom Ministerium für Bildung, Jugend und Sport bekannt gegeben werden, finden Sie aktuelle Informationen dazu im Internet unter:
http://www.stark-verlag.de/mystark

Viel Erfolg!

Ihr Autorenteam

Stichwortverzeichnis

Das Verzeichnis gliedert sich in drei Themenbereiche:

Analysis
Analytische Geometrie
Stochastik

Folgende Abkürzungen wurden zur Kennzeichnung der einzelnen Aufgaben gewählt:

Ü-1 / 1b	Übungsaufgaben, Seite **Ü-1**, Aufgabe **1b**
22-17 / 2b	Abitur 2022, Seite 20**22-17**, Teilaufgabe **2b**

Analysis

Analytische Geometrie

Stochastik

Hinweise und Tipps zur schriftlichen Abiturprüfung

1 Ablauf der Prüfung

Im Freistaat Thüringen gibt es im Kernfach Mathematik für Kurse mit erhöhtem Anforderungsniveau ein zentrales schriftliches Abitur. Die Aufgaben werden durch eine Abituraufgabenkommission erstellt, in der erfahrene Lehrkräfte mitarbeiten. Die im Zusammenhang mit dem Abituraufgabenpool der Länder veröffentlichte Aufgabensammlung für Mathematik dient als Orientierung für die Weiterentwicklung der Aufgabenformate und Anforderungen in der Abiturprüfung in Thüringen. Sie finden sie im Internet unter: *https://www.iqb.hu-berlin.de/bista/abi/mathematik*

Aufbau der Prüfungsaufgaben

Die Abiturprüfung hatte in den vorigen Jahren bis einschließlich zum **Jahr 2023** folgende Struktur:
Teil A: hilfsmittelfreier Teil aus allen Lernbereichen (40 BE)
Teil B: Analysis (40 BE)
Teil C1: Geometrie (25 BE), Stochastik (15 BE)
Teil C2: Stochastik (25 BE), Geometrie (15 BE)

Für den Prüfungsteil A war ein Arbeitsblatt, das die Aufgaben sowie zu vervollständigende Koordinatensysteme und Platz für die Lösungen enthielt, vorgesehen. Nur die Teile B und C1 bzw. C2 konnten mit CAS bearbeitet werden.
Der Prüfungsteil A bestand aus acht Aufgaben, die von allen Prüflingen bearbeitet werden mussten; in den Jahren 2021 und 2022 bestand er aus zehn Aufgaben, von denen acht zu bearbeiten waren. Im Prüfungsteil B waren immer alle Teilaufgaben zu bearbeiten. Im Prüfungsteil C konnte zwischen C1 und C2 gewählt werden; in den Jahren 2021 und 2022 gab es zusätzlich die Möglichkeit, nur die Aufgaben zur Vektorrechnung/Analytischen Geometrie (C1 Aufgabe 1 und C2 Aufgabe 2) oder zur Stochastik (C1 Aufgabe 2 und C2 Aufgabe 1) zu lösen.

Ab dem **Jahr 2024** ist folgende Struktur für das Mathematikabitur vorgesehen:
Teil A: hilfsmittelfreier Teil aus allen Lernbereichen (30 BE)
Teil B1: Analysis (40 BE)
Teil B2: Analytische Geometrie (25 BE)
Teil B3: Stochastik (25 BE)

Der Prüfungsteil A besteht aus einem Pflichtteil mit vier Aufgaben der Aufgabengruppe 1 (zweimal Analysis und je einmal Analytische Geometrie und Stochastik) sowie einem Wahlteil mit sechs Aufgaben der Aufgabengruppe 2 (jeweils zweimal Analysis, Analytische Geometrie, Stochastik). In jeder Aufgabe sind 5 BE erreichbar. Die Aufgaben der Aufgabengruppe 1 sind den Anforderungsbereichen I und II (siehe Seite V) zuzuordnen, die Aufgaben der Aufgabengruppe 2 erreichen zumindest in einer Teilaufgabe den Anforderungsbereich III.

Der Pflichtteil ist vollständig zu bearbeiten, aus dem Wahlteil sind zwei Aufgaben nach Wahl des Prüflings zu bearbeiten. Beide Aufgaben können aus demselben Sachgebiet gewählt werden. Im Prüfungsteil B sind alle drei Aufgaben B1, B2 und B3 zu lösen.

Dauer der Prüfung

Die Bearbeitungszeit beträgt insgesamt 300 Minuten. Jeder Prüfling entscheidet selbst über den Zeitpunkt, zu dem er die Bearbeitung zum Prüfungsteil A abgibt und die Hilfsmittel erhält. Dieser Zeitpunkt muss innerhalb der ersten 100 Minuten nach Prüfungsbeginn liegen.

Zugelassene Hilfsmittel

In Teil A dürfen außer Zeichengeräten keine weiteren Hilfsmittel verwendet werden. In Teil B kann das Dokument für mathematische Formeln sowie ein Computeralgebrasystem (CAS), das im Unterricht eingesetzt wurde, genutzt werden. Dieses Formeldokument steht in der Mediothek des Thüringer Schulportals (TSP) zum Download zur Verfügung:
https://www.schulportal-thueringen.de/web/guest/media/detail?tspi=16426

2 Inhalte und Schwerpunktthemen

Die verbindlichen Lehrplanvorgaben, nach denen in den vier Kurshalbjahren der Qualifikationsphase der gymnasialen Oberstufe unterrichtet wird, bestimmen die inhaltlichen Anforderungen. Die Binomialverteilung einschließlich der Zwei-Sigma-Regel und deren Anwendungen spielen nach dem veränderten Lehrplan von 2018 eine größere Rolle.
Unter *https://www.schulportal-thueringen.de/media/detail?tspi=1392* finden Sie eine ausführliche Darstellung des weiterentwickelten Lehrplans für den Erwerb der allgemeinen Hochschulreife im Fach Mathematik. Eine (nicht ganz vollständige) Übersicht über wichtige, abiturrelevante Kompetenzen dieses Lehrplans ist nachstehend aufgeführt.

Analysis – Sachkompetenz

Der Schüler kann

- die mittlere Änderungsrate auch in Sachzusammenhängen ermitteln und interpretieren,
- die Ableitung einer Funktion als lokale Änderungsrate und als Differenzialquotient beschreiben, erläutern und geometrisch als Tangentenanstieg interpretieren,
- die Ableitung mithilfe der Approximation durch lineare Funktionen aus der Anschauung heraus deuten,
- Zusammenhänge zwischen Funktion und Ableitungsfunktion erkennen, begründen und darstellen,
- Ableitungen für Funktionen ermitteln, ohne Hilfsmittel für
  - Potenzfunktionen mit rationalen Exponenten,
  - ganzrationale Funktionen (Summe von Potenzfunktionen mit natürlichen Exponenten),
  - Exponentialfunktionen (Basis e),
  - Sinus-, Kosinusfunktionen und die natürliche Logarithmusfunktion $f(x) = \ln x$,
  - Verknüpfungen und einfache Verkettungen dieser Funktionen,
- Potenzfunktionen mit rationalen Exponenten, ganzrationale Funktionen und Exponentialfunktionen (Basis e) sowie deren Verkettungen und Verknüpfungen auf Eigenschaften (Definitions- und Wertebereich, Achsenschnittpunkte, Symmetrie bezüglich der y-Achse und des Koordinatenursprungs, Monotonie, Extrem- und Wendepunkte, Verhalten im Unendlichen) untersuchen,

- von Funktionen
  - Eigenschaften ermitteln,
  - die Stetigkeit anschaulich erläutern,
  - waagerechte und senkrechte Asymptoten angeben,
  - Periodizität angeben,
- die natürliche Logarithmusfunktion $f(x) = \ln x$ als Umkehrfunktion der Exponentialfunktion $f(x) = e^x$ nutzen,
- eine Schar von Funktionen mit reellen Parametern auf Eigenschaften untersuchen,
- Gleichungen von Sekanten, Tangenten und Normalen ermitteln,
- Gleichungen von ganzrationalen Funktionen aus vorgegebenen Eigenschaften ermitteln,
- Extremwertprobleme lösen,
- Eigenschaften von Exponentialfunktionen zur Modellierung von Wachstums- und Zerfallsprozessen nutzen,
- das bestimmte Integral als aus Änderungen rekonstruierter Bestand und als Flächeninhalt beschreiben und erläutern,
- den Zusammenhang zwischen Differenzieren und Integrieren beschreiben und begründen,
- bestimmte Integrale mithilfe des Hauptsatzes der Differenzial- und Integralrechnung berechnen sowie Stammfunktionen und Integrale ermitteln, ohne Hilfsmittel für:
  - Potenzfunktionen mit rationalen Exponenten (außer $f(x) = \frac{1}{x}$),
  - ganzrationale Funktionen,
  - Exponentialfunktionen (Basis e),
  - Sinus- und Kosinusfunktionen,
  - additive Verknüpfungen und Verkettungen (mit innerer linearer Funktion) dieser Funktionen,
- die natürliche Logarithmusfunktion $f(x) = \ln x$ als Stammfunktion von $f(x) = \frac{1}{x}$ nutzen,
- Flächeninhalte von ebenen Figuren, die durch Funktionsgraphen begrenzt sind, bestimmen,
- Volumen von Körpern berechnen, die durch Rotation von Funktionsgraphen um die x-Achse entstanden sind,
- inner- und außermathematische Problemstellungen mithilfe der Differenzial- und Integralrechnung bearbeiten (in einfachen Fällen auch ohne Hilfsmittel).

Analysis – Methodenkompetenz

Der Schüler kann
- selbstständig Problemlösestrategien auswählen und anwenden,
- dynamische Darstellungsmöglichkeiten des CAS nutzen, um mathematische Modelle zu vergleichen und diese zu variieren,
- Lösungswege verständlich, angemessen und nachvollziehbar auch unter Verwendung geeigneter Medien erläutern und präsentieren.

Analysis – Selbst- und Sozialkompetenz

Der Schüler kann
- mit Ergebnissen und Hinweisen, die das CAS anzeigt, kritisch umgehen und seine Lösungsstrategie ggf. entsprechend verändern,
- Informationen aus mathematischen Sachtexten und aus Computerdarstellungen entnehmen und anderen verständlich erläutern,
- selbstständig komplexe Problemstellungen zur Differenzial- und Integralrechnung bearbeiten.

Vektorrechnung/Analytische Geometrie – Sachkompetenz

Der Schüler kann
- Punkte, Strecken, Geraden, Flächen und Körper im dreidimensionalen kartesischen Koordinatensystem darstellen und ihre Lage beschreiben,
- aus Darstellungen sowie Eigenschaften von Körpern und Flächen auf die Koordinaten von Punkten schließen,
- Vektoren in Koordinatendarstellung angeben und geometrisch interpretieren,
- einfache Sachverhalte mit Tupeln beschreiben,
- Vektoren zeichnerisch und rechnerisch (auch ohne Hilfsmittel) addieren, subtrahieren und vervielfachen,
- zwei bzw. drei Vektoren auf lineare Abhängigkeit untersuchen und das Ergebnis geometrisch interpretieren,
- den Betrag eines Vektors ermitteln,
- das Skalarprodukt berechnen (in der Koordinatenform auch ohne Hilfsmittel), geometrisch deuten und zur Berechnung von Winkelgrößen nutzen,
- Geraden durch Gleichungen in der Parameterform beschreiben,
- die Lage eines Punktes zu einer Geraden untersuchen,
- die Lage zweier Geraden zueinander untersuchen,
- den Schnittpunkt und den Schnittwinkel zweier Geraden berechnen,
- das Vektorprodukt berechnen und geometrisch deuten,
- Ebenen durch Gleichungen in Parameter- und Koordinatenformbeschreiben,
- die Hessesche Normalform bestimmen,
- Lagebeziehungen, Schnittmengen und Schnittwinkel ermitteln von
  - Gerade – Ebene,
  - Ebene – Ebene,
- Abstände bestimmen von:
  - Punkt – Gerade,
  - Gerade – Gerade,
  - Punkt – Ebene,
  - Gerade – Ebene,
  - Ebene – Ebene,
- Eigenschaften einer Schar von Geraden bzw. Ebenen ermitteln und beschreiben,
- inner- und außermathematische Problemstellungen mithilfe der Vektorrechnung und analytischen Geometrie bearbeiten (in einfachen Fällen auch ohne Hilfsmittel).

Vektorrechnung/Analytische Geometrie – Methodenkompetenz

Der Schüler kann
- zusammengesetzte Körper in geeigneten Darstellungen skizzieren,
- CAS und dynamische Geometriesoftware zur Lösung ebener sowie räumlicher geometrischer Problemstellungen selbstständig anwenden.

Vektorrechnung/Analytische Geometrie – Selbst- und Sozialkompetenz

Der Schüler kann
- zeichnerische Darstellungen selbstständig analysieren,
- über den Einsatz von Hilfsmitteln verantwortungsbewusst entscheiden.

Stochastik – Sachkompetenz

Der Schüler kann
- Binomialverteilungen berechnen und graphisch darstellen,
- graphische Darstellungen von Binomialverteilungen interpretieren,

- Erwartungswert und Standardabweichung binomialverteilter Zufallsgrößen berechnen und in graphischen Darstellungen interpretieren,
- die Binomialverteilung mit ihren Kenngrößen und der 2σ-Regel als ein mathematisches Modell zur Beschreibung von diskreten Zufallsgrößen anwenden,
- erläutern, dass die bei einer Stichprobe erhobene relative Häufigkeit nur eine Schätzung der unbekannten Wahrscheinlichkeit darstellt,
- mithilfe der 2σ-Regel 95 %-Prognoseintervalle für die absoluten und relativen Häufigkeiten in einer Stichprobe ermitteln und interpretieren,
- mithilfe des Prognoseintervalls beurteilen, welche Wahrscheinlichkeiten p aufgrund der in einer Stichprobe vom Umfang n beobachteten relativen Häufigkeit h vermutlich ausgeschlossen werden können,
- mithilfe der 2σ-Regel
  - basierend auf relativen Häufigkeiten h das 95 %-Konfidenzintervall für die unbekannte Wahrscheinlichkeit p ermitteln und interpretieren,
  - den Stichprobenumfang n für eine geforderte Genauigkeit abschätzen,
- die Gaußsche Glockenkurve graphisch darstellen und als Dichtefunktion der Normalverteilung interpretieren,
- die Normalverteilung
  - mit ihren Kenngrößen als ein mathematisches Modell zur Beschreibung stetiger Zufallsgrößen,
  - zur näherungsweisen Beschreibung der Binomialverteilung

  anwenden,
- inner- und außermathematische Problemstellungen mithilfe der Stochastik bearbeiten (in einfachen Fällen auch ohne Hilfsmittel).

Stochastik – Methodenkompetenz

Der Schüler kann
- Vermutungen formulieren, exemplarisch statistische Erhebungen durchführen, auswerten und mithilfe der 2σ-Regel die Tragfähigkeit der Vermutungen beurteilen,
- Zufallsvorgänge simulieren und stochastische Zusammenhänge mithilfe von Simulationen begründen.

Stochastik – Selbst- und Sozialkompetenz

Der Schüler kann
- die Bedingungen für die Modellierung von Zufallsexperimenten und die dabei gewonnenen Ergebnisse am Sachverhalt prüfen und kritisch werten.

3 Leistungsanforderungen und Bewertung

Bei den Leistungsanforderungen werden drei Anforderungsbereiche[1] unterschieden, die in den Prüfungsaufgaben angemessen repräsentiert sein sollen:

Anforderungsbereich I
Wiedergeben von Sachverhalten in gelernten Zusammenhängen sowie Anwenden und Beschreiben geübter Arbeitstechniken und Verfahren

Anforderungsbereich II
Bearbeiten bekannter Sachverhalte unter vorgegebenen Gesichtspunkten sowie selbstständiges Übertragen und Anwenden des Gelernten auf vergleichbare Zusammenhänge

1 Vgl. Thüringer Ministerium für Bildung, Wissenschaft und Kultur: Lehrplan für den Erwerb der allgemeinen Hochschulreife im Fach Mathematik, Erfurt 2013, Seite 44

Anforderungsbereich III
Verarbeiten komplexer Sachverhalte durch selbstständiges Folgern, Verallgemeinern, Begründen und Werten, Reflektieren des eigenen Vorgehens, selbstständiges Wählen der Arbeitstechniken

Für die Bewertung der Prüfungsarbeit gibt die Aufgabenkommission einen Bewertungsvorschlag und einen Bewertungsmaßstab vor. Auf dieser Grundlage erfolgt die Bewertung Ihrer Abiturarbeit durch zwei Korrektoren. Selbstverständlich werden unkonventionelle, aber richtige Lösungen entsprechend gewürdigt.
Die Erstkorrektur nimmt im Regelfall Ihre Fachlehrkraft vor. Die unabhängige Zweitkorrektur erfolgt durch eine andere Mathematiklehrkraft Ihres oder eines anderen Gymnasiums. Einigen sich Erst- und Zweitkorrektor nicht auf eine abschließende Bewertung, entscheidet der bzw. die Prüfungsvorsitzende ggf. unter Einbeziehung weiterer Gutachten über die Endnote.

Bewertungsmaßstab

In der Prüfung sind insgesamt 120 Bewertungseinheiten (BE) zu erreichen.

Bewertungseinheiten	**Notenpunkte**	**Note**
120 – 114	15	1 +
113 – 108	14	1
107 – 102	13	1 –
101 – 96	12	2 +
95 – 90	11	2
89 – 84	10	2 –
83 – 78	9	3 +
77 – 72	8	3
71 – 66	7	3 –
65 – 60	6	4 +
59 – 54	5	4
53 – 48	4	4 –
47 – 40	3	5 +
39 – 32	2	5
31 – 24	1	5 –
23 – 0	0	6

Natürlich sind fachliche Richtigkeit und Vollständigkeit die wichtigsten Grundlagen für die Bewertung. Dabei sollten Sie bei der Anfertigung Ihrer Prüfungsarbeit darauf achten, bei der Lösung der Aufgaben alle Ansätze in mathematisch korrekter Form zu notieren. Wesentliche Zwischenschritte müssen aus Gründen der Nachvollziehbarkeit und wegen der Anerkennung möglicher Folgefehler aufgeschrieben werden.
Bei Verstößen gegen die äußere oder die mathematische Form können bis zu zwei BE abgezogen werden.

4 Operatoren

Bei der Formulierung von zentralen Prüfungsaufgaben werden häufig sogenannte „Operatoren“ verwendet, die sicherstellen sollen, dass alle Schüler und Lehrer unter einer bestimmten Aufgabenstellung das Gleiche verstehen. Damit Sie die Aufgabenstellungen korrekt erfassen können, ist es wichtig, sich mit diesen Operatoren auseinanderzusetzen. Eine Auswahl solcher in den letzten Jahren im Thüringer Mathematikabitur häufig verwendeter Operatoren ist in der folgenden Übersicht zusammengestellt (Quelle: Veröffentlichung des ThILLM im Thüringer Schulportal). Außerdem sind Beispiele für Abituraufgaben angegeben, in denen solche Operatoren vorkommen.

Operator	**Bedeutung**	**Beispiele**
analysieren	Einen gegebenen Sachverhalt in seine Bestandteile zerlegen, seine wesentlichen Merkmale auf der Grundlage von Kriterien erfassen und ihre Beziehungen zueinander darstellen.	
begründen	Für einen gegebenen Sachverhalt einen folgerichtigen Zusammenhang zwischen Ursache(n) und Wirkung(en) herstellen.	2020; B 1b 2021; C2 1a
berechnen	Ausschließlich rechnerische Generierung der Ergebnisse, wobei der Lösungsweg nachvollziehbar ist.	2020; C1 1b
beschreiben	Sachverhalte wie Objekte und Prozesse und Vorgehensweisen räumlich bzw. zeitlich geordnet darlegen.	2021; A 3a
bestimmen, ermitteln	Rechnerische, grafische oder inhaltliche Generierung eines Ergebnisses.	2020; C2 1a
beurteilen, bewerten	Sachverhalte bzw. Aussagen anhand geeigneter Kriterien unter Nutzung von Fachwissen bzw. Fachmethoden reflektieren, prüfen, an Wertkategorien messen und auf dieser Grundlage eine begründete Stellungnahme formulieren.	2020; A 4b
beweisen, zeigen, nachweisen	Mithilfe von sachlichen Argumenten durch logisches Herleiten eine Behauptung/Aussage belegen bzw. widerlegen.	2020; C2 3a
darstellen, präsentieren	Sachverhalte, Zusammenhänge, Methoden, Ergebnisse etc. strukturiert wiedergeben.	2021; B 2d
definieren	Die Bedeutung eines Begriffs unter Abgrenzung zu benachbarten Begriffen und der Angabe unveränderlicher Merkmale bestimmen.	
entscheiden	Sich bei Alternativen eindeutig auf eine Möglichkeit festlegen.	2020; B 2a 2021; A 8b
erklären	Strukturen, Prozesse, Zusammenhänge usw. des Sachverhaltes erfassen und auf allgemeine Aussagen/Gesetze zurückführen.	
erläutern	Wesentliche Seiten eines Sachverhalts/Gegenstands/Vorgangs an Beispielen verständlich machen.	2020; B 2e
interpretieren	Sachverhalte/Zusammenhänge/Fakten oder Daten analysieren, sie deuten bzw. erklären.	2022; B 2b

Operator	Bedeutung	Beispiele
klassifizieren, ordnen	Begriffe, Gegenstände etc. auf der Grundlage bestimmter Merkmale systematisch einteilen.	2021; A 4a
messen	Größen mithilfe geeigneter Messgeräte bestimmen.	
nennen, angeben	Fakten / Sachverhalte, Begriffe ohne Erläuterung wiedergeben.	2020; C2 4d
protokollieren	Den Ablauf und mögliche Zwischen- und Endergebnisse einer Handlung, eines Versuchs oder eines Vorgangs übersichtlich und gegliedert festhalten.	
prüfen	Wahrheitsgehalt feststellen.	
skizzieren	Sachverhalte, Objekte, Strukturen oder Ergebnisse auf das Wesentliche reduziert (vereinfacht) übersichtlich darstellen.	2022; A 2a
untersuchen	Sachverhalte / Objekte erkunden, Merkmale und Zusammenhänge herausarbeiten.	2020; C1 1f
vergleichen	Gemeinsamkeiten und Unterschiede von Sachverhalten, Objekten, Lebewesen und Vorgängen auf der Basis festgelegter Kriterien feststellen.	
zeichnen	Eine exakte grafische Darstellung unter Verwendung von Zeichengeräten darstellen.	2020; A 5a 2021; C1 1f

5 Methodische Hinweise und allgemeine Tipps zur schriftlichen Prüfung

Vorbereitung

- Fangen Sie nicht zu spät mit der Vorbereitung auf die schriftliche Prüfung an. Warten Sie damit nicht auf eine Aufforderung durch Ihre Lehrerin oder Ihren Lehrer. Sie sind selbst verantwortlich für Ihren Prüfungserfolg.
- Pauken allein nützt nichts. Gelerntes muss möglichst vielfältig im Kopf vernetzt werden und wirklich verstanden worden sein.
- Fertigen Sie sich exakte und überschaubare Aufzeichnungen an, auf die Sie in der unmittelbaren Prüfungsvorbereitung rasch zurückgreifen können.
- Stellen Sie sicher, dass Sie wirklich mit den zugelassenen Hilfsmitteln umgehen können.
- Versuchen Sie die Aufgaben in diesem Übungsbuch zunächst allein und ohne sofortige Zuhilfenahme des Lösungsteils zu bearbeiten. Sprechen Sie dann mit einem Partner über Ihre Lösungswege, versuchen Sie auch dessen Lösungsideen zu verstehen. Fragen Sie ggf. Ihre Lehrerin oder Ihren Lehrer, wenn Sie fachliche Unklarheiten nicht selbst beseitigen können.

Prüfungssituation

- Gehen Sie ausgeruht und möglichst gelassen zur Prüfung.
- Legen Sie schon am Tag vorher die notwendigen Hilfsmittel und Utensilien zurecht.
- Sie müssen sich für Aufgaben entscheiden. Lesen Sie deshalb die Texte genau durch.
- Markieren Sie Schlüsselworte in Aufgabenstellungen ggf. farbig.
- Überlegen Sie, was die Operatoren von Ihnen verlangen.

- Beißen Sie sich nicht zu lange an für Sie schwierigen Aufgabenteilen fest. Mitunter ist es hilfreich, erst einmal eine andere Teilaufgabe zu lösen und dann mit einer neuen Idee zur schwierigen Aufgabe zurückzukehren.
- Die für Teilaufgaben vorgesehenen Bewertungseinheiten geben Ihnen eine gewisse Orientierung über den Umfang der von Ihnen erwarteten Kenntnisse.
- Schreiben Sie nicht alles zunächst ins „Unreine", sondern fertigen Sie bei Anforderungen, die Ihnen leicht und vertraut vorkommen, sofort eine Reinschrift an. Das spart Zeit.
- Schreiben Sie sauber und übersichtlich, das freut nicht nur die Korrektoren und erspart unnötigen Punktabzug, sondern erleichtert Ihnen selbst die Orientierung in Ihren Aufzeichnungen.

6 Technische Grundlagen für den Umgang mit CAS-Rechnern

Sie arbeiten seit mehr als zwei Jahren im Mathematikunterricht mit einem CAS-Rechner. Hier werden Ihnen noch einige Tipps zu grundlegenden „CAS-Kompetenzen" und anschließend Hinweise zur Dokumentation der Lösungen gegeben, die Sie mit dem CAS ermittelt haben. Das Weitere beschränkt sich auf den TI-Nspire CAS, aber die meisten Hinweise sind einfach auf das CAS übertragbar, welches Sie genutzt haben.

Einstellungen
Die wichtigsten Einstellungen können Sie vornehmen unter:
[⌂on] Einstellungen – Dokumenteinstellungen

Dazu gehören u. a.:
- Winkelmaß (Grad- und Bogenmaß)
- angezeigte Ziffern
- Helligkeit des Displays
- Standby-Zeit

Die Einstellungen des Winkelmaßes u. a. können Sie auch in einem aktuellen Graphs- oder Geometry-Dokument durchführen, wenn Sie dort wählen:
[menu] Einstellungen ...

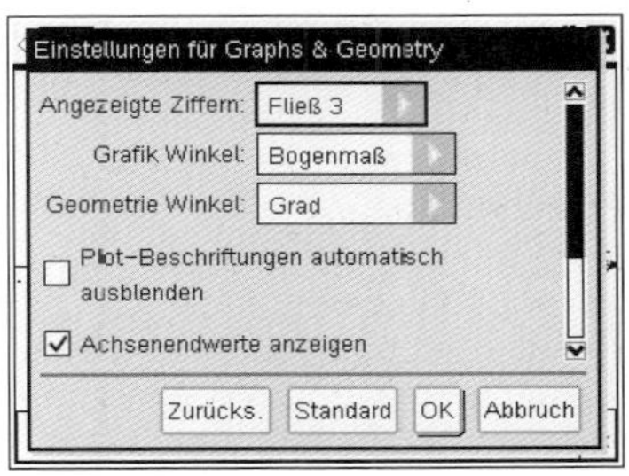

Dokumente

Es ist sinnvoll, jede Aufgabe in einem Dokument zu speichern, damit Sie die Übersicht bewahren bzw. zu einem späteren Zeitpunkt wieder mit diesem Dokument arbeiten können.

[doc▾] Datei speichern oder speichern unter

Mit [⌂on] Eigene Dateien können Sie auf gespeicherte Dokumente zugreifen.

Die Dokumente lassen sich in Ordnern speichern.

Jedes Dokument kann in Seiten und Probleme untergliedert werden.

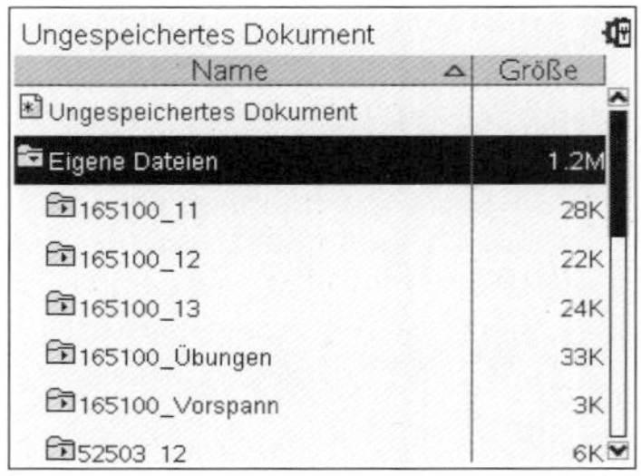

Variable

Sie können Zahlen, mathematischen Termen oder Funktionen Variable zuordnen. Das hat den Vorteil, dass man z. B. lange Ausdrücke nicht immer wieder neu eintippen muss und mit den Variablenbezeichnungen arbeiten kann. Zum Definieren von Variablen gibt es drei Möglichkeiten:

- Define (im Calculator unter [menu] Aktionen)
- der Zuweisungsoperator [sto→] (über [ctrl][var])
- der Zuweisungsoperator [:=] (über [ctrl][⊞])

Durch Drücken von [var] kann man erkennen, welche Variablen definiert wurden.

Mit DelVar (über [menu] Aktionen – Variable löschen) werden Variable gelöscht.
Definierte Variable sind nur innerhalb ein und desselben Dokuments und dort immer nur in ein und demselben Problem gültig.

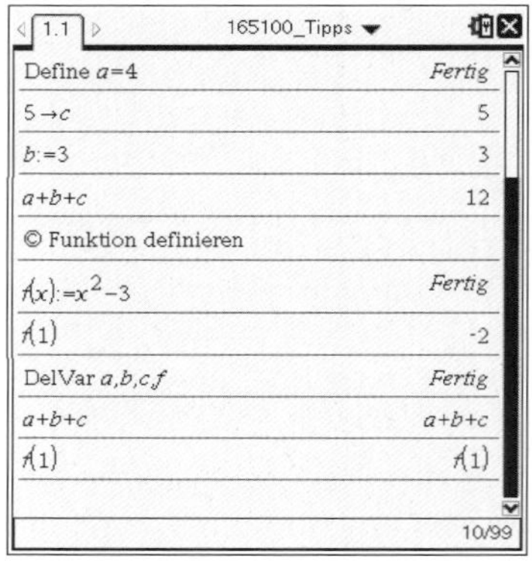

Katalog

Die Syntax eines Rechnerbefehls können Sie im Katalog nachlesen: [📖][1]

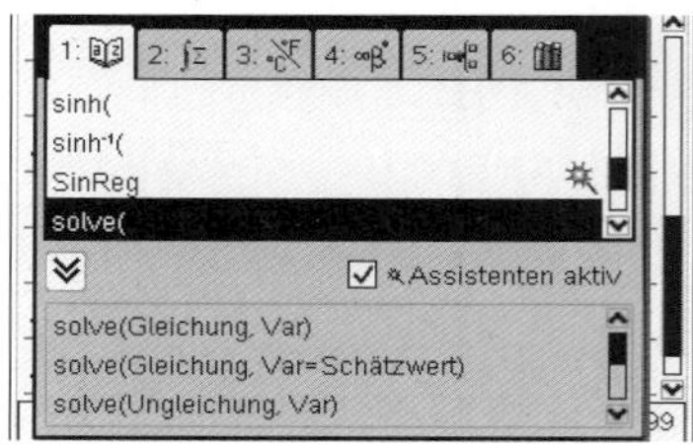

Bedingungsoperator (WITH-Operator)

Mit dem Bedingungsoperator (als senkrechter Strich | erkennbar) lassen sich z. B. Termwerte berechnen oder Intervalle (u. a. beim Lösen von Gleichungen) einschränken.

Der Bedingungsoperator kann mit [|≠≥▸] (über [ctrl][=]) geöffnet werden.

Hinweis: Setzen Sie den WITH-Operator immer **hinter** die den solve-Befehl schließende Klammer, nicht in die Klammer.

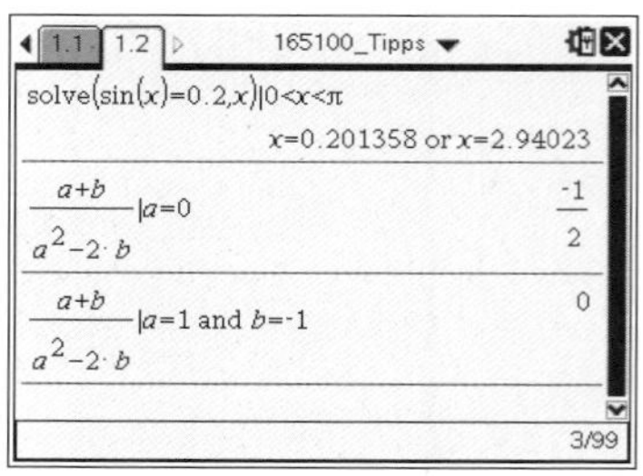

Terme umformen

Ausmultiplizieren oder Polynomdivision mit:
expand()
(über [menu] Algebra – Entwickle)
oder propFrac()
(über [menu] Zahl – Bruchwerkzeuge – Echter Bruch)

Faktorisieren mit:
factor()
(über [menu] Algebra – Faktorisiere)

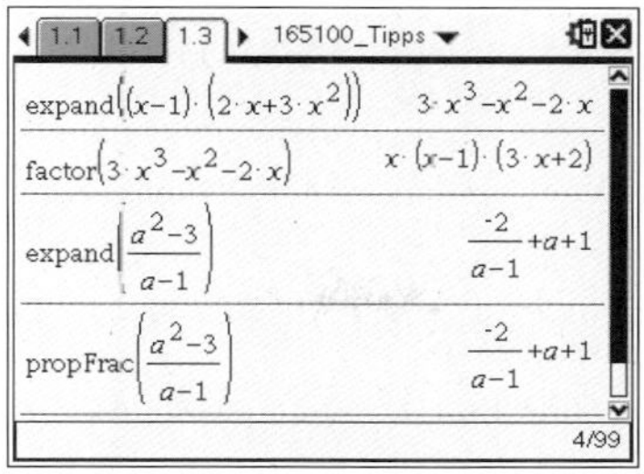

Gleichungen / Ungleichungen / Gleichungssysteme lösen

Der Befehl solve() wird eingefügt durch:
[menu] Algebra – Löse

Für die Eingabe eines Gleichungssystems können Sie die Vorlagen unter [Vorlagen] oder [Katalog] [5] nutzen. Die zweite Variante hat den Vorteil, dass ein Assistent die Bedeutung der Vorlage erläutert.

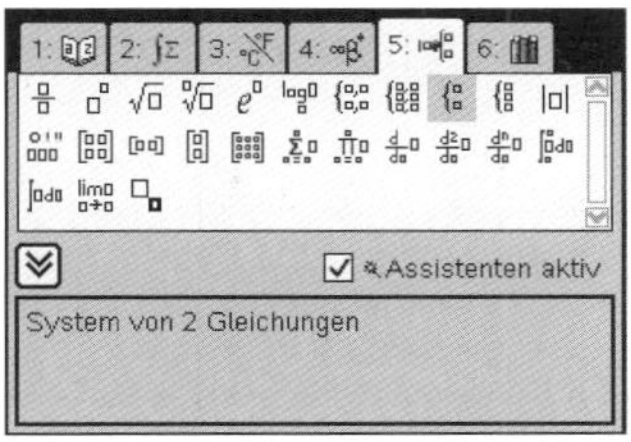

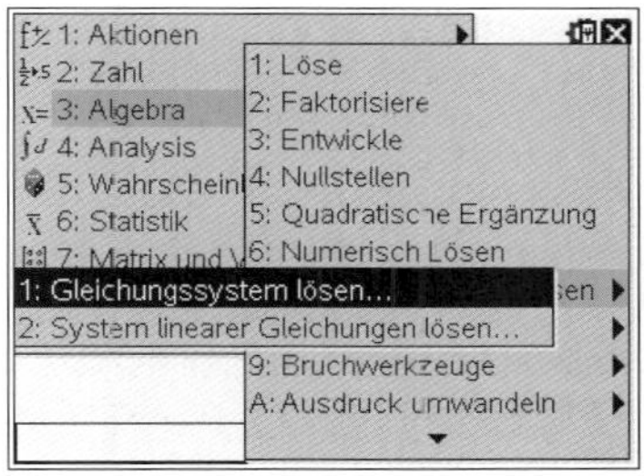

Alternativ kann beim Lösen von Gleichungssystemen die Vorlage auch geöffnet werden durch:
[menu] Algebra – Gleichungssystem lösen...

Die Anzeigen des Rechners müssen richtig interpretiert werden:

- Bei $x^2 = -1$ erscheint *false*, weil keine reellen Lösungen existieren.
- Bei $x^2 \geq 0$ erscheint *true*, weil diese Ungleichung für alle reellen Zahlen erfüllt ist.
- Bei $\sin(x) = 0$ wird die Lösungsmenge mit einer ganzzahligen Zählvariablen (n2) angezeigt. Die Anzeige ist so zu interpretieren: $L = \{k \cdot \pi, k \in \mathbb{Z}\}$
- Beim Lösen von Gleichungssystemen, in denen ein zusätzlicher Parameter vorkommt, muss man in der Variablenliste alle vorkommenden Variablen angeben: Im nebenstehenden Beispiel wird beim ersten Lösungsversuch der Fall a = 1 nicht berücksichtigt. Die Lösungsmenge des Gleichungssystems (letzte Zeile im Bildschirmabdruck) wird zunächst nicht vollständig angezeigt. Scrollt man nach rechts, so erhält man auch die restlichen Daten.

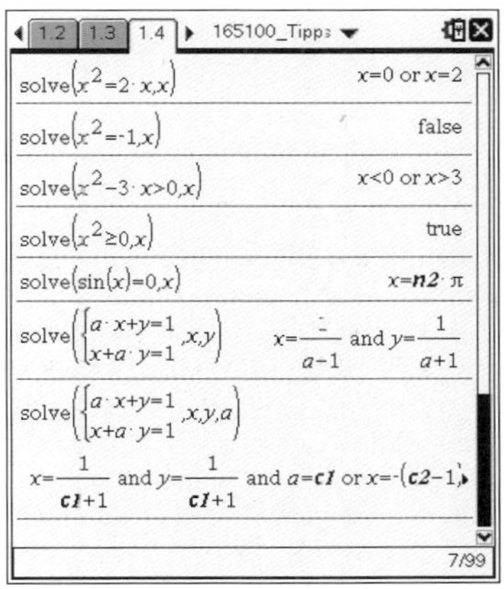

Die vollständige Anzeige ist:

$$x=\frac{1}{c1+1}\ \text{and}\ y=\frac{1}{c1+1}\ \text{and}\ a=c1\ \text{or}\ x=-(c2-1)\ \text{and}\ y=c2\ \text{and}\ a=1$$

Hier ist die Variable c1 (bzw. c2) eine reelle Zählvariable. Die Lösung lautet in der üblichen mathematischen Notation:

$$L=\begin{cases}\left\{\left(\frac{1}{a+1};\frac{1}{a+1}\right)\right\}, & \text{falls } a\neq\pm1\\ \{\ \}, & \text{falls } a=-1\\ \{(1-y;\,y),\ y\in\mathbb{R}\}, & \text{falls } a=1\end{cases}$$

Nullstellen berechnen

Neben dem solve-Befehl lässt sich mitunter der Befehl zeros(Ausdruck, Variable) (über [menu] Algebra – Nullstellen) sinnvoll zum Lösen von Gleichungen einsetzen.

Mit dem Befehl zeros() wird das Ergebnis als Liste ausgegeben. Diese Liste können Sie einer Variablen zuweisen und dann mit dieser Variablen weitere Berechnungen anstellen.

Es ist darauf zu achten, dass beim Befehl zeros() keine Gleichung, sondern ein Term eingegeben werden muss.

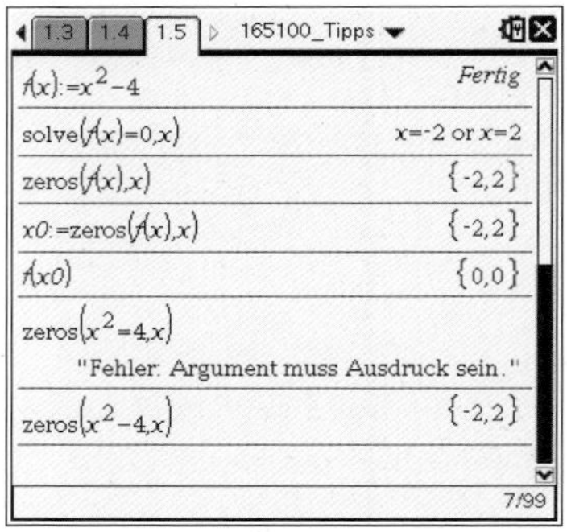

Will man z. B. die Gleichung $x^2=4$ mit zeros() lösen, muss so umgeformt werden, dass auf einer Seite der Gleichung der Wert null erreicht ist:

$x^2-4=0$

Den Term auf der anderen Seite der Gleichung kann man dann als Ausdruck für zeros(Ausdruck, Variable) verwenden:

zeros(x^2-4, x)

Graphen zeichnen

Unter Graphs lassen sich u. a. Funktionen zeichnen und analysieren. Dabei muss gegebenenfalls die Fenstereinstellung so gewählt werden, dass Sie interessante Aspekte des Graphen auf dem Bildschirm auch erkennen können.

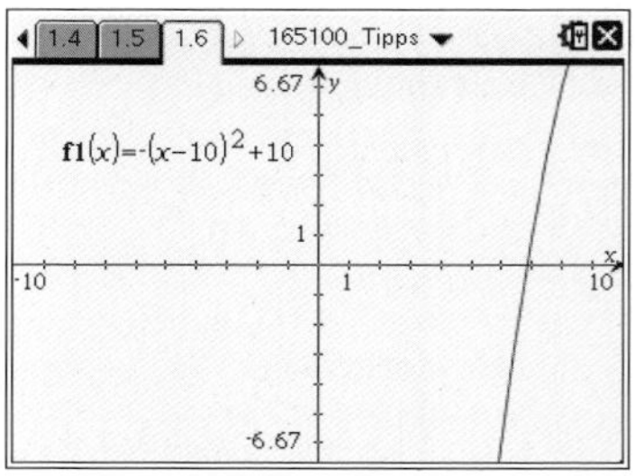

Zeichnen Sie z. B. den Graphen von

$y=-(x-10)^2+10$

im Standardfenster, so ist nur ein Stück der zugehörigen Parabel zu erkennen. Erst nach einer geeigneten Veränderung des Koordinatensystems (z. B. mit [menu] Fenster – Fenstereinstellungen oder durch „Anfassen“ einer Achse und „Ziehen“) wird der Graph mit dem Scheitelpunkt sichtbar.

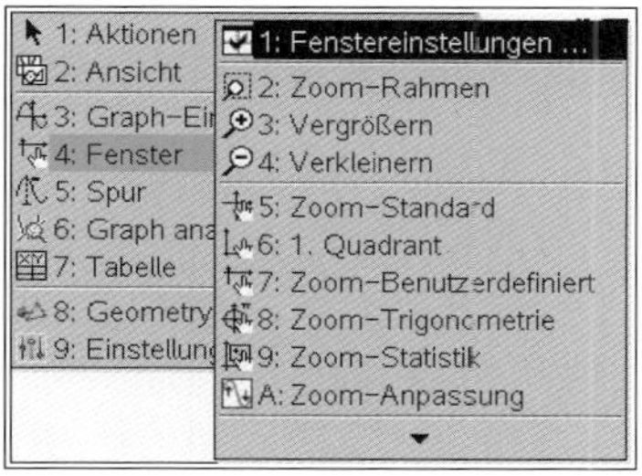

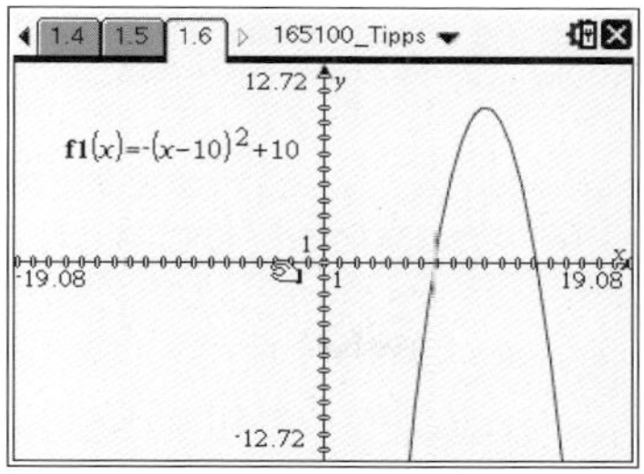

Die Eingabezeile für Funktionen lässt sich mit [tab] öffnen.

Wertetabellen

Eine Wertetabelle wird mit [ctrl][T] angezeigt. Dabei wird automatisch die Seite geteilt.

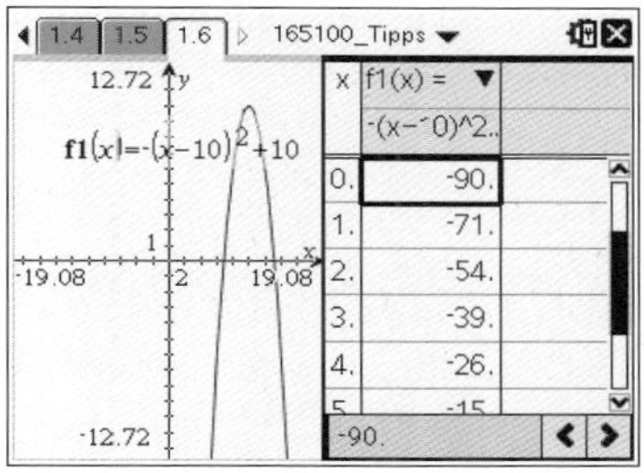

Mit [ctrl][tab] können Sie zwischen den Seitenhälften wechseln. Die aktive Seite des Bildschirms ist an einem dickeren Rahmen erkennbar.

Mit [ctrl][T] wird die Wertetabelle auch wieder geschlossen. Sie müssen das aber von der linken Seite des Bildschirms aus vornehmen.

Stückweise definierte Funktionen, Funktionenscharen

Für die Eingabe einer stückweise definierten Funktion nutzen Sie die Vorlage unter [⊞][5]:

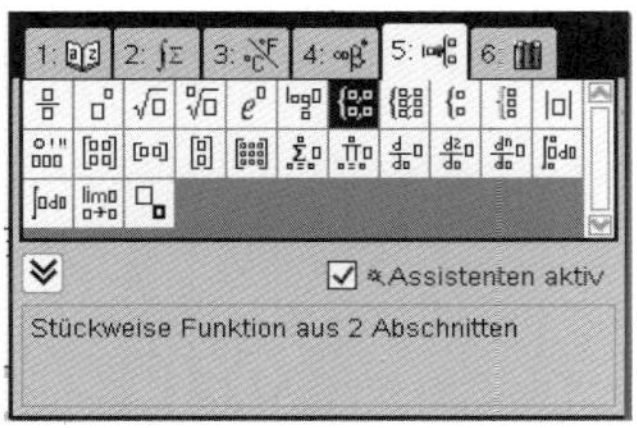

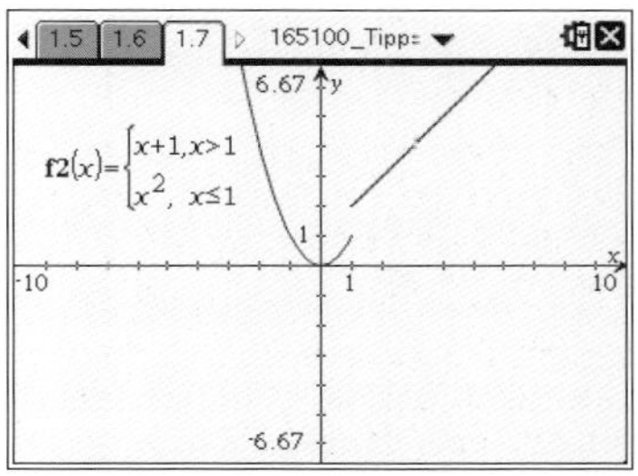

Funktionenscharen lassen sich z. B. mit dem WITH-Operator definieren.

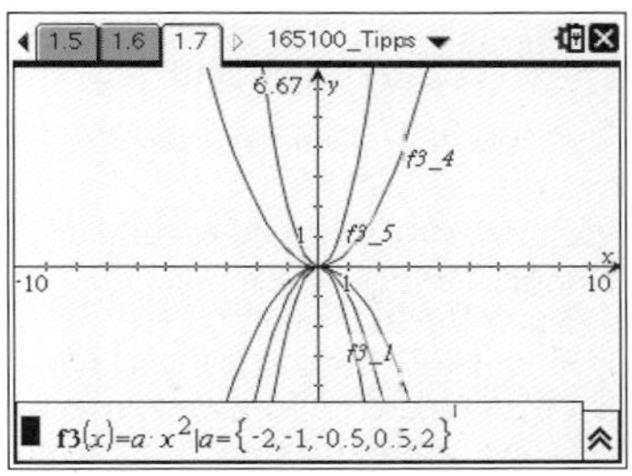

Graphen analysieren
Koordinaten interessanter Punkte lassen sich sehr rasch bestimmen: [menu] Graph analysieren

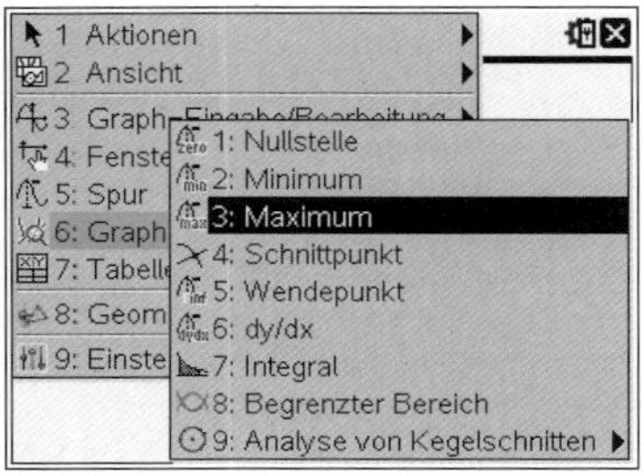

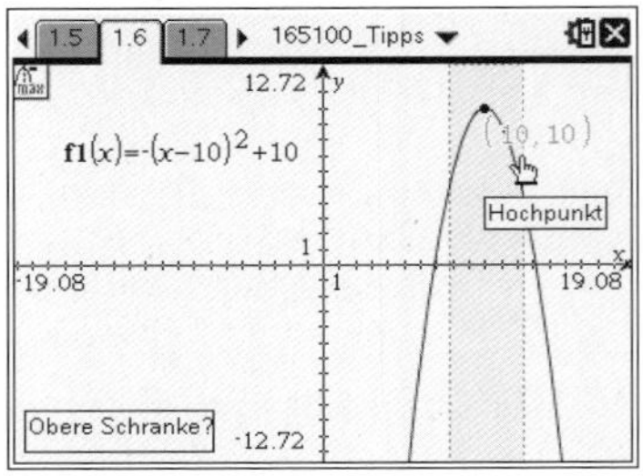

Nach Auswahl eines Menüpunktes wird oben links auf dem Bildschirm eine Hilfe angezeigt, die man durch Anklicken öffnen kann.

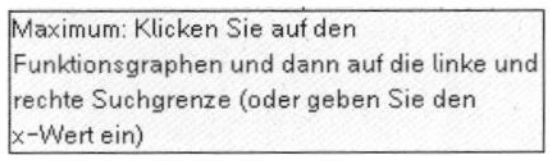

Schieberegler
In den Applikationen Graphs, Geometry und Data & Statistics ist unter [menu] Aktionen, in der Applikation Notes unter [menu] Einfügen ein Schieberegler verfügbar.

Mit einem Schieberegler lassen sich einer Variablen Zahlenwerte aus einem zu definierenden Intervall zuordnen. Dient diese Variable zur Beschreibung eines Objektes, z. B. der Gleichung einer Funktion, so kann ihr Einfluss auf Eigenschaften dieses Objektes, z. B. der Lage und Gestalt des Graphen der Funktion, dynamisch untersucht werden.

Beispiel: Es soll der Einfluss des reellen Parameters a auf den Verlauf des Graphen von $f_a(x) = x^3 - a \cdot x^2$ sowohl grafisch als auch rechnerisch untersucht werden.

Schritt 1:
Definieren der Funktion unter der Bezeichnung f(a, x) im Calculator.

Schritt 2:
Einfügen einer Seite mit der Anwendung Graphs. Es wird empfohlen, für die Eingabe der Funktion f(a, x) den Parameter a umzubenennen, ihn hier z. B. mit t zu bezeichnen (siehe Schritt 4).
Es öffnet sich sofort ein Fenster für die Eingabe des Schiebereglers für den Parameter t, die man durch Anklicken von OK bestätigt.

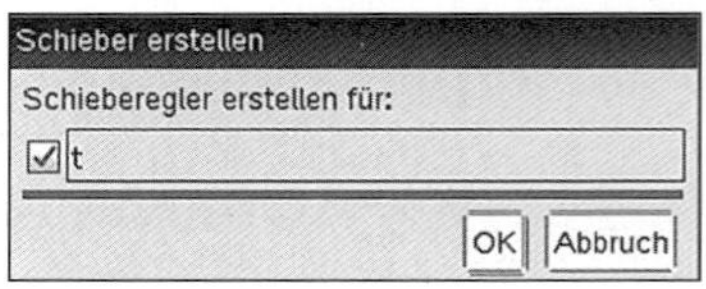

Schritt 3:
Die Funktion wird für den automatisch generierten Startwert des Parameters t grafisch dargestellt. Außerdem erscheint der Schieberegler, den man noch verschieben und dann durch „Anfassen" des Reglers betätigen kann.
Falls notwendig, lassen sich durch Setzen des Cursors auf den Schieberegler nach dem Öffnen des Kontextmenüs ([ctrl][menu]) Einstellungen und Form des Schiebereglers verändern.

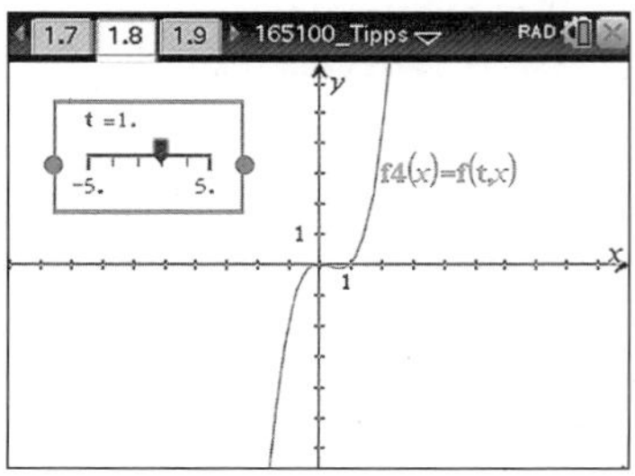

Schritt 4:
Zur rechnerischen Untersuchung von Funktionseigenschaften geht man zurück in die Anwendung Calculator. Nun kann man z. B. die Nullstellen mit der im Schritt 1 definierten Funktion f(a, x) berechnen.

Hätte man im Schritt 2 nicht die Umbenennung der Variablen vorgenommen, dann wäre jetzt die Variable a mit dem Zahlenwert belegt, der als letzter im Schieberegler verwendet wurde. Eine **rechnerische** Untersuchung der Nullstellen in Abhängigkeit von a wäre dann im Calculator mit f(a, x) nicht mehr möglich.

Dynamische Geometriesoftware – Zugmodus
Beispiel: Das Mittenviereck in einem Viereck

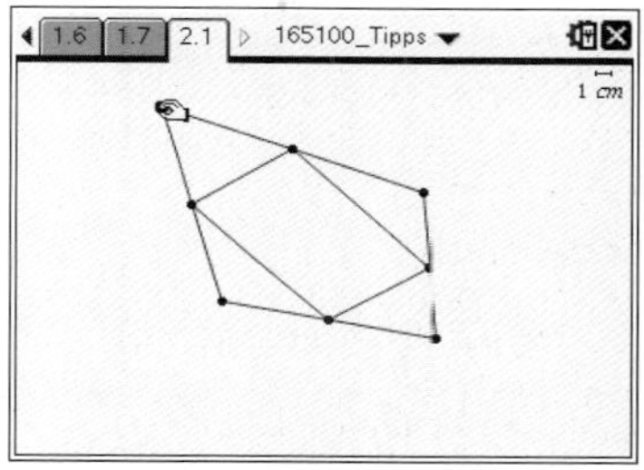

Fügen Sie die Applikation Geometry ein. Konstruieren Sie ein beliebiges Viereck:
[menu] Formen – Polygon

Hinweis: Beachten Sie die Hilfe in der linken oberen Ecke des Bildschirms.

Polygon: Klicken Sie auf die Eckpunkte (oder geben Sie jeweils '(' gefolgt von Koordinaten ein) und zum Schluss wieder auf den ersten Eckpunkt; die UMSCHALTTASTE schränkt die Seiten auf 15°-Schritte ein

Konstruieren Sie die Mittelpunkte der Seiten des Vierecks: [menu] Konstruktion – Mittelpunkt

Verbinden Sie diese Mittelpunkte zu einem zweiten Polygon, dem Mittenviereck. Die Eckpunkte des ersten Polygons sind unabhängige Punkte. Diese können Sie mit dem Cursor greifen und ihre Lage im Zugmodus verändern. Beobachten Sie, wie sich das durch die abhängigen Punkte (Seitenmittelpunkte) bestimmte Polygon in seiner Form verändert.

Dynamische Geometriesoftware – messen
Beispiel: Einbeschriebenes Dreieck mit maximalem Flächeninhalt

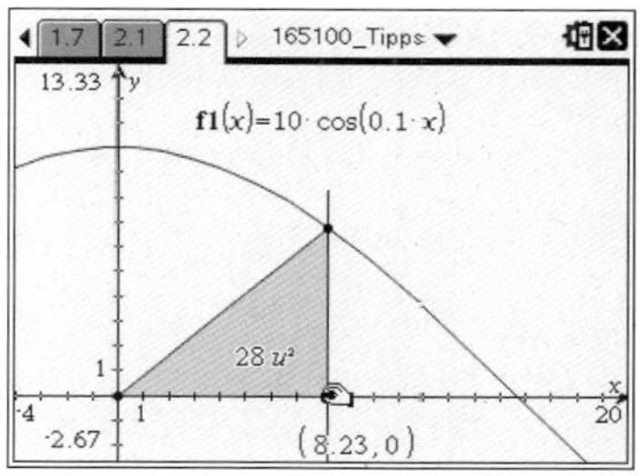

Fügen Sie die Applikation Graphs ein und zeichnen Sie in einem geeigneten Fenster (siehe nebenstehendes Bild) den Graphen der Funktion:
y = 10cos(0,1x)

Konstruieren Sie eine Senkrechte zur x-Achse:
[menu] Geometry – Konstruktion – Senkrechte

Konstruieren Sie den Schnittpunkt der Senkrechten mit dem Graphen:
[menu] Geometry – Punkte & Geraden – Schnittpunkt

Zeichnen Sie das Dreieck, das durch den Ursprung und die Schnittpunkte der Senkrechten mit der x-Achse bzw. dem Graphen gegeben ist:
[menu] Geometry – Formen – Dreieck

Wählen Sie [menu] Geometry – Messung – Fläche, setzen Sie den Cursor auf das Dreieck und zeigen Sie durch einen Doppelklick das Ergebnis der Messung auf dem Bildschirm an. Zeigen Sie die Koordinaten des Schnittpunktes der Senkrechten mit der x-Achse an. Setzen Sie dazu den Cursor auf den Punkt und wählen Sie [ctrl] [menu] Koordinaten / Gleichung. Bewegen Sie nun diesen Punkt im Zugmodus und beobachten Sie, für welche Lage das Dreieck den größten Flächeninhalt hat.

Listen erstellen, mit Listen arbeiten
Listen werden in geschweifte Klammern gesetzt und die Listenelemente durch Kommata voneinander getrennt.
Speichern Sie am besten Listen unter sinnvollen Variablennamen ab. Sie können dann mit diesen Variablen operieren.

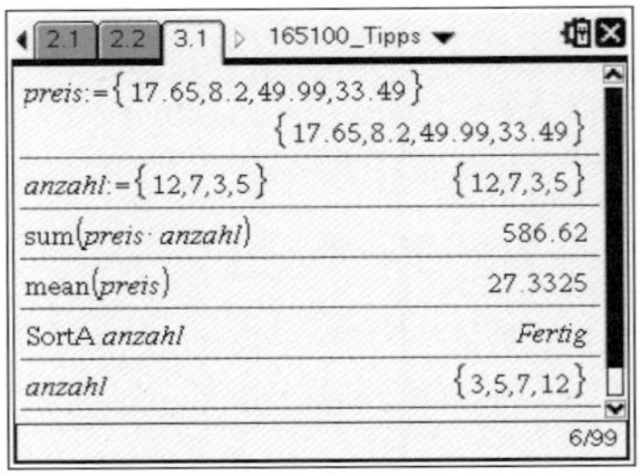

Beispiele für Listenoperationen:
mean(Liste) gibt das arithmetische Mittel der Liste an.
SortA(Liste) sortiert die Listenelemente aufwärts.

Weitere Listenoperationen finden Sie unter:
[menu] Statistik – Listen Mathematik und
[menu] Statistik – Listenoperationen

Folgen erstellen
Mit dem Befehl
seq(Ausdruck, Variable, Anfangswert, Endwert, Schrittweite)
(unter [menu] Statistik – Listenoperationen) lassen sich auch längere Folgen erzeugen, wenn für sie eine Bildungsvorschrift bekannt ist.

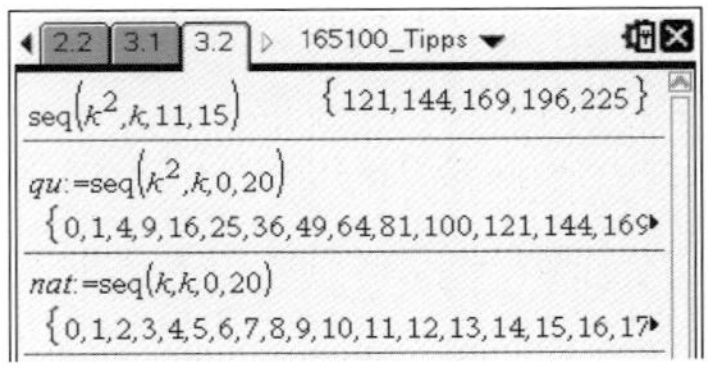

Im *Beispiel* steht der Name qu für die Liste der Quadratzahlen von 0 bis 20.
Unter dem Namen nat wurde die Liste der natürlichen Zahlen von 0 bis 20 abgespeichert.

Tabellenkalkulation nutzen: Lists & Spreadsheet
Sie können in dieser Tabellenkalkulation Listen eintragen, die bereits definiert sind. Im *Beispiel* sind es in den Spalten A bzw. B die oben definierten Listen qu und nat.

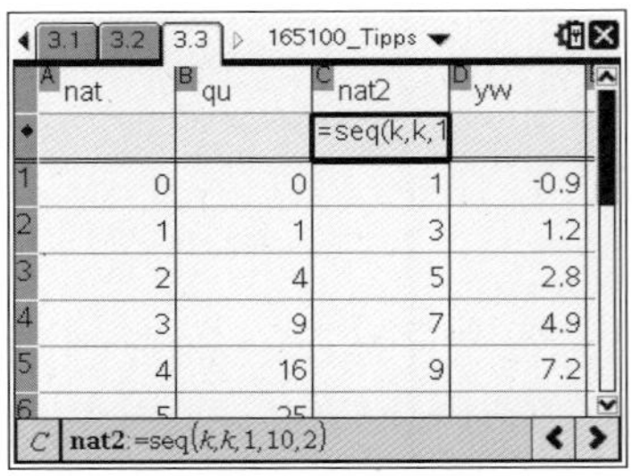

Listen lassen sich auch direkt in der Tabellenkalkulation erzeugen oder von Hand eintragen. Im *Beispiel* wurde in der Spalte C die Folge der natürlichen Zahlen von 1 bis 10 mit der Schrittweite 2 erzeugt und im Spaltenkopf mit dem Variablennamen nat2 benannt. In der Spalte D wurden die Zahlen per Hand eingetragen. Diese Liste erhielt den Variablennamen yw.

Streudiagramm in Data & Statistics erstellen
Fügen Sie die Applikation Data & Statistics ein.

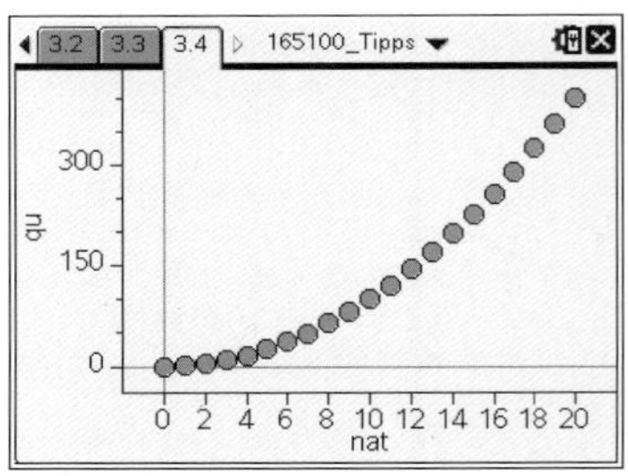

Im folgenden *Beispiel* werden die Listen von oben verwendet:
Klicken Sie auf die x-Achse und wählen Sie die Variable nat aus.
Klicken Sie auf die y-Achse und wählen Sie die Variable qu aus.
Sie erhalten das Diagramm, das die Zuordnung nat → qu veranschaulicht.

Streudiagramm mit Regression analysieren

Wählen Sie für ein vorliegendes Streudiagramm

[menu] Analysieren – Regression

und unter den vorgeschlagenen Regressionstypen einen zum Sachverhalt passenden Typ aus. Dabei kann man sich von inhaltlichen Erwägungen (z. B. dem charakteristischen Verlauf bekannter Funktionstypen) leiten lassen und den inhaltlichen Bezug des Problems berücksichtigen.

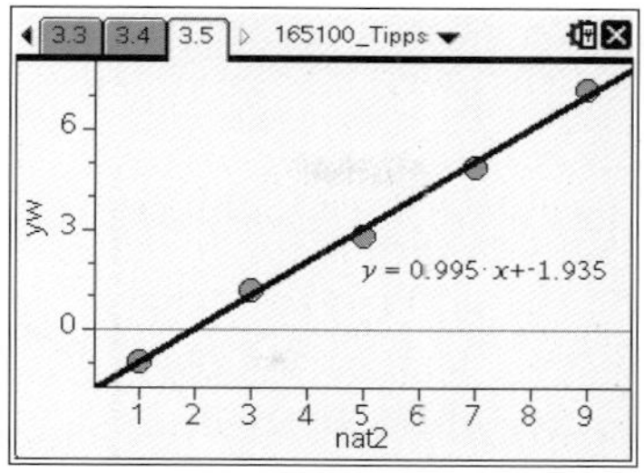

Im *Beispiel* wurden zunächst die Listen nat2 und yw (siehe oben) gegeneinander aufgetragen und eine lineare Regression gewählt. Als Ergebnis wird eine Ausgleichsgerade eingezeichnet und deren Gleichung ($y = 0{,}995x - 1{,}935$) angezeigt.

Stochastik – Zufallszahlen erzeugen

rand() ergibt eine Zufallszahl zwischen 0 und 1.

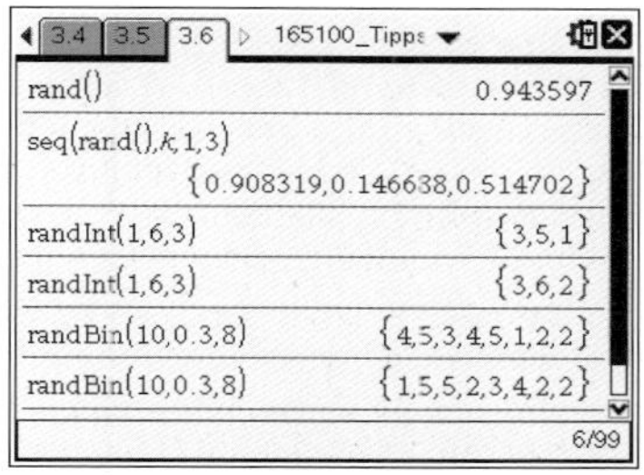

randint(a, b) ergibt eine ganzzahlige Zufallszahl im Intervall [a; b], randint(a, b, m) gibt eine Liste mit m ganzzahligen Zufallszahlen aus dem Intervall [a; b] zurück.

randbin(n, p) gibt eine Zufallszahl aus einer Binomialverteilung mit den Parametern n und p zurück, randbin(n, p, m) gibt eine Liste mit m Zufallszahlen aus einer Binomialverteilung mit den Parametern n und p zurück.

randnorm(μ, σ) gibt eine Zufallszahl aus einer Normalverteilung mit den Parametern μ und σ zurück.

randnorm(μ, σ, m) gibt eine Liste mit m Zufallszahlen aus einer Normalverteilung mit den Parametern μ und σ zurück.

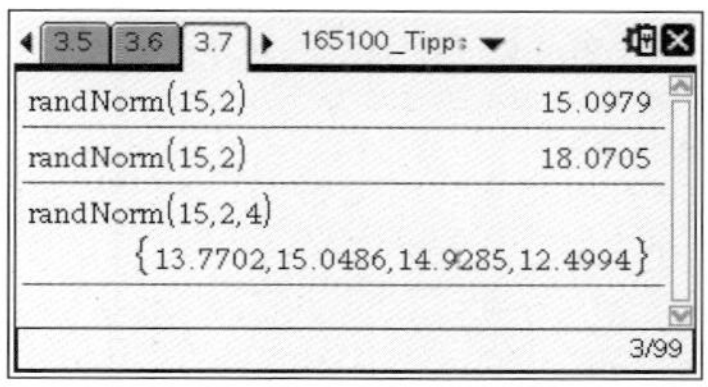

Binomialverteilung – Wahrscheinlichkeiten berechnen

binomPdf(n, p) erzeugt die Liste der ($n+1$) Einzelwahrscheinlichkeiten einer Binomialverteilung mit den Parametern n und p.

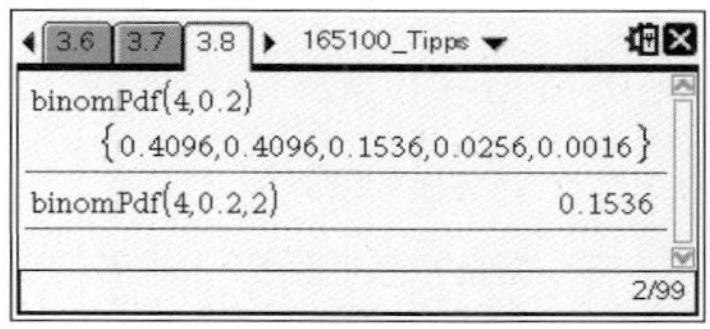

binomPdf(n, p, k) erzeugt die ($k+1$)-te Einzelwahrscheinlichkeit ($0 \le k \le n$) einer Binomialverteilung mit den Parametern n und p:

$$\binom{n}{k} \cdot p^k \cdot (1-p)^{n-k}$$

binomCdf(n, p) erzeugt die Liste der $(n+1)$ Einzelwahrscheinlichkeiten der Summenfunktion einer Binomialverteilung mit den Parametern n und p.

binomCdf(n, p, a, b) erzeugt die Summe der Einzelwahrscheinlichkeiten von a bis b einer Binomialverteilung mit den Parametern n und p:

$$\sum_{k=a}^{b} \binom{n}{k} \cdot p^k \cdot (1-p)^{n-k}$$

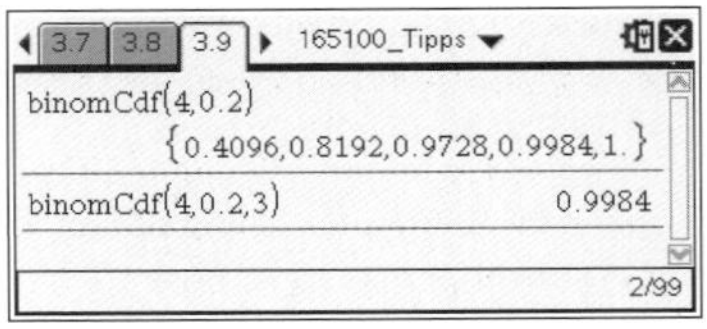

Inverse Binomialverteilung

Es wird eine Binomialverteilung sowie ein gegebener (Näherungs-)Wert $\hat{P}$ für $P(0 \le X \le a)$ betrachtet:

$$P(0 \le X \le a) = \sum_{k=0}^{a} \binom{n}{k} \cdot p^k \cdot (1-p)^{n-k} \le \hat{P}$$

Bei gegebenen Werten für n und p wird mit dem Befehl invBinom($\hat{P}$, n, p) die **kleinste** ganze Zahl $a+1$ zurückgegeben, für die gilt:

$P(0 \le X \le a+1) > \hat{P}$

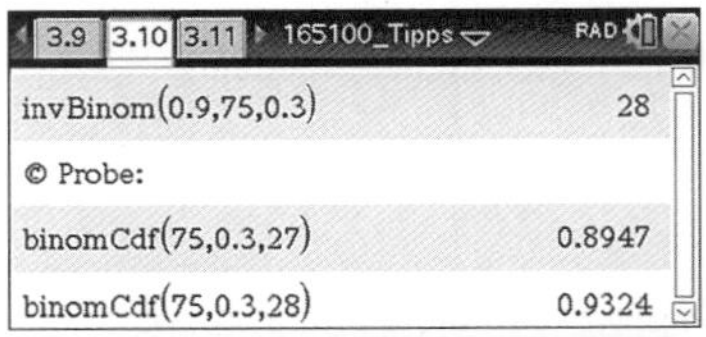

Bei gegebenen Werten für a und p wird mit dem Befehl invBinomN($\hat{P}$, p, a) die **kleinste** ganze Zahl n zurückgegeben, für die gilt:

$P(0 \le X \le a) \le \hat{P}$

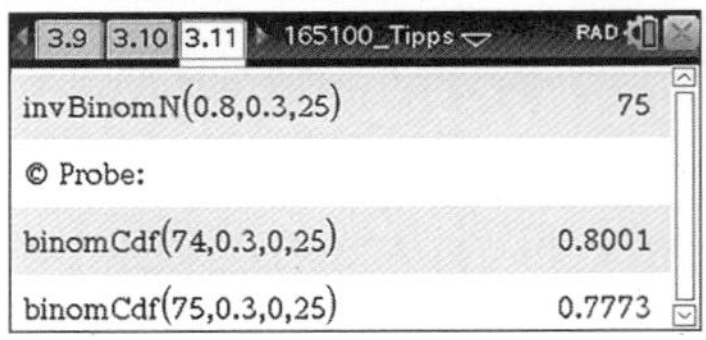

Normalverteilung – Wahrscheinlichkeiten berechnen

normPdf(x, μ, σ) berechnet den Wert der Wahrscheinlichkeitsdichtefunktion der Normalverteilung an der Stelle x für gegebene μ, σ. Außerdem kann normPdf(x, μ, σ) für das Zeichnen des Graphen einer Normalverteilung genutzt werden.

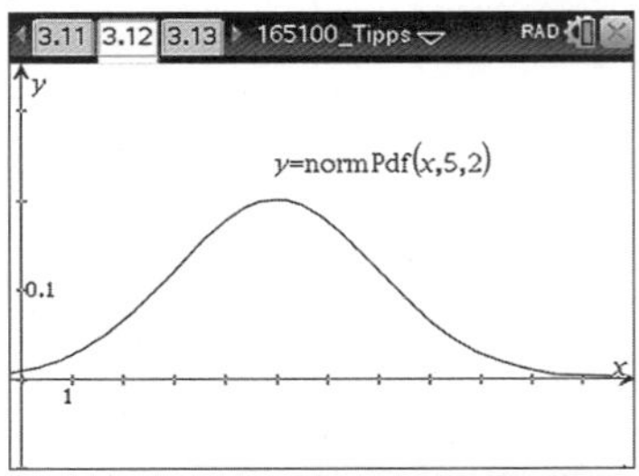

normCdf(a, b, μ, σ) berechnet die Wahrscheinlichkeit einer Normalverteilung mit den Parametern μ, σ zwischen der unteren Grenze a und der oberen Grenze b.
Für $P(X \le b)$ wird für die untere Grenze $-\infty$ eingesetzt.

invNormCdf(p, μ, σ) berechnet die obere Grenze b für eine gegebene Wahrscheinlichkeit der Größe p: $P(X \le b) = p$

Die Befehle binomPdf(), binomCdf(), invBinom(), invBinomN(), normPdf(), normCdf() und invNorm() finden Sie unter [menu] Wahrscheinlichkeit – Verteilungen … oder im Katalog [📖][1].

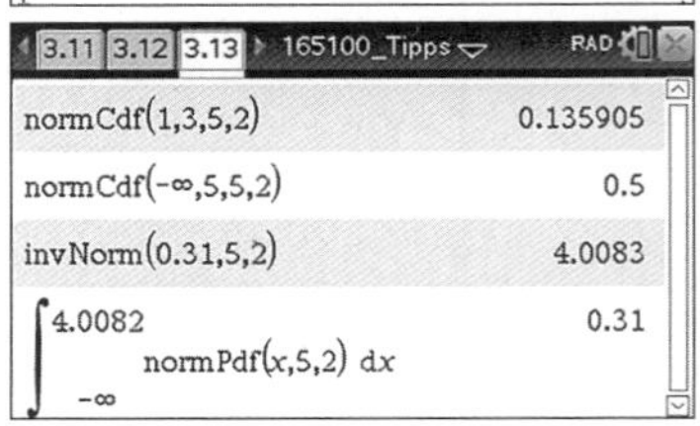

Vektoren, Betrag eines Vektors
Vektoren können als Spalten- oder Zeilenvektoren eingegeben werden:
[x; y; z] erzeugt einen Spaltenvektor.
[x, y, z] erzeugt einen Zeilenvektor.

Für die Eingabe von Vektoren lassen sich auch Vorlagen benutzen:

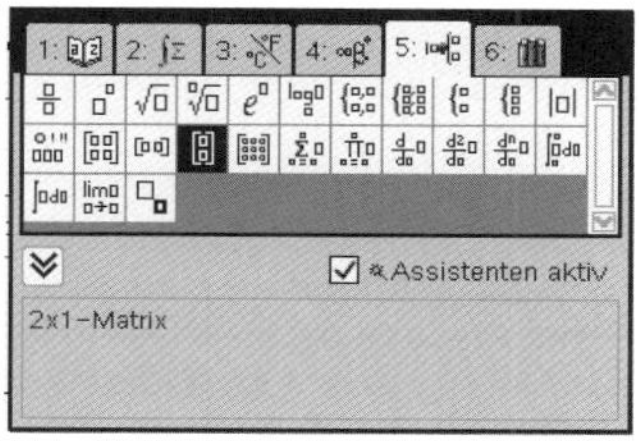

Mit der Taste ↵ können weitere Zeilen in einen Vektor eingefügt werden.

Am besten speichern Sie Vektoren unter Variablenbezeichnungen ab, um sich die Eintipparbeit zu vereinfachen.

Vektoren lassen sich vervielfachen und addieren.

Den Betrag eines Vektors erhält man durch den Befehl norm(Vektor).

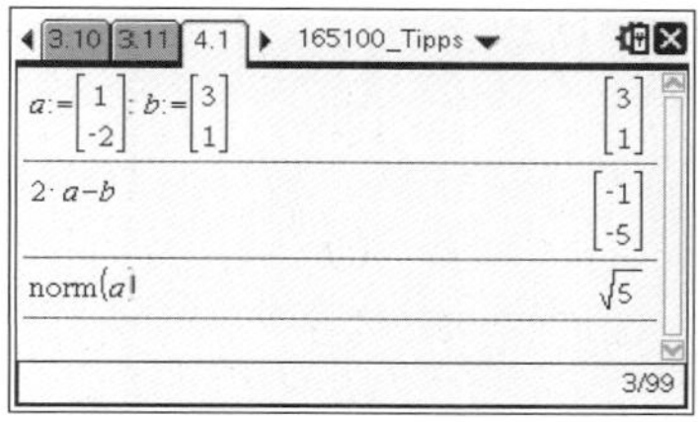

Lineare Abhängigkeit
Im *Beispiel* ist der Vektor $\vec{e}$ linear abhängig von den Vektoren $\vec{c}$ und $\vec{d}$, denn es gilt $1 \cdot \vec{c} - 1 \cdot \vec{d} = \vec{e}$.

Die Vektoren $\vec{c}$, $\vec{d}$ und $\vec{g}$ hingegen sind linear unabhängig.

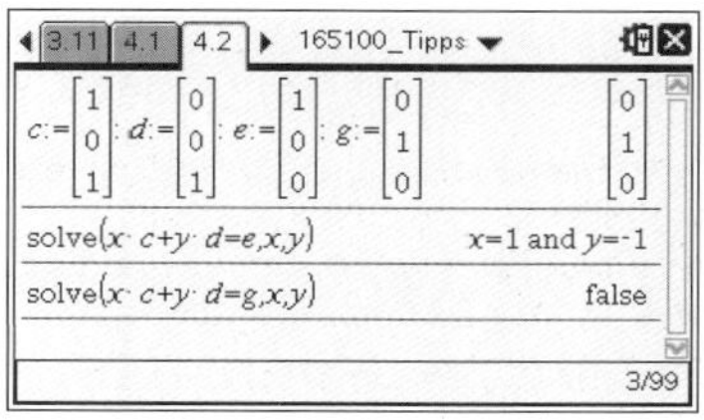

Geradengleichungen
Eine Geradengleichung der Form $\vec{x} = \vec{p}_0 + t \cdot \vec{a}$ können Sie z. B. unter der Variablen g(t) speichern und dann mit dieser Variablen arbeiten.

Im *Beispiel* wurden die Geraden auf ihren Schnittpunkt untersucht. Ihre Gleichungen wurden gleichgesetzt und das Gleichungssystem gelöst. Der Schnittpunkt wurde als Funktionswert h(–2) berechnet. Der Funktionswert ist hier ein Vektor.

Damit das Ergebnis als Zeilenvektor angezeigt wird (aus Platzgründen), wurde der Vektor h(–2) transponiert. Das Symbol ^{T} finden Sie unter ⊞ 4.

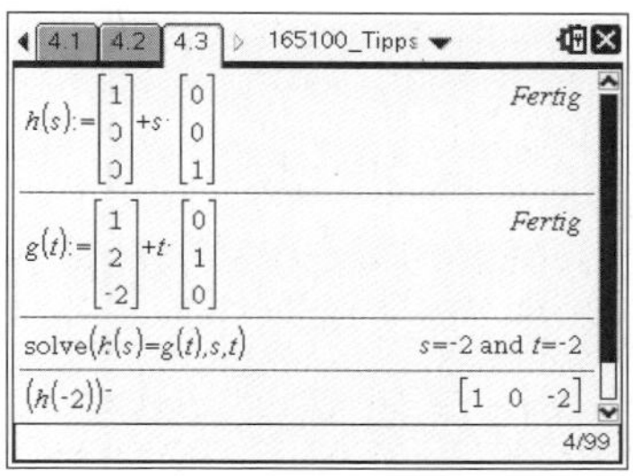

Abstand eines Punktes von einer Geraden

Die Berechnung des Abstandes eines Punktes P von einer Geraden g(t) lässt sich als Minimierungsproblem lösen. Man muss denjenigen Parameterwert t* der Geraden finden, für den der Betrag der Differenz des Ortsvektors eines beliebigen Punktes der Geraden und des Ortsvektors des gegebenen Punktes minimal wird.

Mit t* kann dann der Betrag dieses Differenzvektors berechnet werden.

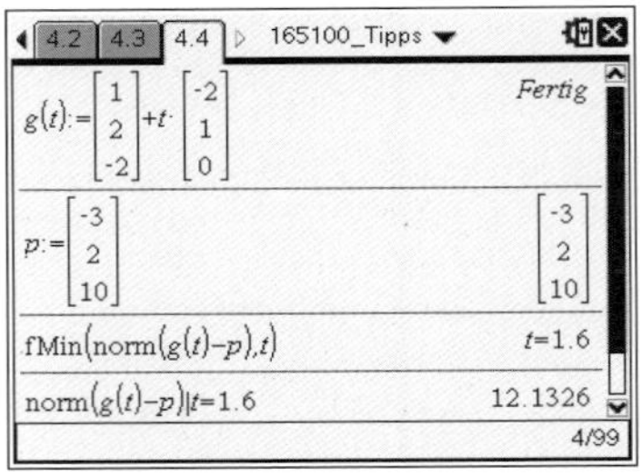

Skalarprodukt und Vektorprodukt

Skalarprodukt:
dotP(Vektor1, Vektor2)

Vektorprodukt (Kreuzprodukt):
crossP(Vektor1, Vektor2)

Sie finden diese Befehle z. B. unter [menu] Matrix und Vektor – Vektor oder im Katalog [📖][1].

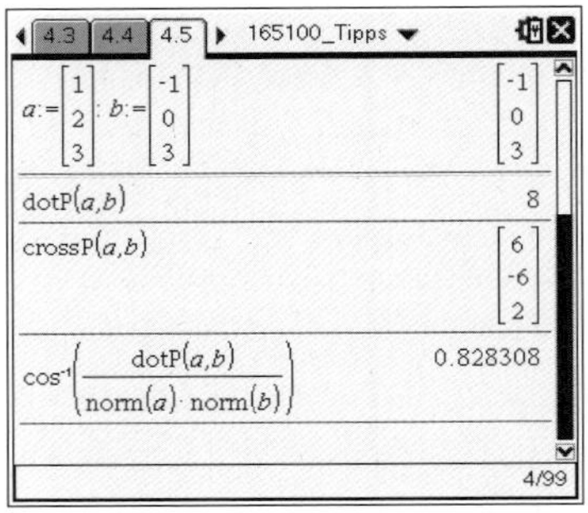

Winkel zwischen Vektoren berechnen

Die Berechnung erfolgt nach der Formel:

$$\cos(\alpha) = \frac{\vec{a} \circ \vec{b}}{|\vec{a}| \cdot |\vec{b}|} \quad \text{bzw.} \quad \alpha = \arccos\left(\frac{\vec{a} \circ \vec{b}}{|\vec{a}| \cdot |\vec{b}|}\right)$$

Die Anweisung arccos() finden Sie unter [trig] als $\cos^{-1}$. (Eine Eingabe von $\cos^{-1}$ mit der Taste [^] ist nicht möglich!)

Die Umrechnung eines im Bogenmaß angegebenen Winkels ist z. B. mithilfe des Konvertierungsoperators ▸ möglich, den Sie unter [📖][4] finden können:

▸DD wandelt Bogenmaß in Gradmaß um.

▸RAD wandelt Gradmaß in Bogenmaß um.

Alternativ können Sie ein Ergebnis im Bogenmaß auch durch 1° dividieren, um eine Umrechnung in das Gradmaß vorzunehmen. Das Gradzeichen finden Sie unter [?!▸].

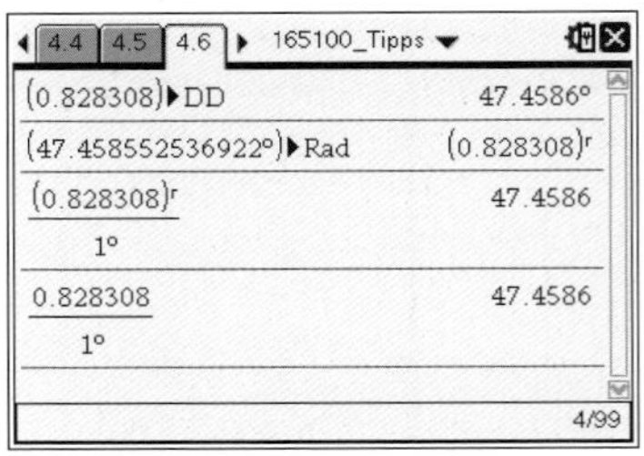

Ableitungen von Funktionen

Sie finden die Vorlagen zum Differenzieren von Funktionen z. B. unter [📖][5]:

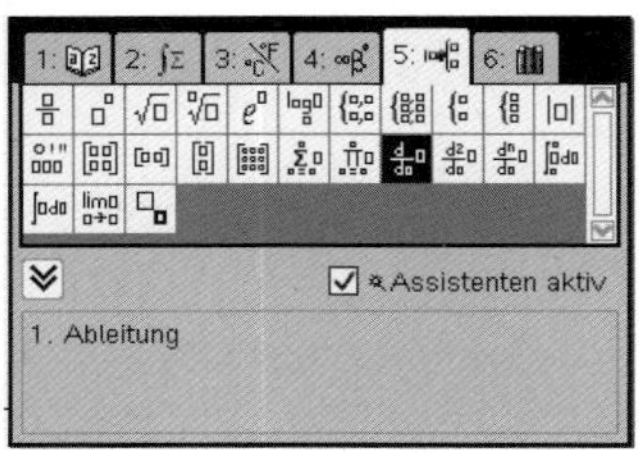

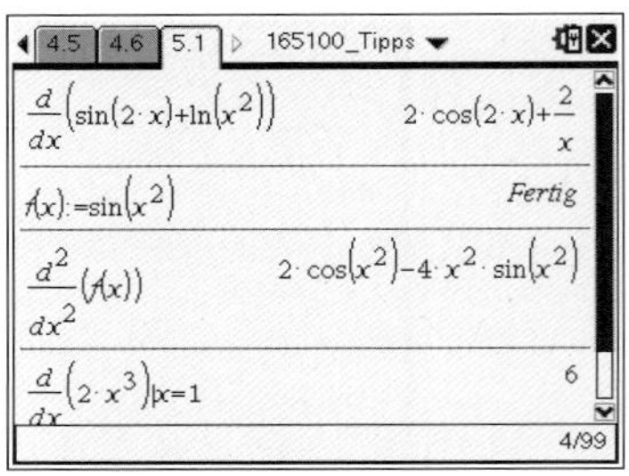

Sie können den Funktionsterm direkt eingeben oder mit den ggf. zugewiesenen Variablen arbeiten. Für Ableitungen an einer Stelle x_0 geben Sie diese mit dem WITH-Operator ein.

Dynamische Definitionen vermeiden
Beim Abspeichern z. B. von Ableitungsfunktionen mit Parametern müssen Sie folgenden Fehler vermeiden:

Beispiel: Für $f(x) = k \cdot x^2$ ist die 1. Ableitungsfunktion $f'(x) = 2k \cdot x$ und damit gilt für die 1. Ableitung von f an der Stelle k:

$f'(k) = 2k^2$

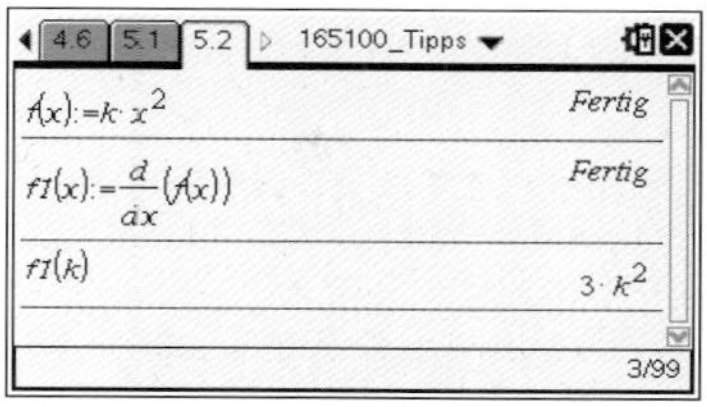

Das CAS gibt bei folgendem – **falschen!** – Vorgehen aber den Term $f'(k) = 3 \cdot k^2$ an.

Woran liegt das? Speichert man wie im Beispiel nur die Vorschrift zum Bilden der 1. Ableitung unter dem Namen f1(x) ab, so rechnet das CAS erst den Wert von f(x) an der Stelle x = k aus und bildet davon die 1. Ableitung nach k:

$f(k) = k \cdot k^2 = k^3$ und damit $f'(k) = 3k^2$

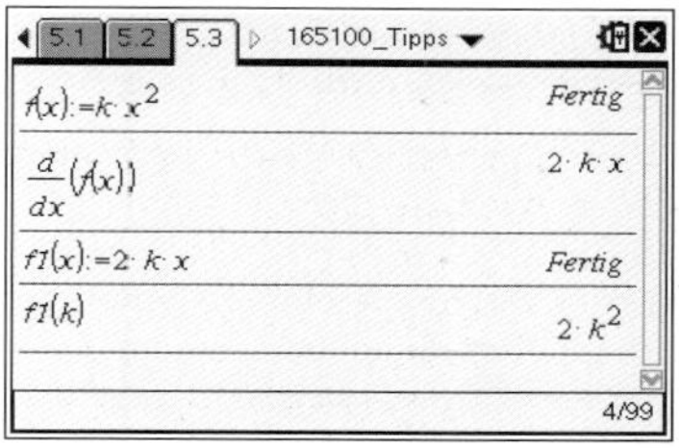

Sie vermeiden solche „dynamischen Definitionen“, indem Sie immer erst den Term der Ableitungsfunktion ausgeben lassen und den Funktionsterm dann unter einem geeigneten Namen abspeichern, wie es für dieses Beispiel gezeigt wird.

Integrieren von Funktionen
Sie können die Vorlagen zur Eingabe nutzen (siehe oben bei „Ableitungen von Funktionen“).

Unbestimmte Integrale werden im Allgemeinen ohne Integrationskonstante angezeigt. Diese müssen Sie beim Notieren des Ergebnisses selbstständig ergänzen.

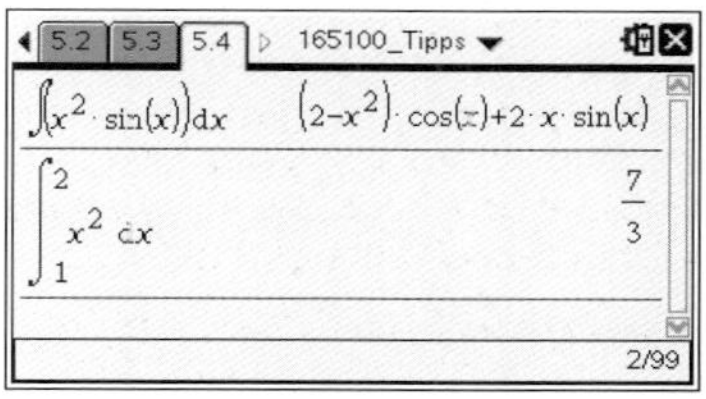

Hinweis: Bestimmte Integrale lassen sich auch im Grafikmodus unter [menu] Graph analysieren näherungsweise bestimmen. Bei der Abfrage von unterer und oberer Grenze können die Zahlenwerte über die Tastatur eingegeben werden.

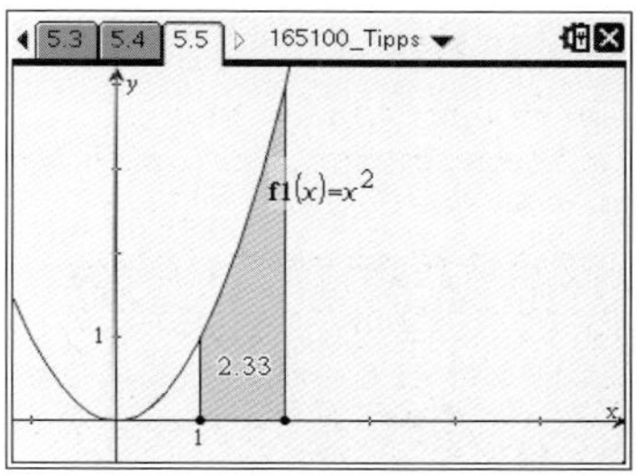

Grenzwerte von Funktionen
Nutzen Sie die Vorlagen (siehe oben bei „Ableitungen von Funktionen").

Das Unendlich-Symbol ∞ finden Sie unter [π▸].

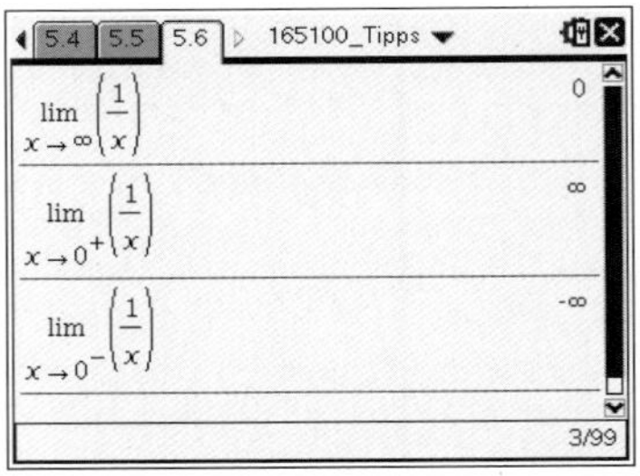

Tangenten- und Normalengleichungen bestimmen
Nutzen Sie die Befehle
tangentLine(f(x), x, x_0)
(unter [menu] Analysis – Tangententerm)
bzw.
normalLine(f(x), x, x_0)
(unter [menu] Analysis – Normalenterm)

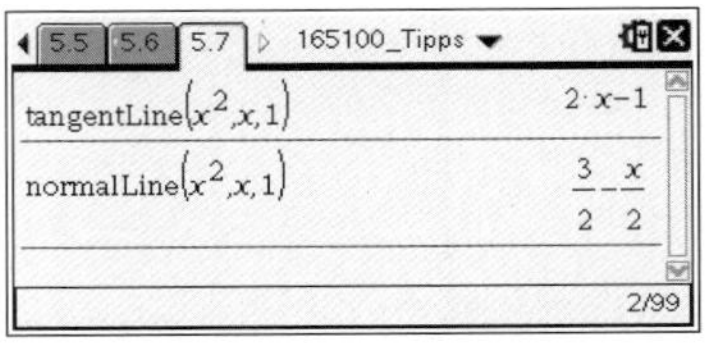

Hinweis: Tangenten lassen sich auch im Grafikmodus an den Graphen einer Funktion legen:
[menu] Geometry – Punkte & Geraden

Die Tangentengleichung erhalten Sie, nachdem Sie den Cursor auf die Tangente gesetzt haben, durch [ctrl][menu] Koordinaten / Gleichung.

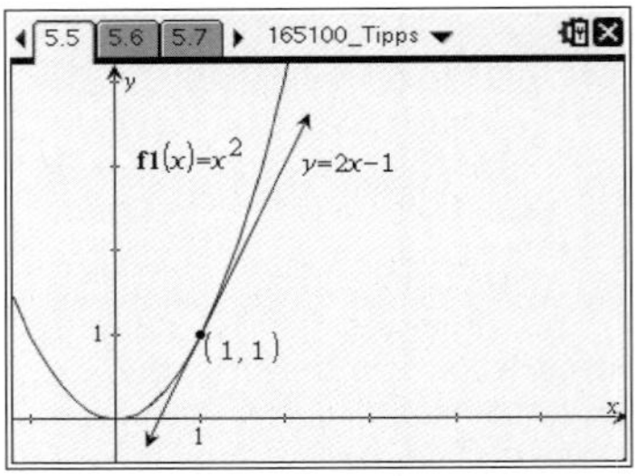

Definitionsbereich bestimmen
Mithilfe des domain()-Befehls kann man den Definitionsbereich eines Terms ermitteln.

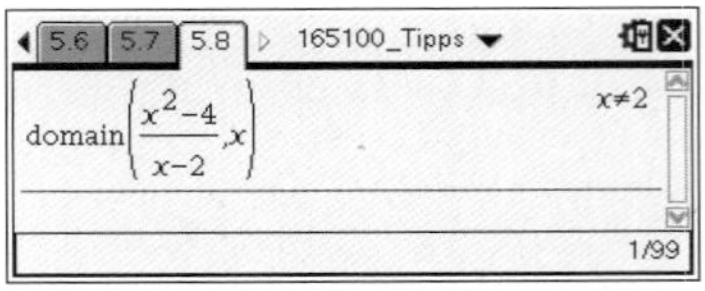

Systematisches Probieren
Es gibt Situationen, bei denen systematisches Probieren eine gute Wahl zur Lösungsfindung ist. Dies trifft z. B. auf solche Probleme zu, die durch endliche, diskrete mathematische Modelle gekennzeichnet sind.

Beispiel: Die Tischtennismannschaft eines Gymnasiums gewinnt erfahrungsgemäß 70 % ihrer Spiele. Wie viele Spiele muss diese Mannschaft mindestens durchführen, um mit einer Wahrscheinlichkeit von mindestens 98 % mindestens drei Spiele zu gewinnen?

Es ist der Parameter n einer binomialverteilten Zufallsgröße X mit $p = 0{,}70$ zu bestimmen, sodass $P(X \geq 3) \geq 0{,}98$ gilt. Gesucht ist also die Lösungsmenge der Ungleichung

$$\sum_{k=3}^{n} \binom{n}{k} \cdot 0{,}7^{k} \cdot 0{,}3^{n-k} \geq 0{,}98$$

oder „in der Sprache des Rechners":
binomCdf(n, 0.7, 3, n) ≥ 0.98

- solve() hilft hier nicht:
  Wie Sie im Bildschirmabdruck rechts sehen, hilft in diesem Falle der solve()-Befehl in Verbindung mit der Anweisung binomCdf() nicht weiter.

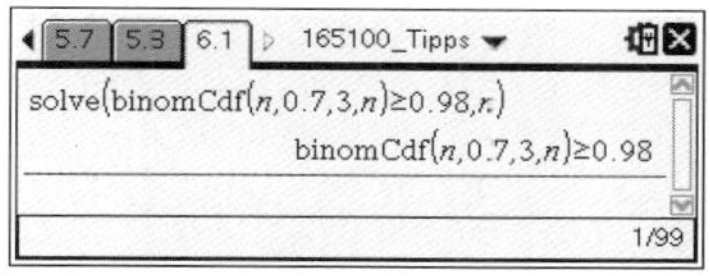

- Systematisches Probieren im Calculator:
  Setzen Sie in binomCdf(n, 0.7, 3, n) für n verschiedene natürliche Zahlen ein. Beachten Sie, dass binomCdf(n, 0.7, 3, n) mit wachsendem n immer größer wird. Beurteilen Sie, ob die angezeigte Wahrscheinlichkeit kleiner oder größer als die gegebene Grenze 0,98 ist. Vergrößern oder verkleinern Sie n, bis Sie den gesuchten Wert für n gefunden haben.

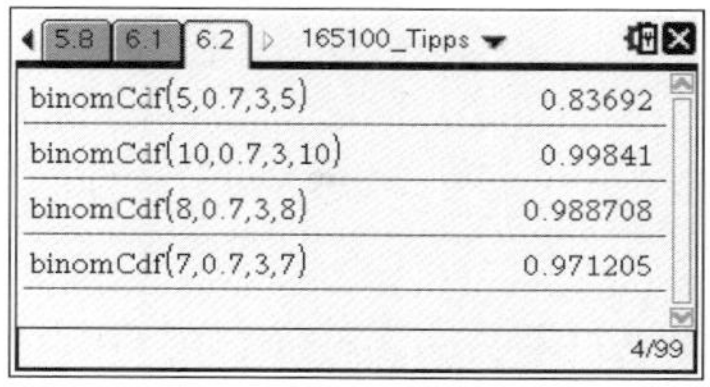

- Systematisches Probieren mit Tabellenkalkulation:
  Etwas eleganter können Sie die Lösung mithilfe der Tabellenkalkulation finden. Tabellieren Sie dazu in der Spalte A die Werte für n von n = 3 bis n = 50 mithilfe des in die ♦-Zelle dieser Spalte einzutragenden Befehls:
  = seq(n, n, 3, 50)
  In der ♦-Zelle der Spalte B tragen Sie den Befehl
  = seq(binomCdf(n, 0.7, 3, n), n, 3, 50)
  ein. Damit werden die Werte aller zugehörigen Binomialverteilungen tabelliert. Sie brauchen jetzt nur noch in der Tabelle nach unten zu gehen, bis Sie den kleinsten Wert für n finden, für den binomCdf(n, 0.7, 3, n) größer als 0,98 ist.

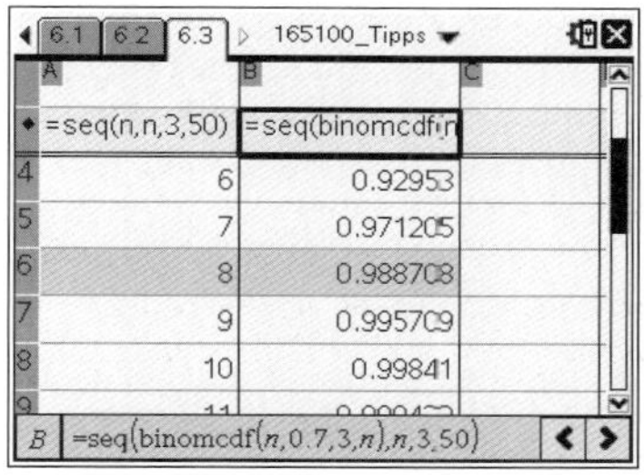

- Systematisches Probieren mit Notes und Schieberegler:
  Fügen Sie ein neues Problem und hier ein Notes-Dokument ein. Fügen Sie mit ctrl M ein Mathe-Feld ein. Geben Sie dort den Befehl ein: binomCdf(n, 0.7, 3, n). In der zweiten Zeile fügen Sie (ohne ein Mathe-Feld zu aktivieren) über menu Einfügen einen Schieberegler ein. Setzen Sie für die Variable v1 die Variable n ein.

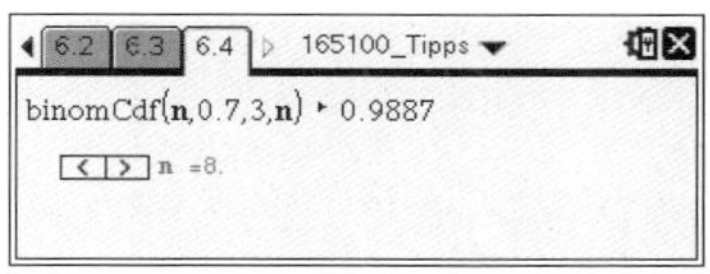

Entsprechend des Parameters n der gegebenen Binomialverteilung wird als Anfangswert 5, als Minimum 3, als Maximum 50 und als Schrittweite 1 gewählt. Außerdem wird die Anzeige des Schiebereglers minimiert.
Entsprechend der Belegung der Variablen n im Schieberegler wird der zugehörige Wert der Binomialverteilung angezeigt.
Betätigen Sie nun den Schieberegler, bis Sie den gesuchten Wert für n gefunden haben.

Lösungsplan

Aufgrund des Umfangs und der Komplexität von Aufgaben auf Abiturniveau empfiehlt es sich, beim Lösen systematisch zu arbeiten. Folgende Vorgehensweise hilft Ihnen dabei:

Schritt 1:
Nehmen Sie sich ausreichend Zeit zum **Analysieren** der Aufgabenstellung. Stellen Sie fest, zu welchem Themenbereich die Aufgabe gehört. Sammeln Sie alle Informationen, welche direkt gegeben sind, und achten Sie darauf, ob evtl. versteckte Informationen enthalten sind.

Schritt 2:
Markieren Sie die **Operatoren** in der Aufgabenstellung. Diese geben an, was in der Aufgabe von Ihnen verlangt wird. Vergegenwärtigen Sie sich die Bedeutung der verwendeten Fachbegriffe.

Schritt 3:
Versuchen Sie, den Sachverhalt zu veranschaulichen. Fertigen Sie gegebenenfalls mithilfe der Angaben und Zwischenergebnisse aus vorherigen Teilaufgaben eine **Skizze** an. Versuchen Sie, Vermutungen zum Ergebnis zu formulieren.

Schritt 4:
Erarbeiten Sie nun schrittweise den **Lösungsplan**, um aus den gegebenen Größen die gesuchte Größe zu erhalten. Notieren Sie sich, welche Einzel- bzw. Zwischenschritte auf dem Lösungsweg notwendig sind. Prinzipiell haben Sie zwei Möglichkeiten, oft hilft auch eine Kombination beider Vorgehensweisen:
- Sie gehen vom Gegebenen aus und versuchen, das Gesuchte zu erschließen.
- Sie gehen von dem Gesuchten aus und überlegen „rückwärts", wie Sie zur Ausgangssituation kommen.

Bei diesem Schritt wird dann sukzessive die **Lösung dargestellt**.

Schritt 5:
Suchen Sie nach geeigneten Möglichkeiten, das Endergebnis zu **kontrollieren**. Oftmals sind bereits Überschlagsrechnungen, Punktproben oder Grobskizzen ausreichend.

Hinweise zur Dokumentation: Beispielaufgabe mit dem CAS-Rechner

Am Beispiel einer Analysisaufgabe soll kurz dargestellt werden, was bei der Dokumentation der Lösungen zu beachten ist.

Gegeben sind Funktionen f_k (k ist ein Parameter) durch die Gleichung $f_k(x) = k \cdot x^3 + 4x^2$ mit $k \in \mathbb{R} \setminus \{0\}$. Der Graph von f_k sei G_k.

a) Untersuchen Sie den Einfluss des Parameters k auf die Lage und Art der lokalen Extrempunkte von G_k.

b) Der Graph G_k schließt mit der x-Achse eine Fläche ein. Ermitteln Sie die Werte des Parameters k, für die der Inhalt dieser Fläche $\frac{512}{3}$ FE beträgt.

Lösungsvorschlag für Teilaufgabe a:

Schritt 1:
- Themenbereich: Kurvendiskussion einer Funktionenschar
- Lage und Art lokaler Extrempunkte in Abhängigkeit von k sind zu bestimmen.
- Für den reellen Parameter k gilt $k \neq 0$.

Schritt 2 (Operatoren):
Der Operator „Untersuchen" bedeutet, Sachverhalte bzw. Objekte zu erkunden und Merkmale und Zusammenhänge herauszuarbeiten.

Schritt 3 (Veranschaulichung, Vermutungen):

- Eine Veranschaulichung für positive und negative Werte des Parameters k ergibt nebenstehendes Bild.

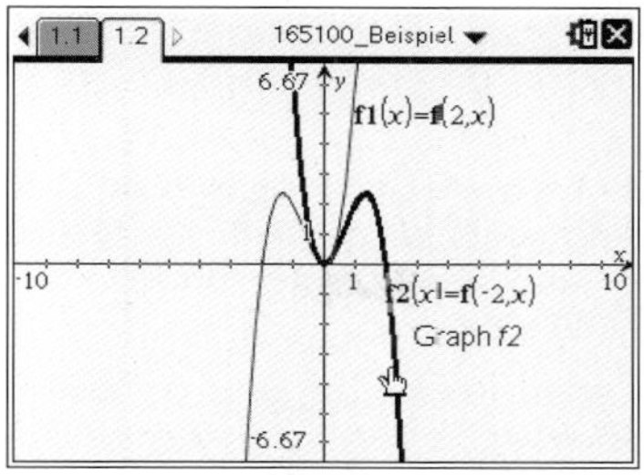

- Eine Veranschaulichung für verschieden große positive bzw. negative Werte von k zeigen die nächsten Bilder:

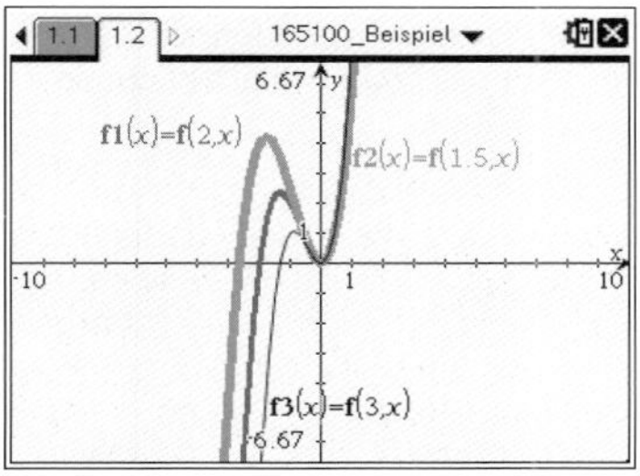

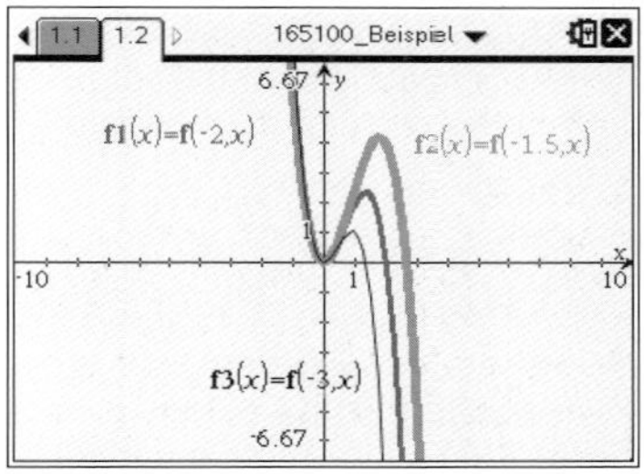

- Vermutungen zur Lage der Extremstellen:
  $k > 0$: Hochpunkt im II. Quadranten, $k < 0$: Hochpunkt im I. Quadranten
  Betrag von k zunehmend: Hochpunkt rückt näher an den Ursprung heran.
  Unabhängig von k existiert ein lokaler Tiefpunkt im Ursprung.

  Vermutung zur Art der Extremstellen:
  Es gibt einen „fixen" Tiefpunkt im Ursprung.
  Es gibt einen Hochpunkt in Abhängigkeit von k, aber mit stets positiver Ordinate.

Schritt 4 (Lösungsplan und -darstellung):

- 1. und 2. Ableitung von f_k bilden: Geben Sie die Funktionsgleichung ein und bilden Sie die Ableitungsfunktionen, speichern Sie die Funktion und die Ableitungen.

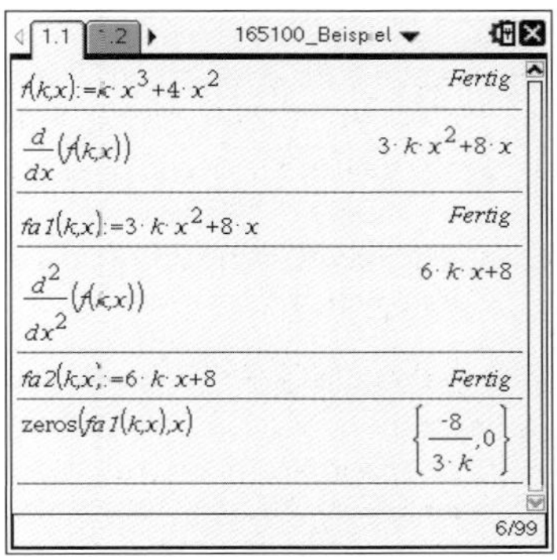

- Notieren Sie die gefundenen Funktionen auf dem Prüfungsbogen. Die Gleichungen der Ableitungsfunktionen sind:
  $f_k'(x) = 3kx^2 + 8x; \quad f_k''(x) = 6kx + 8$
- Notwendige Bedingung für lokale Extremstellen untersuchen und notieren:
  Die Nullstellen von $f_k'(x)$, also mögliche Extremstellen, sind:
  $x_{e1} = \dfrac{-8}{3k}$ sowie $x_{e2} = 0$

- Hinreichende Bedingung für lokale Extrempunkte untersuchen und notieren:

  $$f_k''\left(\frac{-8}{3k}\right)=-8<0$$

  Da der Wert -8 der zweiten Ableitung an der Stelle x_{e1} unabhängig von k ist, liegt hier also stets ein lokaler Hochpunkt vor.

  $$f_k''(0)=8>0$$

  Auch an der Stelle x_{e2} ist die 2. Ableitung unabhängig von k und zwar stets 8, also gibt es an dieser Stelle immer einen lokalen Tiefpunkt.

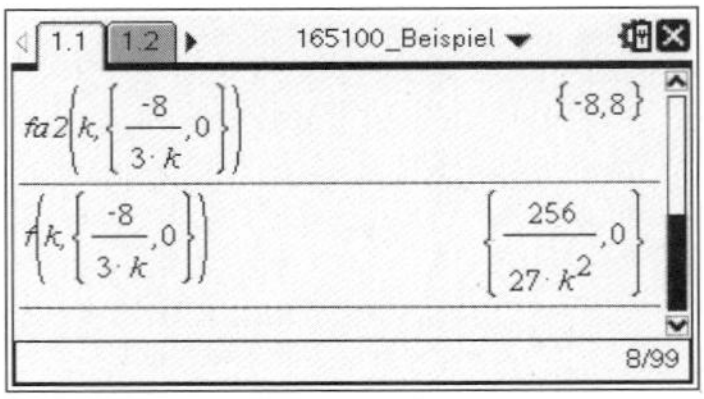

- Berechnen Sie die Ordinaten $f(x_e)$ und geben Sie die geordneten Paare $(x_e \mid y_e)$ an:

  Hochpunkt $H\left(\frac{-8}{3k} \,\middle|\, \frac{256}{27k^2}\right)$ Tiefpunkt $T(0 \mid 0)$

  Interpretation der Ergebnisse:

  Für alle $k \neq 0$ gilt $\frac{256}{27k^2}>0$, also liegt H immer oberhalb der x-Achse.

  Für negative k liegt der Hochpunkt H immer im I. Quadranten, weil dann $\frac{-8}{3k}>0$ ist. Für positive k ist $\frac{-8}{3k}<0$, also liegt H im II. Quadranten.

  Weil k sowohl bei x_e als auch bei y_e nur im Nenner steht, rückt der Hochpunkt für betragsmäßig größer werdende Werte von k immer näher zum Ursprung.
  Der Tiefpunkt hängt nicht von k ab.
  Damit sind die Vermutungen aus dem Schritt 3 bestätigt.

Schritt 5 (Probe):
Berechnen des Hochpunktes für $k=-2$ in Graphs und Vergleich mit den berechneten Extrempunkten für $k=-2$ zeigt Übereinstimmung.

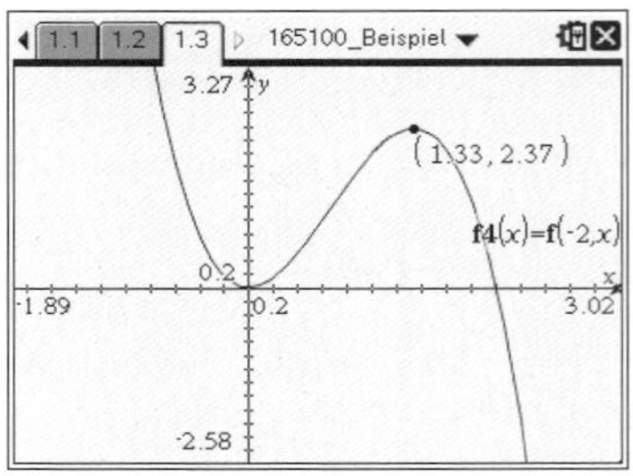

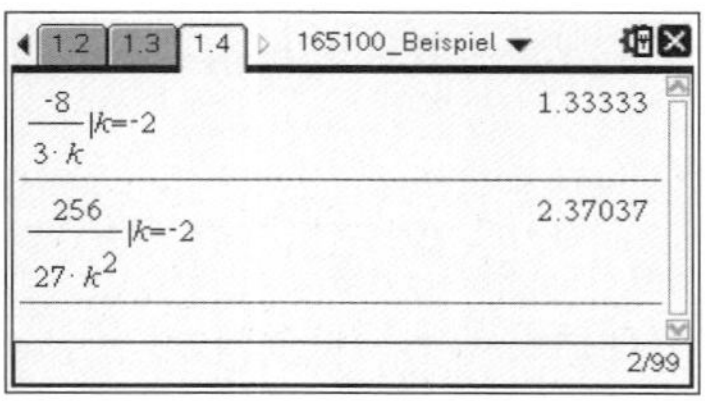

Lösungsvorschlag für Teilaufgabe b:

Schritt 1:
- Themenbereich: Flächenberechnung mithilfe des bestimmten Integrals
- Indirekt gegeben und durch die Beispiele in Teilaufgabe a verdeutlicht: Integrationsgrenzen sind die beiden Nullstellen von f_k.
  Es muss (mindestens) zwei Werte für k geben.

Schritt 2 (Operatoren):
„Ermitteln" heißt rechnerische, grafische oder inhaltliche Generierung eines Ergebnisses.

Schritt 3 (Veranschaulichung, Vermutungen):
Aus der Lage der Graphen von Funktionen mit entgegengesetztem k kann man vermuten, dass diese symmetrisch bezüglich der y-Achse sind. In diesem Falle müssen aus Symmetriegründen die von G_k und der x-Achse eingeschlossenen Flächen gleich groß sein. Da eine kubische Funktion nicht mehr als zwei lokale Extrempunkte haben kann, gibt es auch keine weiteren Nullstellen als die auf dem Bildschirm dargestellten. Es müsste deshalb genau zwei Werte für k geben.

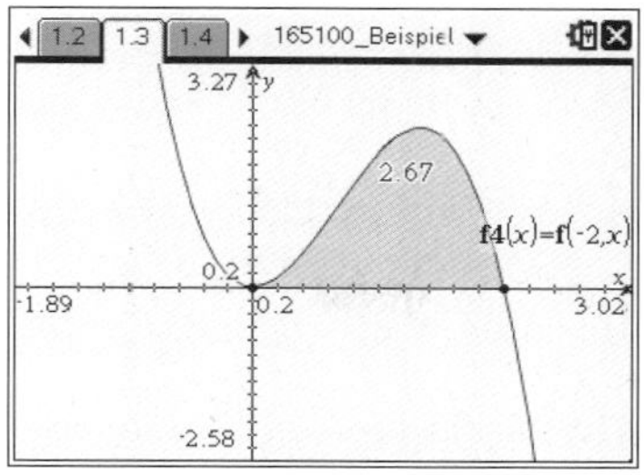

Schritt 4 (Lösungsplan und -darstellung):

- Die Nullstellen von $f_k(x) = k \cdot x^3 + 4x^2$ sind:
  $x_{01} = 0$ und $x_{02} = \frac{-4}{k}$

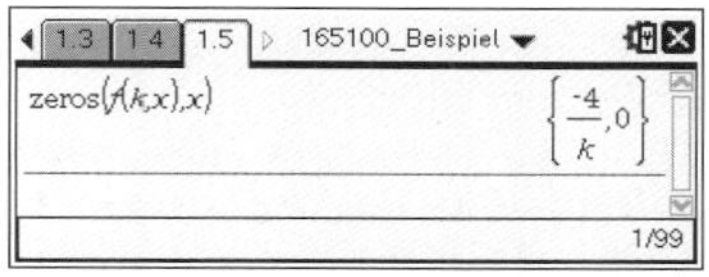

- Es gibt also genau zwei Nullstellen für jede Funktion f_k.
- Wenn die Graphen der Funktionen f_k und f_{-k} achsensymmetrisch bezüglich der y-Achse sind, so muss für alle reellen x gelten: $f_k(-x) = f_{-k}(x)$
  Diese Gleichung wird durch den CAS-Rechner als „wahr“ bestätigt.

- Für negative k liegt die von null verschiedene Nullstelle rechts von null. Sie kommt also als obere Integrationsgrenze infrage. Der Ansatz
  $\int_0^{\frac{-4}{k}} f_k(x)\,dx = \frac{512}{3}$ für die Flächenberechnung
  liefert $k = \frac{-1}{2}$ als Ergebnis.

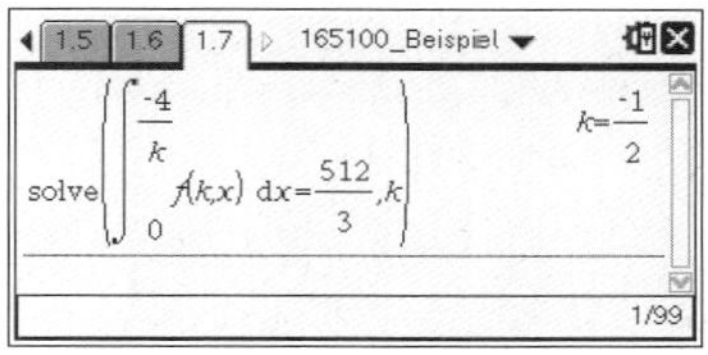

- Wegen der genannten und nachgewiesenen Symmetrie muss auch für $k = \frac{1}{2}$ der Graph G_k mit der x-Achse eine Fläche von $\frac{512}{3}$ FE einschließen.

Schritt 5 (Probe):
Mit dem CAS-Rechner werden die beiden Integrale $\int_0^{\frac{-4}{k}} f_k(x)\,dx$ für $k = -\frac{1}{2}$ und $k = \frac{1}{2}$ berechnet.
Im ersten Fall ergibt sich als Flächeninhalt $\frac{512}{3}$ FE. Im zweiten Fall ergibt sich $-\frac{512}{3}$ FE.
Das Minuszeichen ist dadurch zu erklären, dass für positive k die Integrationsgrenzen vertauscht werden müssen. Auch eine Flächenberechnung in Graphs bestätigt näherungsweise die Ergebnisse.

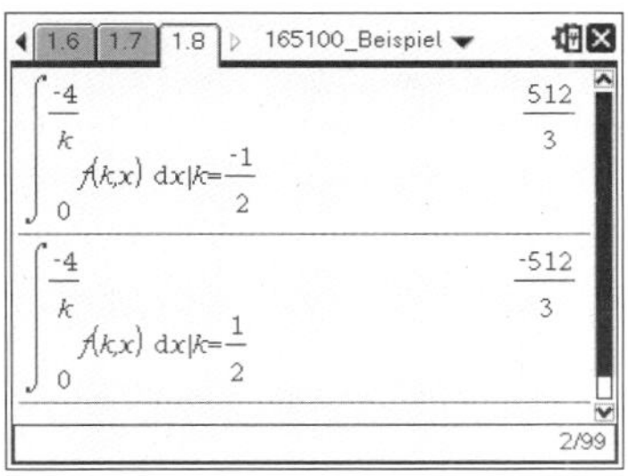

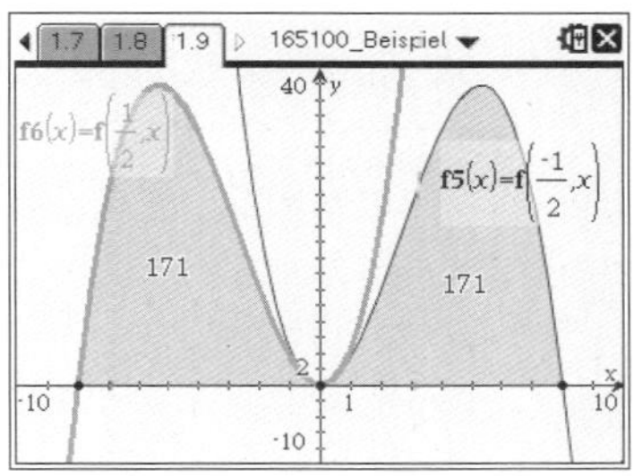

Damit Sie die Vorteile, die die Verwendung von CAS-Rechnern mit sich bringt, auch effektiv nutzen können, sind hier einige allgemeine Hinweise für das Lösen von Abituraufgaben mit CAS-Rechnern aufgelistet.

- Das Thüringer Ministerium für Bildung, Jugend und Sport verlangt wegen der Gleichwertigkeit der äußeren Bedingungen, dass bei der Prüfung verwendete CAS-Rechner **vor dem Beginn des schriftlichen Mathematikabiturs** in einen für alle Abiturienten einheitlichen Ausgangszustand mit leerem Arbeitsspeicher zurückgesetzt werden. Das Löschen aller Dateien sollten Sie bereits spätestens am Vortag zu Hause vornehmen. So können Sie wichtige Dateien von Ihrem Taschencomputer auf einen PC übertragen und abspeichern, um sie später wieder zur Verfügung zu haben. Bei der Gelegenheit sollten Sie auch den technischen Zustand Ihres Taschencomputers überprüfen und eventuell den Akku aufladen.

- Es kommt nicht oft vor, aber man kann es nicht völlig ausschließen, dass der Taschencomputer an seine **technischen Grenzen** stößt. Deshalb sollte man **Warnhinweise** des Rechners **ernst nehmen** und versuchen, die **Lösung auf einem anderen Lösungsweg abzusichern**. (Jedoch ist nicht jeder dieser Warnhinweise auch berechtigt.)

  Beispiel: Die Lösungen der Gleichung $\sin x = e^x$ werden mit dem Taschencomputer auf algebraischem Wege ermittelt.

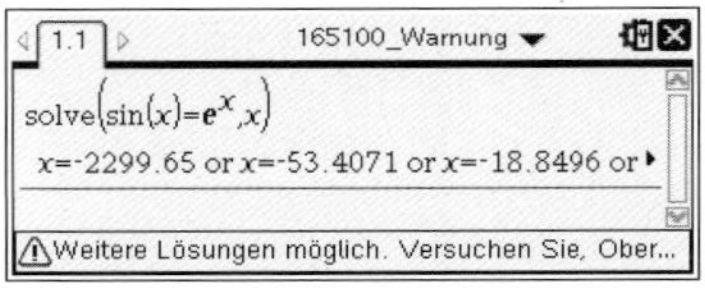

  Algebraisch werden nur endlich viele Näherungslösungen ermittelt, aber es wird eine Warnung „Weitere Lösungen möglich." angezeigt. In der grafischen Veranschaulichung erkennt man, dass es mehr als zwei Lösungen geben muss. Durch inhaltliche Überlegungen (Periodizität der Sinusfunktion und asymptotisches Verhalten der e-Funktion bezüglich der negativen x-Achse) wird klar, dass es sogar unendlich viele Lösungen dieser Gleichung gibt.

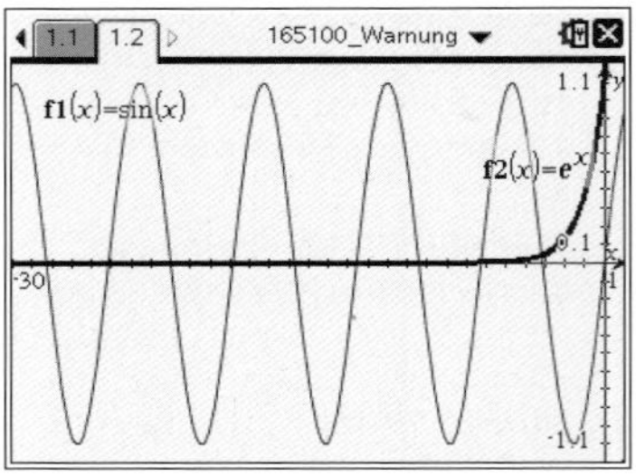

- Auch wenn der Taschencomputer keinen Warnhinweis anzeigt, kann die **Kontrolle auf einem anderen Lösungsweg** helfen, Fehler zu vermeiden, die z. B. durch falsche inhaltliche Überlegungen oder Eingabefehler entstehen können.

  Beispiele:

  a) Es soll diejenige Stelle x bestimmt werden, für die die Funktion $y = f(x) = x^2 \cdot e^{-x}$ ein lokales Minimum annimmt.

     In einem ersten Lösungsversuch wird der Befehl fMin(f(x),x) verwendet. Hat die Funktion zwei lokale Minima?

Eine grafische Darstellung lässt vermuten, dass dieses Ergebnis nicht richtig sein kann, denn für $x \to \infty$ kann man eher eine asymptotische Annäherung an die x-Achse erwarten.

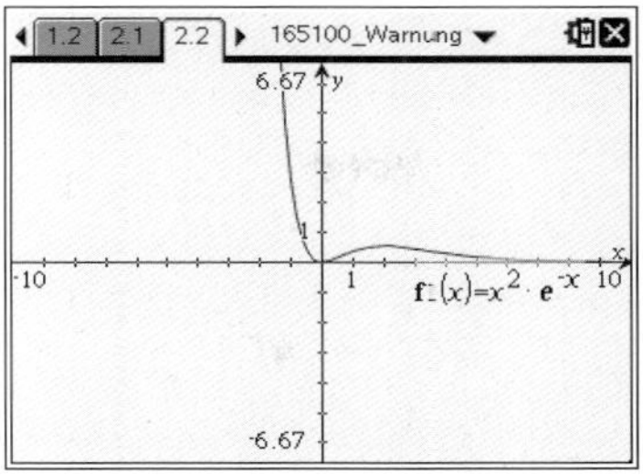

Weitere Untersuchungen mit dem Ableitungskalkül bestätigen, dass nur für $x=0$ ein lokales Minimum vorliegt. Für $x \to \infty$ nähern sich die Funktionswerte asymptotisch der x-Achse, ein weiteres lokales Minimum existiert also nicht.

b) Der Graph der Funktion

$$y = f(x) = \frac{(x-5)\cdot(x+3)}{x+4}$$

soll auf lokale Extrempunkte untersucht werden. Er besitzt genau zwei lokale Extrempunkte. Die grafische Darstellung im Standardfenster zeigt aber nur einen lokalen Tiefpunkt an, obwohl die Funktion auch einen lokalen Hochpunkt besitzt.

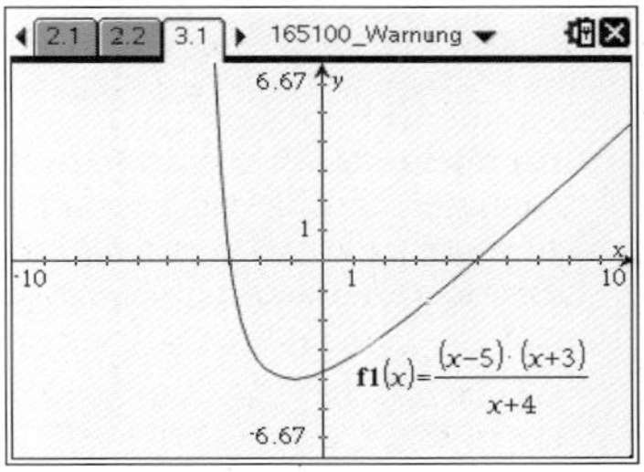

Der Nachweis über die Existenz und Anzahl aller lokalen Extrempunkte gelingt letztlich nur mithilfe algebraischer Methoden.

- Rechnungen lassen sich weitgehend an das CAS übertragen. Das spart Zeit und vermeidet Rechenfehler. Sie sollten stets sehr **sorgfältig die Eingabe** in den Rechner **kontrollieren**, um Eingabefehler zu vermeiden. Auch bei der Auswahl der Variablenbezeichnungen muss man aufpassen, dass keine rechnerinternen Überschneidungen entstehen.

  Beispiel: Es führt zu einem Fehler, innerhalb ein und desselben Problems die Variable t gleichzeitig als Parameter für den Ortsvektor d(t) eines Punktes und außerdem als Bezeichnung eines anderen Objektes wie einer Geraden zu verwenden.

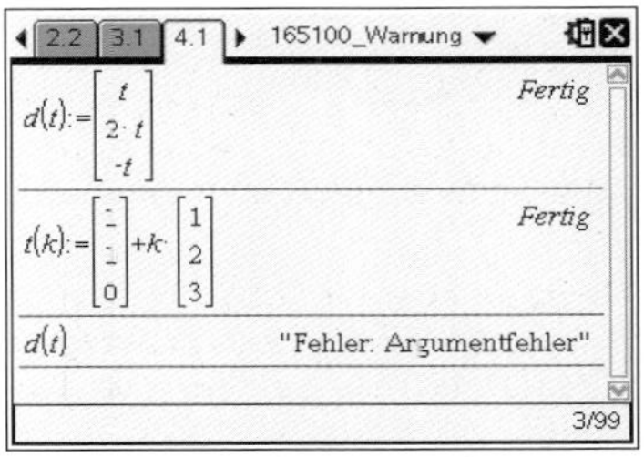

  Die Fehlermeldung kommt dadurch zustande, dass der Rechner bei d(t) für t die Eingabe einer Variablen oder Zahl erwartet, aber t hier als ein Vektor abgespeichert ist.

- Um Rundungsfehler zu vermeiden, sollte man die **Zwischenergebnisse** direkt **über Kopieren und Einfügen** (ctrl C bzw. ctrl V) im weiteren Rechengang **nutzen**.

  Beispiel: Eine Stadt hatte 70 000 Einwohner im Jahr 2010, im Jahr 2016 sind es 85 000. Unter der Annahme, dass exponentielles Wachstum vorliegt, soll das Jahr berechnet werden, in dem sich die Bevölkerungszahl gegenüber dem Jahr 2010 verdoppelt hat.

  Aus dem Ansatz ergibt sich ein exakter Wachstumsfaktor oder ein als Dezimalbruch angegebener Faktor mit vielen Nachkommastellen (siehe Bildschirmausdruck). Man ist versucht, mit einem gerundeten Wert weiterzurechnen, beispielsweise hier mit $x = 1{,}03$. Mit diesem gerundeten Zwischenergebnis erhält man eine Abweichung von fast zwei Jahren gegenüber dem Ergebnis, das aus dem nicht gerundeten Wert entsteht.

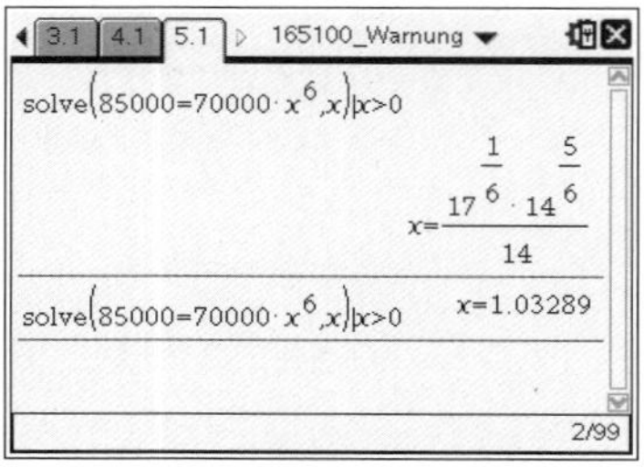

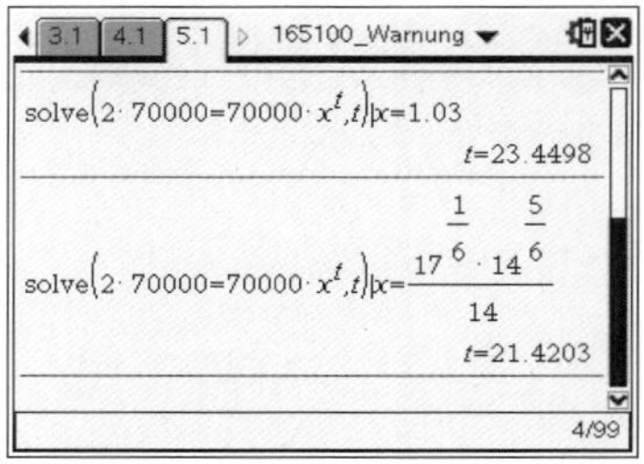

- Weil der Taschencomputer Ihnen viel Arbeit abnimmt, kann es passieren, dass Ihre Lösungsdarstellung zu knapp ausfällt. Gewöhnen Sie sich beizeiten daran, den Lösungsweg immer so zu notieren, dass er von anderen gut nachvollzogen werden kann. **Kommentieren Sie Ihre Lösungsansätze, notieren Sie Zwischenschritte und nehmen Sie in der Antwort immer Bezug auf die gestellte Aufgabe.** So haben Sie eine nachträgliche Kontrolle, ob Sie wirklich alle gestellten Aufgabenteile bearbeitet haben. Eventuell ist es dann auch möglich, bei der Korrektur Folgefehler anzuerkennen. Selbstverständlich trägt eine saubere und übersichtliche Darstellung des Lösungsweges zu einem positiven Gesamteindruck Ihrer Abiturarbeit bei.

Kernfach Mathematik (Thüringen): Übungsaufgaben
Prüfungsteil A: Aufgabensatz 1

Pflicht: Lösen Sie die folgenden vier Aufgaben.

1. Gegeben ist die Funktion f durch $f(x) = \sin(2x)$ mit $x \in \mathbb{R}$.
   a) Skizzieren Sie den Graphen von f im Intervall $0 \leq x \leq 2\pi$. (2 BE)
   b) Entscheiden Sie, welche der folgenden Funktionen mit der 1. Ableitungsfunktion von f übereinstimmt.
   A: $g(x) = \cos(2x)$ B: $h(x) = -2\cos(2x)$ C: $k(x) = 2\cos(2x)$ (1 BE)
   c) Ermitteln Sie die Lösungsmenge der Ungleichung $f(x) \geq 0$ im Intervall $-\pi \leq x \leq \pi$. (2 BE)

2. Herr K. verfügt über ein Sparguthaben von 2 000 Euro. Er will davon jeden zehnten Tag Geld abheben und zwar stets die Hälfte seines noch verbliebenen Guthabens.
   a) Ermitteln Sie, wie groß sein Guthaben nach 40 Tagen ist. (1 BE)
   b) Entscheiden Sie, welche der folgenden Funktionsvorschriften die Entwicklung des Guthabens von Herrn K. beschreiben, wenn die Variable K für das Guthaben in Euro und die Variable t für die Zeit in Tagen steht.

   A: $K(t) = 2\,000 - \frac{1}{2} \cdot t \cdot 10$ B: $K(t) = 2\,000 \cdot \left(\frac{1}{2}\right)^{\frac{t}{10}}$

   C: $K(t) = 2\,000 \cdot \left(\frac{1}{2}\right)^{10 \cdot t}$ D: $K(t) = 2\,000 \cdot 2^{\frac{-t}{10}}$ (2 BE)

   c) Ermitteln Sie, wann Herr K. nur noch $\frac{1}{8}$ seines ursprünglichen Guthabens besitzt. (2 BE)

3. In einem kartesischen Koordinatensystem sind die Punkte A, B, C und D gegeben:
   $A(5\,|\,0\,|\,0)$, $B(5\,|\,4\,|\,3)$, $C(0\,|\,4\,|\,3)$, $D(0\,|\,0\,|\,0)$
   a) Zeigen Sie, dass das Viereck ABCD ein Quadrat ist. (3 BE)
   b) Bestimmen Sie den Mittelpunkt der Diagonalen des Quadrats ABCD. (2 BE)

4. Zwei Würfel unterschiedlicher Farbe werden gleichzeitig geworfen.
   a) Begründen Sie, dass die Wahrscheinlichkeit für einen „Pasch" (also bei beiden Würfeln die gleiche Augenzahl) $\frac{1}{6}$ ist, wenn die beiden Würfel einmal gleichzeitig geworfen werden. (2 BE)
   b) Berechnen Sie die Wahrscheinlichkeit, dass es bei drei Würfen mit beiden Würfeln jedes Mal einen „Pasch" gibt. (2 BE)
   c) Erläutern Sie, ob sich am Ergebnis von Aufgabenteil b etwas ändern würde, wenn man zwei gleichfarbige Würfel hätte. (1 BE)

Wahl: Lösen Sie zwei der sechs folgenden Aufgaben.

5. Für eine Funktion f gelte $f'(5) = 0$.
Was lässt sich hieraus eindeutig folgern? Begründen Sie jeweils Ihre Entscheidung.
(A) An der Stelle $x = 5$ hat die Ableitungsfunktion von f den Wert 0. (1 BE)
(B) $x = 5$ ist Extremstelle von f. (1 BE)
(C) $x = 5$ ist Sattelstelle (Wendestelle mit waagerechter Tangente) von f. (1 BE)
(D) $x = 5$ ist Extrem- oder Sattelstelle von f. (1 BE)
(E) An der Stelle $x = 5$ hat der Graph von f eine waagerechte Tangente. (1 BE)

6. Der Graph der Funktion f mit $f(x) = 2x^2 + ax + b$ mit $a, b, x \in \mathbb{R}$ hat im Punkt $P(2 \mid 1)$ den Anstieg 2.
a) Beschreiben Sie, wie aus diesen Angaben auf die Größe der Koeffizienten a und b geschlossen werden kann. (2 BE)
b) Berechnen Sie a und b. (3 BE)

7. Gegeben sind die drei Punkte O (Koordinatenursprung), A und B.
a) Erläutern Sie, welche Punktmenge durch die Gleichung $\vec{x} = \overrightarrow{OA} + r \cdot \overrightarrow{AB}$ mit $r \in \mathbb{R}$ und $0 \leq r \leq 2$ bzw. $|r| \leq 1$ beschrieben wird. (3 BE)
b) Beschreiben Sie durch eine geeignete Vektorgleichung, wie der Punkt C auf der Strecke $\overline{AB}$, der vom Punkt B doppelt so weit entfernt ist wie vom Punkt A, ermittelt werden kann. (2 BE)

8. Gegeben ist die Pyramide ABCD mit den Eckpunkten $A(1 \mid 0 \mid 1)$, $B(1 \mid 2 \mid 1)$, $C(0 \mid 1 \mid 1)$, $D(1 \mid 1 \mid 3)$.
a) Zeichnen Sie ein Schrägbild der Pyramide ABCD und beschreiben Sie deren besondere Lage und Form. (2 BE)
b) Ermitteln Sie das Volumen der Pyramide ABCD. (3 BE)

9. Drei Würfel werden einmal gleichzeitig geworfen. Bestimmen Sie die Wahrscheinlichkeit, dass
a) nur gleiche Zahlen vorkommen, (1 BE)
b) genau zwei verschiedene Zahlen vorkommen, (2 BE)
c) keine Zahl mehrfach vorkommt. (2 BE)

10. „Jeder Fünfte in Deutschland ist tätowiert", so wurde eine Zeitungsmeldung überschrieben.
Es werden 100 zufällig ausgewählte Personen in Deutschland befragt, ob sie tätowiert sind. Die binomialverteilte Zufallsgröße X gibt die Anzahl der Personen an, die diese Frage bejahen. Die folgende Abbildung zeigt das Histogramm dieser Zufallsgröße.

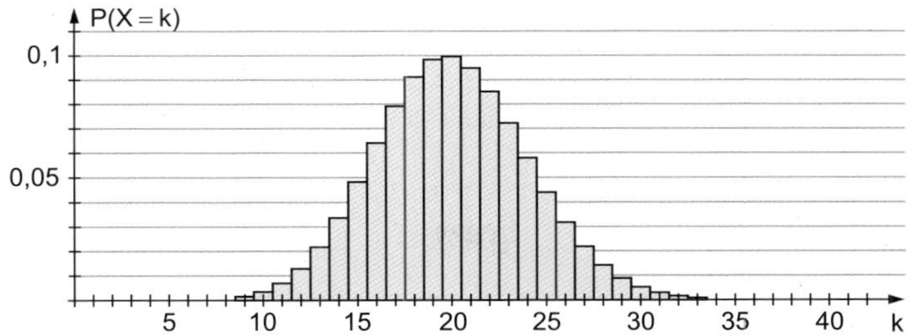

a) Berechnen Sie den Erwartungswert und die Standardabweichung von X. (2 BE)

b) Markieren Sie im Histogramm das 95-%-Prognoseintervall. (1 BE)

c) Entscheiden Sie, ob eine signifikante Abweichung von der Behauptung „Jeder Fünfte in Deutschland ist tätowiert“ vorliegt, wenn in dieser Stichprobe 35 Personen mit „Ja“ antworten. (2 BE)

Hinweise und Tipps

Aufgabe 1

Teilaufgabe a

- Überlegen Sie, wie die Amplitude und die kleinste Periode von f lauten.

Teilaufgabe b

- Beachten Sie, dass die Funktion f eine verkettete Funktion ist.

Teilaufgabe c

- Beziehen Sie die Ergebnisse Ihrer Überlegungen zu den Teilaufgaben a und b in die Lösungsfindung ein.
- Skizzieren Sie den Verlauf der Funktion f im angegebenen Intervall.

Aufgabe 2

Teilaufgabe a

- Beachten Sie, dass sich das Guthaben bei jedem Abheben halbiert.

Teilaufgabe b

- Berechnen Sie für jeden der Terme den Termwert für $t = 10$.
- Sortieren Sie die Terme mit falschen Ergebnissen aus.

Teilaufgabe c

- Beachten Sie, dass $\frac{1}{8} = \left(\frac{1}{2}\right)^3$ gilt.

Aufgabe 3

Teilaufgabe a

- Es müssen drei Bedingungen erfüllt sein, z. B. $\overrightarrow{AB} = -\overrightarrow{CD}$ und $\overrightarrow{AB} \perp \overrightarrow{BC}$ sowie $|\overrightarrow{AB}| = |\overrightarrow{BC}|$.
- Die Orthogonalität zweier Vektoren kann mit dem Skalarprodukt überprüft werden.

Teilaufgabe b

- Kennt man die Koordinaten der Endpunkte einer Strecke, so kann man hiermit den Mittelpunkt der Strecke bestimmen.
- Alternative: Bestimmen Sie zwei Geradengleichungen und den zugehörigen Schnittpunkt.

Aufgabe 4

- Bestimmen Sie die Wahrscheinlichkeit für einen Pasch.
- Beachten Sie die Unabhängigkeit der Ergebnisse beim dreimaligen Werfen zweier Würfel.

Aufgabe 5

- Der Wert von $f'(x_0)$ trifft eine Aussage über den Anstieg des Graphen von f an der Stelle x_0.
- Für Extrem- und Wendepunkte sind notwendige und hinreichende Bedingungen zu berücksichtigen.

Aufgabe 6

Teilaufgabe a

Beachten Sie, dass der Anstieg einer Funktion f an einer Stelle x_0 durch den Wert der 1. Ableitung an dieser Stelle bestimmt wird.

Aus den Angaben lassen sich zwei Gleichungen herleiten.

Teilaufgabe b

Die Lösung des resultierenden Gleichungssystems muss ermittelt werden.

Aufgabe 7

Teilaufgabe a

Skizzieren Sie den Sachverhalt.

Veranschaulichen Sie die gegebenen Vektoren.

Teilaufgabe b

Skizzieren Sie den Punkt C. Was muss für die Länge des Vektors $\overrightarrow{AC}$ gelten?

Aufgabe 8

Überlegen Sie, wie Sie die Höhe der Grundfläche ABC und die Höhe der Pyramide erhalten.

Aufgabe 9

Überlegen Sie, wie viele mögliche Ergebnisse es beim dreifachen Wurf geben kann.

Überlegen Sie, wie viele mögliche Ergebnisse es gibt, wenn genau zwei Zahlen unterschiedlich sind bzw. wenn sich beim ersten, zweiten und dritten Würfel kein Ergebnis wiederholen darf.

Aufgabe 10

Teilaufgabe a

Überlegen Sie, welche Wahrscheinlichkeit der Aussage „Jeder Fünfte …" zukommt.

Berechnen Sie Erwartungswert und Standardabweichung mit den bekannten Formeln.

Teilaufgabe b

Entscheiden Sie, welche Sigma-Regel zum 95-%-Prognoseintervall gehört.

Berechnen Sie das zu diesem Sigma-Bereich gehörende Intervall und markieren Sie die zugehörigen Säulen des Histogramms.

Teilaufgabe c

Von einer signifikanten Abweichung wird gesprochen, wenn das Stichprobenergebnis nicht im 95-%-Prognoseintervall liegt.

Lösungen

1. a) Die kleinste Periode von $y = \sin(2x)$ ist $p = \frac{2\pi}{2} = \pi$.

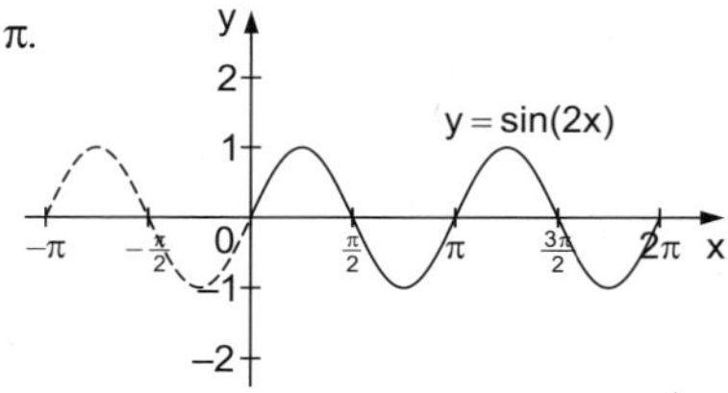

b) $\underline{\underline{C}}$ ist die richtige Lösung (Kettenregel).

c) Die Skizze wird wie nebenstehend ergänzt.
Hieraus kann man die Lösungsmenge ablesen:

$$\underline{\underline{L = \left[-\pi; -\frac{\pi}{2}\right] \cup \left[0; \frac{\pi}{2}\right]}}$$

2. a) Das Guthaben wird viermal halbiert ($4 \cdot 10$ Tage $= 40$ Tage):

$$2\,000\,€ \xrightarrow[\text{bierung}]{\text{1. Hal-}} 1\,000\,€ \xrightarrow[\text{bierung}]{\text{2. Hal-}} 500\,€ \xrightarrow[\text{bierung}]{\text{3. Hal-}} 250\,€ \xrightarrow[\text{bierung}]{\text{4. Hal-}} 125\,€$$

Nach 40 Tagen hat Herr K. noch ein Vermögen von $\underline{\underline{\text{125 Euro}}}$.

b) Richtig sind $\underline{\underline{B}}$ und $\underline{\underline{D}}$, denn es ist $\frac{1}{2} = 2^{-1}$.

c) $\frac{1}{8} = \left(\frac{1}{2}\right)^3$, also nach 3 Abhebungen, d. h. nach $3 \cdot 10 = \underline{\underline{30\text{ Tagen}}}$

Man kann auch nach dem Lösungsweg von Teilaufgabe a schauen: Ein Achtel von 2 000 € sind 250 €, also der Betrag nach der 3. Halbierung, also nach 30 Tagen.

3. a) $\overrightarrow{AB} = \begin{pmatrix} 0 \\ 4 \\ 3 \end{pmatrix}$; $\overrightarrow{BC} = \begin{pmatrix} -5 \\ 0 \\ 0 \end{pmatrix}$; $\overrightarrow{CD} = \begin{pmatrix} 0 \\ -4 \\ -3 \end{pmatrix}$

$\Rightarrow \quad \overrightarrow{AB} = -\overrightarrow{CD}; \quad |\overrightarrow{AB}| = 5; \quad |\overrightarrow{BC}| = 5 \quad$ und $\quad \overrightarrow{AB} \circ \overrightarrow{BC} = 0$

b) $M\left(\frac{5+0}{2} \,\middle|\, \frac{4+0}{2} \,\middle|\, \frac{3+0}{2}\right) = \underline{\underline{M(2{,}5\,|\,2\,|\,1{,}5)}}$

4. a) Es gibt insgesamt 36 verschiedene Elementarereignisse (1; 1), (1; 2), …, (6; 5), (6; 6). Davon sind 6 sogenannte Pasche. Da die Elementarereignisse gleichwahrscheinlich sind, ist die Wahrscheinlichkeit für einen Pasch $\frac{1}{6}$.

b) Da die Wahrscheinlichkeit für einen Pasch $\frac{1}{6}$ beträgt, bedeutet dies für dreimal nacheinander auftretende Pasche also:

$$\left(\frac{1}{6}\right)^3 = \underline{\underline{\frac{1}{216}}}$$

c) Aufgrund der Unabhängigkeit beider Würfel spielt die Farbe keine Rolle.

5. Nur die Aussagen $\underline{\underline{A}}$, $\underline{\underline{D}}$ und $\underline{\underline{E}}$ sind richtig, da für die Aussage B das hinreichende Kriterium $f''(5) \neq 0$ fehlt und für die Aussage C nichts über die 2. Ableitung ausgesagt wird.

6. a) Man bestimmt zunächst den Term der Ableitungsfunktion f'. Aus der Gleichung für f' und der Angabe des Anstiegs lässt sich eine erste Gleichung für die Bestimmung von a und b aufstellen. Die Koordinaten des Punktes P müssen die Gleichung von f erfüllen, damit ergibt sich eine zweite Bedingung für a und b. Die Lösungen dieses Gleichungssystems sind zu ermitteln.

   b) Mit der Ableitung $f'(x) = 4x + a$ ist das Gleichungssystem $f(2) = 1$ und $f'(2) = 2$ zu lösen:
   $8 + 2a + b = 1$ und $8 + a = 2$
   Es ergibt sich für $\underline{\underline{a = -6}}$ und für $\underline{\underline{b = 5}}$.

7. a) Für $0 \le r \le 2$ beschreibt die Punktmenge eine Strecke, die vom Punkt A beginnend in Richtung des Vektors $\overrightarrow{AB}$ verläuft und doppelt so lang ist wie dieser Vektor.
   Für $|r| \le 1$ beschreibt die Punktmenge eine Strecke, die durch die Punkte B und B' bestimmt wird, wobei B' der Spiegelpunkt von B bei der Punktspiegelung an A ist.

   b) $\underline{\underline{\overrightarrow{OC} = \overrightarrow{OA} + \frac{1}{3}\overrightarrow{AB}}}$

8. a) Die Punkte A, B und C liegen in der gleichen Höhe $z = 1$, d. h., die Grundfläche der Pyramide liegt parallel zur xy-Ebene. Die Punkte A, B und C bilden ein gleichschenkliges Dreieck mit der Basis $\overline{AB} = 2$ LE.

   b) Der Mittelpunkt der Basis des Dreiecks ABC hat die Koordinaten $M(1 \mid 1 \mid 1)$. Die Höhe der Grundfläche ABC ist durch $\overline{MC} = 1$ LE gegeben. Der Punkt D liegt senkrecht über M, somit kann $\overline{MD} = 2$ LE als Höhe der Pyramide gewählt werden. Für das Volumen der Pyramide ergibt sich:
   $V = \frac{1}{3} \cdot \frac{1}{2} \cdot 2 \cdot 1 \cdot 2 = \underline{\underline{\frac{2}{3}}}$ VE

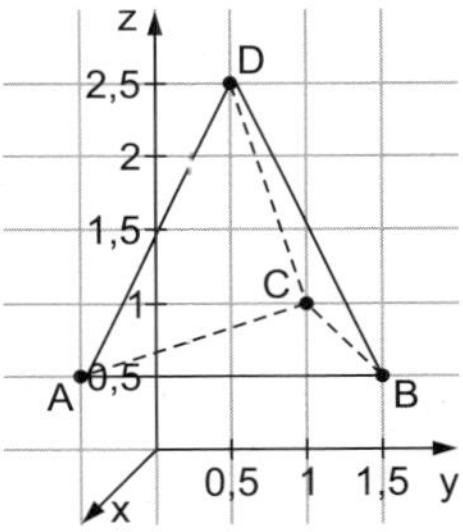

9. a) Es gibt bei drei Würfeln genau $6 \cdot 6 \cdot 6 = 216$ Elementarereignisse. Drei gleiche Zahlen treten genau sechsmal auf: (1; 1; 1), …, (6; 6; 6). Die Wahrscheinlichkeit beträgt also:
   $\frac{6}{6 \cdot 6 \cdot 6} = \frac{1}{6^2} = \underline{\underline{\frac{1}{36}}}$

   b) Für den ersten Würfel gibt es 6 mögliche Zahlen, für den zweiten nur 5 und für den dritten nur noch eine Zahl; zusätzlich kann man diese drei Zahlen nun auf drei Arten anordnen, da die Zahl, die nur einmal geworfen wird, an erster, zweiter oder dritter Stelle stehen kann. Damit erhält man als Wahrscheinlichkeit:
   $3 \cdot \frac{6 \cdot 5 \cdot 1}{6 \cdot 6 \cdot 6} = 3 \cdot \frac{5}{36} = \underline{\underline{\frac{5}{12}}}$

c) Für den ersten Würfel gibt es 6 mögliche Zahlen, für den zweiten nur noch 5 und für den dritten nur noch 4:

$$\frac{6\cdot 5\cdot 4}{6\cdot 6\cdot 6}=\frac{20}{36}=\underline{\underline{\frac{5}{9}}}$$

10. a) Für den Erwartungswert μ und die Standardabweichung σ erhält man:

$$\mu = n\cdot p = 100\cdot 0,2 = \underline{\underline{20}} \text{ und } \sigma=\sqrt{n\cdot p\cdot(1-p)}=\sqrt{100\cdot 0,2\cdot 0,8}=\sqrt{16}=\underline{\underline{4}}$$

b) 95-%-Prognoseintervall mit der 2σ-Regel:

$$\mu-2\sigma\le X\le \mu+2\sigma \quad\Leftrightarrow\quad 20-8\le X\le 20+8 \quad\Leftrightarrow\quad 12\le X\le 28$$

Alternative:
95-%-Prognoseintervall mit der 1,96σ-Regel und unter Beachtung der Regel „Runden nach außen“:

$$\mu-1,96\sigma\le X\le \mu+1,96\sigma \quad\Leftrightarrow\quad 20-7,84\le X\le 20+7,84, \text{ also auch } 12\le X\le 28$$

Markieren im Histogramm:

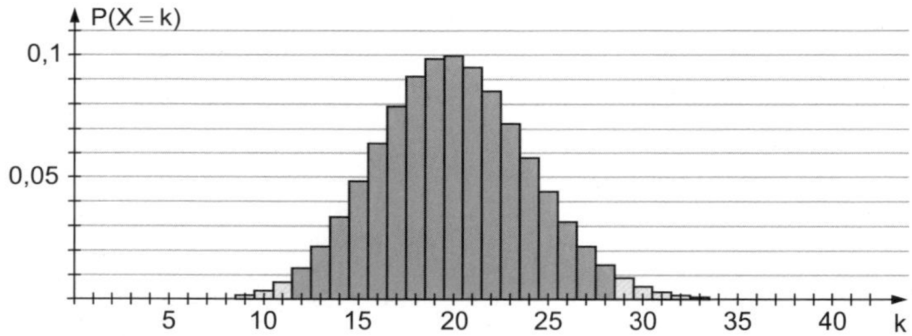

c) Da 35 nicht im 95-%-Prognoseintervall liegt, weicht das Stichprobenergebnis signifikant von der Behauptung p = 0,2 ab.

Kernfach Mathematik (Thüringen): Übungsaufgaben
Prüfungsteil A: Aufgabensatz 2

Pflicht: Lösen Sie die folgenden vier Aufgaben.

1. Eine heiße Substanz kühlt an der Luft (konstante Umgebungstemperatur 20 °C) ab. Es werden in den ersten 20 Minuten folgende Werte gemessen:

Zeit t in Minuten	0	10	20
Temperatur ϑ in °C	80	56	42

Die folgenden drei mathematischen Modelle werden zur Beschreibung des Abkühlungsprozesses betrachtet.

Modell A **Modell B** **Modell C**

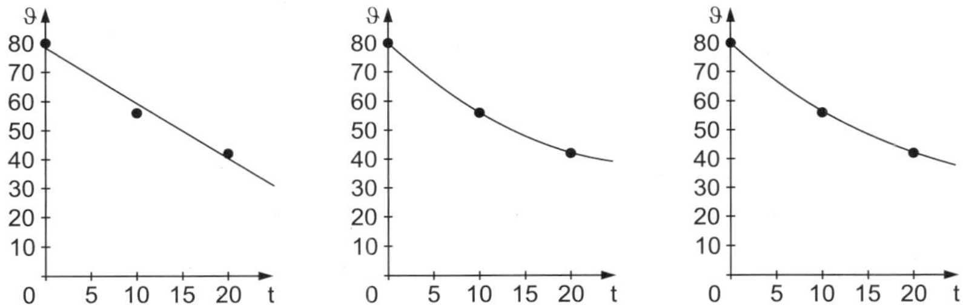

$\vartheta(t) = -1{,}9t + 78{,}33$

$\vartheta(t) = \frac{1}{20} \cdot \left((t-29)^2 + 759\right)$

$\vartheta(t) = 20 + 60 \cdot e^{-0{,}05t}$

a) Begründen Sie, weshalb das Modell C den gesamten Abkühlungsprozess am sinnvollsten beschreibt. (3 BE)

b) Ermitteln Sie für Modell C eine Gleichung, die die Zeit t in Abhängigkeit von der Temperatur ϑ beschreibt. (2 BE)

2. Gegeben sind die Funktionen f durch $f(x) = x^4 + bx^2$ mit $b, x \in \mathbb{R}$.

a) Begründen Sie, weshalb die Funktionen f für $b \geq 0$ keine Wendepunkte besitzen. (3 BE)

b) Ermitteln Sie die Koordinaten der Wendepunkte für $b = -6$. (2 BE)

3. Gegeben sind die Gerade g, die durch die Punkte $A(1\,|\,0\,|\,0)$ und $B(-1\,|\,1\,|\,1)$ verläuft, sowie die Ebene E mit der Gleichung $2x + 3y + 3z = 12$.

a) Bestimmen Sie die Koordinaten des Punktes S, in dem die Gerade g die Ebene E schneidet. (2 BE)

b) Die Ebene E bildet mit den Koordinatenebenen eine Pyramide. Stellen Sie diese Pyramide in einem Schrägbild dar und berechnen Sie ihr Volumen (3 BE)

4. Ein zweistufiges Zufallsexperiment wird durch das nebenstehende Baumdiagramm beschrieben. Bestimmen Sie x so, dass die Wahrscheinlichkeit P(E) möglichst groß wird.

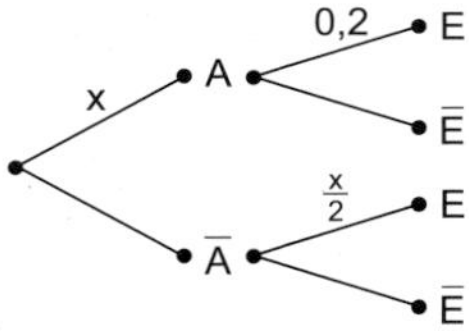

(5 BE)

Wahl: Lösen Sie zwei der sechs folgenden Aufgaben.

5. Gegeben ist die Funktion f durch $f(x) = -(x-2)^2 + 4$ mit $x \in \mathbb{R}$.
   a) Skizzieren Sie den Graphen von f im Intervall $0 \leq x \leq 4$. (1 BE)
   b) Ermitteln Sie eine Gleichung der Tangente an den Graphen von f an der Stelle $x_0 = 4$. (2 BE)
   c) Die Funktion f beschreibe im Intervall $0 \leq x \leq 4$ die Geschwindigkeit eines Fahrzeugs in Meter pro Sekunde (x: Zeit in Sekunden). Erläutern Sie, welche physikalische Bedeutung in diesem Sachzusammenhang dem Term $\int_0^4 f(x)\,dx$ zukommt. Berechnen Sie auch den Wert dieses Terms. (2 BE)

6. Gegeben ist die Funktion f durch $f(x) = 1 - \frac{1}{x}$ mit $x \in \mathbb{R}$, $x \neq 0$.
   a) Beschreiben Sie, wie der Graph von f aus dem Graphen der Funktion g mit $g(x) = \frac{1}{x}$ mit $x \in \mathbb{R}$, $x \neq 0$ hervorgeht. (2 BE)
   b) Skizzieren Sie den Graphen von f. (1 BE)
   c) Ermitteln Sie eine Gleichung derjenigen Stammfunktion F von f, die an der Stelle $x_0 = 1$ den Funktionswert 2 hat. (2 BE)

7. Gegeben ist ein Würfel ABCOEFGH mit achsenparallelen Kanten und mit $A(1|0|0)$, $B(1|1|0)$ sowie $G(0|1|1)$.
   a) Weisen Sie nach, dass die beiden Geraden g(AC) und h(BH) zueinander windschief verlaufen. (3 BE)
   b) Beschreiben Sie eine Möglichkeit zur Bestimmung des Abstandes der beiden Geraden voneinander. (2 BE)

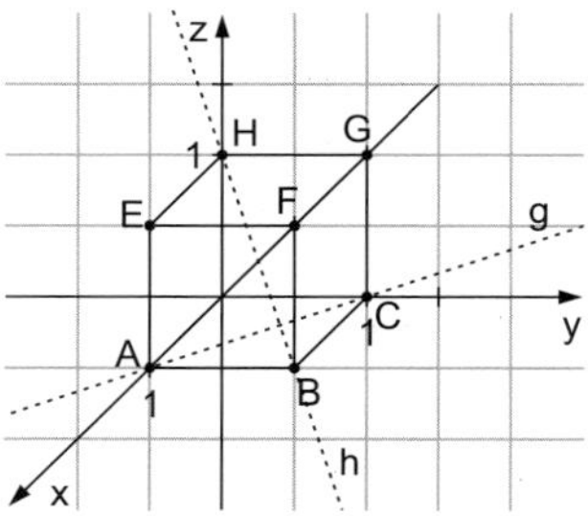

8. Der Punkt $A(2|1|3)$ wird an der Ebene E gespiegelt, dabei ergibt sich der Punkt $B(6|9|7)$.
   a) Bestimmen Sie eine Gleichung der Ebene E in Koordinatenform. (3 BE)
   b) Weisen Sie nach, dass die Ebene F mit $-2x + y + 3 = 0$ senkrecht auf E steht und durch den Mittelpunkt der Strecke $\overline{AB}$ verläuft. (2 BE)

9. Gegeben ist der Graph der N(0; 1)-verteilten Zufallsgröße X (Standardnormalverteilung).

a) Begründen Sie, weshalb für diese Verteilung $P(X \leq 0) = 0{,}5$ gilt. (2 BE)

b) Kennzeichnen Sie in die folgenden drei Graphen die Wahrscheinlichkeiten für die angegebenen Intervalle durch zugehörige Flächen und schätzen Sie den Wert dieser Wahrscheinlichkeiten.

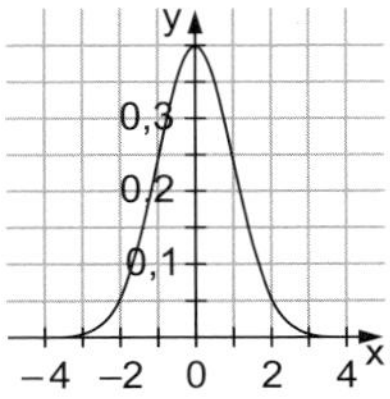

$P(X < 1)$

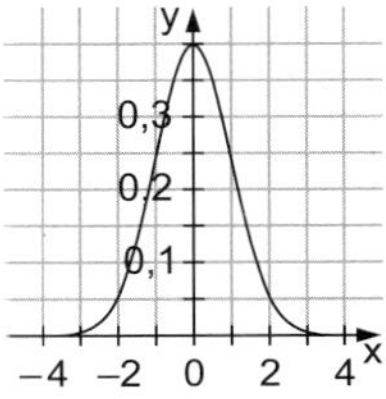

$P(-1 \leq X \leq 1)$

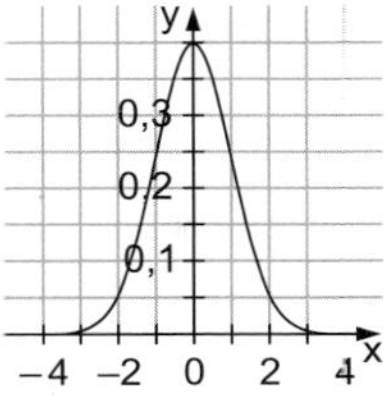

$P(X > -0{,}5)$ (3 BE)

10.a) Begründen Sie, weshalb man die folgenden Zufallsgrößen nicht mit der Binomialverteilung modellieren kann:

(1) Aus einer Urne mit sechs roten und vier weißen Kugeln werden drei Kugeln ohne Zurücklegen entnommen. Als Zufallsgröße X wird die Anzahl der roten Kugeln unter den gezogenen betrachtet.

(2) In Deutschland haben ca. 4 % der Bevölkerung die Blutgruppe AB. Als Zufallsgröße wird die Anzahl der Personen mit Blutgruppe AB in der Familie Maier betrachtet. (2 BE)

b) Beschreiben Sie, wie sich der Erwartungswert und die Standardabweichung von Binomialverteilungen verändern, wenn bei einer fest vorgegebenen Trefferwahrscheinlichkeit p die Versuchsanzahl n immer größer wird. Welche Veränderung passiert dabei mit dem Histogramm der Binomialverteilung? (3 BE)

Hinweise und Tipps

Aufgabe 1

Teilaufgabe a

- Beachten Sie, dass nach dem gesamten Abkühlungsprozess gefragt wird, also nach der Abkühlung bis auf die Höhe der Umgebungstemperatur von 20 °C.
- Überlegen Sie, welchen Verlauf das lineare Modell A bzw. das quadratische Modell B für größer werdende Zeiten annimmt.

Teilaufgabe b

- Beachten Sie, dass es für das Potenzieren zwei Möglichkeiten der Umkehrung gibt.

Aufgabe 2

Teilaufgabe a

- Überlegen Sie, welche Bedingungen für die Existenz von Wendepunkten erfüllt sein müssen.
- Vergessen Sie nicht, den Sonderfall $b = 0$ zu betrachten.

Teilaufgabe b

- Untersuchen Sie die hinreichende und notwendige Bedingung für Wendepunkte.
- Verwenden Sie Ergebnisse der Teilaufgabe a.

Aufgabe 3

Teilaufgabe a

- Stellen Sie eine Parameterform $\vec{x} = \overrightarrow{OA} + t \cdot \overrightarrow{AB}$ der Geradengleichung auf.
- Setzen Sie zeilenweise die Koordinaten der Geradengleichung in die Ebenengleichung ein.
- Berechnen Sie den Wert des Parameters t und setzen ihn in die Gleichung von g ein.

Teilaufgabe b

- Ermitteln Sie die Durchstoßpunkte der Koordinatenachsen durch die Ebene E (Achsenabschnittsform!), um ein Schrägbild mit der beschriebenen Pyramide zeichnen zu können.
- Berechnen Sie das Volumen der Pyramide, indem Sie die Grundfläche und die Höhe geschickt auswählen.

Aufgabe 4

- Beschreiben Sie die Wahrscheinlichkeit P(E) mithilfe der Pfadregeln in Abhängigkeit von x durch eine Funktion f(x).
- Untersuchen Sie f(x) auf lokale Maxima.

Aufgabe 5

Teilaufgabe a

- Beachten Sie die Bedeutung der Koeffizienten in $f(x) = a(x-d)^2 + e$ für die Entstehung des Graphen von f aus der Normalparabel.

Teilaufgabe b

- Der Anstieg der Tangente ergibt sich aus $f'(x_0)$.
- Der Berührpunkt $P(x_0 \mid f(x_0))$ muss die Tangentengleichung erfüllen.

Teilaufgabe c

Die Ableitung des Weges nach der Zeit ist die Geschwindigkeit. Überlegen Sie, welche Bedeutung demzufolge der Umkehroperation, also der „Aufleitung" (Integral) der Geschwindigkeit zukommt.

Aufgabe 6

Teilaufgabe a

Beachten Sie die Bedeutung der Koeffizienten in $f(x) = a \cdot \frac{1}{x} + b$ für die Entstehung des Graphen von f aus dem Graphen von g.

Teilaufgabe b

Eine wichtige Hilfe beim Skizzieren können die Asymptoten der Funktionen g und f sein.

Teilaufgabe c

Bestimmen Sie nach der Integration den Wert der Integrationskonstante für die gegebene Bedingung.

Aufgabe 7

Teilaufgabe a

Stellen Sie die Geradengleichungen auf.

Untersuchen Sie, ob die Geraden parallel zueinander verlaufen oder nicht.

Prüfen Sie, ob es einen gemeinsamen Schnittpunkt gibt.

Teilaufgabe b

Der Abstand windschiefer Geraden ist die kürzeste Entfernung zwischen beiden.

Nutzen Sie die Orthogonalitätsbedingung.

Aufgabe 8

Teilaufgabe a

Verwenden Sie den Mittelpunkt der Strecke $\overline{AB}$ und finden Sie einen Normalenvektor von E.

Teilaufgabe b

Führen Sie eine Punktprobe durch und berechnen Sie ein geeignetes Skalarprodukt.

Aufgabe 9

Welche besondere Eigenschaft hat der Graph der Standardnormalverteilung?

Aufgabe 10

Teilaufgabe a

Beachten Sie die Voraussetzungen für die Annahme einer Binomialverteilung.

Teilaufgabe b

Überlegen Sie, wie Erwartungswert und Standardabweichung einer binomialverteilten Zufallsgröße berechnet werden und welche Auswirkungen das auf die Gestalt des Histogramms hat.

Lösungen

1. a) Obwohl alle drei Kurven eine angemessene Näherung für den Zeitraum $0 \leq t \leq 20$ bieten, sind die Modelle A und B für den Gesamtprozess nicht sinnvoll:

   Modell A liefert eine Nullstelle für $t \approx 40$. Bei einer konstanten Umgebungstemperatur von 20 °C können aber nach 40 Minuten nicht 0 °C erreicht werden.

   Modell B würde einen Verlauf der Abkühlungskurve liefern, bei dem nach 29 Minuten die Temperatur wieder ansteigt, weil die zugehörige Parabel den Scheitelpunkt $S\left(29 \mid \frac{759}{20}\right)$ besitzt. Auch das ist für den Abkühlungsprozess ohne weitere äußere Wärmezufuhr nicht zu erwarten.

   Die Werte im Modell C hingegen nähern sich für immer größer werdende Zeiten immer mehr dem Wert von 20 °C an.

   Das $\underline{\underline{\text{Modell C}}}$ beschreibt den Abkühlungsprozess am sinnvollsten.

   b) Gleichung umstellen:

$$\vartheta(t) = 20 + 60 \cdot e^{-0,05t} \quad \Rightarrow \quad \vartheta(t) - 20 = 60 \cdot e^{-0,05t}$$

$$\frac{\vartheta(t) - 20}{60} = e^{-0,05t}$$

$$\ln\left(\frac{\vartheta(t) - 20}{60}\right) = -0,05t$$

$$\frac{1}{-0,05} \cdot \ln\left(\frac{\vartheta(t) - 20}{60}\right) = t \quad \Rightarrow \quad \underline{\underline{t = -20 \cdot \ln\left(\frac{\vartheta(t) - 20}{60}\right)}}$$

2. a) $f(x) = x^4 + bx^2$; $f'(x) = 4x^3 + 2bx$; $f''(x) = 12x^2 + 2b$; $f'''(x) = 24x$

   Notwendige Bedingung für Wendepunkte:

$$f''(x) = 0 \quad \Rightarrow \quad 12x^2 + 2b = 0 \quad \Rightarrow \quad x = \pm\sqrt{-\frac{b}{6}} \quad (*)$$

   Diese Gleichung ist nur für $b \leq 0$ lösbar. Für $b > 0$ ist also die notwendige Bedingung nicht erfüllt und die Funktion kann keine Wendepunkte haben.

   Für $b = 0$ haben sowohl die 2. als auch die 3. Ableitung an der Stelle $x = 0$ den Wert null. Damit ist mit der notwendigen und hinreichenden Bedingung keine Aussage über die Existenz eines Wendepunktes möglich. Für $b = 0$ gilt $f(x) = x^4$. Diese Funktion hat an der Stelle $x = 0$ ein lokales Minimum, also insbesondere keinen Wendepunkt.

   b) Für $b = -6$ ergeben sich mit Gleichung (∗) die möglichen Wendestellen $x = -1$ und $x = 1$. Für beide Werte ist auch die hinreichende Bedingung erfüllt:

   $f'''(-1) = -24 \neq 0$ bzw. $f'''(1) = 24 \neq 0$

   Für $b = -6$ ergeben sich damit die Wendepunkte $\underline{\underline{W_1(-1 \mid -5)}}$ und $\underline{\underline{W_2(1 \mid -5)}}$.

3. a) Man bestimmt zunächst eine Gleichung der Geraden g, z. B.:

$$\vec{x} = \overrightarrow{OA} + t \cdot \overrightarrow{AB} = \begin{pmatrix} 1 \\ 0 \\ 0 \end{pmatrix} + t \cdot \begin{pmatrix} -2 \\ 1 \\ 1 \end{pmatrix}; \quad t \in \mathbb{R}$$

Einsetzen in die Ebenengleichung:

$$2\cdot(1-2t)+3\cdot(0+1t)+3\cdot(0+1t)=12$$
$$2-4t+3t+3t=12$$
$$2t=10$$
$$t=5$$

Einsetzen in die Geradengleichung:

$$\overrightarrow{OS}=\begin{pmatrix}1\\0\\0\end{pmatrix}+5\cdot\begin{pmatrix}-2\\1\\1\end{pmatrix}=\begin{pmatrix}-9\\5\\5\end{pmatrix}\Rightarrow \underline{\underline{S(-9\,|\,5\,|\,5)}}$$

b) Achsenabschnittsform:

$$2x+3y+3z=12 \quad |:12$$
$$\frac{x}{6}+\frac{y}{4}+\frac{z}{4}=1$$

Schrägbild:
siehe nebenstehende Abbildung

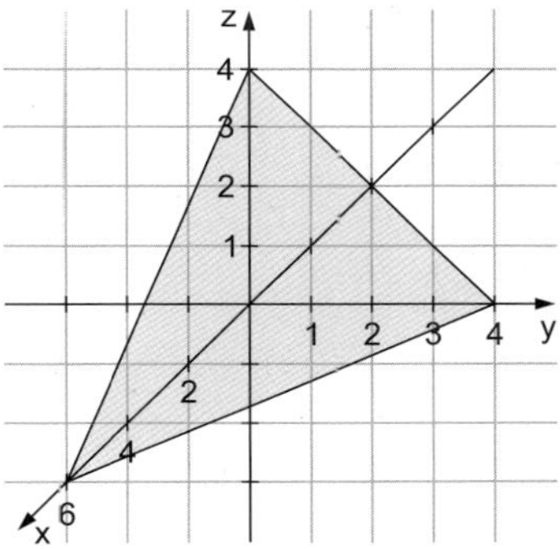

Volumen:

$$V=\frac{1}{3}\cdot A_g\cdot h$$
$$V=\frac{1}{3}\cdot\frac{4\cdot 6}{2}\cdot 4=\underline{\underline{16\text{ VE}}}$$

4. $P(E)=x\cdot 0{,}2+(1-x)\cdot\frac{x}{2}=0{,}2\cdot x+0{,}5\cdot x-0{,}5\cdot x^2=0{,}7\cdot x-0{,}5\cdot x^2$

Die Funktion f mit $f(x)=0{,}7\cdot x-0{,}5\cdot x^2$ ist zu maximieren. Für die Ableitungen von f gilt:

$f'(x)=0{,}7-x$ und $f''(x)=-1$

Die Bedingungen $f'(x_E)=0$ und $f''(x_E)<0$ für ein lokales Maximum liefern $\underline{\underline{x_E=0{,}7}}$.

5. a) Skizze des Graphen: siehe nebenstehende Abbildung

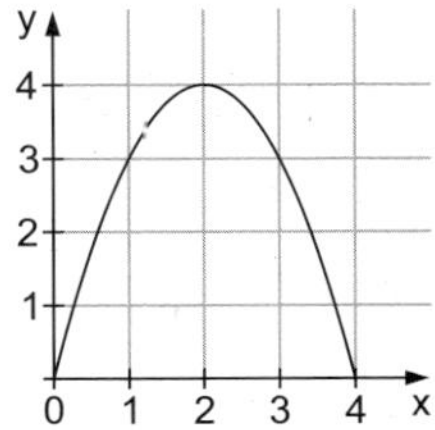

b) $f'(x)=-2(x-2)\ \Rightarrow\ m=f'(4)=-4$
Außerdem ist $f(4)=0$. Dies und m wird in den Ansatz $y=m\cdot x+n$ eingesetzt:
$0=-4\cdot 4+n\ \Rightarrow\ n=16$
Damit ergibt sich die Tangentengleichung: $\underline{\underline{y=-4x+16}}$

c) Der Term $\int_0^4 f(x)\,dx$ beschreibt den in 4 Sekunden zurückgelegten Weg.

$$\int_0^4 f(x)\,dx=\int_0^4\left(-(x-2)^2+4\right)dx=\left[-\frac{1}{3}(x-2)^3+4x\right]_0^4=-\frac{8}{3}+16-\frac{8}{3}=\underline{\underline{\frac{32}{3}}}$$

6. a) Das Vorzeichen „minus“ vor dem Summanden $\frac{1}{x}$ von f bewirkt eine Spiegelung des Graphen von g an der x-Achse. Der Summand 1 in der Gleichung von f bewirkt eine Verschiebung des Graphen von g um eine Einheit in die positive y-Richtung.

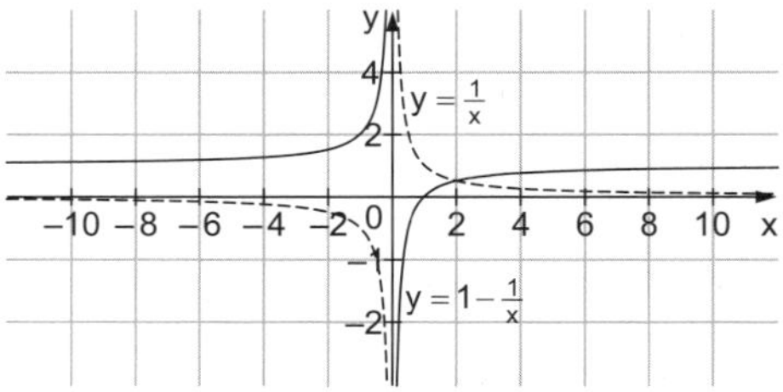

b) Skizze des Graphen: siehe nebenstehende Abbildung

c) Die Menge aller Stammfunktionen F ist das unbestimmte Integral

$$\int \left(1-\frac{1}{x}\right) dx = x - \ln|x| + c.$$

Mit $F(1)=2$ folgt $2=1-\ln(1)+c$. Wegen $\ln(1)=0$ ist also $c=1$.
Die gesuchte Stammfunktion hat die Gleichung $\underline{\underline{y = F(x) = x - \ln|x| + 1}}$.

7. a) Eine Gleichung der Geraden g(AC) ist z. B.:

$$\vec{x} = \overrightarrow{OA} + r \cdot \overrightarrow{AC} = \begin{pmatrix} 1 \\ 0 \\ 0 \end{pmatrix} + r \cdot \begin{pmatrix} -1 \\ 1 \\ 0 \end{pmatrix}; \ r \in \mathbb{R}$$

Eine Gleichung der Geraden h(BH) ist z. B.:

$$\vec{x} = \overrightarrow{OB} + s \cdot \overrightarrow{BH} = \begin{pmatrix} 1 \\ 1 \\ 0 \end{pmatrix} + s \cdot \begin{pmatrix} -1 \\ -1 \\ 1 \end{pmatrix}; \ s \in \mathbb{R}$$

Die beiden Geraden verlaufen nicht parallel zueinander, da sich für

$$\begin{pmatrix} -1 \\ 1 \\ 0 \end{pmatrix} = t \cdot \begin{pmatrix} -1 \\ -1 \\ 1 \end{pmatrix}$$

keine gemeinsame Lösung für t ergibt.

Das LGS zu

$$\begin{pmatrix} 1 \\ 0 \\ 0 \end{pmatrix} + r \cdot \begin{pmatrix} -1 \\ 1 \\ 0 \end{pmatrix} = \begin{pmatrix} 1 \\ 1 \\ 0 \end{pmatrix} + s \cdot \begin{pmatrix} -1 \\ -1 \\ 1 \end{pmatrix}$$

liefert keine Lösung. Damit ist gezeigt, dass die Geraden windschief zueinander verlaufen.

b) P sei ein Punkt auf g und L ein Punkt auf h. Wenn der Vektor $\overrightarrow{LP}$ sowohl auf dem Richtungsvektor von g als auch dem von h senkrecht steht, so gibt sein Betrag den Abstand der beiden Geraden an.

Der Vektor $\overrightarrow{LP}$ steht senkrecht auf den Richtungsvektoren der Geraden, wenn die zugehörigen Skalarprodukte null sind. Das sich aus diesen Bedingungen ergebende LGS muss gelöst werden.

8. a) Mit dem Mittelpunkt M(4 | 5 | 5) von A und B und dem Vektor $\overrightarrow{AB} = \begin{pmatrix} 4 \\ 8 \\ 4 \end{pmatrix}$ bzw. $\vec{n} = \begin{pmatrix} 1 \\ 2 \\ 1 \end{pmatrix}$ als ein Normalenvektor der Ebene führt die allgemeine Koordinatenform einer Ebene $\vec{n} \circ (\vec{x} - \overrightarrow{OF}) = 0$ zu

$$\begin{pmatrix} 1 \\ 2 \\ 1 \end{pmatrix} \circ \left(\begin{pmatrix} x \\ y \\ z \end{pmatrix} - \begin{pmatrix} 4 \\ 5 \\ 5 \end{pmatrix} \right)$$

und damit ergibt sich z. B. für $\underline{\underline{E: x + 2y + z = 19}}$.

b) Punktprobe mit M zeigt, dass M in F liegt. Das Skalarprodukt des Normalenvektors $\vec{n}_1 = \begin{pmatrix} 1 \\ 2 \\ 1 \end{pmatrix}$ der Ebene E und des Normalenvektors $\vec{n}_2 = \begin{pmatrix} -2 \\ 1 \\ 0 \end{pmatrix}$ der Ebene F ergibt 0. Damit stehen beide Ebenen senkrecht aufeinander.

9. a) Der Graph der Standardnormalverteilung ist symmetrisch zum Erwartungswert $\mu = 0$. Die Fläche unter dem Graphen hat den Flächeninhalt 1. Dieser Zahlenwert entspricht der Wahrscheinlichkeit $\lim\limits_{k \to \infty} P(-k < X < k)$. Deshalb hat die halbe Fläche den Inhalt 0,5.

b) Die Schätzwerte ergeben sich z. B., wenn man erkennt, dass 1 Kästchen 0,05 Einheiten (5 „Prozentpunkte") der gesuchten Wahrscheinlichkeit entspricht:
$\underline{\underline{P(X < 1) \approx 0{,}8}}$; $\underline{\underline{P(-1 \le X \le 1) \approx 0{,}7}}$; $\underline{\underline{P(X > -0{,}5) \approx 0{,}7}}$ (oder auch 0,75)

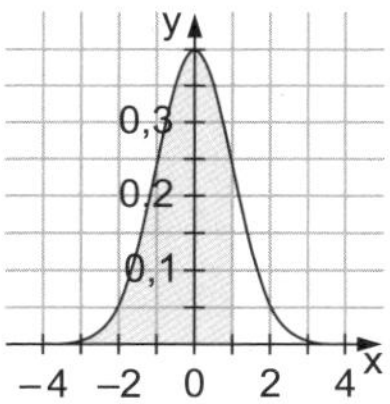

P(X < 1)

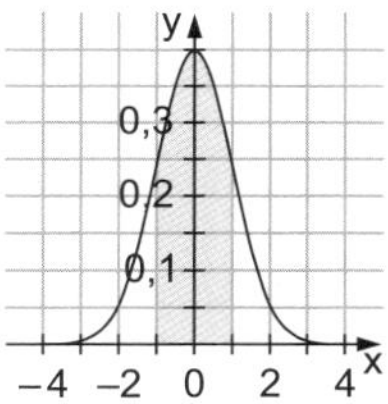

P(−1 ≤ X ≤ 1)

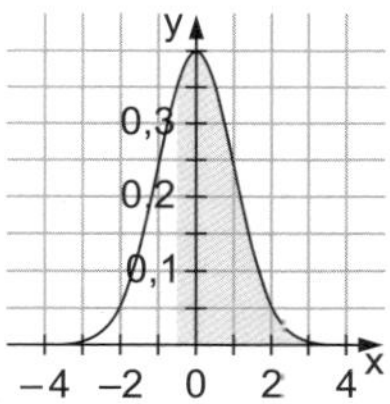

P(X > −0,5)

10. a) In beiden Fällen ist eine wichtige Grundannahme, die Unabhängigkeit der Trefferwahrscheinlichkeit in den Stufen der Bernoulli-Kette, nicht gewährleistet.
(1) Durch das Ziehen ohne Zurücklegen ist die Unabhängigkeit der Trefferwahrscheinlichkeit beim aufeinanderfolgenden Ziehen nicht gegeben.
(2) Hier werden Mitglieder ein und derselben Familie betrachtet. Da Blutgruppen vererbt werden, ist die Unabhängigkeitsbedingung verletzt.

b) Der Erwartungswert einer binomialverteilten Zufallsgröße wird durch $\mu = np$ berechnet, die Standardabweichung durch $\sigma = \sqrt{np(1-p)}$. Bei festem p und wachsendem n werden diese Kenngrößen größer. Das Histogramm rückt mit dem Erwartungswert immer weiter nach rechts und weil die Standardabweichung ebenfalls größer wird, wird das Histogramm flacher, es fließt gewissermaßen auseinander.

Pflicht: Lösen Sie die folgenden vier Aufgaben.

1. In einem Koordinatensystem ist der Graph einer der Funktionen f mit
   $f(x) = x^3 - x$
   oder g mit
   $g(x) = x^3 + x$
   mit $x \in \mathbb{R}$ dargestellt.

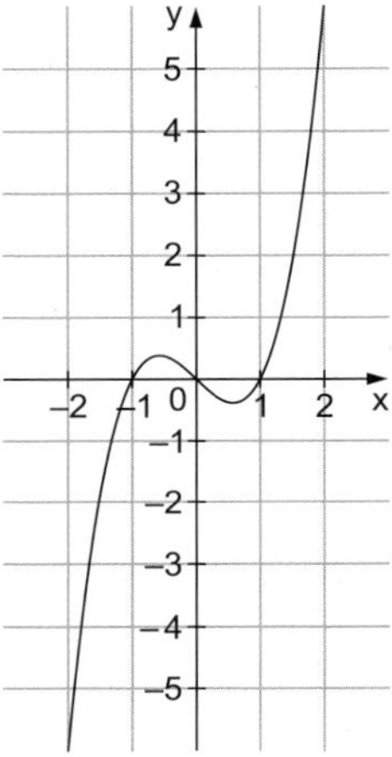

   a) Entscheiden Sie, welche der Funktionen grafisch dargestellt ist. (1 BE)

   b) Skizzieren Sie den Verlauf der Ableitungsfunktion der dargestellten Funktion in dasselbe Koordinatensystem. (2 BE)

   c) Berechnen Sie:

   $$\int_{-1}^{0} (x^3 - x)\,dx$$ (2 BE)

2. Gegeben sind die Graphen der Funktionen f mit $f(x) = e^x$ und g mit $g(x) = x$ mit $x \in \mathbb{R}$.

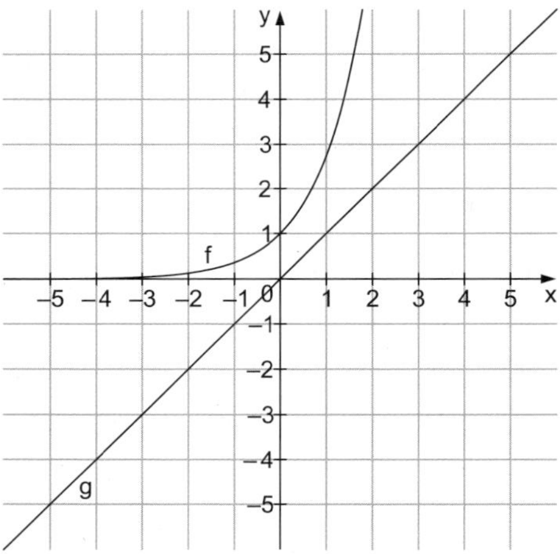

   a) Skizzieren Sie in dieses Koordinatensystem den Graphen der Funktion h mit $h(x) = e^x - x$. (1 BE)

   b) Berechnen Sie Art und Koordinaten des lokalen Extrempunktes von h. (2 BE)

   c) Die Graphen von f und g schließen im Intervall $0 \le x \le 1$ mit den Geraden $x = 0$ und $x = 1$ eine Fläche A ein.
   Weisen Sie nach, dass die Fläche A einen Flächeninhalt von $e - \frac{3}{2}$ Flächeneinheiten hat. (2 BE)

3. Gegeben ist ein Würfel mit der Kantenlänge 5 cm entsprechend der nebenstehenden Abbildung.

   Der Würfel steht mit seiner Grundfläche ABCD auf der xy-Ebene. Der Punkt M sei der Mittelpunkt der Seitenfläche BCGF.

   Untersuchen Sie, ob die Gerade g durch die Punkte A und G die Gerade h durch die Punkte M und H schneidet.

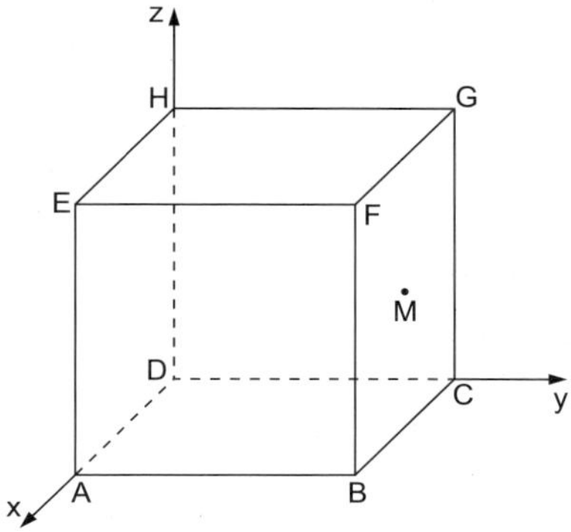

(5 BE)

4. Ein Schütze trifft mit einer Wahrscheinlichkeit von 60 % sein Ziel. Nach einem Treffer erhöht sich seine Chance auf einen Treffer um ein Zehntel des bisherigen Wertes, nach einem Fehlschuss verringert sich seine Trefferwahrscheinlichkeit um ein Viertel des bisherigen Wertes.
   Berechnen Sie die Wahrscheinlichkeiten für genau einen Treffer, für genau zwei Treffer und für keinen Treffer aus zwei Versuchen. (5 BE)

Wahl: Lösen Sie zwei der sechs folgenden Aufgaben.

5. Ein Gefäß enthält zu Beginn 10 Liter Wasser. Der Zu- und Abfluss wird über ein Ventil gesteuert. Die Änderungsrate in $\frac{\text{Liter}}{\text{min}}$ wird durch nebenstehendes Diagramm veranschaulicht.

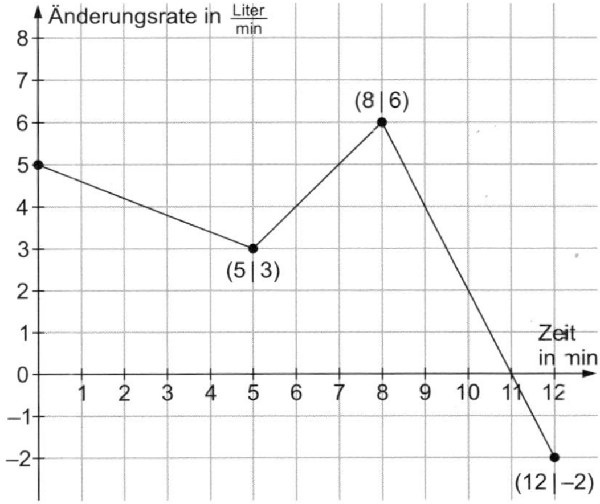

   a) Beschreiben Sie, woran man am Diagramm erkennen kann, dass es sich um einen Zufluss bzw. einen Abfluss handelt. (1 BE)
   b) Erläutern Sie die Bedeutung des Inhaltes der Fläche zwischen Graph und Zeitachse in diesem Sachzusammenhang. (2 BE)
   c) Ermitteln Sie die Menge an Wasser in dem Gefäß nach 12 Minuten. (2 BE)

6. Der Graph der Funktion f mit $f(x) = -\frac{4}{9}x + 2$ schließt mit der x-Achse und den Geraden $x = 1$ sowie $x = 2$ eine Fläche ein.
   a) Bestimmen Sie die Größe dieser Fläche. (2 BE)
   b) Bestimmen Sie für a und b je einen konkreten Wert, sodass $\int_a^b f(x)\,dx = 0$ mit $a < b$ gilt.
   Beschreiben Sie zunächst Ihre Überlegungen. (3 BE)

7. Die Ebene E ist gegeben durch die Gleichung $2x + 2y + z = 4$.
   a) Begründen Sie, dass der Punkt $P(-1\,|-1\,|-1)$ nicht auf E liegt. (1 BE)
   b) Ermitteln Sie die Koordinaten des Punktes P', der durch Spiegelung von P an der Ebene E entsteht. (4 BE)

8. Der Punkt $A(1\,|\,1\,|-1)$ liegt symmetrisch bezüglich des Koordinatenursprungs zum Punkt $B(-1\,|-1\,|\,1)$.
   a) Begründen Sie, dass die Gleichung $\vec{x} = t \cdot \begin{pmatrix} -1 \\ -1 \\ 1 \end{pmatrix}$ die Gerade g(AB) durch die Punkte A und B beschreibt. (2 BE)
   b) Berechnen Sie den Flächeninhalt des Dreiecks ABC mit $C(1\,|\,0\,|\,0)$. (3 BE)

9. Begründen Sie, welcher der dargestellten Graphen zu einer Normalverteilung gehören kann. Geben Sie ggf. den Erwartungswert μ und näherungsweise die Standardabweichung σ an.

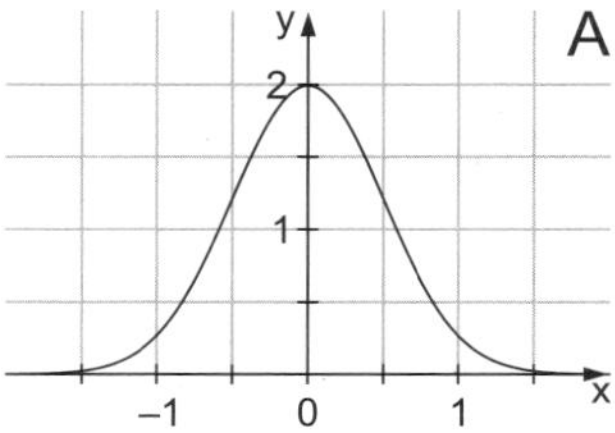

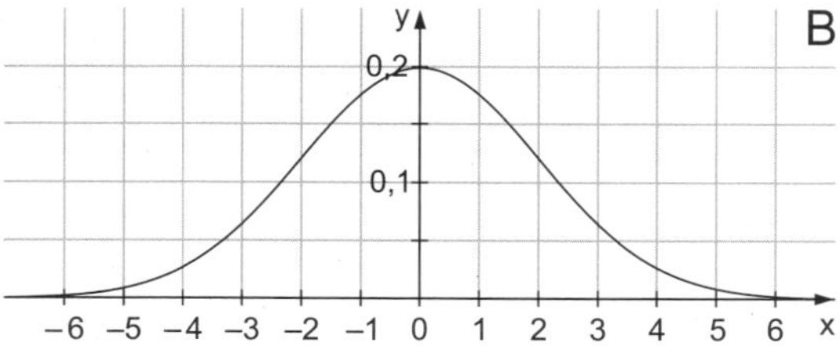

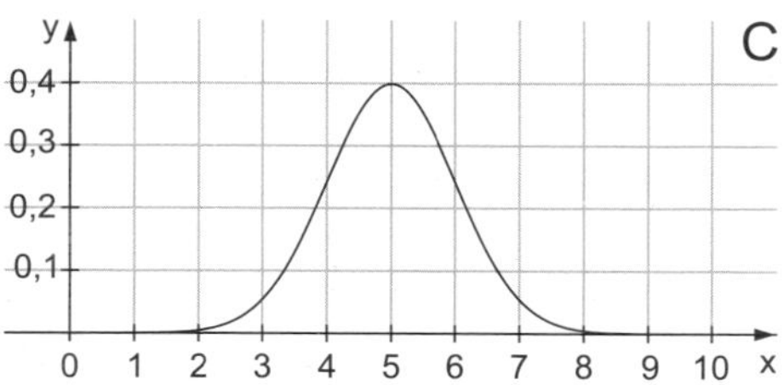

(5 BE)

10. a) In einer Urne liegen drei rote und zwei grüne Kugeln.
Beschreiben Sie ein Zufallsexperiment und ein dazu gehörendes Ereignis, dessen Wahrscheinlichkeit sich mit dem folgenden Term berechnen lässt:

$\binom{5}{3} \cdot 0{,}6^3 \cdot 0{,}4^2$ (2 BE)

b) Entscheiden Sie, welches der abgebildeten Diagramme zu einer Binomialverteilung mit $n = 10$ Versuchen und einer Erfolgswahrscheinlichkeit von $p = 0{,}8$ gehört.
Begründen Sie kurz Ihre Wahl.

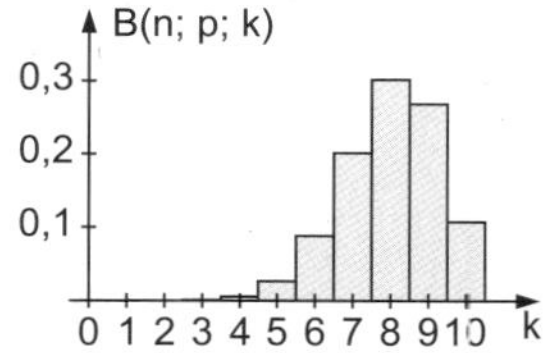

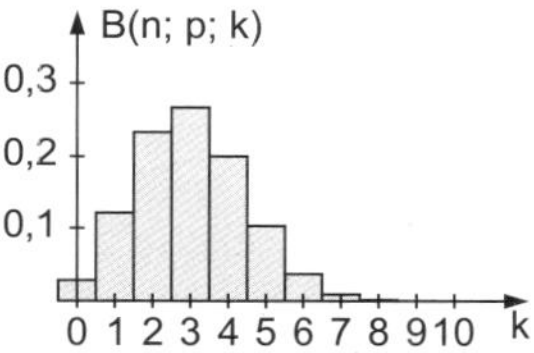

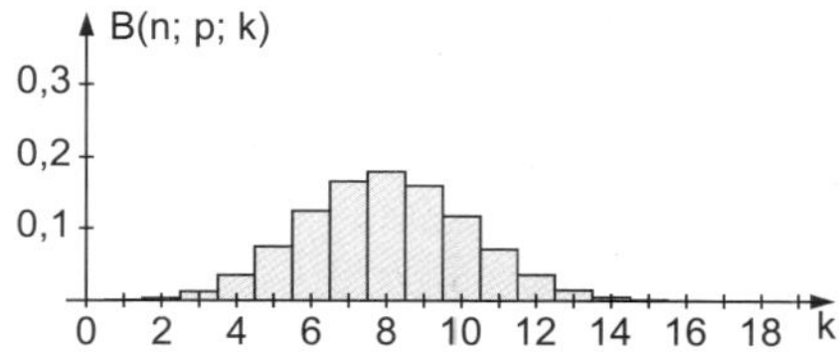

Geben Sie zusätzlich einen Schätzwert für $P(X \geq 8)$ an, wobei X eine binomialverteilte Zufallsgröße mit $n = 10$ und $p = 0{,}8$ ist. (3 BE)

Hinweise und Tipps

Aufgabe 1

Teilaufgabe a

- Berechnen Sie z. B. einige leicht zu ermittelnde Funktionswerte von f und g und vergleichen Sie diese mit dem abgebildeten Graphen.

Teilaufgabe b

- Markieren Sie zunächst im Koordinatensystem die Stellen, an denen die Ableitungsfunktion den Wert null hat.
- Überlegen Sie dann, in welchen Teilintervallen die Ableitungsfunktion positiv bzw. negativ ist.
- Von welchem Grad muss die Ableitungsfunktion sein?

Teilaufgabe c

- Ermitteln Sie zunächst eine Stammfunktion von $h(x) = x^3 - x$.
- Wenden Sie dann den Hauptsatz der Differenzial- und Integralrechnung an.

Aufgabe 2

Teilaufgabe a

- Ermitteln Sie einige Punkte des Graphen von h durch „Addition" der zum selben x-Wert gehörenden Ordinaten von f und g.

Teilaufgabe b

- Beachten Sie notwendige und hinreichende Bedingungen für lokale Extrempunkte.

Teilaufgabe c

- Berechnen Sie zum Nachweis das zugehörige bestimmte Integral.

Aufgabe 3

- Sie können die Aufgabe elementargeometrisch lösen.
- Alternativ ist auch eine rechnerische Lösung möglich. Stellen Sie dazu die Gleichungen der Geraden g(AG) und h(MH) auf, setzen Sie gleich und zeigen Sie, dass das Gleichungssystem genau eine Lösung hat.

Aufgabe 4

- Zeichnen Sie ein Baumdiagramm.
- Kennzeichen Sie die Pfade für genau einen, zwei bzw. keinen Treffer aus zwei Versuchen.
- Ermitteln Sie die gesuchte Wahrscheinlichkeit mithilfe der Pfadregeln.

Aufgabe 5

Teilaufgabe a

- Gehen Sie auf die Bedeutung des Vorzeichens der Zuflussrate ein.

Teilaufgabe b

- Verwenden Sie die Deutung des bestimmten Integrals als aus Änderungen rekonstruierter Bestand.

Teilaufgabe c

- Zerlegen Sie die Fläche zwischen Graph und Zeitachse in Teilflächen und berechnen Sie deren Flächeninhalte.
- Teilflächen, die unterhalb der Zeitachse liegen, erhalten ein negatives Vorzeichen.
- Die Summe dieser Flächeninhalte ergibt unter Beachtung ihres Vorzeichens die gesuchte Größe.

Aufgabe 6

Teilaufgabe a

- Überlegen Sie, ob die zur Funktion f gehörende Gerade und die x-Achse eine Fläche einschließen, die vollständig oberhalb der x-Achse liegt.
- Den Flächeninhalt können Sie entweder elementar als Trapezfläche oder mithilfe der Integralrechnung bestimmen.

Teilaufgabe b

- Berücksichtigen Sie, dass die Gerade die x-Achse schneidet.

Aufgabe 7

Teilaufgabe a

- Führen Sie eine Punktprobe durch.

Teilaufgabe b

- Nutzen Sie das Lotfußpunktverfahren.
- Ermitteln Sie die Gleichung einer Geraden, die senkrecht zu E durch den Punkt P verläuft.
- Der Lotfußpunkt ergibt sich als Schnittpunkt dieser Geraden mit der Ebene. Ermitteln Sie dann die Lage des Spiegelpunktes P'.

Aufgabe 8

Teilaufgabe a

- Stellen Sie eine Geradengleichung für g(AB) mithilfe der Punkte A und B auf.
- Zeigen Sie, dass der Ursprung auf g(AB) liegt.
- Vergleichen Sie den Richtungsvektor $\begin{pmatrix}-1\\-1\\1\end{pmatrix}$ mit dem von Ihnen gefundenen Richtungsvektor.

Teilaufgabe b

- Wählen Sie $\overline{AB}$ als Grundseite des Dreiecks ABC und bestimmen Sie die Länge dieser Strecke.
- Ermitteln Sie den Abstand des Punktes C von g(AB), um die Höhe des Dreiecks ABC zu erhalten.
- Für die Bestimmung der Höhe können Sie z. B. folgende Verfahren verwenden:
  - Hilfsebene senkrecht zu g(AB) durch C
  - Minimum des Betrages des Vektors $\overrightarrow{P_tC}$, wobei P_t ein beliebiger Punkt auf g(AB) ist
  - Nutzen des Betrages des Vektors $\overrightarrow{CA} \times \overrightarrow{CB}$
  - Nutzen des Skalarprodukts, falls die Vektoren $\overrightarrow{P_tC}$ und $\overrightarrow{AB}$ orthogonal sind
- Berechnen Sie den Flächeninhalt des Dreiecks mit der bekannten Formel bzw. mithilfe von $\frac{1}{2} \cdot |\overrightarrow{CA} \times \overrightarrow{CB}|$.

Aufgabe 9

Berücksichtigen Sie bei Ihrer Entscheidung die Lage des Erwartungswertes der Verteilung sowie die Bedeutung der Fläche unter dem Graphen der Verteilung.

Aufgabe 10

Teilaufgabe a

Der Term gehört zu einer Bernoulli-Kette. Bestimmen Sie zunächst aus dem Term die Länge der Kette und die Wahrscheinlichkeit für einen Treffer.

Teilaufgabe b

Nutzen Sie bei Ihrer Wahl den Erwartungswert für eine binomialverteilte Zufallsgröße.

Verwenden Sie für den Schätzwert das richtige Histogramm.

Lösungen

1. a) $f(1) = 1^3 - 1 = 0$ entspricht der rechten Nullstelle der abgebildeten Funktion, während $g(1) = 1^3 + 1 = 2$ nicht auf dem abgebildeten Graphen liegt.
   Der Graph gehört zur Funktion $\underline{\underline{f}}$.

   b) Skizze des Graphen der Ableitungsfunktion f' mit $f'(x) = 3x^2 - 1$: siehe nebenstehende Abbildung

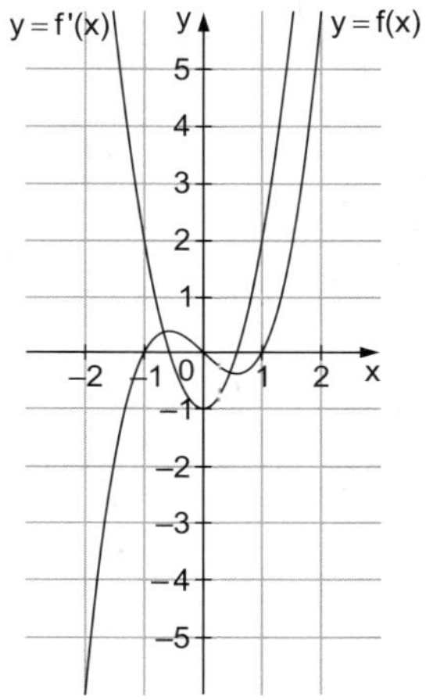

   c) $\int_{-1}^{0} (x^3 - x)\,dx = \left[\frac{1}{4}x^4 - \frac{1}{2}x^2\right]_{-1}^{0} = 0 - \left(\frac{1}{4} - \frac{1}{2}\right) = \underline{\underline{\frac{1}{4}}}$

2. a) Skizze des Graphen von h: siehe nebenstehende Abbildung

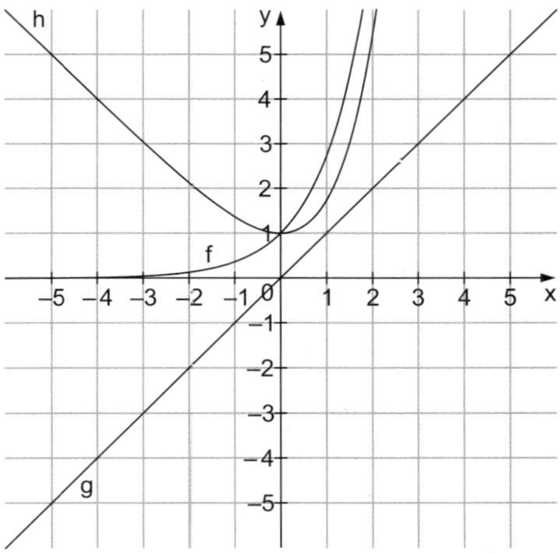

   b) $h'(x) = e^x - 1;\quad h''(x) = e^x$
   Notwendige Bedingung für einen lokalen Extrempunkt:
   $h'(x) = 0 \;\Rightarrow\; e^x - 1 = 0 \;\Rightarrow\; x = 0$
   Hinreichende Bedingung:
   $h''(0) = 1 > 0 \;\Rightarrow\;$ lokales Minimum
   Die Koordinaten des lokalen Tiefpunktes sind $\underline{\underline{T(0|1)}}$.

   c) $\int_{0}^{1} \left(e^x - x\right) dx = \left[e^x - \frac{1}{2}x^2\right]_0^1$
   $= e - \frac{1}{2} - (1 - 0)$
   $= e - \frac{3}{2}$

3. *Elementargeometrische Lösung:*
Die Geraden g und h müssen einander schneiden, denn sie liegen beide in der Ebene, die durch die Punkte A, B, G und H aufgespannt wird. Der Punkt M liegt ebenfalls in dieser Ebene, weil er der Mittelpunkt der Strecke $\overline{BG}$ ist.

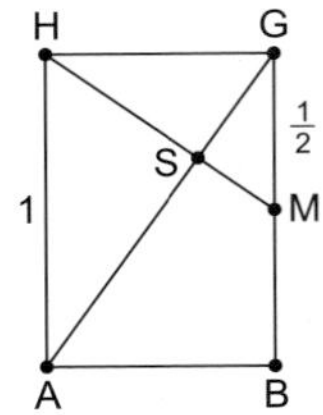

Lösung als Schnitt zweier Geraden:
Die Gerade g(AG) hat die Gleichung:

$$\vec{x} = \begin{pmatrix} 5 \\ 0 \\ 0 \end{pmatrix} + r \cdot \begin{pmatrix} -5 \\ 5 \\ 5 \end{pmatrix}$$

Der Punkt M hat die Koordinaten M(2,5 | 5 | 2,5) und somit kann die Gerade h(MH) durch die Gleichung $\vec{x} = \begin{pmatrix} 0 \\ 0 \\ 5 \end{pmatrix} + s \cdot \begin{pmatrix} 2,5 \\ 5 \\ -2,5 \end{pmatrix}$ beschrieben werden.

Gleichsetzen beider Geradengleichungen führt auf das Gleichungssystem:

$$\begin{aligned} 5 - 5r &= 2,5s \\ 5r &= 5s \\ 5r &= 5 - 2,5s \end{aligned}$$

Aus der zweiten Gleichung folgt r = s, dies eingesetzt in die erste bzw. dritte Gleichung ergibt $r = s = \frac{2}{3}$. Da die Richtungsvektoren nicht parallel sind, schneiden sich die Geraden g und h.

4. $$\begin{aligned} P(\text{genau ein Treffer}) &= P(T\overline{T}) + P(\overline{T}T) \\ &= 0,6 \cdot (1 - 0,66) + (1 - 0,6) \cdot 0,45 \\ &= 0,6 \cdot 0,34 + 0,4 \cdot 0,45 \\ &= 0,204 + 0,18 = \underline{\underline{0,384}} \end{aligned}$$

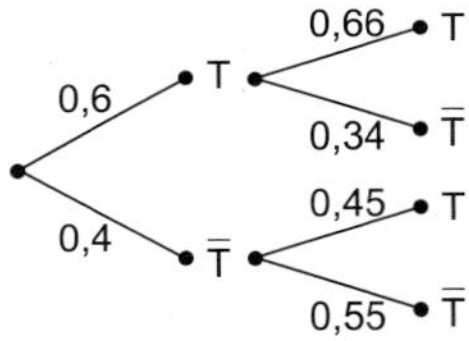

$P(\text{genau zwei Treffer}) = P(TT) = 0,6 \cdot 0,66 = \underline{\underline{0,396}}$

$P(\text{kein Treffer}) = P(\overline{T}\,\overline{T}) = 0,4 \cdot 0,55 = \underline{\underline{0,22}}$

5. a) Liegt der Graph oberhalb der Zeitachse, ist die Zuflussrate positiv, d. h., es handelt sich um einen Zufluss. Liegt der Graph unterhalb der Zeitachse, ist die Zuflussrate negativ, d. h., es handelt sich um einen Abfluss.

b) Der Inhalt der Fläche zwischen dem Graphen der Zuflussrate und der Zeitachse ist ein Maß für die im betrachteten Intervall zu- oder abgeflossene Wassermenge. Man erkennt das z. B. an den Einheiten: $\frac{\text{Liter}}{\text{Minute}} \cdot \text{Minute} = \text{Liter}$

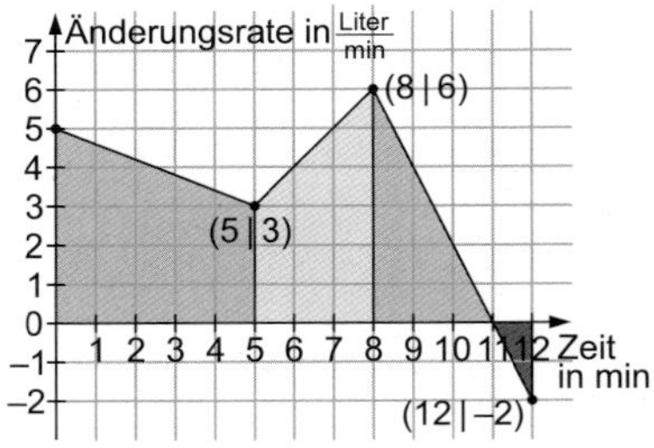

c) Die Fläche von t = 0 bis t = 11 unter der Randkurve zählt als Zufluss. Die zugehörigen Teilflächen (zwei Trapeze und ein Dreieck) ergeben zusammen

$$\frac{5+3}{2} \cdot 5 + \frac{6+3}{2} \cdot 3 + \frac{1}{2} \cdot 6 \cdot 3 = 20 + 13,5 + 9 = 42,5,$$

also fließen in diesem Zeitraum 42,5 Liter zu.

Die Fläche von $t = 11$ bis $t = 12$ liegt unterhalb der Abszissenachse, sie muss als Abfluss gezählt werden. Ihr Inhalt beträgt 1 FE, also fließt ein Liter ab. Die Gesamtbilanz ergibt:

10 Liter + 42,5 Liter − 1 Liter = $\underline{\underline{51{,}5 \text{ Liter}}}$ befinden sich nach 12 Minuten im Gefäß.

6. a) Der Graph von f ist eine fallende Gerade. Wegen $f(2) = \frac{10}{9} > 0$ liegt die Fläche komplett oberhalb der x-Achse. Die Größe berechnet sich daher zu:

$$\int_1^2 \left(-\frac{4}{9}x + 2\right) dx = \left[-\frac{4}{9} \cdot \frac{1}{2} \cdot x^2 + 2x\right]_1^2 = \left(-\frac{4}{9} \cdot 2 + 4\right) - \left(-\frac{4}{9} \cdot \frac{1}{2} + 2\right) = \underline{\underline{\frac{4}{3}}}$$

b) a und b müssen punktsymmetrisch zur Nullstelle $x = \frac{9}{2} = 4{,}5$ auf der x-Achse liegen. Eine mögliche Lösung ist also $a = 4$ und $b = 5$.

Die allgemeine Lösung lautet $b = 9 - a$ für beliebiges $a \in \mathbb{R}$ mit $a < 4{,}5$.

7. a) Koordinaten von P in E einsetzen:

$2 \cdot (-1) + 2 \cdot (-1) + (-1) = -5 \neq 4$

b) Lotfußpunktverfahren:

Die Gerade g, die durch den Punkt P und senkrecht zur Ebene E mit dem Normalenvektor $\vec{n}$ verläuft, hat die Gleichung:

$$\vec{x} = \overrightarrow{OP} + t \cdot \vec{n} = \begin{pmatrix} -1 \\ -1 \\ -1 \end{pmatrix} + t \cdot \begin{pmatrix} 2 \\ 2 \\ 1 \end{pmatrix}; \; t \in \mathbb{R}$$

Der Lotfußpunkt L ergibt sich durch Einsetzen in die Ebenengleichung:

$2 \cdot (-1 + 2t) + 2 \cdot (-1 + 2t) + 1 \cdot (-1 + t) = 4 \quad \Leftrightarrow \quad t = 1$

$$\overrightarrow{OL} = \begin{pmatrix} -1 \\ -1 \\ -1 \end{pmatrix} + 1 \cdot \begin{pmatrix} 2 \\ 2 \\ 1 \end{pmatrix} = \begin{pmatrix} 1 \\ 1 \\ 0 \end{pmatrix}$$

Für den gesuchten Spiegelpunkt P' gilt damit:

$$\overrightarrow{OP'} = \overrightarrow{OP} + 2 \cdot \overrightarrow{PL} = \begin{pmatrix} -1 \\ -1 \\ -1 \end{pmatrix} + 2 \cdot \left(\begin{pmatrix} 1 \\ 1 \\ 0 \end{pmatrix} - \begin{pmatrix} -1 \\ -1 \\ -1 \end{pmatrix}\right) = \begin{pmatrix} -1 \\ -1 \\ -1 \end{pmatrix} + \begin{pmatrix} 4 \\ 4 \\ 2 \end{pmatrix} = \begin{pmatrix} 3 \\ 3 \\ 1 \end{pmatrix} \Rightarrow \underline{\underline{P'(3\,|\,3\,|\,1)}}$$

8. a) Gerade g(AB): $\vec{x} = \overrightarrow{OA} + t \cdot \overrightarrow{AB} = \begin{pmatrix} 1 \\ 1 \\ -1 \end{pmatrix} + s \cdot \begin{pmatrix} -2 \\ -2 \\ 2 \end{pmatrix} = \begin{pmatrix} 1 \\ 1 \\ -1 \end{pmatrix} + t \cdot \begin{pmatrix} -1 \\ -1 \\ 1 \end{pmatrix}; \; t \in \mathbb{R}$

Für $t = 0$ erhält man den Punkt O(0 | 0 | 0), also liegt der Ursprung auf g(AB). Deshalb kann man als Gleichung für g(AB) auch $\vec{x} = t \cdot \begin{pmatrix} -1 \\ -1 \\ 1 \end{pmatrix}$ verwenden.

b) $|\overrightarrow{AB}| = \sqrt{(-2)^2 + (-2)^2 + 2^2} = \sqrt{12} = 2 \cdot \sqrt{3}$; $\overrightarrow{AB} = \begin{pmatrix} -2 \\ -2 \\ 2 \end{pmatrix} \Rightarrow \vec{n} = \begin{pmatrix} -1 \\ -1 \\ 1 \end{pmatrix}$

Hilfsebene E mit Normalenvektor $\vec{n}$ senkrecht zu g(AB), die C enthält:

$$\begin{pmatrix} -1 \\ -1 \\ 1 \end{pmatrix} \circ \left(\begin{pmatrix} x \\ y \\ z \end{pmatrix} - \begin{pmatrix} 1 \\ 0 \\ 0 \end{pmatrix} \right) = 0 \Rightarrow -x - y + z + 1 = 0$$

Durchstoßpunkt L von g(AB) durch Hilfsebene E:

$$-(-t) - (-t) + t + 1 = 0 \Rightarrow t = -\frac{1}{3} \Rightarrow \overrightarrow{OL} = -\frac{1}{3} \cdot \begin{pmatrix} -1 \\ -1 \\ 1 \end{pmatrix} = \begin{pmatrix} \frac{1}{3} \\ \frac{1}{3} \\ -\frac{1}{3} \end{pmatrix}$$

Abstand von C zu g(AB):

$$\overrightarrow{CL} = \begin{pmatrix} \frac{1}{3} \\ \frac{1}{3} \\ -\frac{1}{3} \end{pmatrix} - \begin{pmatrix} 1 \\ 0 \\ 0 \end{pmatrix} = \begin{pmatrix} -\frac{2}{3} \\ \frac{1}{3} \\ -\frac{1}{3} \end{pmatrix} \Rightarrow |\overrightarrow{CL}| = \sqrt{\left(-\frac{2}{3}\right)^2 + \left(\frac{1}{3}\right)^2 + \left(-\frac{1}{3}\right)^2} = \sqrt{\frac{6}{9}} = \frac{\sqrt{6}}{3}$$

Flächeninhalt Dreieck ABC:

$$A_\Delta = \frac{1}{2} \cdot |\overrightarrow{AB}| \cdot |\overrightarrow{CL}| = \frac{1}{2} \cdot 2 \cdot \sqrt{3} \cdot \frac{\sqrt{6}}{3} = \frac{\sqrt{6}}{\sqrt{3}} = \sqrt{2}$$

Alternative 1:

Es sei P_t ein beliebiger Punkt auf g(AB). Dann gilt $P_t(-t\,|-t\,|\,t)$.

Der Vektor $\overrightarrow{P_tC}$ hat die Koordinaten:

$$\overrightarrow{P_tC} = \begin{pmatrix} 1+t \\ t \\ -t \end{pmatrix}$$

Seine Länge ist:

$$|\overrightarrow{P_tC}| = \sqrt{(1+t)^2 + t^2 + (-t)^2} = \sqrt{3t^2 + 2t + 1}$$

Der Wurzelausdruck hat ein lokales Extremum, wenn der Radikand ein lokales Extremum besitzt.

$f(t) = 3t^2 + 2t + 1$; $f'(t) = 6t + 2$; $f''(t) = 6 > 0$

Damit nimmt f(t) ein lokales Minimum für $t = -\frac{1}{3}$ an. $|\overrightarrow{P_tC}|$ wird also für $t = -\frac{1}{3}$ minimal:

$$|\overrightarrow{P_{-\frac{1}{3}}C}| = \sqrt{3 \cdot \frac{1}{9} - 2 \cdot \frac{1}{3} + 1} = \sqrt{\frac{2}{3}}$$

Die Höhe des Dreiecks ABC ist somit $h = \sqrt{\frac{2}{3}}$.

Für den Flächeninhalt des Dreiecks ABC ergibt sich:

$$A_\Delta = \frac{1}{2} \cdot |\overrightarrow{AB}| \cdot h = \frac{1}{2} \cdot 2 \cdot \sqrt{3} \cdot \sqrt{\frac{2}{3}} = \sqrt{2}$$

Alternative 2:
Die Höhe des Dreiecks kann auch mithilfe des Skalarprodukts ermittelt werden:

$$\overrightarrow{AB} \circ \overrightarrow{P_tC} = 0 \quad \Leftrightarrow \quad \begin{pmatrix} -2 \\ -2 \\ 2 \end{pmatrix} \circ \begin{pmatrix} 1+t \\ t \\ -t \end{pmatrix} = 0 \quad \Leftrightarrow \quad 6t = -2 \quad \Leftrightarrow \quad t = -\frac{1}{3}$$

Alternative 3:
Der Flächeninhalt des Dreiecks ABC lässt sich über den Betrag des Vektorproduktes $\overrightarrow{CA} \times \overrightarrow{CB}$ berechnen:

$$A_\Delta = \frac{1}{2} \cdot |\overrightarrow{CA} \times \overrightarrow{CB}| = \frac{1}{2} \cdot \left| \begin{pmatrix} 0 \\ 1 \\ -1 \end{pmatrix} \times \begin{pmatrix} -2 \\ -1 \\ 1 \end{pmatrix} \right| = \frac{1}{2} \cdot \left| \begin{pmatrix} 0 \\ 2 \\ 2 \end{pmatrix} \right| = \left| \begin{pmatrix} 0 \\ 1 \\ 1 \end{pmatrix} \right| = \sqrt{2}$$

9. A kann nicht zu einer Normalverteilung gehören, da die Fläche unter der Kurve größer als 1 ist.

   B könnte zu einer Normalverteilung mit dem Mittelwert $\mu = 0$ und einer geschätzten Standardabweichung von ca. $\sigma = 2$ gehören.

   C könnte zu einer Normalverteilung mit dem Mittelwert $\mu = 5$ und einer geschätzten Standardabweichung von ca. $\sigma = 1$ gehören.

10. a) Der Term gibt für eine Bernoulli-Kette der Länge $n = 5$ mit der Trefferwahrscheinlichkeit $p = 0{,}6$ die Wahrscheinlichkeit an, genau drei Treffer zu haben.

    b) Da für den Erwartungswert $E(X) = n \cdot p$ gilt, muss dieser bei 8 liegen, dies trifft nur für die beiden rechten Abbildungen zu. Allerdings ist bei der unteren Abbildung zu erkennen, dass die Trefferzahl auch größer als 10 sein kann. Demzufolge ist die obere (rechte) Abbildung die gesuchte.

    Als Schätzwert ergibt sich mit dieser Abbildung:
    $P(X \geq 8) \approx 0{,}3 + 0{,}25 + 0{,}1 = \underline{\underline{0{,}65}}$

Kernfach Mathematik (Thüringen): Übungsaufgaben
Prüfungsteil B1 – Analysis – Aufgabe 1

Gegeben sei die Funktion f_t durch $f_t(x) = (x-t)^2 \cdot e^{-\frac{x}{2t}}$ mit $x, t \in \mathbb{R}; t > 0$.

1. Berechnen Sie die exakten Koordinaten der
   a) Schnittpunkte mit den Achsen (2 BE)
   b) Extrempunkte (5 BE)
   c) Wendepunkte (4 BE)
   des Graphen von f_t in Abhängigkeit von t.

2. Ermitteln Sie den Inhalt der Fläche A_t, die der Graph von f_t mit den Koordinatenachsen vollständig einschließt. (2 BE)

3. Untersuchen Sie, ob es einen Wert für den Parameter t gibt, für den die Wendetangenten orthogonal zueinander sind. (2 BE)

Es sei nun bei den folgenden Teilaufgaben $t = 2$.

4. Die Punkte $P(2 \mid f_2(2))$, $Q(u \mid 0)$ und $R(u \mid f_2(u))$ mit $u \in \mathbb{R}; u > 2$ sind die Eckpunkte des Dreiecks PQR.
   a) Begründen Sie, dass die Funktion $A(u) = \frac{1}{2} \cdot (u-2)^3 \cdot e^{-\frac{u}{4}}$ mit $u \in \mathbb{R}; u > 2$ den Flächeninhalt des Dreiecks PQR beschreibt. (3 BE)
   b) Geben Sie alle Näherungswerte von u an, für die $A(u) = 10$ ist. (1 BE)
   c) Erläutern Sie, weshalb es keine Werte für u geben kann, für die $A(u) = 10e$ gilt. (3 BE)
   d) Begründen Sie, dass man u nicht so wählen kann, dass das Dreieck PQR gleichseitig ist. (2 BE)
   e) Untersuchen Sie, ob man u so wählen kann, dass das Dreieck PQR gleichschenklig ist. (4 BE)
   f) Bestimmen Sie denjenigen Wert von u, für den das Dreieck PQR maximalen Flächeninhalt hat. (2 BE)

5. Die Funktion f_2 beschreibe modellhaft für $0 \leq x \leq 24$ die Wachstumsgeschwindigkeit einer Bakterienkultur. Die Variable x steht für die Zeit in Stunden. Der Zeitpunkt $x = 0$ beschreibt den Beobachtungsbeginn. Die Wachstumsgeschwindigkeit wird in Bakterienanzahl in Tausend pro Stunde angegeben. Es wird davon ausgegangen, dass zum Zeitpunkt $x = 0$ genau 1 000 Bakterien vorhanden waren und dass im Zeitraum $0 \leq x \leq 24$ keine Bakterien verloren gehen.

   Entscheiden Sie, ob die folgenden Aussagen im hier betrachteten Sachzusammenhang wahr oder falsch sind. Begründen Sie Ihre Entscheidung.

   A: Im Zeitraum von $0 \leq x \leq 2$ nimmt die Anzahl der Bakterien ab. (2 BE)
   B: Zum Zeitpunkt $x = 2$ sind keine Bakterien mehr vorhanden. (2 BE)
   C: Nach 10 Stunden sind ungefähr 28 500 Bakterien vorhanden. (2 BE)

D: Wenn die Wachstumsgeschwindigkeit maximal ist, dann ist auch die Anzahl der vorhandenen Bakterien maximal. (2 BE)

E: Im Zeitraum von $x = 5$ bis $x = 10$ steigt die Bakterienanzahl um 100 %, weil sich die Wachstumsgeschwindigkeit in diesem Zeitraum etwa verdoppelt. (2 BE)

(40 BE)

Hinweise und Tipps

Aufgabe 1

Schnittpunkte mit den Achsen

- Definieren Sie die Funktion f_t auf Ihrem Rechner.
- Schnittpunkte mit der x-Achse erhalten Sie durch Lösen der Gleichung $f_t(x)=0$.
- Der Schnittpunkt mit der y-Achse ergibt sich für $x=0$ und aus $f_t(0)$.

Extrem- und Wendepunkte

- Bilden Sie die 1., 2. und 3. Ableitung der Funktion f_t.
- Speichern Sie die Ableitungsfunktionen unter geeigneten Bezeichnungen ab.
- Extrempunkte:
  - Berechnen Sie für die notwendige Bedingung die Nullstellen x_e der 1. Ableitungsfunktion.
  - Stellen Sie für die Überprüfung der hinreichenden Bedingung die Vorzeichen der 2. Ableitung an den Stellen x_e fest.
  - Berechnen Sie die Funktionswerte an den Stellen x_e und geben Sie die Koordinaten der Extrempunkte als geordnete Paare an.
- Wendepunkte:
  - Berechnen Sie für die notwendige Bedingung die Nullstellen x_w der 2. Ableitungsfunktion.
  - Stellen Sie für die Überprüfung der hinreichenden Bedingung die Vorzeichen der 3. Ableitung an den Stellen x_w fest.
  - Berechnen Sie die Funktionswerte an den Stellen x_w und geben Sie die Koordinaten der Wendepunkte als geordnete Paare an.
- Achten Sie auf eine ausreichende Dokumentation des Lösungsweges.

Aufgabe 2

Flächeninhalt

- Veranschaulichen Sie die zu berechnende Fläche durch eine grafische Darstellung für einen speziellen Wert des Parameters t.
- Beachten Sie für die Festlegung der Integrationsgrenzen Ergebnisse der Teilaufgabe 1 a.
- Kontrollieren Sie für einen speziellen Wert von t das Ergebnis auf grafischem und rechnerischem Wege.

Aufgabe 3

Orthogonalität der Wendetangenten

- Zwei Geraden stehen aufeinander senkrecht, wenn das Produkt ihrer Anstiege den Wert -1 hat.
- Beachten Sie die Einschränkung $t>0$ aus der Aufgabenstellung.
- Kontrollieren Sie rechnerische Ergebnisse auf grafischem Wege.

Aufgabe 4

Flächeninhalt des Dreiecks

- Der Flächeninhalt eines rechtwinkligen Dreiecks kann über die Längen seiner Katheten ermittelt werden.
- Die Länge einer der Katheten ist in diesem Falle die Differenz der x-Werte der Punkte P und Q, die Länge der anderen Kathete ergibt sich als Funktionswert an der Stelle u.

Näherungswert für vorgegebenen Flächeninhalt

- Ermitteln Sie die Lösungen der Gleichung $A(u) = 10$.

Vorgegebener Flächeninhalt wird nicht angenommen

- Untersuchen Sie, wie groß der Flächeninhalt A(u) maximal werden kann. Vergleichen Sie diesen Wert mit der Zahl 10e.

Gleichseitiges Dreieck

- Beachten Sie die Gleichheit der Innenwinkel eines gleichseitigen Dreiecks.

Gleichschenkliges Dreieck

- Beachten Sie, dass das Dreieck PQR rechtwinklig ist. Die dem rechten Winkel gegenüberliegende Seite kann also nicht als Kathete infrage kommen.
- Setzen Sie die Terme für die beiden Kathetenlängen gleich. Vereinfachen Sie diese Gleichung und versuchen Sie, eine Lösung mit dem CAS zu finden.
- Falls das CAS keine Lösung anzeigt, so überlegen Sie, was die mathematische Ursache dafür sein könnte.
- Zeigen Sie, dass sich als vereinfachte Gleichung angeben lässt:
  $1 = (u-2) \cdot e^{-\frac{u}{4}} \quad (u > 2)$
  Fassen Sie die linke und die rechte Seite dieser Gleichung als Funktionen auf. Untersuchen Sie die Funktion $h(u) = (u-2) \cdot e^{-\frac{u}{4}}$ für $u > 2$ auf lokale Extrema und ihr Verhalten im Unendlichen.

Maximaler Flächeninhalt

- Geben Sie den Flächeninhalt des Dreiecks PQR in Abhängigkeit von u an.
- Ermitteln Sie das Maximum dieses Terms im angegebenen Intervall mithilfe des CAS-Rechners.

Aufgabe 5

Wahrheitsgehalt von Aussagen beurteilen

- Beachten Sie, dass f_2 die Wachstumsgeschwindigkeit, also die Änderungsrate des Wachstums, beschreibt. Die Funktion f_2 repräsentiert also die Ableitungsfunktion der Wachstumsfunktion.
- Nutzen Sie den Zusammenhang zwischen den Vorzeichen von Werten der Ableitungsfunktion und dem Monotonieverhalten der zugehörigen Stammfunktion.
- Unter Beachtung des Anfangswertes des Bakterienbestandes zum Beobachtungsbeginn können Sie eine Gleichung oder Werte der Stammfunktion herleiten.
- Stellen Sie die Funktion f_2 und die zugehörige Stammfunktion grafisch dar.
- Beachten Sie, dass Sie Ihre Entscheidungen begründen sollen.

Lösungen

1. a) Schnittpunkte mit der x-Achse ergeben sich für $f_t(x) = 0$. Lösung dieser Gleichung ist $x = t$:

$\underline{\underline{S_x(t\,|\,0)}}$

Der Schnittpunkt mit der y-Achse wird für $x = 0$ berechnet:

$\underline{\underline{S_y(0\,|\,t^2)}}$

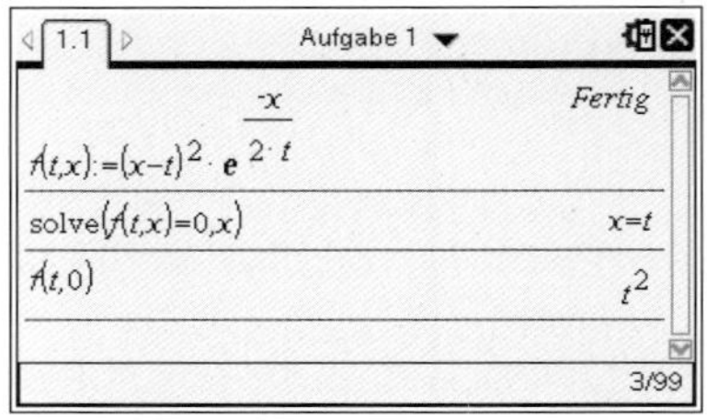

b) Für die Berechnung der Extrem- und Wendepunkte werden die ersten drei Ableitungen von f_t gebraucht.
Sie werden mit dem CAS-Rechner bestimmt und unter geeigneten Variablen gespeichert.

1. Ableitung:

$$f_t'(x) = -\frac{1}{2t} \cdot (x - 5t) \cdot (x - t) \cdot e^{-\frac{x}{2t}}$$

2. Ableitung:

$$f_t''(x) = \frac{1}{4t^2} \cdot (x^2 - 10t \cdot x + 17t^2) \cdot e^{-\frac{x}{2t}}$$

3. Ableitung:

$$f_t'''(x) = -\frac{1}{8t^3} \cdot (x^2 - 14t \cdot x + 37t^2) \cdot e^{-\frac{x}{2t}}$$

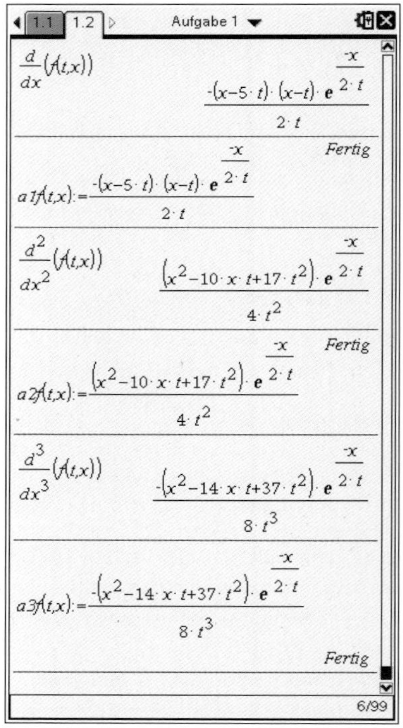

Extrempunkte
Notwendige Bedingung:
$f_t'(x) = 0$
Lösungen dieser Gleichung und damit mögliche Extremstellen sind:
$x_{e1} = 5t$ und $x_{e2} = t$

Hinreichende Bedingung:
$f_t''(x_e) \neq 0$

$f_t''(5t) = -2 \cdot e^{-\frac{5}{2}} < 0 \quad \Rightarrow \quad$ lokales Maximum

$f_t''(t) = 2 \cdot e^{-\frac{1}{2}} > 0 \quad \Rightarrow \quad$ lokales Minimum

Koordinaten:

Hochpunkt $\underline{\underline{H(5t\,|\,16 \cdot e^{-\frac{5}{2}} \cdot t^2)}}$

Tiefpunkt $\underline{\underline{T(t\,|\,0)}}$

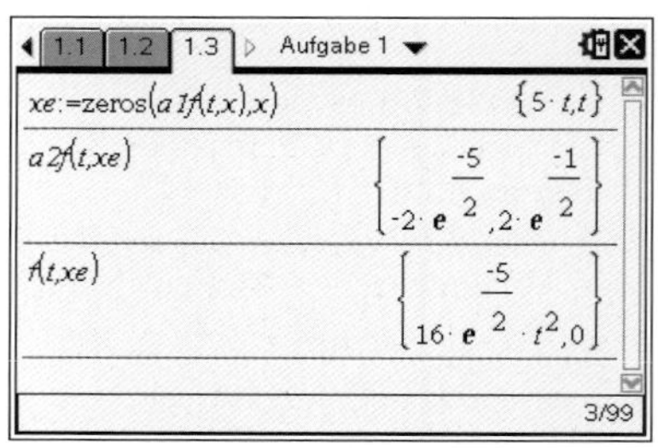

c) **Wendepunkte**

Notwendige Bedingung:

$f_t''(x) = 0$

Lösungen dieser Gleichung und damit mögliche Wendestellen sind:

$x_{w1} = -(2 \cdot \sqrt{2} - 5) \cdot t$ und

$x_{w2} = (2 \cdot \sqrt{2} + 5) \cdot t$

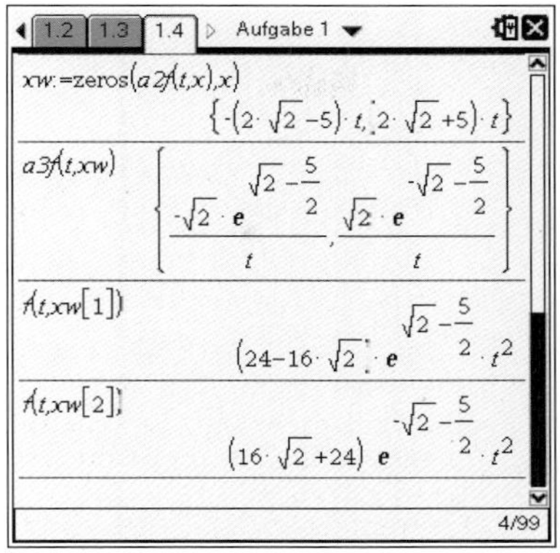

Hinreichende Bedingung:

$f_t'''(x_w) \neq 0$

$f_t'''(x_{w1}) = -\dfrac{\sqrt{2}}{t} \cdot e^{\sqrt{2} - \frac{5}{2}} \neq 0$

$f_t'''(x_{w2}) = \dfrac{\sqrt{2}}{t} \cdot e^{-\sqrt{2} - \frac{5}{2}} \neq 0$

Koordinaten:

Wendepunkt $W_1\left((2 \cdot \sqrt{2} - 5) \cdot t \,\middle|\, (24 - 16 \cdot \sqrt{2}) \cdot e^{\sqrt{2} - \frac{5}{2}} \cdot t^2\right)$

Wendepunkt $W_2\left((2 \cdot \sqrt{2} + 5) \cdot t \,\middle|\, (24 + 16 \cdot \sqrt{2}) \cdot e^{-\sqrt{2} - \frac{5}{2}} \cdot t^2\right)$

2. Die zu berechnende Fläche liegt nach den Ergebnissen von Teilaufgabe 1 a im Intervall $0 \leq x \leq t$.

Ihr Inhalt wird durch $\int_0^t f_t(x)\,dx$ berechnet und hat den Wert $(10 - 16 \cdot e^{-\frac{1}{2}}) \cdot t^3$ FE.

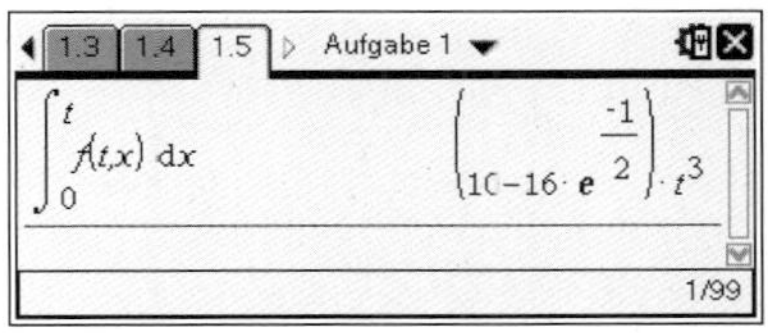

Eine grafische Kontrolle kann z. B. für $t = 2$ durchgeführt werden. Der berechnete Wert stimmt mit dem aus der Grafik ermittelten Wert (Graph analysieren – Integral) nahezu überein.

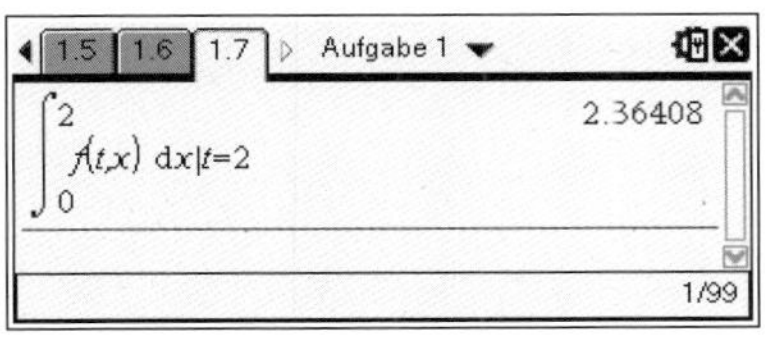

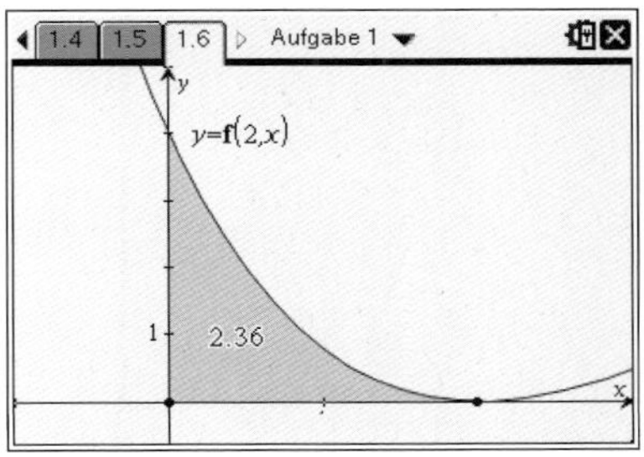

3. Wenn die Wendetangenten orthogonal zueinander sein sollen, dann muss für ihre Anstiege m_1 und m_2 gelten: $m_1 \cdot m_2 = -1$

Die Anstiege ergeben sich aus den Werten der 1. Ableitung an den Wendestellen:

$m_1 = 4t \cdot (\sqrt{2} - 1) \cdot e^{\sqrt{2} - \frac{5}{2}}$

$m_2 = -4t \cdot (\sqrt{2} + 1) \cdot e^{-\sqrt{2} - \frac{5}{2}}$

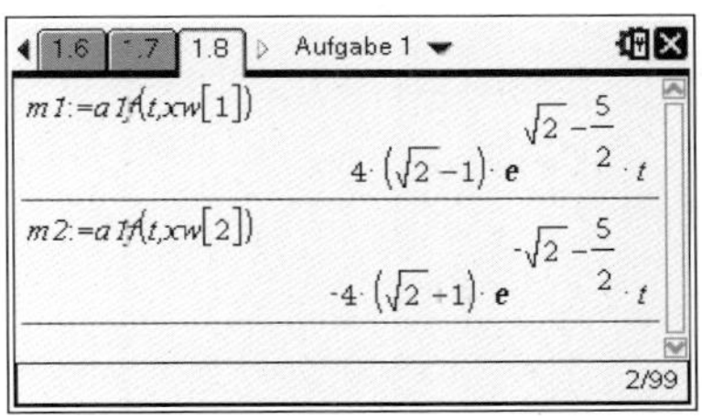

Die Gleichung $m_1 \cdot m_2 = -1$ hat für $t > 0$ die Lösung:

$$t = \frac{1}{4} \cdot e^{\frac{5}{2}} \approx 3{,}05$$

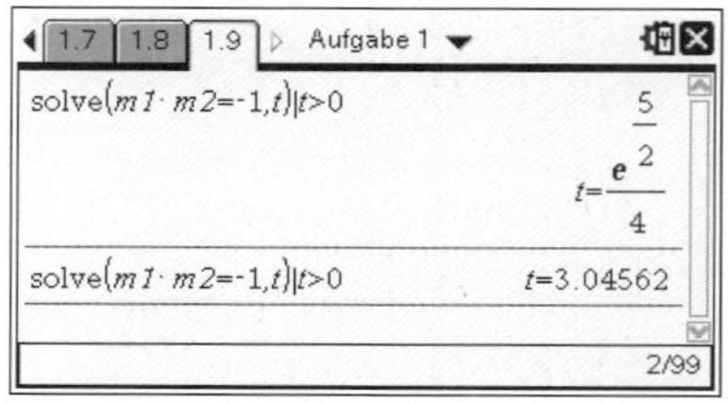

Für diesen Wert des Parameters t stehen die Wendetangenten senkrecht aufeinander.

Die rechnerisch ermittelte Lösung kann geometrisch kontrolliert werden. Dazu werden die Wendetangenten für $t = \frac{1}{4} \cdot e^{\frac{5}{2}}$ eingezeichnet und ihr Schnittwinkel wird gemessen.

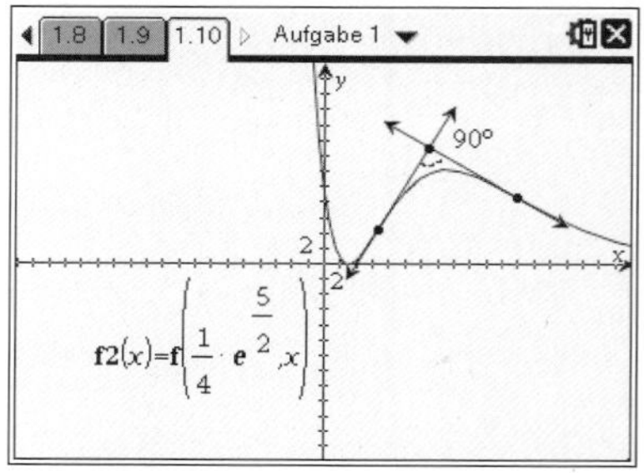

Alternativ kann die Untersuchung auch durch systematisches Probieren erfolgen. Dazu werden die Wendetangenten eingezeichnet und ihr Schnittwinkel wird gemessen.
Der Wert des Parameters t wird über einen Schieberegler so lange verändert (eventuell mit immer kleiner werdender Schrittweite), bis ein Schnittwinkel von (näherungsweise) 90° erreicht ist.

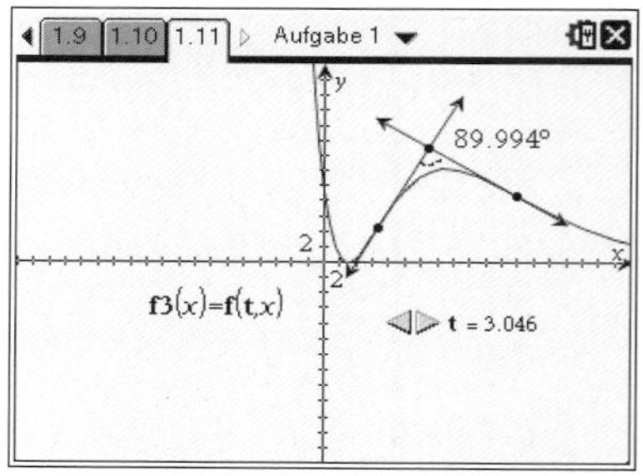

4. a) Dreieck PQR mit $P(2 \mid f_2(2))$, $Q(u \mid 0)$ und $R(u \mid f_2(u))$ mit $u \in \mathbb{R}$; $u > 2$

Für $t = 2$ erhält man die Gleichung:

$$f_2(x) = (x-2)^2 \cdot e^{-\frac{x}{4}}$$

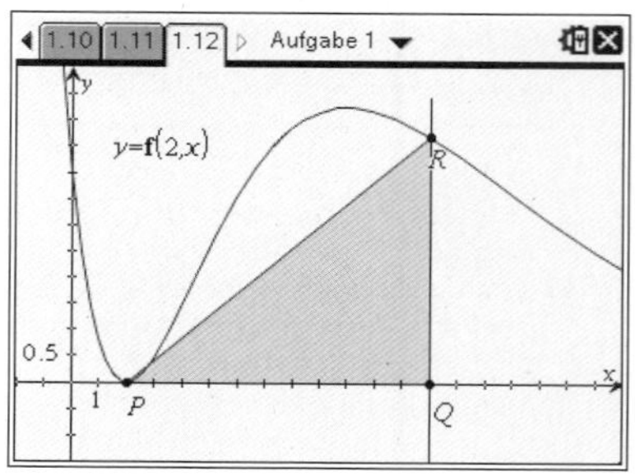

Das Dreieck PQR ist rechtwinklig mit den Katheten $\overline{PQ}$ und $\overline{QR}$. Sein Flächeninhalt A kann durch

$$A = \frac{1}{2} \cdot \overline{PQ} \cdot \overline{QR}$$

berechnet werden. Wegen $\overline{PQ} = u - 2$ und $\overline{QR} = f_2(u) = (u-2)^2 \cdot e^{-\frac{u}{4}}$ gilt

$$A = \frac{1}{2} \cdot (u-2) \cdot (u-2)^2 \cdot e^{-\frac{u}{4}},$$

also wie behauptet:

$$A = \frac{1}{2} \cdot (u-2)^3 \cdot e^{-\frac{u}{4}}$$

b) Die Formel zur Berechnung des Flächeninhaltes des Dreiecks PQR wird als Funktion a(u) gespeichert.
Die Gleichung a(u) = 10 hat zwei Näherungslösungen:
$\underline{\underline{u_1 \approx 6{,}77}}$ und $\underline{\underline{u_2 \approx 26{,}31}}$

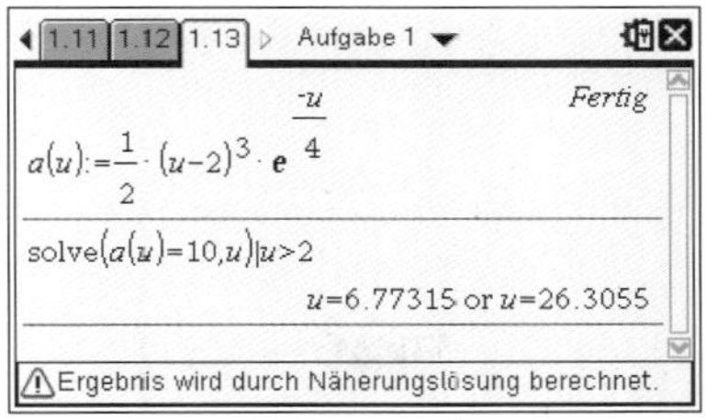

Alternativ kann man die Näherungslösungen auch geometrisch ermitteln, indem man das Dreieck PQR konstruiert, seine Fläche misst und die Koordinaten des Punktes Q anzeigen lässt. Durch Verschieben von Q auf der x-Achse bestimmt man die beiden Stellen, für die der Flächeninhalt ca. 10 FE beträgt.

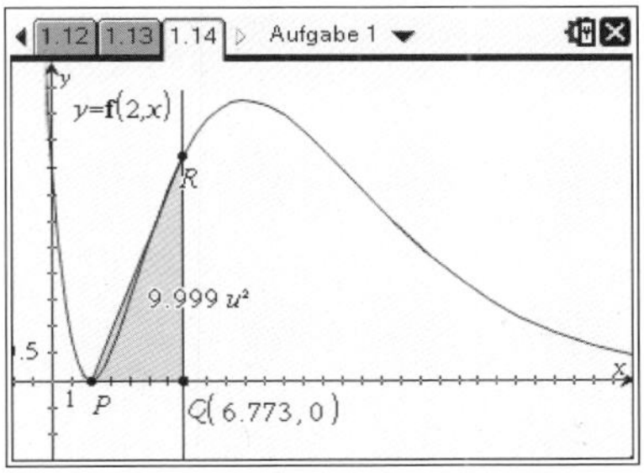

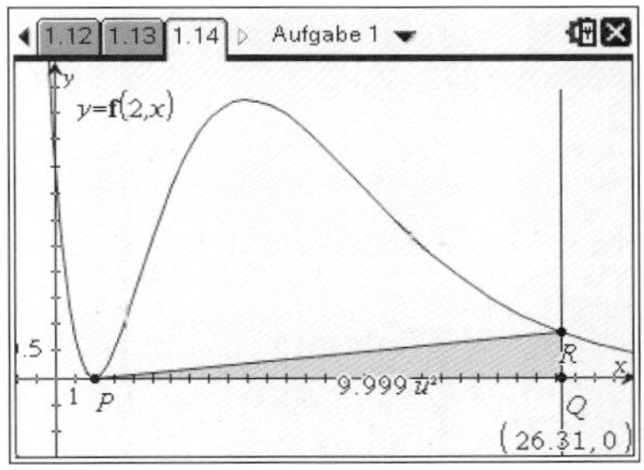

c) Der Versuch, die Gleichung a(u) = 10e zu lösen, bringt kein Ergebnis.

Die Ursache liegt darin begründet, dass das Dreieck einen maximalen Flächeninhalt von

$a(14) \approx 26{,}09$ FE

hat und dass

$10e \approx 27{,}18 > 26{,}09$

ist. Es gibt also kein Dreieck PQR mit dem Flächeninhalt 10e.

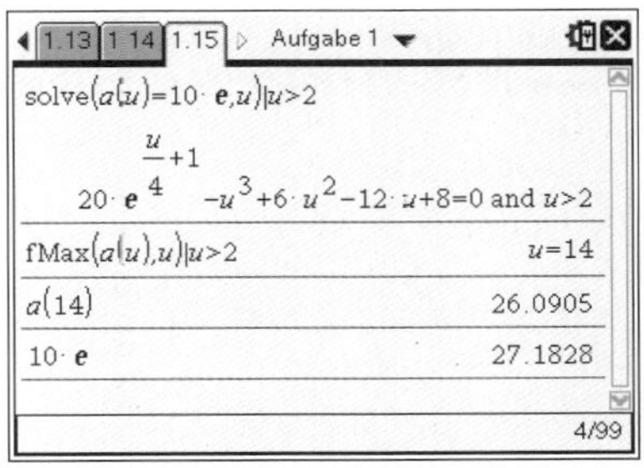

d) Da das Dreieck PQR rechtwinklig ist, ein gleichseitiges Dreieck aber nur Innenwinkel von 60° hat, kann PQR nicht gleichseitig sein.

e) Da das Dreieck PQR rechtwinklig mit dem rechten Winkel bei Q ist, kann es nur dann gleichschenklig sein, wenn $\overline{PQ} = \overline{QR}$ ist.

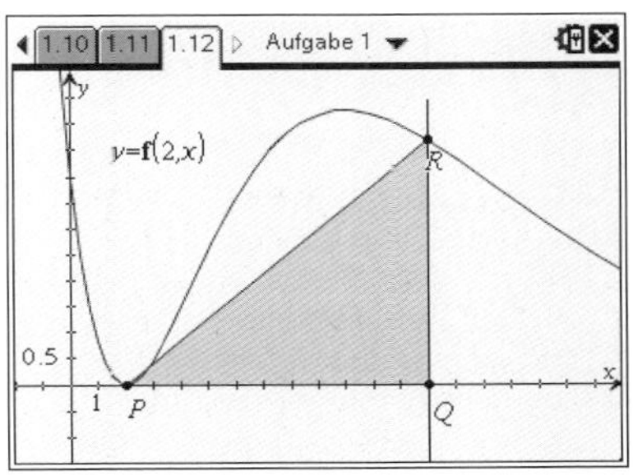

Wegen $\overline{PQ} = u - 2$ und $\overline{QR} = (u-2)^2 \cdot e^{-\frac{u}{4}}$ ist zu untersuchen, ob die Gleichung

$u - 2 = (u-2)^2 \cdot e^{-\frac{u}{4}}$

für $u > 2$ Lösungen besitzt. Nach Division durch $u - 2$ entsteht daraus die Gleichung:

$1 = (u-2) \cdot e^{-\frac{u}{4}}$

Das CAS löst die Gleichung nicht, obwohl angezeigt wird, dass eine Näherungslösung berechnet wird.

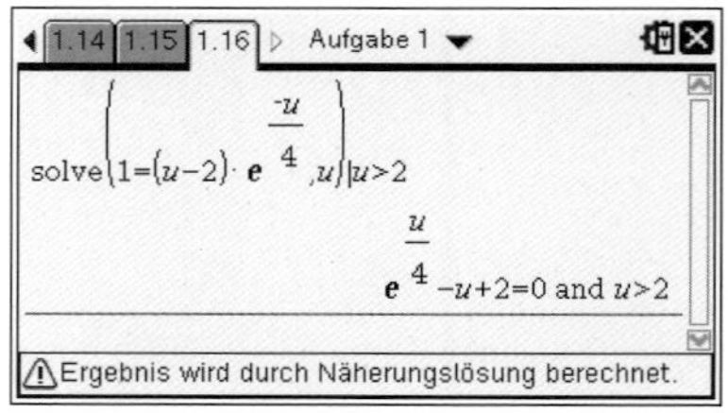

Ist das CAS „überfordert“ oder besitzt diese Gleichung vielleicht prinzipiell keine Lösung?

Zur Beantwortung dieser Frage betrachtet man nun beide Seiten der Gleichung als die Funktionen

$g(x) = 1$ sowie $h(x) = (x-2) \cdot e^{-\frac{x}{4}}$

und prüft, ob sie sich für $x > 2$ schneiden.

Eine erste Überprüfung erfolgt grafisch. Es sieht hier so aus, als verlaufe die Parallele $y = 1$ zur x-Achse immer oberhalb des Graphen von h. Aber da man nur einen Teil beider Graphen sehen kann, reicht das noch nicht aus.

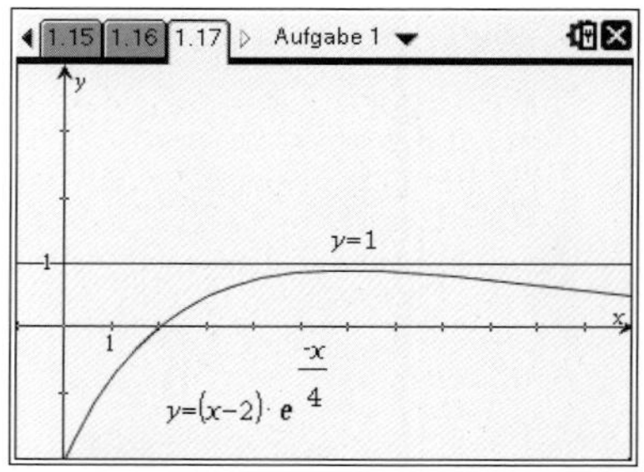

Eine genaue Überprüfung ist erst durch eine analytische Untersuchung möglich. Dazu wird h auf lokale Extrema und das Verhalten im Unendlichen untersucht.

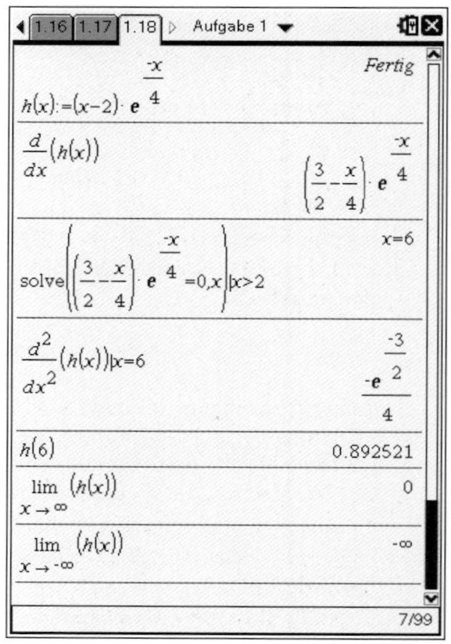

Die 1. Ableitung

$h'(x) = \left(\frac{3}{2} - \frac{x}{4}\right) \cdot e^{-\frac{x}{4}}$

besitzt nur die Nullstelle $x = 6$ als mögliche Extremstelle.

$h''(6) = -\frac{1}{4} \cdot e^{-\frac{3}{2}}$

ist negativ, also ist bei $x = 6$ das einzige lokale Maximum der Funktion h.

Der Funktionswert $h(6) \approx 0{,}893$ ist kleiner als 1 und wegen

$\lim\limits_{x \to \infty} h(x) = 0$ und $\lim\limits_{x \to -\infty} h(x) = -\infty$

schneiden sich die Graphen von $g(x) = 1$ und $h(x) = (x-2) \cdot e^{-\frac{x}{4}}$ nicht.

Die Gleichung $1 = (u-2) \cdot e^{-\frac{u}{4}}$ hat keine Lösung, also gibt es keinen Wert für u, sodass das Dreieck PQR gleichschenklig ist.

f) Für u = 14 hat das Dreieck PQR maximalen Flächeninhalt.

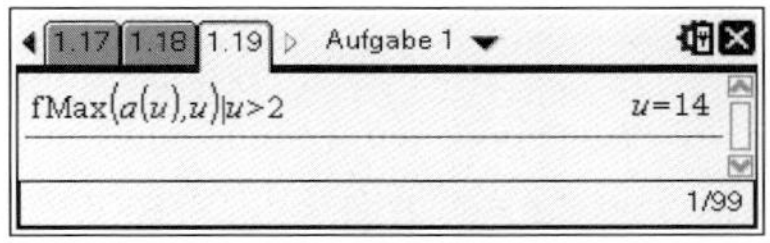

5. Zeichnen Sie die Funktion zu f_2 und verwenden Sie den Graphen zur Entscheidung und Begründung.

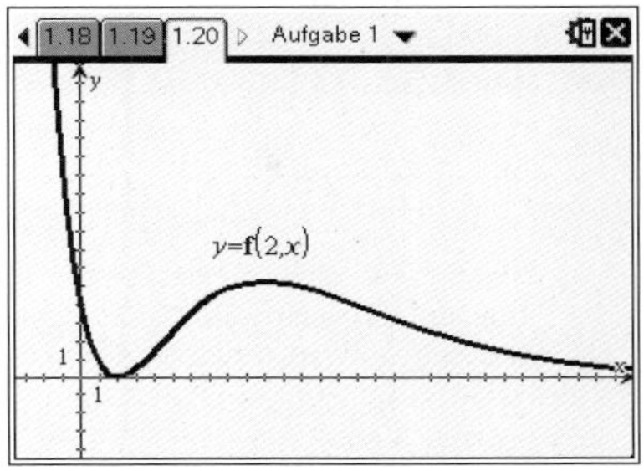

A: Diese Aussage ist **falsch**. Es sinkt zwar die Wachstumsgeschwindigkeit, da sie aber im Zeitraum $0 \leq x \leq 2$ niemals negativ ist, nimmt die Anzahl der Bakterien nicht ab, sondern lediglich immer langsamer zu.

B: Diese Aussage ist **falsch**. Zum Zeitpunkt $x = 2$ ist zwar die Wachstumsgeschwindigkeit null, das bedeutet aber nicht, dass keine Bakterien mehr vorhanden sind. Es wurden nur zu diesem Zeitpunkt keine neuen „produziert".

C: Diese Aussage ist **wahr**. Durch Berechnung (mit dem CAS-Rechner) lässt sich das nachweisen.

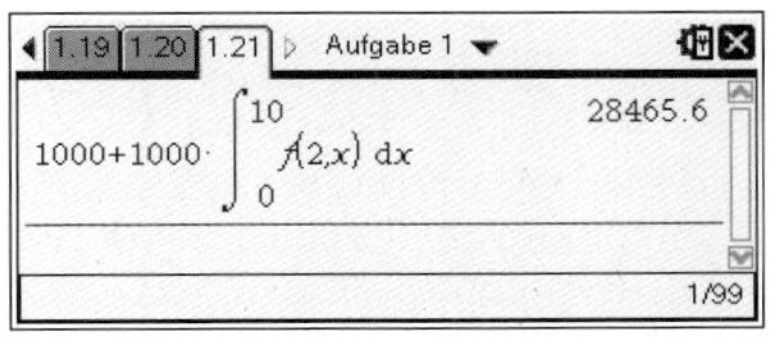

D: Diese Aussage ist in diesem Sachzusammenhang **falsch**. Auch nach Erreichen der maximalen Wachstumsgeschwindigkeit ist diese positiv, sodass eine weitere Zunahme der Bakterienanzahl erfolgt.

E: Die Wachstumsgeschwindigkeit zum Zeitpunkt $x = 5$ ist ca. 2 579 Bakterien pro Stunde, zum Zeitpunkt $x = 10$ ca. 5 253 Bakterien pro Stunde. Das ist ungefähr das Doppelte gegenüber der Wachstumsgeschwindigkeit zum Zeitpunkt $x = 5$.

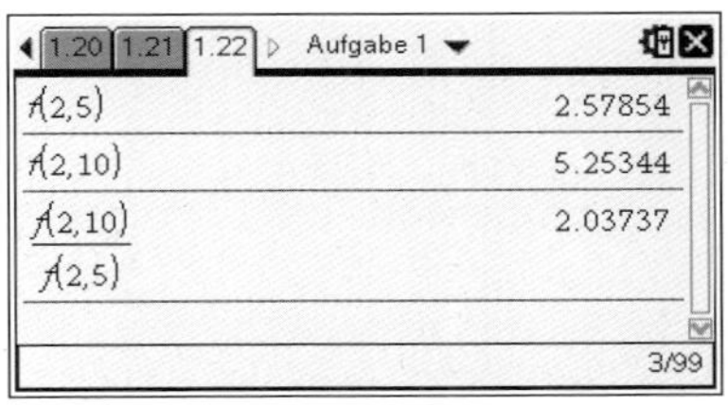

Zum Zeitpunkt $x = 5$ sind ca. 6 509 Bakterien vorhanden. Zum Zeitpunkt $x = 10$ sind ca. 28 466 Bakterien vorhanden. Das ist mehr als das Vierfache gegenüber dem Bestand für $x = 5$.

Es stimmt zwar, dass sich die Wachstumsgeschwindigkeit in diesem Zeitraum etwa verdoppelt, aber die Aussage ist **falsch**, denn die Bakterienanzahl würde sich mehr als vervierfachen, auf etwa 437 % steigen.

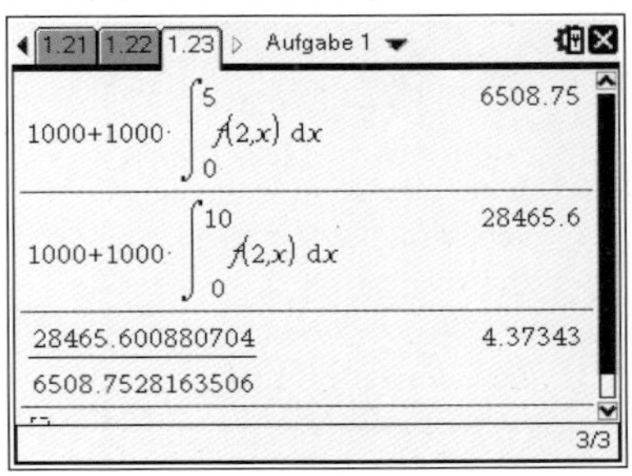

1. **Wetterballon**
Ein aufsteigender Wetterballon ermittelte u. a. folgende Daten über die Höhe h in Meter und den Luftdruck p in Hektopascal (hPa).

h in m	2 000	4 000	6 000	8 000	10 000	12 000
p in hPa	789	614	479	373	290	226

a) Begründen Sie anhand der Werte in der Tabelle, dass kein linearer, wohl aber ein exponentieller Zusammenhang zwischen der Höhe h und dem Luftdruck p zugrunde gelegt werden kann. (4 BE)

b) Beschreiben Sie, wie eine Gleichung der Form $p(h) = p_0 \cdot e^{-k \cdot h}$ für die Funktion h (in m) $\mapsto$ p (in hPa) ermittelt werden kann, und bestimmen Sie eine solche Gleichung.
Beschreiben Sie, welche Bedeutung die Variable p_0 im Zusammenhang mit der Aufgabenstellung hat. (5 BE)
Kontrollergebnis: $p(h) \approx 1\,013{,}14 \cdot e^{-0{,}000125 \cdot h}$

c) Zeigen Sie handschriftlich, dass für die Funktion $p(h) = p_0 \cdot e^{-k \cdot h}$ der Quotient aus der momentanen Änderungsrate des Luftdrucks und dem aktuellen Wert des Luftdrucks konstant ist.
Nennen Sie die dabei verwendeten Ableitungsregeln. (2 BE)

d) Berechnen Sie, um wie viel Prozent der Luftdruck jeweils sinkt, wenn die Höhe um 1 000 m zunimmt. (3 BE)

e) Zeigen Sie, dass die Höhendifferenz d für den Fall, dass der Luftdruck halbiert wird, immer denselben Wert hat, und ermitteln Sie diesen Wert. (2 BE)

f) Auf dem Brocken im Harz (1 141 m über dem Meeresspiegel) wurden über einen Zeitraum von sieben Wintertagen folgende Luftdruckwerte gemessen:

Tag	1	2	3	4	5	6	7
Luftdruck in hPa	867	865	870	863	859	860	870

Berechnen Sie den durchschnittlichen Luftdruck während dieses Zeitraums. Vergleichen Sie diesen Durchschnittswert mit dem Luftdruck, der sich aus der Formel in Teilaufgabe b ergibt.
Beurteilen Sie, welche Wetterlage besser zu den verwendeten Daten passt:
Wetterlage 1: umfangreiches Tief **Wetterlage 2:** neues Hoch (2 BE)

g) Erläutern Sie die grafische Darstellung im gegebenen Sachzusammenhang. (2 BE)

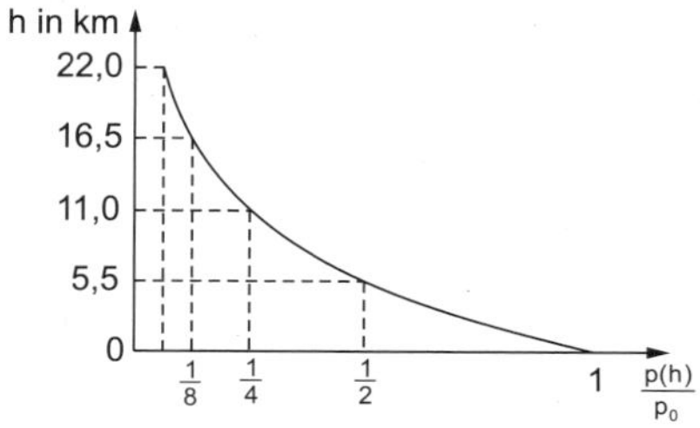

2. a) Finden Sie die Gleichung einer ganzrationalen Funktion 3. Grades, deren Graph im Punkt $(2|0)$ den Anstieg $m=-6$, an der Stelle $x=-1$ einen lokalen Extrempunkt und auf der y-Achse einen Wendepunkt hat. (5 BE)

b) Die Graphen der Funktionen f mit $f(x)=-\frac{2}{3}\cdot(x-2)\cdot(x+1)^2$ und g mit $g(x)=\frac{1}{2}\cdot e^{-x}$ mit $x\in\mathbb{R}$ schließen einige Flächen vollständig ein. Berechnen Sie den Gesamtinhalt dieser Flächen. (5 BE)

c) Die Punkte $P(-1|f(-1))$, $Q(u|0)$ und $R(u|f(u))$ mit $-1<u<2$ und mit $f(x)=-\frac{2}{3}\cdot(x-2)\cdot(x+1)^2$ begrenzen ein Dreieck PQR.
Ermitteln Sie u so, dass der Inhalt des Dreiecks PQR maximal ist. (2 BE)

Gegeben sei nun die Funktion f_t mit $f_t(x)=-\frac{2}{3}\cdot(x+t^2)\cdot(x+1)^2$ und $t\in\mathbb{R}$

d) Untersuchen Sie die Funktion f_t auf die Anzahl und die Koordinaten ihrer Nullstellen in Abhängigkeit von t. (2 BE)

e) Untersuchen Sie die Funktion f_t auf lokale Extrema und geben Sie deren Koordinaten in Abhängigkeit von t an. (3 BE)

f) Begründen Sie, dass die Tangente, die man für $t\neq\pm1$ in der Mitte zwischen den beiden Nullstellen an den Graphen der Funktion f_t legt, die x-Achse immer in einer der Nullstellen schneidet. (3 BE)

(40 BE)

Hinweise und Tipps

Aufgabe 1

Zusammenhang zwischen Höhe und Luftdruck

- Ein linearer Zusammenhang liegt vor, wenn die Differenzen der Druckwerte bei gleicher Differenz der Höhenwerte immer annähernd gleich groß sind.
- Ein exponentieller Zusammenhang liegt vor, wenn die Quotienten der Druckwerte bei gleicher Differenz der Höhenwerte immer annähernd gleich groß sind.
- Setzen Sie in die Gleichung $p(h) = p_0 \cdot e^{-k \cdot h}$ zwei Wertepaare (h; p) ein und lösen Sie dieses Gleichungssystem.
- Die Bedeutung von p_0 ergibt sich für $h = 0$ m.
- Beachten Sie, dass die momentane Änderungsrate einer Funktion f(x) deren 1. Ableitung f'(x) ist.

Luftdruckänderung

- Berechnen Sie den Quotienten $\frac{p(h+1\,000)}{p(h)}$, um die prozentuale Abnahme des Luftdrucks auf 1 000 m Höhenzunahme zu erhalten.
- Lösen Sie die Gleichung $\frac{1}{2} \cdot p(h) = p(h + d)$, um die Höhendifferenz d für die Halbierung des Luftdrucks zu bestimmen.

Monatswerte

- Der durchschnittliche Luftdruck ist das arithmetische Mittel der gegebenen Werte.

grafische Darstellung

- Beachten Sie die Bezeichnungen und Einheiten auf den Achsen des Koordinatensystems.

Aufgabe 2

Funktion mit vorgegebenen Eigenschaften

- Stellen Sie aus den gegebenen Zusammenhängen ein lineares Gleichungssystem für die Koeffizienten a, b, c und d in $f(x) = ax^3 + bx^2 + cx + d$ auf.
- Beachten Sie, dass sich der Anstieg einer Funktion an einer Stelle x_0 durch den Wert ihrer 1. Ableitung an dieser Stelle ergibt.
- Verwenden Sie die notwendigen Bedingungen für lokale Extrempunkte bzw. für Wendepunkte, um weitere Gleichungen für das System aus den gegebenen Bedingungen aufzustellen.
- Lösen Sie das Gleichungssystem.
- Überprüfen Sie, ob sich aus der gefundenen Gleichung für f die geforderten Eigenschaften der Funktion ableiten lassen. Untersuchen Sie dabei auch die hinreichenden Bedingungen für Extrem- und Wendepunkte.

Gesamtflächeninhalt

- Veranschaulichen Sie den Sachverhalt durch grafische Darstellung.
- Berechnen Sie die Schnittstellen der Graphen von f und g. Vergleichen Sie die rechnerischen Ergebnisse mit der grafischen Darstellung. Verändern Sie dazu ggf. die Fenstereinstellungen.
- Berechnen Sie die Inhalte der Teilflächen durch Integration. Beachten Sie dabei die gegenseitige Lage der Graphen von f und g.
- Ermitteln Sie die Summe der Flächeninhalte.

maximaler Flächeninhalt des Dreiecks

- Veranschaulichen Sie das Dreieck in einer Skizze.
- Überlegen Sie, wo der rechte Winkel des Dreiecks PQR liegt und wie Sie die Längen der Katheten mithilfe der Funktion f bzw. von u angeben können.
- Geben Sie eine Gleichung für den Flächeninhalt a(u) des Dreiecks PQR an.
- Bestimmen Sie das Maximum der Funktion $a(u) = \frac{1}{2} \cdot (u+1) \cdot f(u)$ im Intervall $-1 < u < 2$.
- Kontrollieren Sie das Ergebnis auf geometrischem Wege. Sie können dazu einen Schieberegler für u verwenden.

Nullstellen

- Da die Gleichung von f_t in faktorisierter Form gegeben ist, können Sie die Anzahl der Nullstellen durch Untersuchung der Faktoren bestimmen.
- Überlegen Sie, wann jeder der Faktoren $(x + t^2)$ bzw. $(x + 1)^2$ null werden kann und für welche Werte von t diese Nullstellen zusammenfallen.

Koordinaten lokaler Extrema

- Beachten Sie die notwendige und hinreichende Bedingung für lokale Extrema von Funktionen.
- Beachten Sie notwendige Fallunterscheidungen für den Parameter t.

Tangente

- Bestimmen Sie den Mittelpunkt zwischen den beiden Nullstellen (für $t \neq \pm 1$).
- Ermitteln Sie die Tangentengleichung an dieser Stelle.
- Berechnen Sie die Nullstelle der Tangente und vergleichen Sie diese mit den Nullstellen der Funktion.

1. a) Würde ein **linearer Zusammenhang** vorliegen, so müssten die Werte für den Druck bei gleichem Abstand der Höhenwerte immer dieselbe Differenz aufweisen. Dies ist aber nicht der Fall, die Differenzen werden größer:

$-175,\ -135,\ -106,\ -83,\ -64$

(Die Differenzen wurden mithilfe der Tabellenkalkulation bestimmt.)

Es liegt also kein linearer Zusammenhang vor.

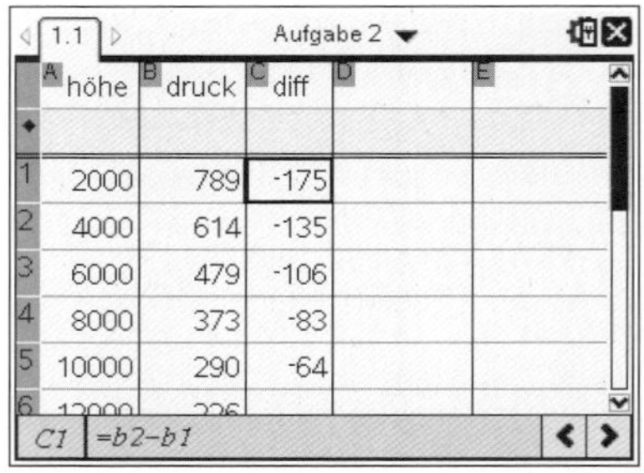

Auf einen **exponentiellen Charakter** kann man schließen, wenn die Quotienten aufeinanderfolgender Drücke (bei gleichem Abstand der Höhenwerte) gleich sind. Dies ist hier der Fall:

Die Folge der Höhenwerte in der Tabelle wächst immer um 2 000 m.

Die Quotienten aufeinanderfolgender Druckwerte sind näherungsweise:

0,778, 0,780, 0,779, 0,777, 0,779

Sie haben annähernd den Wert 0,78. Man kann deshalb von einem exponentiellen Zusammenhang ausgehen.

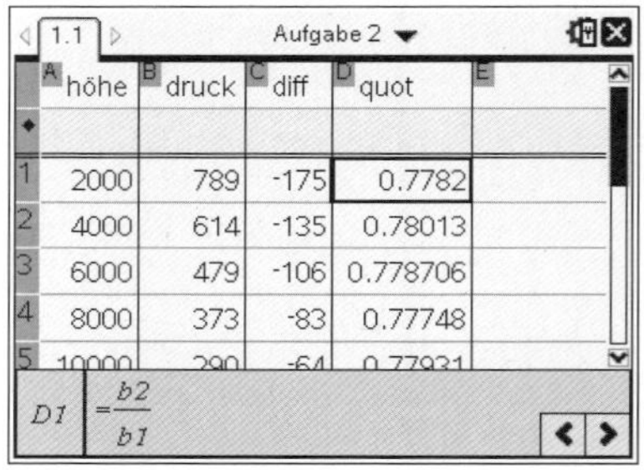

b) *Variante 1:*

Für die Funktion $p(h) = p_0 \cdot e^{-k \cdot h}$ wird das Gleichungssystem

$p(2\,000) = 789$ und $p(12\,000) = 226$

nach p_0 und k gelöst. Es ergibt sich

$p_0 = 1\,013{,}14$ und $k = 0{,}000125$, also:

$$p(h) = 1\,013{,}14 \cdot e^{-0{,}000125 \cdot h}$$

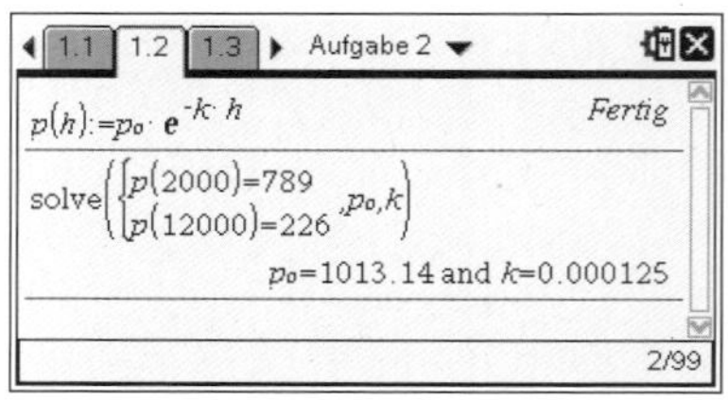

Das Gleichungssystem kann auch mit anderen Wertepaaren der Tabelle aufgestellt und gelöst werden.

Es ergeben sich geringfügig andere Werte für den Anfangswert p_0, also den Luftdruck in der Höhe 0 m.

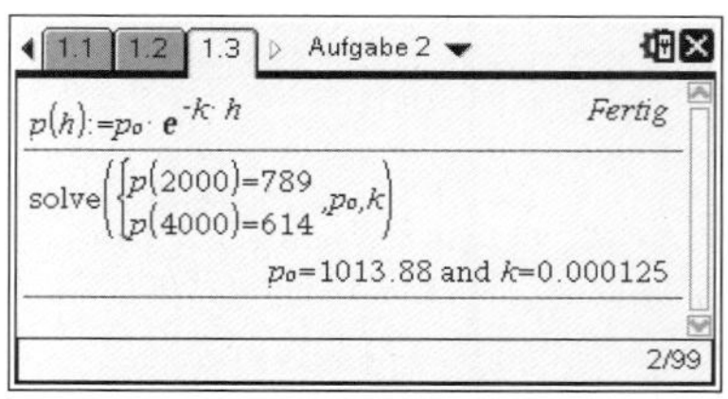

Variante 2:
Die Exponentialgleichung wird durch exponentielle Regression über alle Tabellenwerte bestimmt:

$p(h) = 1\,013{,}24 \cdot 0{,}999875^h$

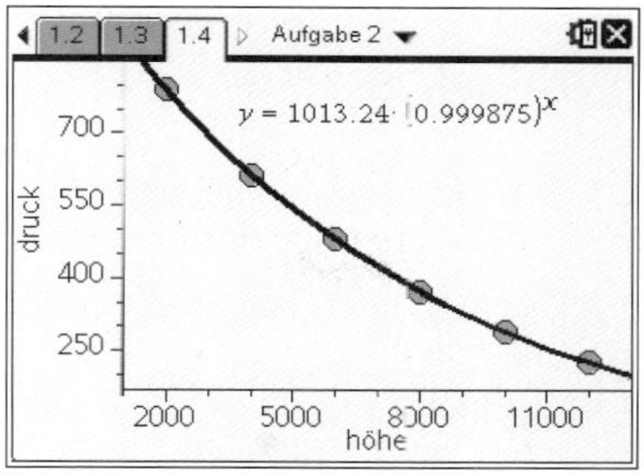

Dies ist aber noch nicht die verlangte Form einer Exponentialgleichung mit der Basis e. Um den Exponenten k in e^{-k} zu bestimmen, wird die Gleichung $0{,}999875 = e^{-k}$ gelöst, was $k = 0{,}000125$ ergibt. Ergebnis:

$\underline{\underline{p(h) = 1\,013{,}24 \cdot e^{-0{,}000125 \cdot h}}}$

Für $h = 0$ ergibt sich aus $p(h) = p_0 \cdot e^{-k \cdot h}$:

$p(0) = p_0 \cdot 1 = p_0$

Die Variable p_0 beschreibt also den Luftdruck in der Höhe von 0 m.

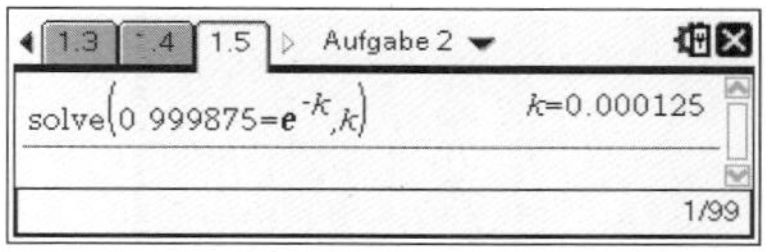

c) Die momentane Änderungsrate der Funktion p(h) ist die 1. Ableitung p'(h) dieser Funktion. Der aktuelle Wert des Luftdrucks wird durch p(h) angegeben.

Die Ableitung der Funktion $p(h) = p_0 \cdot e^{-k \cdot h}$ ist nach Faktor- und Kettenregel die Funktion:

$p'(h) = (-k) \cdot p_0 \cdot e^{-k \cdot h}$

Für den Quotienten aus Änderungsrate und Bestand gilt nach Kürzen wegen $p_0 \neq 0$:

$$\frac{p'(h)}{p(h)} = -k$$

Der Quotient hat also einen konstanten Wert.

d) Unter Verwendung der Gleichung

$p(h) = 1\,013{,}24 \cdot e^{-0{,}000125 \cdot h}$

wird der Quotient

$$\frac{p(h + 1\,000)}{p(h)} \approx 0{,}88$$

bestimmt. Der Luftdruck nimmt bei einem Höhenzuwachs von 1 000 m um etwa $\underline{\underline{12\,\%}}$ ab.

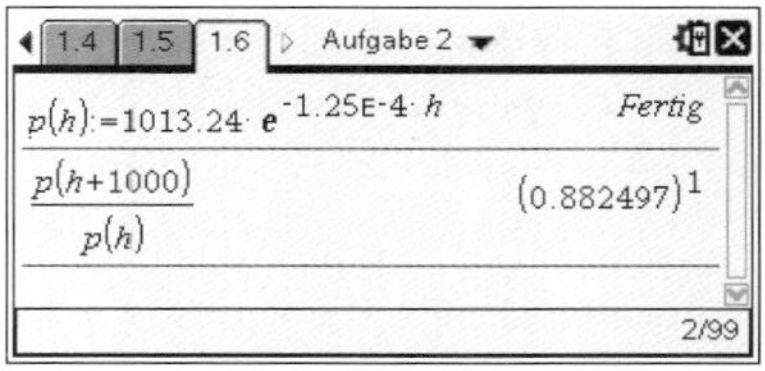

e) Um die Höhendifferenz d zu bestimmen, in der sich der Luftdruck jeweils halbiert, muss die Gleichung

$$\frac{1}{2} \cdot p(h) = p(h + d)$$

gelöst werden. Diese Gleichung hat die Lösung $d = 5\,545{,}18$. Der Luftdruck halbiert sich nach einer Höhenzunahme von ca. $\underline{\underline{5\,545\text{ m}}}$.

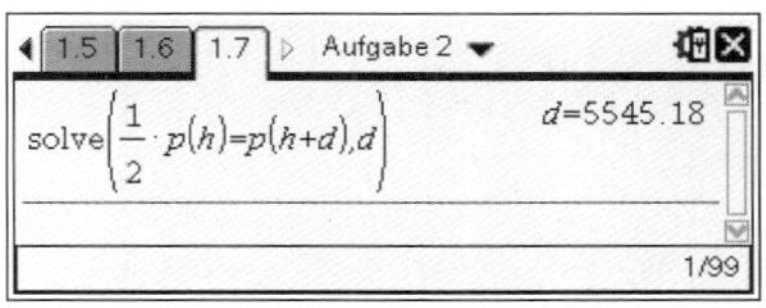

f) Der Durchschnittswert des Luftdrucks während der sieben Tage beträgt etwa $\underline{\underline{865\ \text{hPa}}}$.

Er ist kleiner als der Wert von ca. 878 hPa, der sich aus der Formel von Teilaufgabe b ergibt. Deshalb passt die **Wetterlage 1** besser, denn der Luftdruck ist tiefer, als für die angegebene Höhe zu erwarten wäre.

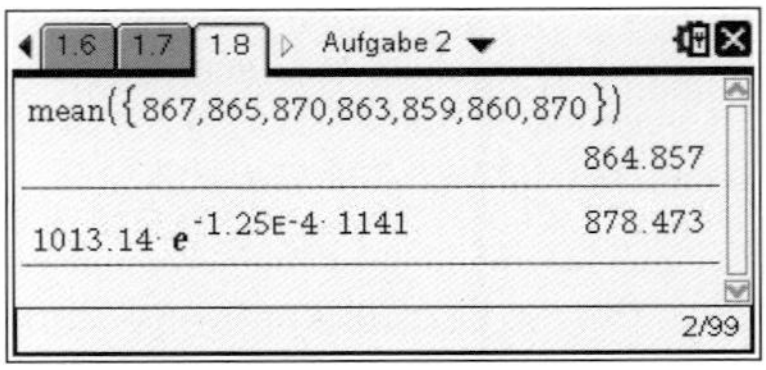

g) Die waagerechte Achse ist eingeteilt nach dem Verhältnis $\frac{p(h)}{p_0}$, also dem Quotienten aus dem Luftdruck in der Höhe h und Luftdruck in der Höhe null. Dieser Quotient hat den Wert 1, wenn h = 0 m beträgt.
Die senkrechte Achse gibt die Höhe in km an. Die Abbildung zeigt, dass der Druck bereits in einer Höhe von 5,5 km auf die Hälfte des Drucks am Boden abgesunken ist. In 11 km Höhe beträgt er nur noch ein Viertel davon, in 16,5 km nur noch ein Achtel. Er nimmt exponentiell ab.

2. a) Aus den in der Aufgabe gegebenen Bedingungen wird ein Gleichungssystem für eine ganzrationale Funktion
$f(x) = a \cdot x^3 + b \cdot x^2 + c \cdot x + d$
und ihre ersten beiden Ableitungsfunktionen
$f'(x) = 3a \cdot x^2 + 2b \cdot x + c$ sowie
$f''(x) = 6a \cdot x + 2b$
aufgestellt und nach a, b, c und d aufgelöst:
$f(2) = 0,\ f'(2) = -6,\ f'(-1) = 0,\ f''(0) = 0$

Man erhält:

$$a = -\frac{2}{3},\ b = 0,\ c = 2,\ d = \frac{4}{3}$$

Die gesuchte Funktionsgleichung lautet:

$$\underline{\underline{f(x) = -\frac{2}{3} \cdot x^3 + 2 \cdot x + \frac{4}{3}}}$$

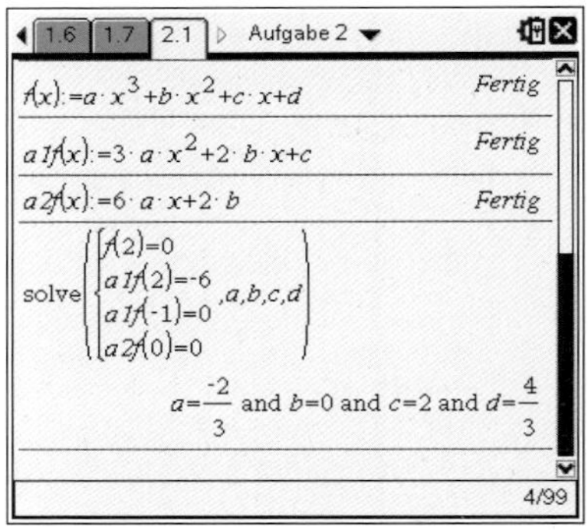

Anschließend wird überprüft, ob diese Funktion tatsächlich alle gegebenen Bedingungen erfüllt. Das kann rechnerisch (inklusive der hinreichenden Bedingung $f'''(0) \neq 0$ für Wendepunkte) oder analytisch-geometrisch (mittels Graph analysieren) erfolgen.

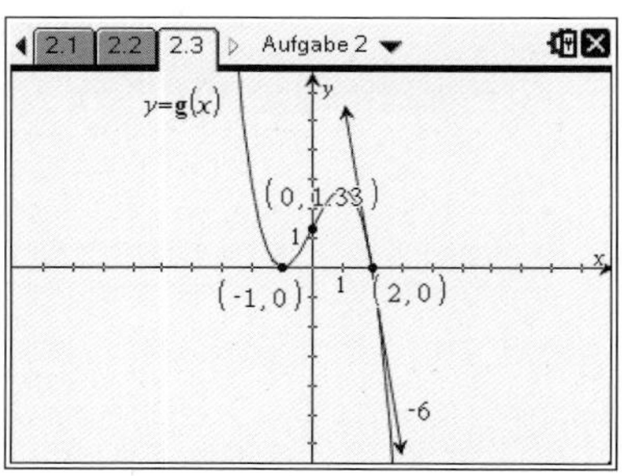

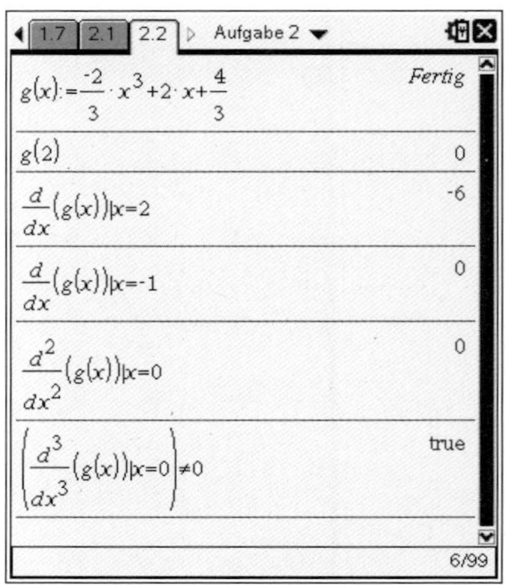

b) Aus der grafischen Darstellung beider Funktionen und den bekannten Eigenschaften kubischer Funktionen und von Exponentialfunktionen kann man schließen, dass sich die beiden Graphen in genau vier Punkten schneiden.

Die Funktion f(x) entspricht der in Teilaufgabe a zu bestimmenden Funktion.

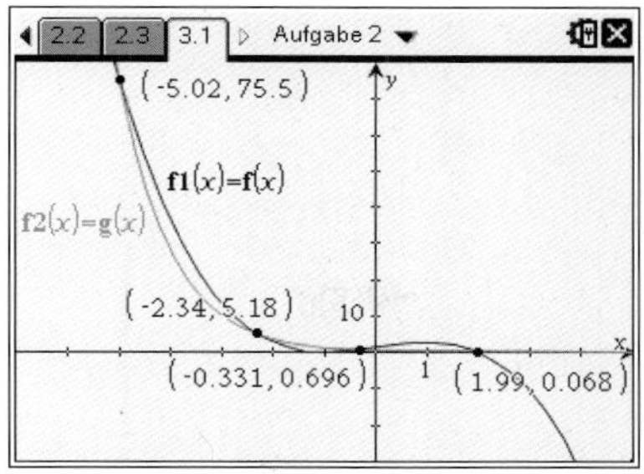

Die Schnittstellen der Kurven werden durch Lösen der Gleichung

$$\frac{1}{2} \cdot e^{-x} = -\frac{2}{3} \cdot (x-2) \cdot (x+1)^2$$

ermittelt. Die Lösungen lauten (gerundet):

$x_1 \approx -5{,}02;\quad x_2 \approx -2{,}34;$

$x_3 \approx -0{,}33;\quad x_4 \approx 1{,}99$

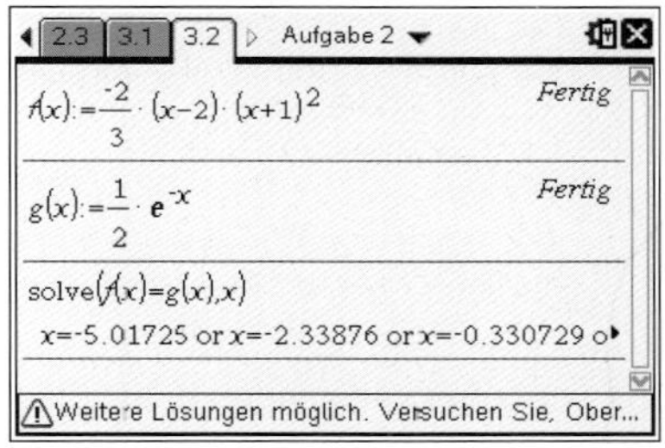

Die Warnmeldung „Weitere Lösungen möglich …“ ist hier nicht berechtigt.

Es muss also drei Teilflächen geben, aber Achtung: Die ganz links liegende Teilfläche ist im Standardbildschirm kaum zu erkennen.

Unter Beachtung der gegenseitigen Lage werden nun die Inhalte der drei Teilflächen mithilfe der Integralrechnung bestimmt:

$$A_1 = \int_{x_1}^{x_2} (f(x) - g(x))\,dx \approx 14{,}18$$

$$A_2 = \int_{x_2}^{x_3} (f(x) - g(x))\,dx \approx 2{,}19$$

$$A_3 = \int_{x_3}^{x_4} (f(x) - g(x))\,dx \approx 3{,}71$$

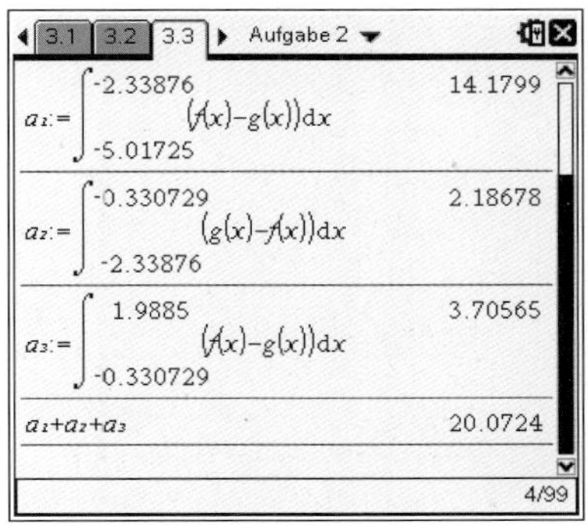

Gesamtflächeninhalt:

$A_1 + A_2 + A_3 \approx \underline{\underline{20{,}07 \text{ FE}}}$

c) Das Dreieck PQR ist rechtwinklig mit dem rechten Winkel bei Q.
Der Flächeninhalt kann berechnet werden durch:

$$A(u)=\frac{1}{2}\cdot\overline{PQ}\cdot\overline{QR}=-\frac{1}{3}\cdot(u-2)\cdot(u+1)^3$$

Mit fMax() wird die Maximalstelle $\underline{\underline{u=1{,}25}}$ ermittelt.

Der maximale Flächeninhalt ist dann:

$$A\left(\frac{5}{4}\right)=\frac{729}{256}\approx 2{,}85\text{ FE}$$

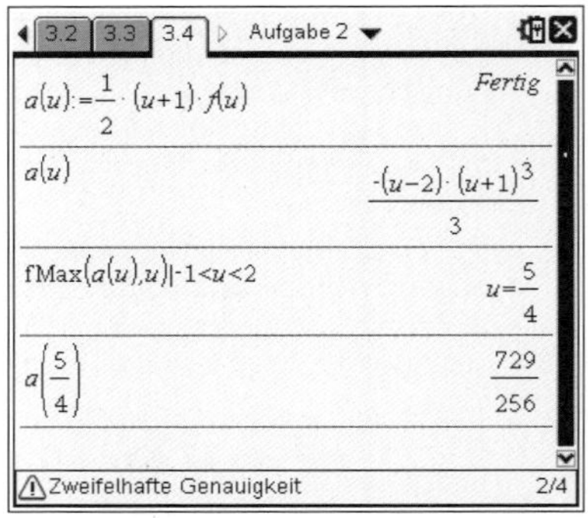

Wegen der Warnung „Zweifelhafte Genauigkeit“ des CAS-Rechners sollte das Ergebnis auf einem zweiten Wege bestätigt werden, z. B. durch eine geometrische Konstruktion mit Schieberegler für u.

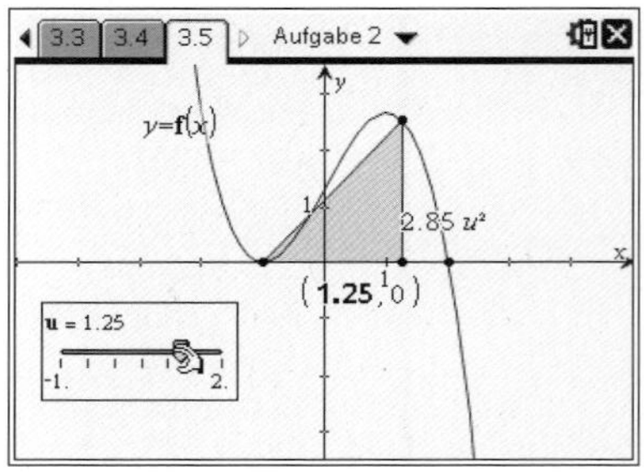

d) Die Funktion

$$f_t(x)=-\frac{2}{3}\cdot(x+t^2)\cdot(x+1)^2$$

hat immer eine Doppelnullstelle bei $x=-1$ und eine Nullstelle für $x=-t^2$. Für $t=1$ und für $t=-1$ fallen beide Nullstellen zusammen, sodass es in diesen beiden Fällen genau eine Nullstelle $x=-1$, sonst zwei Nullstellen $x_1=-1$ und $x_2=-t^2$ gibt.

e) Zunächst werden die ersten drei Ableitungen der Funktion f_t gebildet und notiert:

$$f_t'(x)=-\frac{2}{3}\cdot(x+1)\cdot(3x+2t^2+1),\quad f_t''(x)=-4x-\frac{4t^2}{3}-\frac{8}{3},\quad f_t'''(x)=-4$$

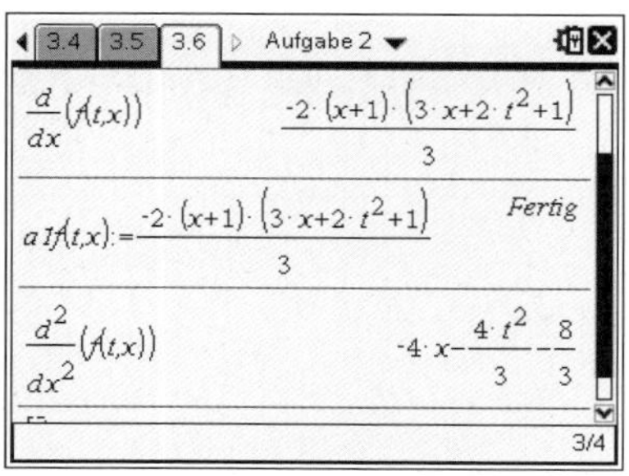

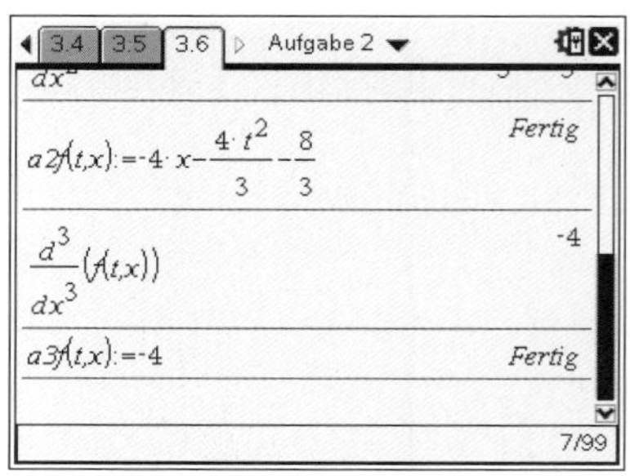

Notwendige Bedingung für lokale Extrema: Die Nullstellen der Funktion f_t' sind mögliche Extremstellen. Man erhält:

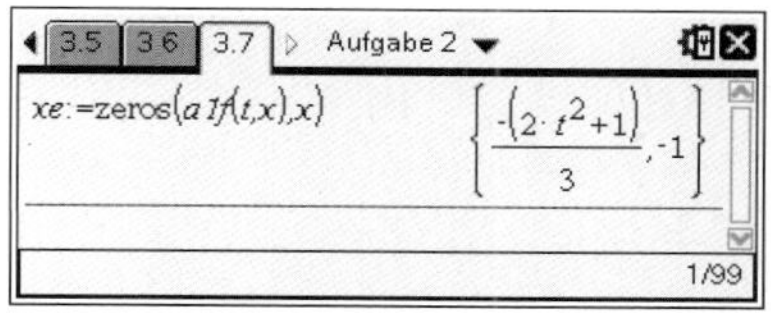

$$\underline{\underline{x_{e1} = -\frac{1}{3}\cdot(2t^2+1)}}; \quad \underline{\underline{x_{e2} = -1}}$$

Hinreichende Bedingung für lokale Extrema: Die Werte der Funktion f_t'' müssen von null verschieden sein. Dabei sind die relevanten Intervalle für die Parameter zu beachten.

Für x_{e1} gilt dabei Folgendes:

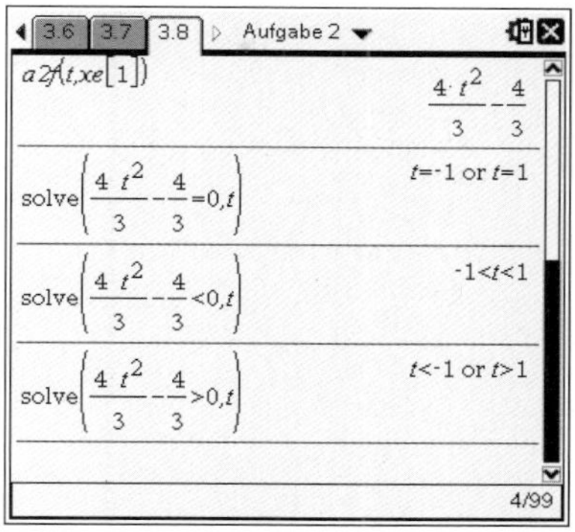

$f_t''(x_{e1}) = 0$ für $t = -1$ und für $t = 1$

Es ist in diesem Falle keine Entscheidung über lokale Extrema möglich. Da aber die dritte Ableitung ungleich null ist, existiert in diesem Fall ein Wendepunkt.

$f_t''(x_{e1}) < 0$ für $-1 < t < 1$

In diesem Fall liegt ein lokales Maximum vor.

$f_t''(x_{e1}) > 0$ für $t < -1$ und für $t > 1$

In diesem Fall liegt ein lokales Minimum vor.

Die y-Koordinate der lokalen Extrempunkte an der Stelle x_{e1} ist:

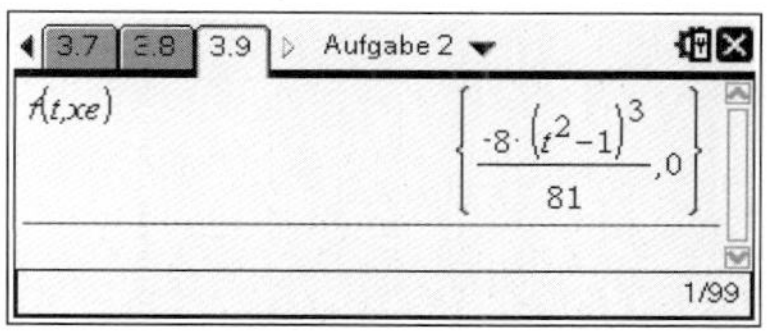

$$\underline{\underline{y_{e1}}} = f_t(x_{e1}) = \underline{\underline{-\frac{8}{81}\cdot(t^2+1)^3}}$$

Für $x = -1$ liegt nach dem Ergebnis von Teilaufgabe d eine Doppelnullstelle vor, d. h., der Graph berührt hier für $t \neq \pm 1$ die x-Achse.

Durch Darstellung einiger Repräsentanten der Funktion ist zu sehen, dass für $t > 1$ und für $t < -1$ an der Stelle $x = -1$ ein lokales Maximum und für $-1 < t < 1$ ein lokales Minimum vorliegt.

Für $t = \pm 1$ existiert an der Stelle $x = -1$ ein Wendepunkt.

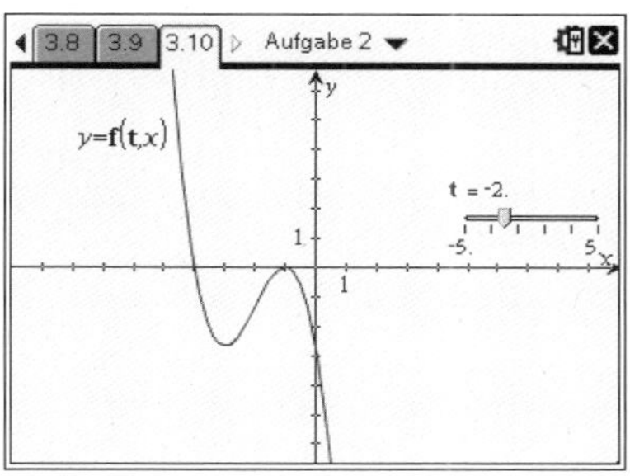

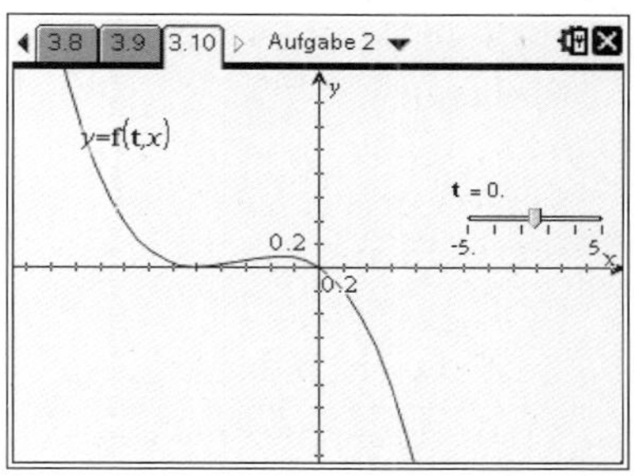

f) Der Mittelpunkt zwischen den beiden Nullstellen (hier für $t \neq \pm 1$) hat den Wert:

$$m = -\frac{t^2+1}{2}$$

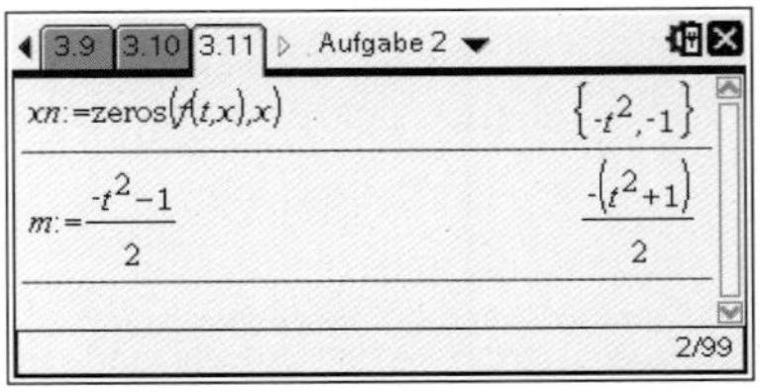

Die Tangente an dieser Stelle hat die Gleichung:

$$g(x) = \frac{(t^2-1)^2}{6} \cdot x + \frac{(t^2-1)^2}{6}$$

Die Nullstelle der Tangente für $t \neq \pm 1$ ist $x = -1$, also eine der beiden Nullstellen der Funktion f_t.

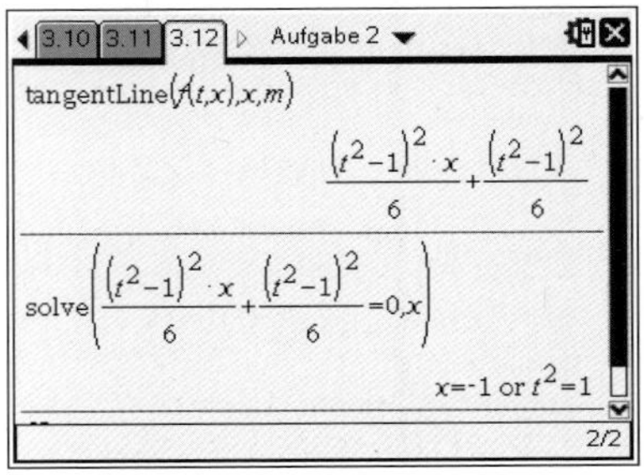

1. **Meerenge**
Die Abbildung stellt das vereinfachte Modell einer Meerenge dar. Eine Einheit auf den Achsen entspricht 1 km. Auf dem unteren Teil der Halbinsel, die von einem Stück des Graphen der Funktion f mit

$$f(x) = \frac{x^2+3}{2x-2} \quad (x \in \mathbb{R},\ x > 1)$$

begrenzt wird, soll ein Tierreservat eingerichtet werden. Seine nördliche Grenze verläuft entlang des Graphen der Funktion k mit $k(x) = 7 + \ln(x)$. Die Küste des Festlandes verläuft in diesem Abschnitt entlang der Geraden $g(x) = 0{,}25x$.

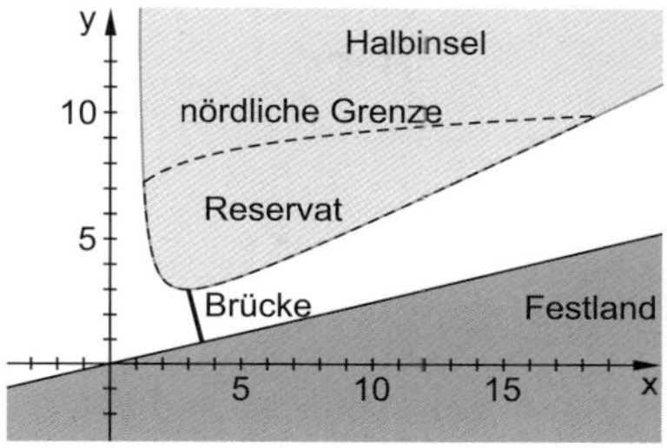

   a) Berechnen Sie den Flächeninhalt des Tierreservats. Geben Sie das Ergebnis in Hektar an. (5 BE)

   b) Vom tiefsten Punkt der Halbinsel aus soll eine möglichst kurze Brücke zum Festland gebaut werden.
   Erläutern Sie, wie die Ingenieure die Koordinaten der Berührpunkte der Brücke an den Ufern der Halbinsel und des Festlandes sowie die Länge der Brücke berechnen können.
   Führen Sie diese Berechnungen durch.
   Nehmen Sie als Modell für die Brücke vereinfacht eine Strecke an. (6 BE)

   c) Der Punkt P im Inneren des Reservates soll von den Punkten $T(3\,|\,3)$, $S(1{,}33\,|\,7{,}29)$ und $U(18{,}62\,|\,9{,}92)$ am Rande gleich weit entfernt sein.
   Berechnen Sie die Koordinaten von P und geben Sie die Entfernung von P zu den Punkten S, T und U an. (3 BE)

2. Gegeben ist die Funktion f_t durch

$$f_t(x) = \frac{x^2+t}{2x-2} \quad (x, t \in \mathbb{R},\ x \neq 1).$$

   a) Untersuchen Sie, für welche Werte des Parameters t die Graphen der Funktion f_t lokale Extrempunkte besitzen.
   Geben Sie die Koordinaten der lokalen Extrempunkte in Abhängigkeit von t an.
   Beschreiben Sie, wie man t wählen muss, damit die Koordinaten der lokalen Extrempunkte ganzzahlig sind. (6 BE)

   b) Berechnen Sie den Abstand der lokalen Extrempunkte voneinander in Abhängigkeit von t.
   Geben Sie denjenigen Wert von t an, für den dieser Abstand 8 Längeneinheiten groß ist. (3 BE)

   c) Ermitteln Sie die Gleichungen der Asymptoten an den Graphen von f_t. (2 BE)

   d) Skizzieren Sie den Graphen von f_4 und die zugehörigen Asymptoten im Intervall $-8 \le x \le 8$. (2 BE)

e) Beurteilen Sie, ob die folgenden Aussagen wahr sind:

(1) „Für $t = -1$ stimmt der Graph der Funktion f_t vollständig mit der Geraden $y = \frac{1}{2} \cdot (x+1)$ mit $x \in \mathbb{R}$ überein.“ (2 BE)

(2) „Für keinen reellen Wert des Parameters t haben die Graphen von f_t Wendepunkte.“ (3 BE)

f) Setzen Sie $t = 4$ und ermitteln Sie eine Gleichung der Tangente t_1 an den Graphen der Funktion f_4 an der Stelle $x = 2$.
Es gibt genau eine weitere Tangente t_2 an den Graphen von f_4, die parallel zur Tangente t_1 ist.
Bestimmen Sie eine Gleichung der Tangente t_2.
Berechnen Sie den Abstand beider Tangenten. (6 BE)

g) Der Graph von f_{-2} erzeugt bei Rotation um die x-Achse im Intervall $2 \leq x \leq 6$ einen Drehkörper.
Berechnen Sie dessen Volumen. (2 BE)

(40 BE)

Hinweise und Tipps

Aufgabe 1

Flächeninhalt des Tierreservats

- Das Tierreservat wird von den Graphen der Funktionen f und k für $x > 1$ begrenzt.
- Ermitteln Sie die Schnittstellen der Graphen beider Funktionen für dieses Intervall.
- Verwenden Sie die Schnittstellen als Integrationsgrenzen bei der Flächenberechnung.
- Rechnen Sie das Ergebnis der Flächenberechnung in Hektar um.

Brücke zum Festland

- Ermitteln Sie die Koordinaten des Tiefpunktes von f für $x > 1$. Sie können dies mit der Anweisung fMin() oder über den Ableitungskalkül erreichen. Auch eine grafische Lösung mit *Graph analysieren – Minimum* kommt wegen des Operators „ermitteln" infrage.
- Damit die Brücke möglichst kurz wird, muss sie im rechten Winkel auf das Festland auftreffen.
- Die Brücke muss auf einer Normalen (mit der Gleichung $y = mx + n$) zur Geraden g liegen.
- Das Produkt der Anstiege der Normalen und der Geraden g muss deshalb den Wert -1 haben.
- Aus diesem Ansatz können Sie den Anstieg m der Normalen ermitteln.
- Da außerdem die Normale durch den Tiefpunkt von f verlaufen muss, können Sie durch Einsetzen auch den Durchgang n der Normalen durch die y-Achse bestimmen.
- Durch Gleichsetzen der Normalengleichung und der Gleichung für die Gerade g lässt sich der Schnittpunkt beider Graphen berechnen.
- Mit dem Satz des Pythagoras wird die Länge der Brücke als der Abstand dieses Schnittpunktes vom Tiefpunkt der Funktion f berechnet.
- Alternativ kann dieses Problem auch mithilfe eines aus der analytischen Geometrie bekannten Verfahrens zur Bestimmung des Abstandes eines Punktes von einer Geraden ermittelt werden. Dazu ist es sinnvoll, die Gleichung für g in die Parameterform umzuwandeln.

Punkt im Inneren

- Die Entfernungen der Punkte T, S und U zum Punkt P lassen sich als Streckenlängen mit dem Satz des Pythagoras oder als Beträge der zugehörigen Vektoren bestimmen. Die Koordinaten des Punktes P gehen dabei als Unbekannte in ein Gleichungssystem ein, das aus den gegebenen Bedingungen aufzustellen ist.

Aufgabe 2

lokale Extrempunkte

- Zur Untersuchung auf lokale Extrempunkte der Funktion f_t werden die 1. und die 2. Ableitungsfunktion von f_t benötigt.
- Bestimmen Sie mögliche Extremstellen über die Nullstellen der 1. Ableitungsfunktion.
- Überprüfen Sie, für welche Werte von t diese Extremstellen existieren und eventuell zusammenfallen.
- Untersuchen Sie, ob für diese Werte von t auch die hinreichende Bedingung (Existenz und Vorzeichen der 2. Ableitungsfunktion an den möglichen Extremstellen) erfüllt ist.
- Geben Sie die vollständigen Koordinaten und die Art der Extrempunkte an.
- Diese Koordinaten werden ganzzahlig, wenn unter den auftretenden Quadratwurzeln Quadratzahlen stehen. Beschreiben Sie, für welche Eigenschaften des Parameters t dies der Fall ist.

Abstand der lokalen Extrempunkte

- Bestimmen Sie den Betrag des Vektors, der beide Extrempunkte verbindet, oder bestimmen Sie diese Streckenlänge mit dem Satz des Pythagoras.
- Setzen Sie die Streckenlänge gleich 8 und lösen Sie die Gleichung nach t auf. Beachten Sie die Einschränkung des Grundbereichs der Variablen.

Gleichungen der Asymptoten

- Senkrechte Asymptoten können bei den Nullstellen der Nennerfunktion existieren.
- Für den Nachweis schräger Asymptoten ist die Zerlegung des Funktionsterms in einen ganzrationalen und einen echt gebrochenen Term hilfreich. Lassen Sie sich eine solche Zerlegung vom CAS-Rechner anzeigen und überlegen Sie, wie sich die Funktionswerte für $x \to \pm\infty$ entwickeln.

Graph und Asymptoten zeichnen

- Stellen Sie Graph und Asymptoten für $t = 4$ zunächst auf Ihrem Rechner dar. Übertragen Sie dann die Darstellungen sauber auf Papier. Nutzen Sie ggf. die Anzeige einer Wertetabelle.

Wahrheitsgehalt der Aussagen

- Vergleichen Sie den Definitionsbereich der Funktion f_t für $t = -1$ mit dem Definitionsbereich der gegebenen Geraden.
- Untersuchen Sie die notwendige Bedingung für Wendepunkte.

Tangenten

- Tangentengleichungen lassen sich mit dem Befehl tangentLine(f(x),x,x0) bestimmen, wobei x_0 die Berührstelle von Graph und Tangente ist.
- Ermitteln Sie eine Gleichung der Tangente t_1.
- Die zu t_1 parallele Tangente t_2 muss denselben Anstieg wie t_1 haben. Außerdem entspricht der Tangentenanstieg an einer Stelle x_0 dem Wert der 1. Ableitungsfunktion an dieser Stelle. Aus diesen beiden Eigenschaften können Sie einen Ansatz zur Berechnung von x_0 gewinnen.
- Die Gleichung der zweiten Tangente können Sie wieder mit tangentLine(f(x),x,x0) bestimmen.
- Ermitteln Sie die Gleichung einer Normalen zu den beiden parallelen Tangenten. (Das Produkt der Anstiege der Normalen und der Tangenten muss den Wert –1 haben.)
- Berechnen Sie die Schnittpunkte der Normalen mit beiden Tangenten.
- Der Abstand der beiden Schnittpunkte kann mit dem Satz des Pythagoras berechnet werden. Er entspricht dem gesuchten Abstand der beiden parallelen Tangenten.
- Zur Kontrolle können Sie die Graphen von f_4, t_1, t_2 und der Normalen mit Ihrem CAS-Rechner darstellen, die Schnittpunkte bestimmen und deren Abstand messen.

Volumen des Rotationskörpers

- Rotationsvolumina können mithilfe des bestimmten Integrals berechnet werden.

1. a) Für $x > 1$ werden die Schnittpunkte der Graphen von $k(x) = 7 + \ln(x)$ und $f(x) = \frac{x^2+3}{2x-2}$ durch Lösen der Gleichung

$$7 + \ln(x) = \frac{x^2+3}{2x-2}$$

berechnet. Man erhält:

$x_1 \approx 1{,}327$ sowie $x_2 \approx 18{,}622$

Diese Werte werden als Integrationsgrenzen für die Flächenberechnung gebraucht.

Die Fläche des Tierreservates wird durch

$$\int_{x_1}^{x_2} (k(x) - f(x))\,dx$$

ermittelt. Sie beträgt ca. 54,98 km².

Da 1 km² einer Fläche von 100 ha entspricht, sind dies etwa 5 498 ha.

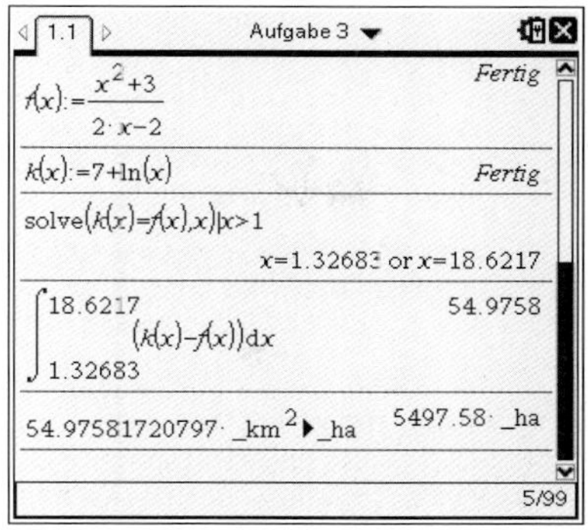

Die Umrechnung der Einheiten kann auch mit dem TI-Nspire vorgenommen werden.

b) Der Tiefpunkt von $f(x) = \frac{x^2+3}{2x-2}$ für $x > 1$ kann mit der Funktion fMin(ermittelt werden. Der Tiefpunkt hat die Koordinaten:

T(3 | 3)

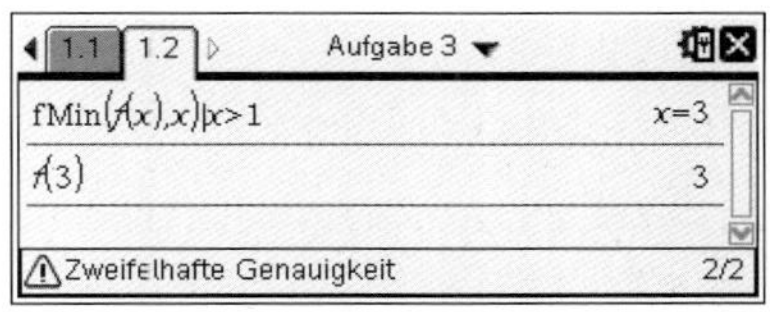

Alternativ und um die Warnung des Rechners („Zweifelhafte Genauigkeit") zu berücksichtigen, kann der Tiefpunkt auch mit dem Ableitungskalkül bestimmt werden.

Es werden die 1. und 2. Ableitung von f(x) gebildet:

$$f'(x) = \frac{x^2 - 2x - 3}{2 \cdot (x-1)^2}$$

$$f''(x) = \frac{4}{(x-1)^3}$$

Die notwendige Bedingung $f'(x) = 0$ führt auf die mögliche Extremstelle $x_e = 3$.

Die 2. Ableitung $f''(x_e) = \frac{1}{2} > 0$ bestätigt als hinreichendes Kriterium die Existenz eines lokalen Minimums.

Wegen $f(x_e) = 3$ ergibt sich auch hier der Tiefpunkt T(3 | 3).

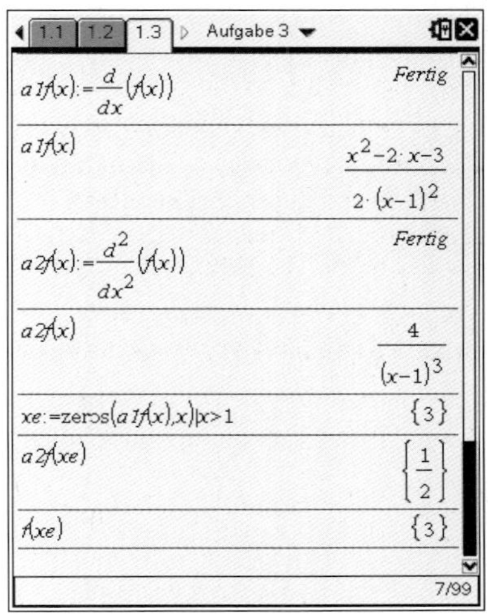

Auch eine grafische Lösung zur Bestimmung des Tiefpunktes ist möglich.

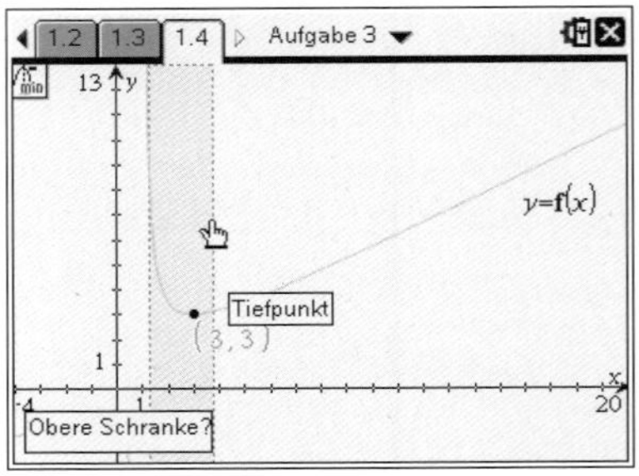

Damit eine möglichst kurze Brücke entsteht, muss sie im rechten Winkel auf das Ufer am Festland treffen. Die Strecke, die als Modell für die Brücke angenommen wird, liegt also auf der Normalen h zur Geraden

$g(x) = 0,25x$

und verläuft durch den Punkt T. Für die Anstiege m_g bzw. m_h von g bzw. h gilt deshalb:

$m_g \cdot m_h = -1$

Wegen $m_g = 0,25$ ist also $m_h = -4$.

Da der Punkt T(3 | 3) auf h liegen muss, kann aus dem Ansatz $h(x) = m_h \cdot x + n$ mit $3 = -4 \cdot 3 + n$ auf $n = 15$ geschlossen werden. Damit ist die Gleichung der Normalen bekannt:

$h(x) = -4x + 15$

Der Schnittpunkt der Geraden g und h liefert die Koordinaten des Punktes G, bei dem die Brücke am Ufer des Festlandes ankommt.

Die Lösung der Gleichung $g(x) = h(x)$ führt auf:

$$\underline{\underline{G\left(\frac{60}{17}\,\middle|\,\frac{15}{17}\right)}} \approx G(3,529\,|\,0,882)$$

Die Länge d der Brücke kann mithilfe des Satzes des Pythagoras berechnet werden:

$$d = \sqrt{\left(\frac{60}{17} - 3\right)^2 + \left(\frac{15}{17} - 3\right)^2} \approx \underline{\underline{2,183\text{ km}}}$$

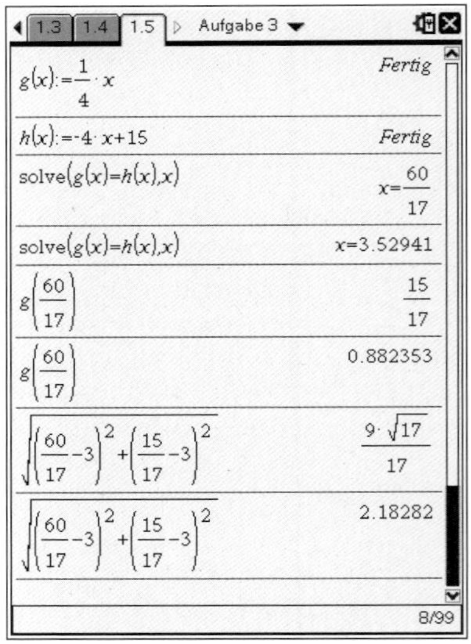

Alternative Lösung:

Der Abstand des Tiefpunktes T(3 | 3) von der Geraden g wird mithilfe eines aus der analytischen Geometrie bekannten Verfahrens berechnet. Dazu wird die Gleichung von g in vektorieller Form angegeben:

$$\vec{x} = g(s) = s \cdot \begin{pmatrix} 1 \\ 0,25 \end{pmatrix} \quad \text{mit } s \in \mathbb{R}$$

Der Betrag des Differenzvektors $g(s) - \overrightarrow{OT}$ beschreibt dann den Abstand d(s) eines beliebigen Punktes der Geraden g vom Punkt T in Abhängigkeit vom Parameter s.

Es wird das Minimum dieses Betrages bestimmt. Es liegt bei $s \approx 3,529$. Damit ergeben sich über g(s) die Koordinaten von G mit

$\underline{\underline{G(3,529\,|\,0,882)}}$

sowie die Länge d der Brücke mit:

$\underline{\underline{d \approx 2,183\text{ km}}}$

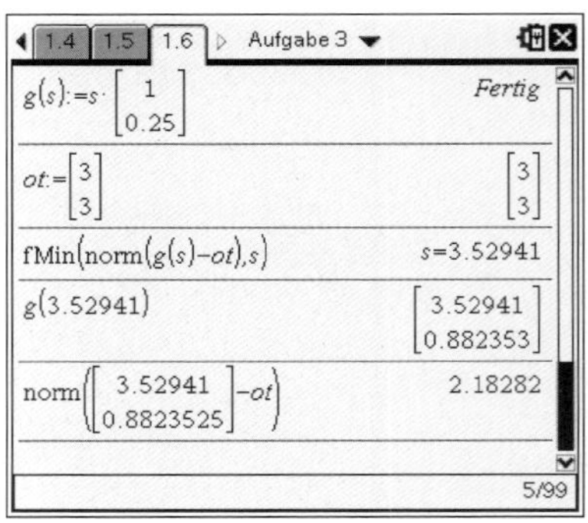

c) Die Beträge der Vektoren $\overrightarrow{PU}$, $\overrightarrow{PS}$, $\overrightarrow{PT}$ müssen gleich sein. Das zugehörige Gleichungssystem hat die Lösung $\underline{\underline{P(10{,}04 \mid 8{,}21)}}$.

Als Entfernung der Randpunkte zum Punkt P errechnet man ca. $\underline{\underline{8{,}75 \text{ km}}}$.

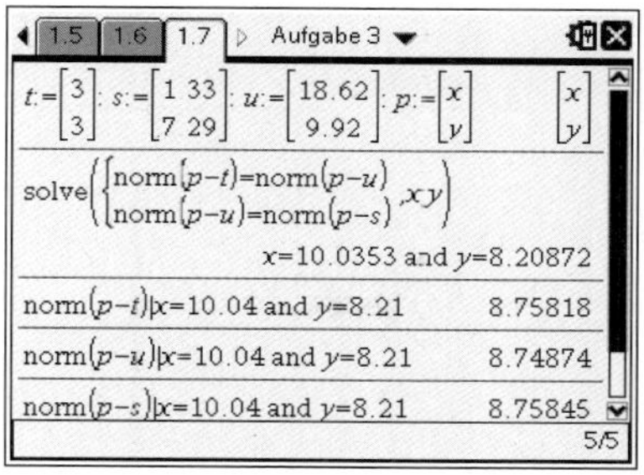

2. a) Zur Untersuchung der **Existenz lokaler Extrempunkte** müssen die 1. und 2. Ableitung der Funktion f_t gebildet werden:

$$f_t'(x) = \frac{x^2 - 2x - t}{2 \cdot (x-1)^2}$$

$$f_t''(x) = \frac{t+1}{(x-1)^3}$$

Die Funktionen werden unter geeigneten Bezeichnungen abgespeichert.

Die notwendige Bedingung $f_t'(x) = 0$ für lokale Extrempunkte führt auf die möglichen Extremstellen:

$x_{e1} = 1 - \sqrt{t+1}$ und $x_{e2} = 1 - \sqrt{t+1}$

Diese Terme existieren nur für $t + 1 \geq 0$.

Für $t = -1$ könnte es genau eine lokale Extremstelle $x_e = 1$ geben.
Für $t > -1$ könnte es zwei lokale Extremstellen geben.

Die Untersuchung der hinreichenden Bedingung $f_t''(x_e) \neq 0$ ergibt:

$$f_t''(x_{e1}) = -\frac{1}{\sqrt{t+1}} \quad \text{und} \quad f_t''(x_{e2}) = \frac{1}{\sqrt{t+1}}$$

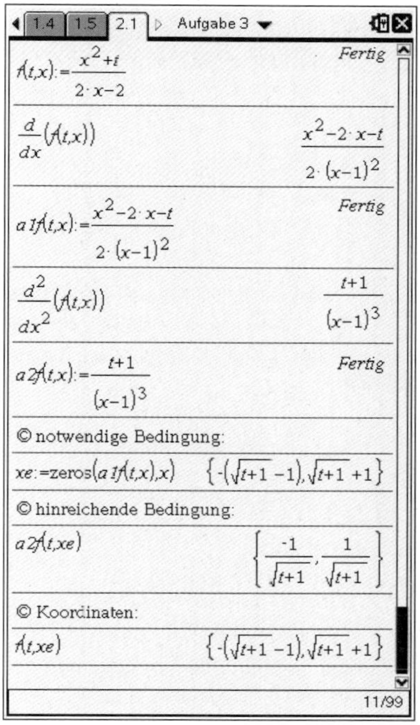

Beide Funktionsterme sind nur definiert, wenn $t > -1$ ist. Für $t = -1$ existiert also kein lokaler Extrempunkt.

Für $t > -1$ ist $f_t''(x_{e1}) < 0$, es liegt ein lokaler Hochpunkt vor.

Für $t > -1$ ist $f_t''(x_{e2}) > 0$, es liegt ein lokaler Tiefpunkt vor.

Die Berechnung der Funktionswerte an den Stellen x_e ermöglicht die Angabe der vollständigen **Koordinaten der lokalen Extrempunkte:**

Hochpunkt $\underline{\underline{H(1 - \sqrt{t+1} \mid 1 - \sqrt{t+1})}}$ für $t > -1$

Tiefpunkt $\underline{\underline{T(1 + \sqrt{t+1} \mid 1 + \sqrt{t+1})}}$ für $t > -1$

In der grafischen Darstellung kann man diese Überlegungen noch verifizieren.

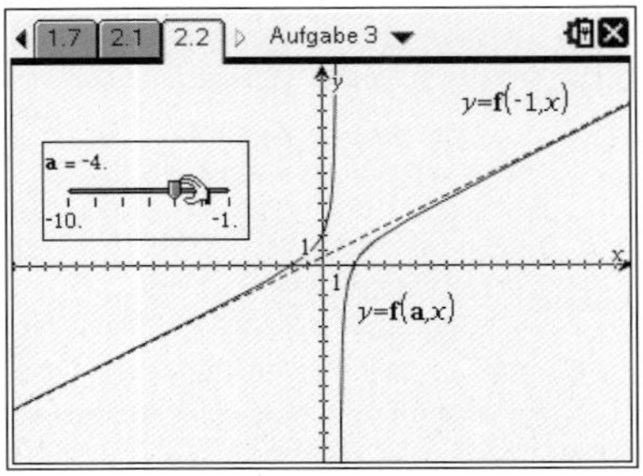

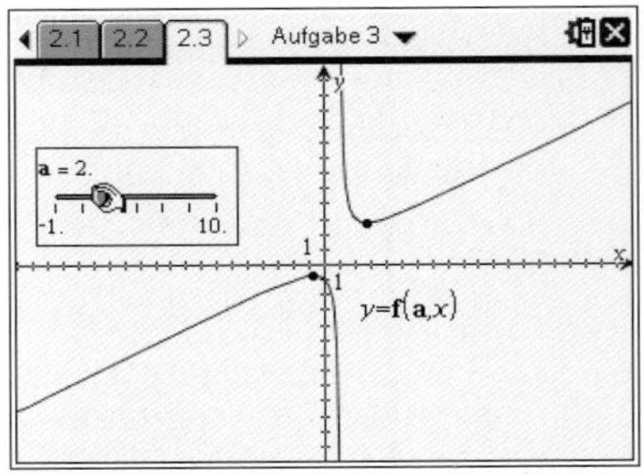

Die **Koordinaten** werden **ganzzahlig**, wenn unter der Wurzel eine Quadratzahl steht. Wenn t also eine um 1 verminderte Quadratzahl ist, haben die lokalen Extrempunkte ganzzahlige Koordinaten.

b) Aus den Koordinaten von Hoch- und Tiefpunkt (Teilaufgabe a) lässt sich der Verbindungsvektor bestimmen:

$$\overrightarrow{HT} = \begin{pmatrix} 2 \cdot \sqrt{t+1} \\ 2 \cdot \sqrt{t+1} \end{pmatrix}$$

Der Abstand d der beiden Extrempunkte wird als Betrag dieses Vektors bestimmt und ist:

$d = 2 \cdot \sqrt{2 \cdot (t+1)}$ für $t > -1$

Die Gleichung $d = 8$ hat die Lösung $\underline{\underline{t = 7}}$.

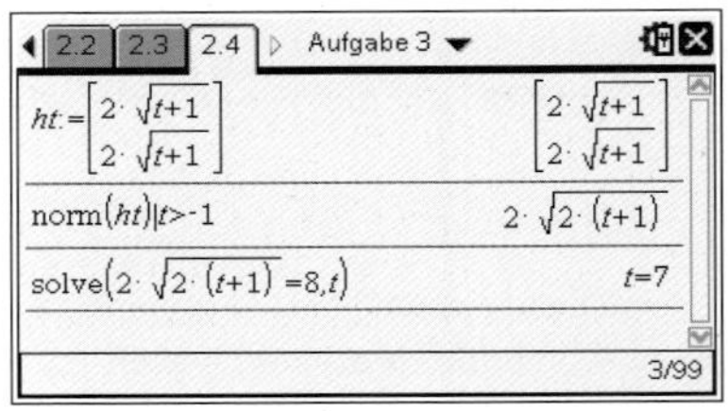

c) Mit dem Befehl propFrac() lässt sich der Funktionsterm zerlegen. Es gilt:

$$f_t(x) = \frac{x}{2} + \frac{1}{2} + \frac{t+1}{2 \cdot (x-1)}$$

Für $x \to \pm\infty$ geht der letzte Bruch gegen null, sodass sich die Funktionswerte immer weniger von denen der Geraden $y = \frac{x}{2} + \frac{1}{2}$ unterscheiden. Diese Gerade ist schräge Asymptote. Der Nenner des Funktionsterms hat für $x = 1$ den Wert null. Die Gerade $x = 1$ ist senkrechte Asymptote.

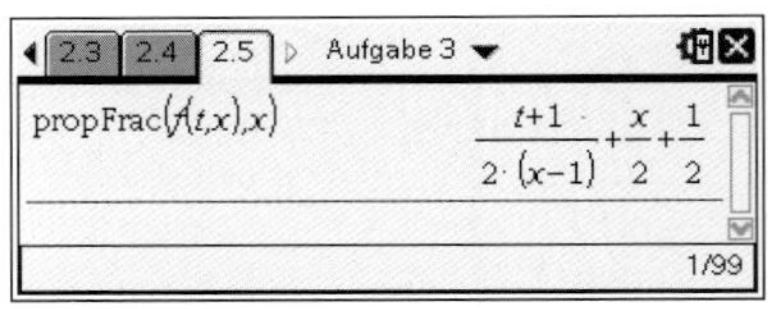

d) Die zu skizzierende Funktion hat die Gleichung:

$$f_4(x) = \frac{x^2+4}{2x-2}$$

Die Asymptoten wurden in der vorangehenden Teilaufgabe ermittelt.

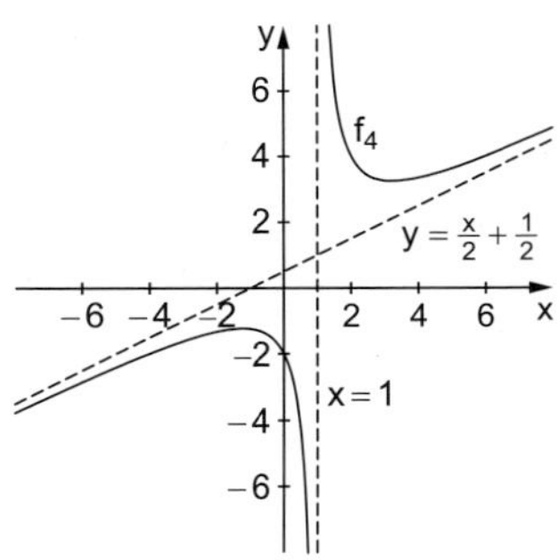

e) Die Aussage (1) ist **falsch**. Für $t = -1$ gilt:

$$f_{-1}(x) = \frac{x^2 - 1}{2x - 2} = \frac{(x+1)\cdot(x-1)}{2\cdot(x-1)} = \frac{1}{2}\cdot(x+1) \quad \text{mit } x \in \mathbb{R};\ x \neq 1$$

Dies ist eine Gerade mit einem „Loch“, einer Definitionslücke bei $x = 1$, die deshalb nicht mit der Geraden $y = \frac{1}{2}\cdot(x+1)$ mit $x \in \mathbb{R}$ übereinstimmt.

Die Aussage (2) ist **wahr**. Da

$$f_t''(x) = \frac{t+1}{(x-1)^3} \quad \text{für } t \neq -1 \text{ und } x \neq 1$$

stets ungleich null ist, ist die notwendige Bedingung für Wendepunkte nicht erfüllt. Für $t \neq -1$ haben die Graphen von f_t bei $x = 1$ eine Polstelle, also keine Wendestelle. Für $t = -1$ liegt eine Gerade mit einer Lücke bei $x = 1$ vor, die ebenfalls keinen Wendepunkt hat.

f) Die Gleichung der Tangente t_1 an den Graphen von f_4 kann mithilfe des Befehls tangentLine() ermittelt werden:

$t_1(x) = -2x + 8$

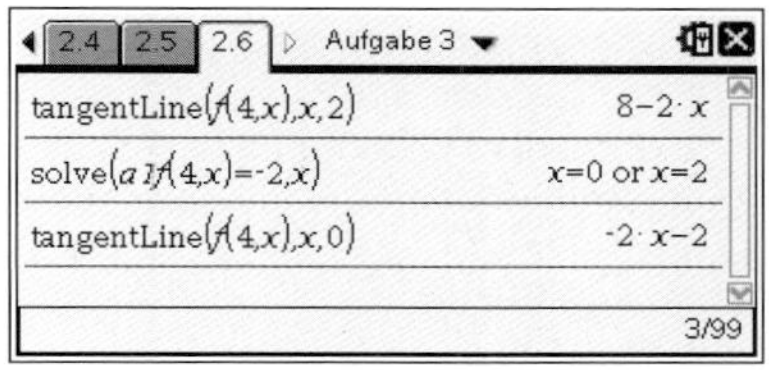

Eine dazu parallele Tangente muss denselben Anstieg $m = -2$ haben. Der Anstieg der Tangenten an den Graphen einer Funktion entspricht dem Wert der 1. Ableitung an den Berührstellen. Es ist also die Gleichung $f_4'(x) = -2$ zu lösen, um alle Berührstellen zu erhalten. Im Ergebnis erhält man neben der bekannten Berührstelle $x = 2$ genau eine weitere Berührstelle $x = 0$. Für diese Stelle wird nun die Gleichung der Tangente t_2 bestimmt: $t_2(x) = -2x - 2$

Um den Abstand beider Tangenten zu berechnen, werden die Schnittpunkte der beiden Tangenten mit einer zu ihnen orthogonalen Geraden s ermittelt. Das Produkt der Anstiege orthogonaler Geraden muss –1 sein, also muss s den Anstieg $\frac{1}{2}$ haben. Möglich ist daher die Verwendung von:

$$s(x) = \frac{1}{2}x$$

Für den Schnittpunkt S_1 von t_1 und s ergibt sich:

$$S_1\left(\frac{16}{5} \middle| \frac{8}{5}\right)$$

Für den Schnittpunkt S_2 von t_2 und s ergibt sich:

$$S_2\left(-\frac{4}{5} \middle| -\frac{2}{5}\right)$$

Der Abstand d der beiden Punkte S_1 und S_2 wird mit dem Satz des Pythagoras berechnet:

$$d = \sqrt{\left(\frac{16}{5} - \left(-\frac{4}{5}\right)\right)^2 + \left(\frac{8}{5} - \left(-\frac{2}{5}\right)\right)^2}$$

$$= 2\sqrt{5} \approx 4{,}47 \text{ LE}$$

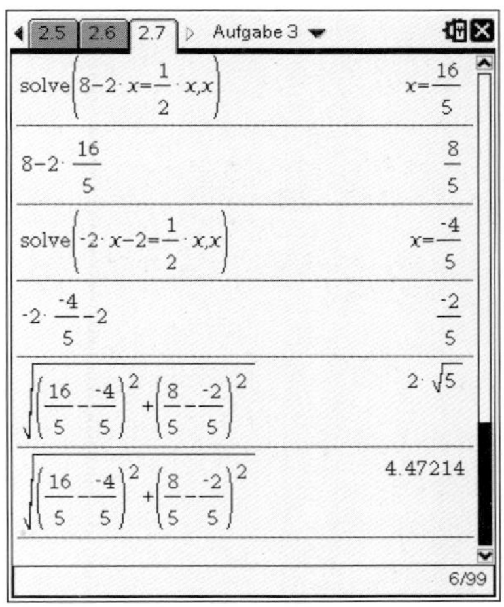

Zur Kontrolle werden die Graphen der Funktionen f_4, t_1, t_2 und s gezeichnet. Der Abstand d wird gemessen.
Es ergibt sich eine gute Übereinstimmung mit dem berechneten Wert.

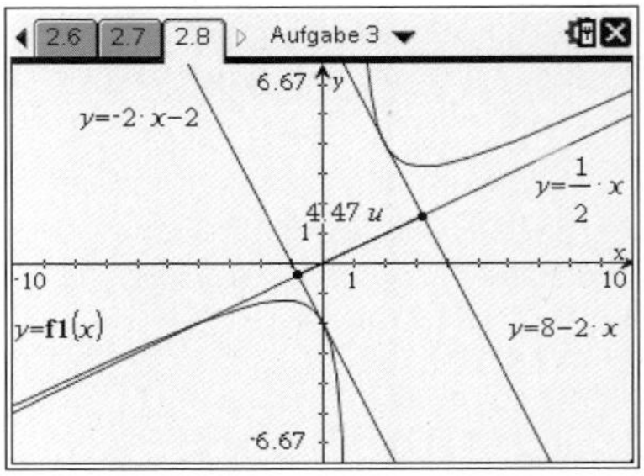

g) Mit dem Ansatz

$$V = \pi \cdot \int_2^6 \left(f_{-2}(x)\right)^2 dx$$

erhält man ein Volumen von ca. 72 VE.

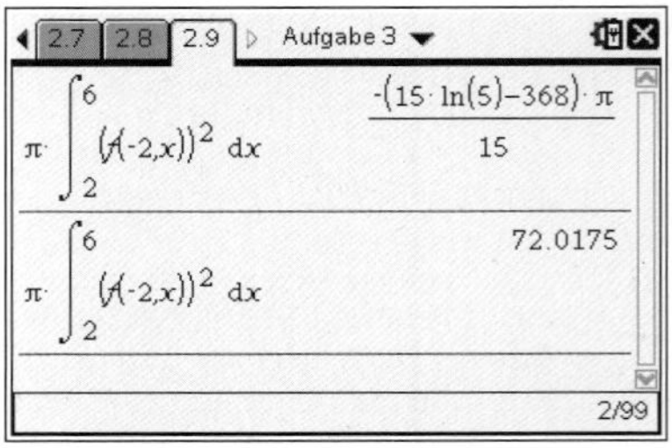

Es wird ein an drei Masten befestigtes dreieckiges Sonnensegel betrachtet. Als vereinfachende Modellannahmen werden vereinbart:

- Das Sonnensegel bildet eine ebene dreieckige Fläche, dessen Seiten gerade Strecken sind.
- Das Sonnensegel ist über einer ebenen Fläche errichtet.
- Die Eck- und Befestigungspunkte sind $A(0|0|6)$, $B(7|0|3)$ und $C(0|8|2)$ (Angaben in Meter).
- Parallele Sonnenstrahlen fallen aus der Richtung $\vec{v}(t) = \begin{pmatrix} 12-t \\ 12-t \\ \sqrt{200-t^2} \end{pmatrix}$ mit $t \in \mathbb{R}; 0 \le t \le 10$ ein.

a) Stellen Sie die Lage des an den Punkten A, B und C befestigten Sonnensegels mit Koordinatensystem in einem Schrägbild dar. (2 BE)

b) Geben Sie die Gleichung der Geraden durch die Eckpunkte A und B in Parameterform an. (2 BE)

c) Ermitteln Sie eine Gleichung der Ebene durch die Punkte A, B und C in Parameter- und in Koordinatenform. (4 BE)

d) Berechnen Sie die Seitenlängen und den Flächeninhalt des Sonnensegels. (4 BE)

e) Ermitteln Sie die Größe des Winkels, den die Ebene, in der das Sonnensegel liegt, mit dem Boden (der xy-Ebene) bildet. (4 BE)

f) Berechnen Sie für $t = 10$ die Koordinaten der Eckpunkte A', B', C' des Schattenbildes des Sonnensegels in der xy-Ebene.
Zeichnen Sie die Punkte A', B' und C' in das Schrägbild von Teilaufgabe a ein. (4 BE)

g) Untersuchen Sie, um wie viel Prozent der Flächeninhalt des Schattens vom Flächeninhalt des Sonnensegels abweicht. (2 BE)

h) Beschreiben Sie, wie die Entfernung des Schwerpunktes S des Sonnensegels vom Erdboden berechnet werden kann, und geben Sie diese Entfernung an. (3 BE)

(25 BE)

Hinweise und Tipps

Aufgabe a

- Zeichnen Sie zunächst das Schrägbild des xyz-Koordinatensystems.
- Tragen Sie die gegebenen Punkte ein.
- Zeichnen Sie das Dreieck.

Aufgabe b

- Wählen Sie einen der Ortsvektoren von A oder B als Vektor für den Aufpunkt.
- Die Differenz der Ortsvektoren von A und B ergibt einen Richtungsvektor der Geraden.

Aufgabe c

- Wählen Sie einen der Ortsvektoren von A, B oder C als Vektor für den festen Punkt der Ebene.
- Die Differenzen von je zwei der Ortsvektoren von A, B und C ergeben zwei Richtungsvektoren der Ebene. Beachten Sie, dass die Richtungsvektoren linear unabhängig sein müssen.
- Aus den bisher bestimmten bzw. ausgewählten Vektoren lässt sich eine Parametergleichung der Ebene aufstellen.
- Für eine Koordinatengleichung der Ebene müssen die Parameter eliminiert werden. Lösen Sie dazu das entsprechende lineare Gleichungssystem.
- Alternativ können Sie auch zunächst eine Normalengleichung der Ebene aufstellen und daraus die Koordinatenform ableiten.

Aufgabe d

- Die Seitenlängen lassen sich über die Beträge der zugehörigen Vektoren berechnen.
- Für die Berechnung des Flächeninhaltes braucht man noch einen Innenwinkel. Dessen Größe können Sie über den Kosinussatz berechnen.
- Alternativ lässt sich der Flächeninhalt auch über das Vektorprodukt ermitteln.

Aufgabe e

- Der Winkel zwischen zwei Ebenen kann über den Winkel, den ihre Normalenvektoren bilden, bestimmt werden.
- Ermitteln Sie die Normalenvektoren der Ebene E_{ABC} (siehe Teilaufgabe c) und der xy-Ebene und berechnen Sie den Winkel, den diese beiden Vektoren einschließen.

Aufgabe f

- Die Richtung der Sonnenstrahlen und die Eckpunkte des Sonnensegels lassen sich für Gleichungen von Geraden verwenden, deren Durchstoßpunkte durch die xy-Ebene die gesuchten Eckpunkte des Schattenbildes ergeben. Zeichnen Sie dann die Punkte A', B' und C' in das Schrägbild von Teilaufgabe a ein.

Aufgabe g

- Den Flächeninhalt des Sonnensegels können Sie Ihren Berechnungen zur Teilaufgabe d entnehmen. In analoger Weise wie dort kann der Flächeninhalt des Schattens bestimmt werden.
- Aus dem Verhältnis beider Flächeninhalte lässt sich die prozentuale Veränderung bestimmen.

Aufgabe h

- Der Schwerpunkt eines Dreiecks ist der Schnittpunkt seiner Seitenhalbierenden.
- Stellen Sie die Gleichungen zweier Seitenhalbierender auf.
- Berechnen Sie die Koordinaten ihres Schnittpunktes.
- Die z-Koordinate des Schnittpunktes gibt die gesuchte Höhe an.

Lösungen

a) Schrägbild:

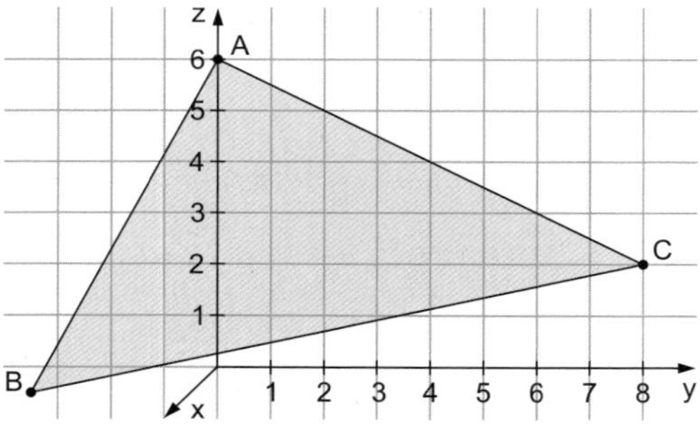

b) Die Gleichung der Geraden durch die Punkte A und B kann z. B. angegeben werden durch

$$\vec{x} = \overrightarrow{OA} + t \cdot \overrightarrow{AB} = \begin{pmatrix} 0 \\ 0 \\ 6 \end{pmatrix} + t \cdot \begin{pmatrix} 7 \\ 0 \\ -3 \end{pmatrix}; t \in \mathbb{R}$$

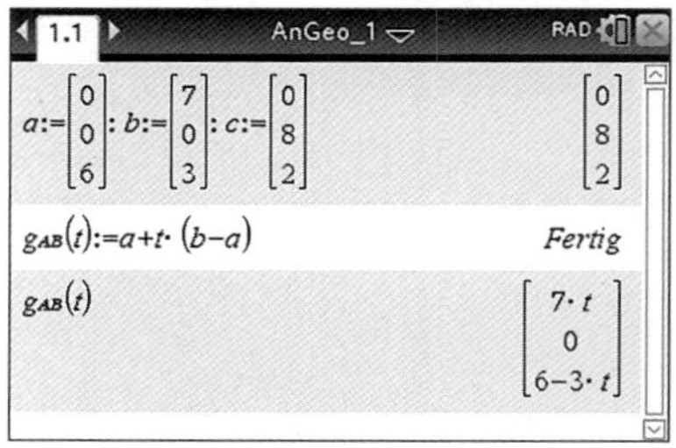

c) Eine Gleichung der Ebene E_{ABC} in Parameterform ist:

$$E_{ABC}: \vec{x} = \overrightarrow{OA} + r \cdot \overrightarrow{AB} + s \cdot \overrightarrow{AC}$$
$$= \begin{pmatrix} 0 \\ 0 \\ 6 \end{pmatrix} + r \cdot \begin{pmatrix} 7 \\ 0 \\ -3 \end{pmatrix} + s \cdot \begin{pmatrix} 0 \\ 8 \\ -4 \end{pmatrix}; r, s \in \mathbb{R}$$

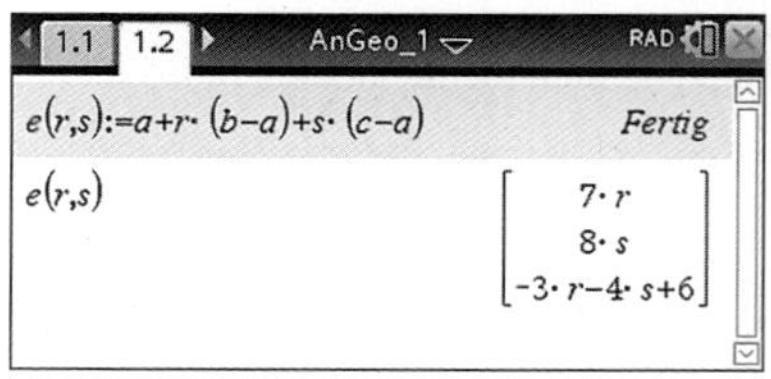

Durch Lösen des Gleichungssystems

$$\begin{pmatrix} 0 \\ 0 \\ 6 \end{pmatrix} + r \cdot \begin{pmatrix} 7 \\ 0 \\ -3 \end{pmatrix} + s \cdot \begin{pmatrix} 0 \\ 8 \\ -4 \end{pmatrix} = \begin{pmatrix} x \\ y \\ z \end{pmatrix}$$

lässt sich daraus eine Koordinatengleichung der Ebene bestimmen:

$$E_{ABC}: 6x + 7y + 14z = 84$$

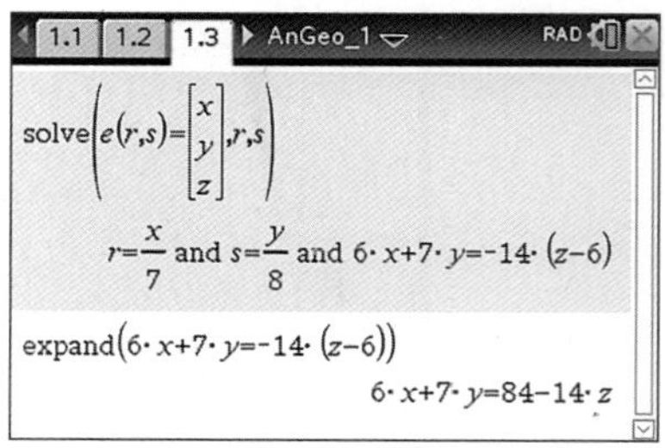

d) Die Seitenlängen werden als Beträge der zugehörigen Vektoren bestimmt:
$|\overrightarrow{AB}| \approx 7{,}6\text{ m},\ |\overrightarrow{AC}| \approx 8{,}9\text{ m},\ |\overrightarrow{BC}| \approx 10{,}7\text{ m}$

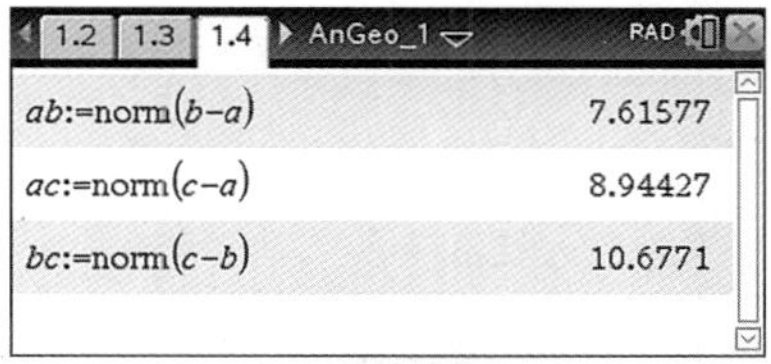

Mit Kosinussatz und Flächeninhaltsformel ergibt sich der Flächeninhalt:

$$\cos(\alpha) = \frac{|\overrightarrow{AB}|^2 + |\overrightarrow{AC}|^2 - |\overrightarrow{BC}|^2}{2 \cdot |\overrightarrow{AB}| \cdot |\overrightarrow{AC}|}$$

$$\Rightarrow \quad \alpha \approx 79{,}9°$$

$$\Rightarrow \quad A = \frac{1}{2} \cdot |\overrightarrow{AB}| \cdot |\overrightarrow{AC}| \cdot \sin(\alpha) \approx 33{,}5\text{ m}^2$$

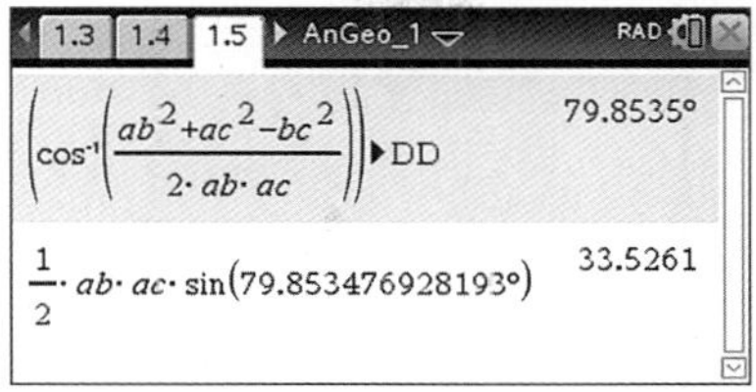

Alternative Lösung mit dem Vektorprodukt:

$$A = \frac{1}{2} \cdot |\overrightarrow{AB} \times \overrightarrow{AC}| = \frac{1}{2} \cdot \left| \begin{pmatrix} 24 \\ 28 \\ 56 \end{pmatrix} \right| \approx 33{,}5\text{ m}^2$$

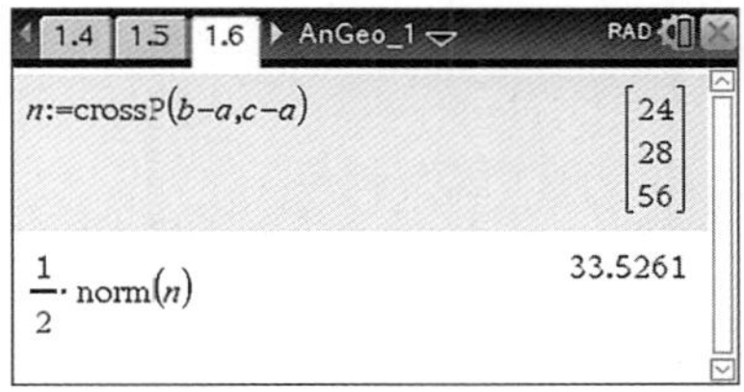

e) Einen Normalenvektor der Ebene E_{ABC} erhält man mit dem Vektorprodukt:

$$\overrightarrow{AB} \times \overrightarrow{AC} = \begin{pmatrix} 24 \\ 28 \\ 56 \end{pmatrix}$$

Mit dem Normalenvektor $\vec{n}_{xy} = \begin{pmatrix} 0 \\ 0 \\ 1 \end{pmatrix}$ der xy-Ebene folgt:

$$\cos(\alpha) = \frac{\vec{n} \circ \vec{n}_{xy}}{|\vec{n}| \cdot |\vec{n}_{xy}|} \quad \Rightarrow \quad \alpha \approx 33{,}4°$$

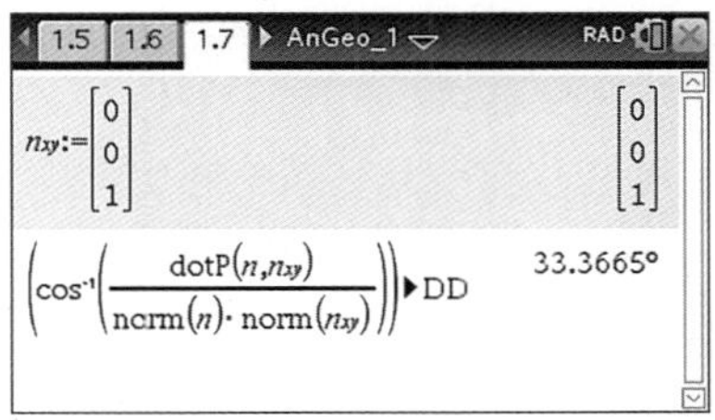

f) Der Richtungsvektor für die drei „Schattengeraden“ ist jeweils:

$$\vec{v}(10) = \begin{pmatrix} 12-10 \\ 12-10 \\ \sqrt{200-100} \end{pmatrix} = \begin{pmatrix} 2 \\ 2 \\ 10 \end{pmatrix} = 2 \cdot \begin{pmatrix} 1 \\ 1 \\ 5 \end{pmatrix}$$

Durch die Punkte A, B und C sind die Aufpunkte dieser Geraden gegeben.

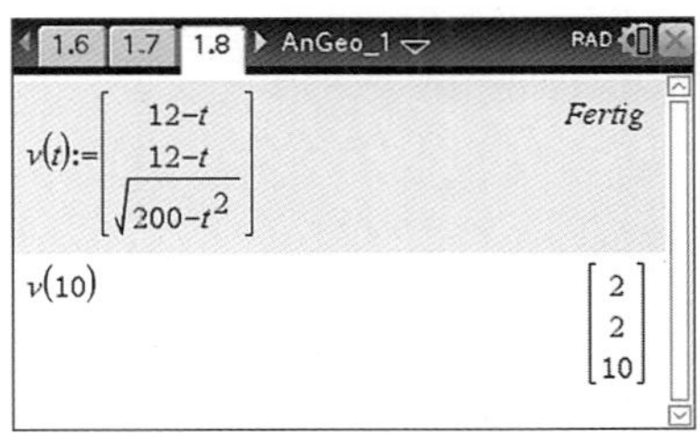

Die Geradengleichungen sind:

$$g_A: \vec{x} = \begin{pmatrix} 0 \\ 0 \\ 6 \end{pmatrix} + t \cdot \begin{pmatrix} 1 \\ 1 \\ 5 \end{pmatrix}, \quad g_B: \vec{x} = \begin{pmatrix} 7 \\ 0 \\ 3 \end{pmatrix} + t \cdot \begin{pmatrix} 1 \\ 1 \\ 5 \end{pmatrix}, \quad g_C: \vec{x} = \begin{pmatrix} 0 \\ 8 \\ 2 \end{pmatrix} + t \cdot \begin{pmatrix} 1 \\ 1 \\ 5 \end{pmatrix}$$

Die Gleichung der xy-Ebene in Parameterform lautet:

$$E_{xy}: \vec{x} = r \cdot \begin{pmatrix} 1 \\ 0 \\ 0 \end{pmatrix} + s \cdot \begin{pmatrix} 0 \\ 1 \\ 0 \end{pmatrix}$$

Durch Gleichsetzen von jeder Geradengleichung mit der Ebenengleichung ergeben sich zunächst die zugehörigen Werte der Parameter t, r und s und daraus als Durchstoßpunkte:

$A'(-1,2 \mid -1,2 \mid 0)$

$B'(6,4 \mid -0,6 \mid 0)$

$C'(-0,4 \mid 7,6 \mid 0)$

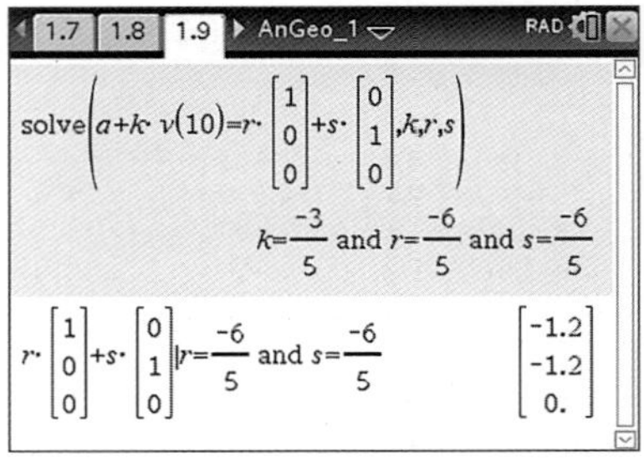

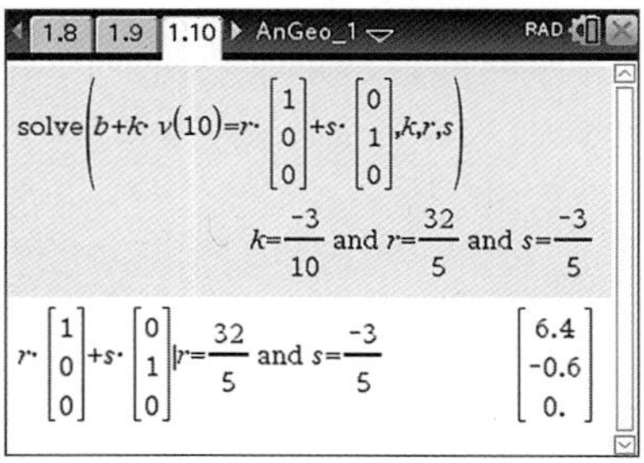

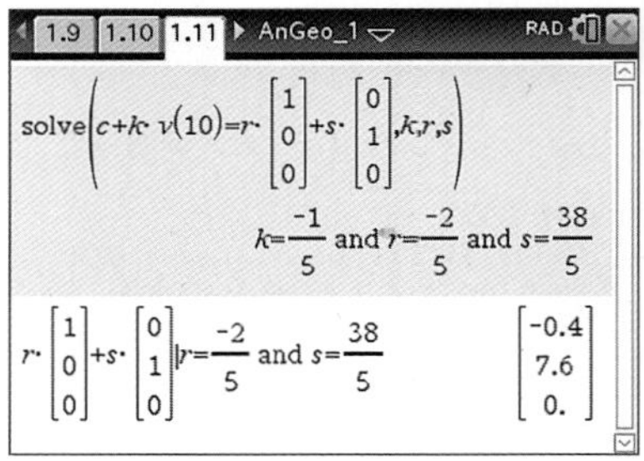

Ergänztes Schrägbild:

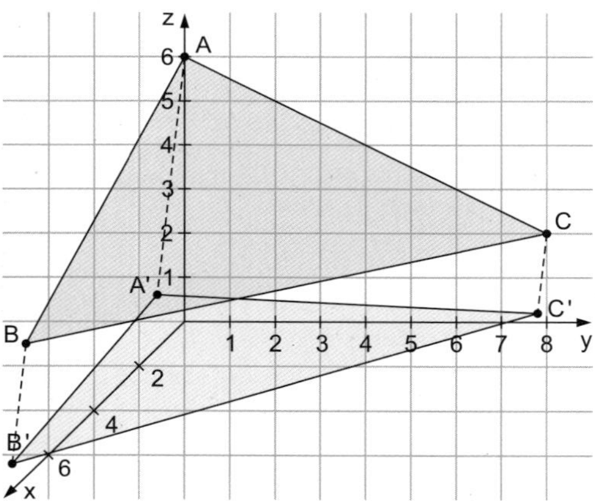

g) Der Flächeninhalt des Schattens wird analog zum Vorgehen bei Teilaufgabe d bestimmt.

Der Bildschirmabdruck zeigt die Variante mit dem Vektorprodukt.

Das Schattenbild hat einen Flächeninhalt von $\underline{\underline{33{,}2\ \text{m}^2}}$, das Sonnensegel von etwa 33,5 m^2.

Der Flächeninhalt des Schattens ist etwa $\underline{\underline{1\,\%\ \text{kleiner}}}$ als der des Sonnensegels.

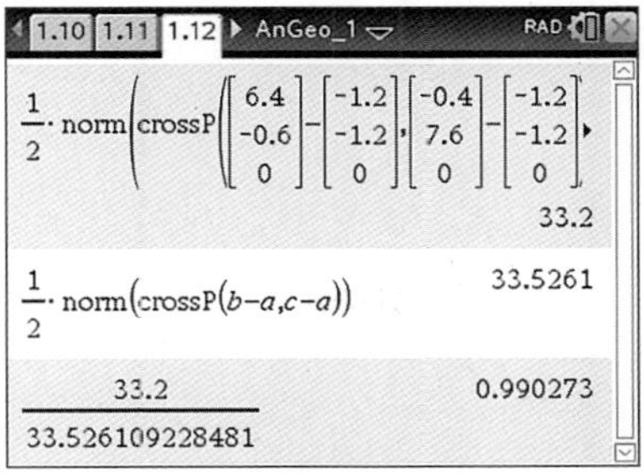

h) *Beschreibung:* Der Schwerpunkt eines Dreiecks ist der Schnittpunkt seiner Seitenhalbierenden. Es genügt, die Gleichungen zweier Seitenhalbierenden als Geradengleichungen zu ermitteln und deren Schnittpunkt zu berechnen.

Eine Seitenhalbierende verläuft immer vom Mittelpunkt einer Dreiecksseite zum gegenüberliegenden Eckpunkt. Der Mittelpunkt der Seite $\overline{AB}$ hat die Koordinaten $(3{,}5\,|\,0\,|\,4{,}5)$. Somit ergibt sich für die Seitenhalbierende folgende Gleichung:

$$s_{AB}\colon \vec{x} = r \cdot \begin{pmatrix} 3{,}5 \\ 0 \\ 4{,}5 \end{pmatrix} + r \cdot \begin{pmatrix} -3{,}5 \\ 8 \\ -2{,}5 \end{pmatrix}$$

Für eine andere Seitenhalbierende ergibt sich beispielsweise:

$$s_{AC}\colon \vec{x} = r \cdot \begin{pmatrix} 0 \\ 4 \\ 4 \end{pmatrix} + k \cdot \begin{pmatrix} 7 \\ -4 \\ -1 \end{pmatrix}$$

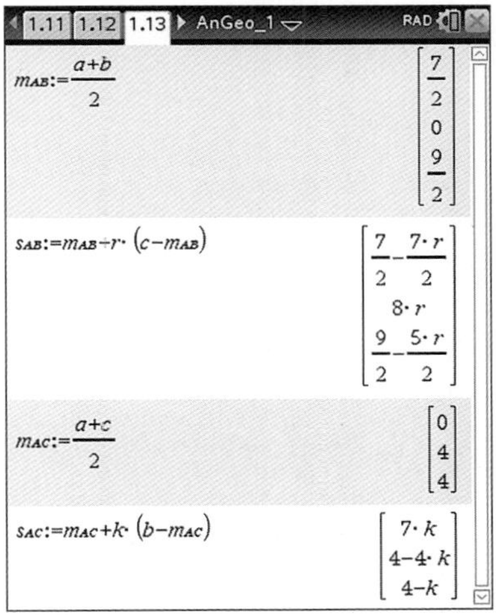

Gleichsetzen und Lösen des Gleichungssystems führt auf die Parameterwerte $r = \frac{1}{3}$ und $k = \frac{1}{3}$.

Diese Werte in die Geradengleichung eingesetzt ergibt die Koordinaten des Schwerpunktes:

$$S\left(\frac{7}{3}\,\middle|\,\frac{8}{3}\,\middle|\,\frac{11}{3}\right)$$

Die z-Koordinate dieses Schwerpunktes gibt die Entfernung zum Erdboden an.

Der Schwerpunkt S des Sonnensegels befindet sich $\frac{11}{3} \approx \underline{\underline{3{,}67\ \text{m}}}$ über dem Erdboden.

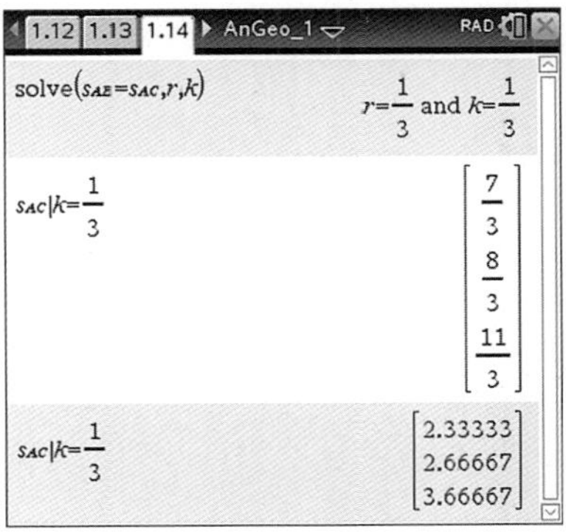

1. **Geraden**
   Gegeben sind die Geraden g_a mit der Gleichung

   $$\vec{x} = \begin{pmatrix} 0 \\ 0 \\ a \end{pmatrix} + t \cdot \begin{pmatrix} 1 \\ a \\ 1 \end{pmatrix} \text{ mit } a, t \in \mathbb{R}.$$

   Setzen Sie in den folgenden Teilaufgaben a und b zunächst $a = 1$.

   a) Untersuchen Sie, in welchen Punkten und unter welchem Winkel die Gerade g_1 die Koordinatenachsen schneidet. (2 BE)

   b) Ermitteln Sie die Koordinaten der Schnittpunkte von g_1 mit den Koordinatenebenen. (2 BE)

   In den folgenden Teilaufgaben c und d von Aufgabe 1 sei der Parameter a eine beliebige reelle Zahl.

   c) Begründen Sie, dass die Schnittpunkte der Geraden g_a mit der xy-Ebene auf einer Parabel mit der Gleichung $y = -x^2$ liegen. (2 BE)

   d) Untersuchen Sie, für welche Werte von a sich die Geraden g_a mit der Geraden h: $\vec{x} = \begin{pmatrix} -1 \\ -2 \\ 1 \end{pmatrix} + r \cdot \begin{pmatrix} 3 \\ 2 \\ 1 \end{pmatrix}$ $(r \in \mathbb{R})$ schneiden.

   Geben Sie, sofern vorhanden, die Koordinaten der Schnittpunkte an.
   Berechnen Sie jeweils die Größe des Schnittwinkels der Geraden. (4 BE)

2. **Neue Tribüne**
   Der SV Moosbach hat überraschend den Aufstieg in die 1. Fußballbundesliga geschafft. Damit der Verein in der Bundesliga spielen kann, muss für die 60 m lange, rechteckige Tribüne eine ebenfalls rechteckige Überdachung gebaut werden. In der Skizze sieht diese im Querschnitt so aus:

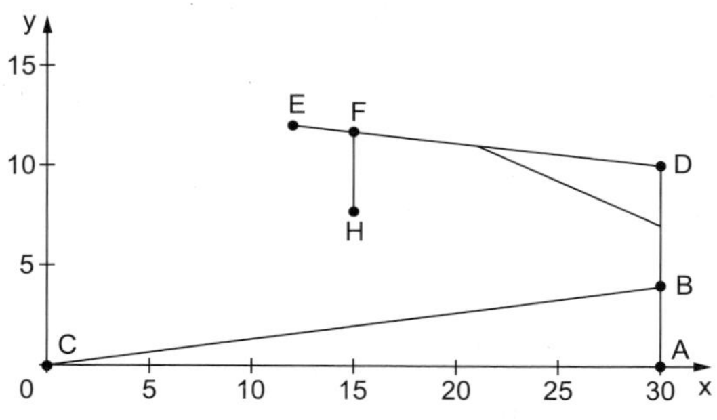

   Im Querschnitt erscheint die Tribüne als Strecke $\overline{BC}$ mit $B(30\,|\,4)$ und $C(0\,|\,0)$ und die geplante Überdachung als Strecke $\overline{ED}$ mit $E(12\,|\,12)$ und $D(30\,|\,10)$.

   a) Berechnen Sie die Fläche der Überdachung. (2 BE)

b) In der Mitte der Überdachung und in der Mitte des Trägermastes $\overline{BD}$ muss eine Trägerschiene eingebaut werden. Berechnen Sie den Anbringungsort und die Länge dieser Trägerschiene. (3 BE)

c) Eine Beobachtungskamera im Punkt H soll so angebracht werden, dass sie direkt über der Mitte der Tribüne hängt und genau 4 m vom senkrecht darüberliegenden Punkt der Überdachung entfernt ist. Berechnen Sie die Koordinaten von H. (4 BE)

d) Bestimmen Sie die geringste Entfernung der Kamera von der Tribüne $\overline{BC}$ (3 BE)

e) Die Sonne beeinträchtigt die Zuschauer auf der Tribüne oft, dies wird auch nach dem Bau der Überdachung so sein. Ab welchem Winkel der Sonnenstrahlen (bezogen auf die Gerade AC) liegt die letzte Reihe der Tribüne (die bei B liegt) im Schatten? Berechnen Sie diesen Grenzwinkel. (3 BE)

(25 BE)

Hinweise und Tipps

Aufgabe 1 a

- Setzen Sie $a = 1$ in die Gleichung für g_a ein.
- Bei Schnittpunkten einer Geraden mit den Koordinatenachsen haben immer mindestens zwei der drei Koordinaten des Schnittpunktes den Wert null.
- Verwenden Sie diese Überlegung, um einen Ansatz für die Berechnung der Schnittpunkte zu finden.
- Lösen Sie die entsprechenden Gleichungssysteme und interpretieren Sie die Ergebnisse mit Blick auf die Existenz bzw. die Koordinaten der Schnittpunkte.
- Um einen Schnittwinkel der Geraden mit einer Achse zu berechnen, können Sie den Winkel zwischen dem Richtungsvektor der Geraden und einem Richtungsvektor der Achse berechnen. Schließen Sie gegebenenfalls auf den Nebenwinkel, falls die Rechnung einen stumpfen Winkel ergibt.
- Alternativ können Sie wegen der besonderen Lage der Geraden die Ergebnisse auch durch elementare inhaltliche Überlegungen erhalten.

Aufgabe 1 b

- Den Schnittpunkt von g_1 mit zwei der drei Koordinatenebenen können Sie ohne aufwendige Rechnung aus dem Ergebnis der Teilaufgabe 1 a ableiten.
- Bei Schnittpunkten einer Geraden mit einer Koordinatenebene hat mindestens eine der Koordinaten des Schnittpunktes den Wert null.
- Verwenden Sie diese Überlegung, um einen Ansatz für die Berechnung des dritten Schnittpunktes zu finden.
- Lösen Sie das Gleichungssystem und verwenden Sie das Ergebnis zur Berechnung der Koordinaten des Schnittpunktes.

Aufgabe 1 c

- Im Prinzip können Sie Hinweise aus der vorigen Teilaufgabe hier wieder berücksichtigen.
- Wenn eine Gerade die xy-Ebene schneidet, so muss $z = 0$ sein.
- Bestimmen Sie den Wert des Parameters t in Abhängigkeit von a durch Gleichsetzen von $z = 0$ mit der dritten Koordinate des Vektors, der die Geradengleichung beschreibt.
- Ermitteln Sie damit die restlichen Koordinaten des Schnittpunktes und weisen Sie den Zusammenhang $y = -x^2$ zwischen seiner y- und seiner x-Koordinate nach.

Aufgabe 1 d

- Setzen Sie die beiden Geradengleichungen gleich und lösen Sie dieses Gleichungssystem.
- Aus der Lösungsmenge können Sie die gesuchten Werte von a ablesen.
- Berechnen Sie zur Kontrolle die Koordinaten der Schnittpunkte mit beiden Geradengleichungen durch Einsetzen von geeigneten Elementen der Lösungsmenge des Gleichungssystems.
- Die Größe des Schnittwinkels zweier Geraden kann über den Winkel, den ihre Richtungsvektoren miteinander bilden, bestimmt werden. Im Allgemeinen wird der kleinere der beiden Winkel als Schnittwinkel angegeben.

Aufgabe 2 a

- Berechnen Sie zuerst die Länge der Strecke $\overline{ED}$.

Aufgabe 2 b

- Die Koordinaten des Mittelpunktes einer Strecke sind das arithmetische Mittel der entsprechenden Koordinaten der Endpunkte der Strecke.
- Alternativ kann der Mittelpunkt M einer Strecke $\overline{ED}$ auch über die Vektorgleichung $\overrightarrow{OM} = \overrightarrow{OE} + \frac{1}{2}\overrightarrow{ED}$ bestimmt werden.

Aufgabe 2 c

- Zunächst bestimmt man den Mittelpunkt der Strecke $\overline{BC}$ (vergleiche Teilaufgabe 2 b). Hiermit lässt sich der Aufhängepunkt F der Beobachtungskamera bestimmen.
- Um die Koordinaten von H zu ermitteln, muss die Länge von 4 m berücksichtigt werden.

Aufgabe 2 d

- Es wird nach dem Abstand eines Punktes von einer Geraden gefragt. Wenden Sie hierzu ein Ihnen bekanntes Lösungsverfahren an.
- Beispiel: Der Abstand kann als betragskleinster Vektor bestimmt werden, der den Punkt H mit einem Punkt der Geraden g(BC) verbindet. Verwenden Sie dazu den Befehl fMin( ).

Aufgabe 2 e

- Stellen Sie eine Geradengleichung durch die Punkte E und B auf und berücksichtigen Sie, dass nach dem Winkel dieser Geraden zur Geraden durch A und C gefragt ist.
- Nutzen Sie zur Berechnung des gesuchten Winkels das Skalarprodukt.

Lösungen

1. a) Für a = 1 ist:

$$g_1: \vec{x} = \begin{pmatrix} 0 \\ 0 \\ 1 \end{pmatrix} + t \cdot \begin{pmatrix} 1 \\ 1 \\ 1 \end{pmatrix}$$

Die Gerade g_1 schneidet die **z-Achse** im Punkt $\underline{\underline{P_z(0|0|1)}}$, dem festen Punkt dieser Geraden.
Da der Richtungsvektor die Raumdiagonale eines Einheitswürfels beschreibt, wird die z-Achse unter einem Winkel von ca. 54,74° geschnitten:

$$\tan(\alpha) = \sqrt{2} \;\Rightarrow\; \underline{\underline{\alpha \approx 54{,}74°}} \quad \text{bzw.} \quad \cos(\alpha) = \frac{1}{\sqrt{3}} \;\Rightarrow\; \underline{\underline{\alpha \approx 54{,}74°}}$$

Zur Berechnung von Schnittpunkten mit der **x-Achse** wird y = z = 0 gesetzt:

$$\left.\begin{array}{lcl} x = 0 + t & & x = t \\ 0 = 0 + t & \Rightarrow & 0 = t \\ 0 = 1 + t & & -1 = t \end{array}\right\} \text{ Die beiden letzten Zeilen ergeben einen Widerspruch.}$$

Zur Berechnung von Schnittpunkten mit der **y-Achse** wird x = z = 0 gesetzt:

$$\left.\begin{array}{lcl} 0 = 0 + t & & 0 = t \\ y = 0 + t & \Rightarrow & y = t \\ 0 = 1 + t & & -1 = t \end{array}\right\} \text{ Die erste und letzte Zeile widersprechen einander.}$$

Es existieren keine weiteren Schnittpunkte bzw. Schnittwinkel mit den Achsen.

b) Die xz- und die yz-Ebene werden im Punkt $\underline{\underline{P_z(0|0|1)}}$ geschnitten (Teilaufgabe 1 a).

Der Schnittpunkt mit der xy-Ebene wird für z = 0 erreicht:

$$\left.\begin{array}{l} x = 0 + t \\ y = 0 + t \\ 0 = 1 + t \;\Rightarrow\; t = -1 \end{array}\right\} \Rightarrow \underline{\underline{S_{xy}(-1|-1|0)}}$$

c) Der Schnittpunkt mit der xy-Ebene wird für z = 0 erreicht:

$$\left.\begin{array}{l} x = 0 + t \\ y = 0 + a \cdot t \\ 0 = a + t \;\Rightarrow\; t = -a \end{array}\right\} \Rightarrow S_{xy}(-a|-a^2|0)$$

Mit $x = -a$ und $y = -a^2$ folgt $y = -x^2$.

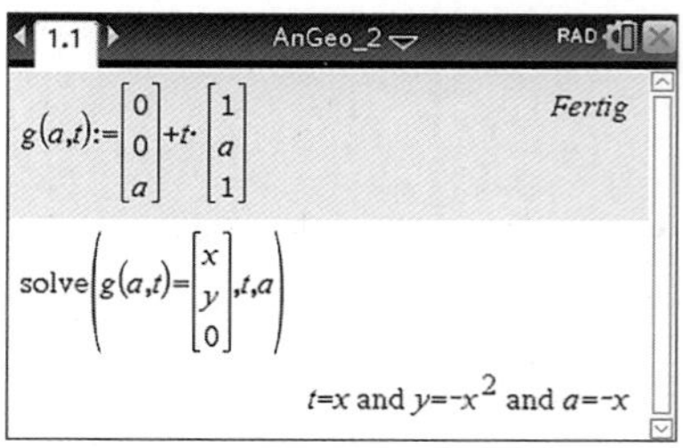

d) Gleichsetzen der beiden Geradengleichungen und Lösen des Gleichungssystems liefert zwei Fälle. Die Probe bestätigt das Ergebnis und liefert die Koordinaten der Schnittpunkte.

Die Geraden schneiden einander für $\underline{\underline{a = 2}}$ im Schnittpunkt $\underline{\underline{S_2(-1\,|\,-2\,|\,1)}}$ und für $\underline{\underline{a = 0}}$ im Schnittpunkt $\underline{\underline{S_0(2\,|\,0\,|\,2)}}$.

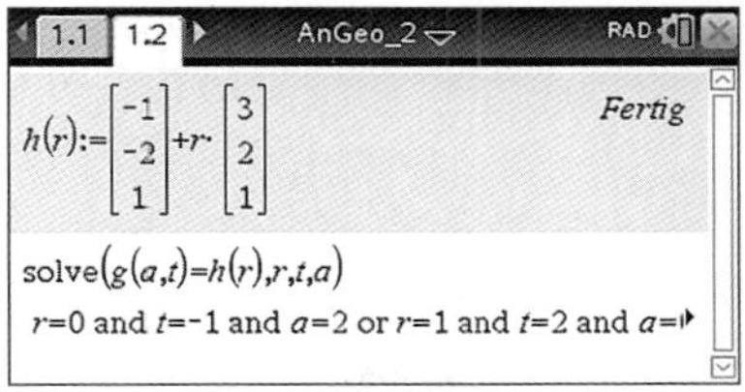

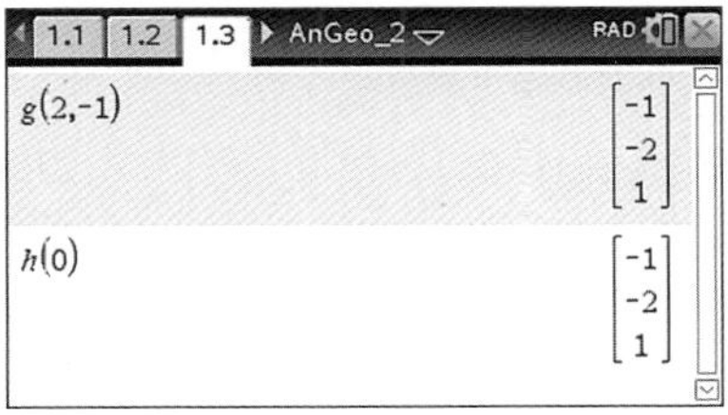

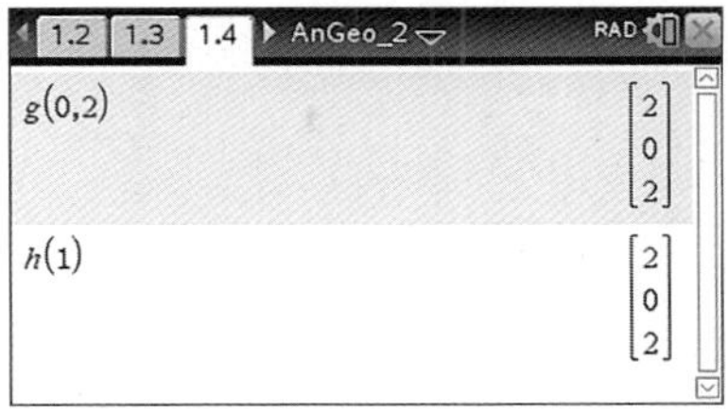

Die Größe des Schnittwinkels der Geraden wird jeweils mithilfe ihrer Richtungsvektoren ermittelt:

$$\cos(\alpha) = \frac{\begin{pmatrix}1\\a\\1\end{pmatrix} \circ \begin{pmatrix}3\\2\\1\end{pmatrix}}{\left|\begin{pmatrix}1\\a\\1\end{pmatrix}\right| \cdot \left|\begin{pmatrix}3\\2\\1\end{pmatrix}\right|}$$

ergibt für a = 2 einen Schnittwinkel von ca. $\underline{\underline{29{,}2°}}$ und für a = 0 einen Schnittwinkel von ca. $\underline{\underline{40{,}9°}}$.

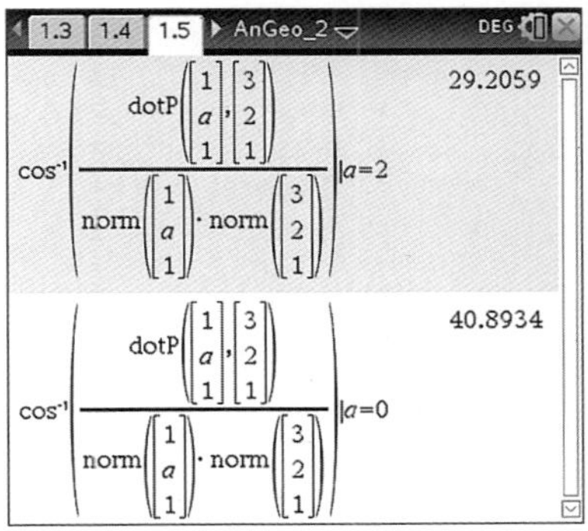

2. a) Die Fläche der 60 m langen rechteckigen Überdachung beträgt:

$A = 60 \cdot \overline{ED} = 60 \cdot 2 \cdot \sqrt{82} \approx \underline{\underline{1\,087\text{ m}^2}}$

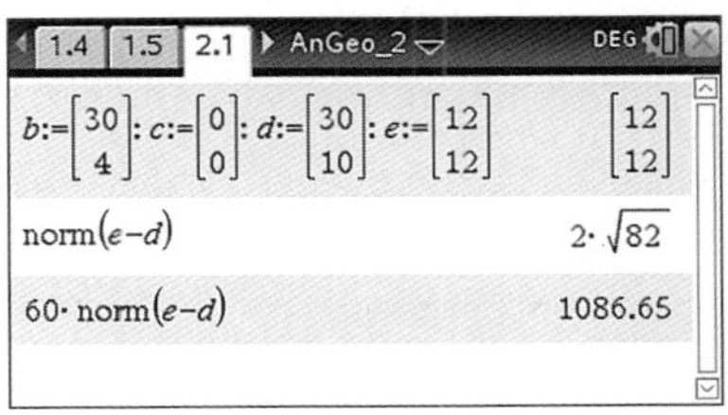

b) Zunächst werden die Koordinaten der beiden Mittelpunkte berechnet:

$\underline{\underline{I(21|11)}}$, $\underline{\underline{J(30|7)}}$

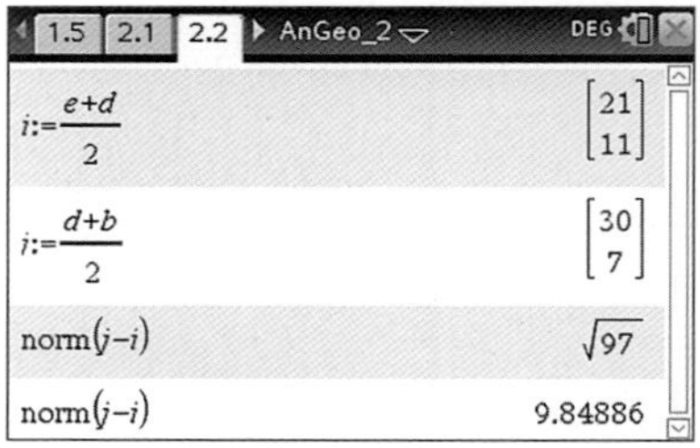

Der Abstand dieser Punkte entspricht der Länge der Trägerschiene. Für diese ermittelt man:

$m = \overline{IJ} = \sqrt{97} \approx \underline{\underline{9{,}85\text{ m}}}$

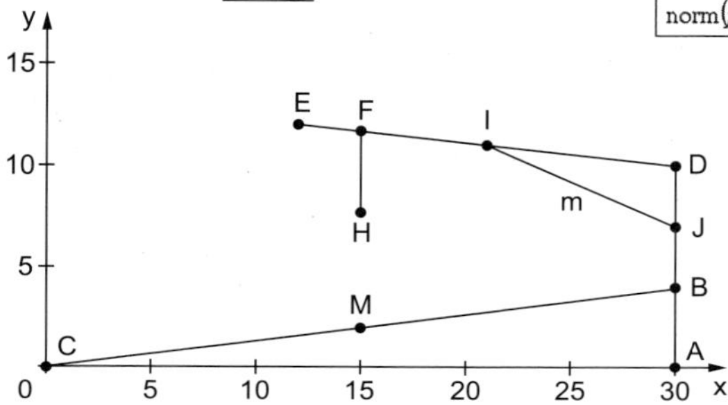

c) Man berechnet zunächst den Mittelpunkt der Strecke $\overline{BC}$ mit M(15 | 2), kann damit den Punkt F auf der Geraden g durch die Punkte E und D ermitteln, der die gleiche x-Koordinate hat, indem man in der Geradengleichung g(ED) den y-Wert sucht, für den x = 15 gilt:

$$\begin{pmatrix}15\\y\end{pmatrix} = \begin{pmatrix}12+18t\\12-2t\end{pmatrix}$$

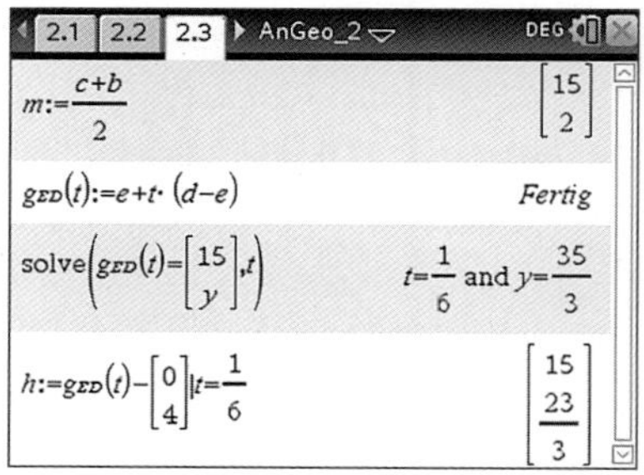

Man ermittelt $F\left(15 \,\middle|\, \frac{35}{3}\right)$.

Der Punkt H mit $\underline{\underline{H\left(15 \,\middle|\, \frac{23}{3}\right)}}$ ergibt sich hieraus, da dessen y-Koordinate um 4 Einheiten geringer ist als die des Punktes F.

d) Die Gleichung der Geraden g(BC) ist:

$\vec{x} = \overrightarrow{OC} + t \cdot \overrightarrow{CB}$ mit $t \in \mathbb{R}$

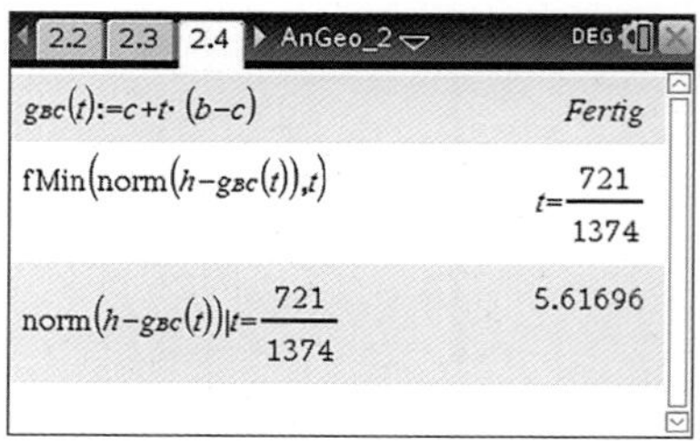

Alle Vektoren, die einen Punkt P von g(BC) mit dem Punkt H verbinden, lassen sich beschreiben durch:

$\overrightarrow{PH} = \overrightarrow{OH} - (\overrightarrow{OC} + t \cdot \overrightarrow{CB})$

Mit fMin( ) wird derjenige Wert des Parameters t bestimmt, für den $|\overrightarrow{PH}|$ ein Minimum ist. Es ergibt sich $t = \frac{721}{1374}$ und damit ist $|\overrightarrow{PH}| \approx \underline{\underline{5{,}62\text{ m}}}$ der Abstand von H zu g.

e) Zur Berechnung des gesuchten Winkels wird das Skalarprodukt genutzt. Dazu muss man vorher noch die Vektoren $\overrightarrow{AC} = \begin{pmatrix} -30 \\ 0 \end{pmatrix}$ und $\overrightarrow{BE} = \begin{pmatrix} -18 \\ 8 \end{pmatrix}$ aufstellen und erhält hiermit:

$$\cos(\alpha) = \frac{\overrightarrow{AC} \circ \overrightarrow{BE}}{|\overrightarrow{AC}| \cdot |\overrightarrow{BE}|} \quad \Rightarrow \quad \underline{\underline{\alpha \approx 23{,}96°}}$$

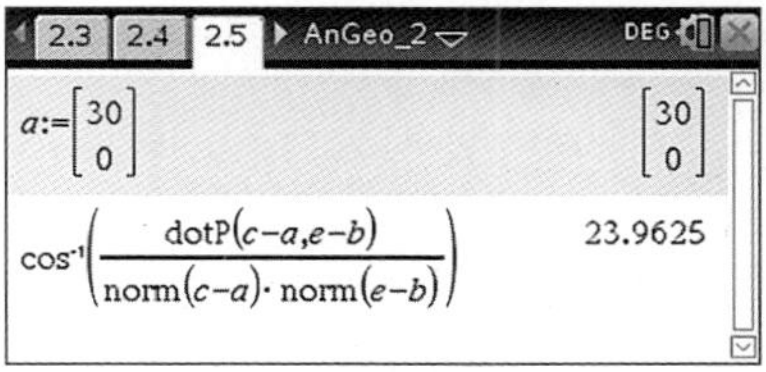

Kernfach Mathematik (Thüringen): Übungsaufgaben
Prüfungsteil B2 – Analytische Geometrie – Aufgabe 3

Die xy-Ebene beschreibt eine ebene Landschaft, in der ein Flughafen liegt. Die Radarstation des Flughafens befindet sich im Punkt $R(6\,|\,20\,|\,0)$. Das Radar erfasst ein Flugzeug um 13.00 Uhr im Punkt $U\left(12\,\middle|\,17\,\middle|\,\frac{3}{2}\right)$. Man ermittelt als Flugbahn des Flugzeuges A: $\vec{x} = \begin{pmatrix} 12 \\ 17 \\ \frac{3}{2} \end{pmatrix} + t \cdot \begin{pmatrix} 3 \\ -2 \\ 1 \end{pmatrix}$, dabei wird t in Minuten gemessen und die Koordinatenangaben sind in Kilometer angegeben.

Die Landebahn kann durch ein Rechteck beschrieben werden (5 km Länge, 400 m breit) und befindet sich parallel zur Flugrichtung des Flugzeuges A.

a) Erläutern Sie, ob das Flugzeug im Landeanflug oder gerade gestartet ist, und geben Sie diesen Zeitpunkt und den Ort P des Lande-bzw. Startpunktes an.
(Kontrollergebnis $P\left(\frac{15}{2}\,\middle|\,20\,\middle|\,0\right)$) (3 BE)

b) Der Punkt P befindet sich genau in der Mitte der Landebahn (Längsrichtung) und 1 km vom Ende der Bahn entfernt. Ermitteln Sie die Koordinaten des Rechteckes. (4 BE)

c) Überprüfen Sie, ob das Flugzeug A die geforderte Start- bzw. Landegeschwindigkeit von ca. $230\,\frac{\text{km}}{\text{h}}$ einhält, wenn man konstante Geschwindigkeit voraussetzt. (2 BE)

d) Berechnen Sie den Winkel des Start- bzw. Landeanfluges. (3 BE)

e) Ein weiteres Flugzeug B wurde ebenfalls um 13.00 Uhr im Punkt $F(10\,|\,10\,|\,3)$ und um 13.01 Uhr im Punkt $H(20\,|\,10\,|\,3)$ von der Radarstation erfasst. Berechnen Sie den Abstand beider Flugzeuge zum Zeitpunkt 13.00 Uhr. (2 BE)

f) Untersuchen Sie, ob der geforderte Mindestabstand der Flugbahnen von 600 m eingehalten wird. (3 BE)

g) Ermitteln Sie den minimalen Abstand des Flugzeuges B von der Radarstation. (3 BE)

h) Das Flugzeug A verschwindet um 13.03 Uhr in einer sich parallel zur Erdoberfläche bewegenden, als Ebene angenommenen Wolkendecke. Welchen Abstand hat das Flugzeug zu diesem Zeitpunkt von der Radarstation? (2 BE)

i) Geben Sie eine Ebenengleichung für die Wolkendecke an und berechnen Sie deren Entfernung von der Radarstation. (3 BE)

(25 BE)

Hinweise und Tipps

Aufgabe a

- Die z-Koordinate des Richtungsvektors der Flugbahn trifft eine Aussage darüber, ob es sich um einen Start- oder Landevorgang handelt.
- Der Punkt P kann als Schnittpunkt der Flugbahn mit der xy-Ebene ermittelt werden.

Aufgabe b

- Veranschaulichen Sie sich die Situation in einem zweidimensionalen Koordinatensystem und berücksichtigen Sie, dass das Flugzeug parallel zur Landebahn landet/startet. Beachten Sie auch die xy-Richtung der Flugbahn.
- Der Operator „Ermitteln" lässt auch eine zeichnerische Lösung zu.

Aufgabe c

- Beachten Sie die Einheiten des Parameters t und der Koordinatenangaben.

Aufgabe d

- Es muss der Winkel zwischen einer Geraden und einer Ebene bestimmt werden.
- Stellen Sie den Normalenvektor der Ebene auf.

Aufgabe e

- Beachten Sie, dass es sich hier um einen Abstand zu ein und demselben Zeitpunkt t handelt. Für beide Flugzeuge kann somit der gleiche Parameter „t" verwendet werden.

Aufgabe f

- Es soll der Abstand der Flugbahnen bestimmt werden, d. h., man muss die Lagebeziehung der beiden Geraden zueinander untersuchen und dann ggf. den Abstand ermitteln.

Aufgabe g

- Es muss der Abstand eines Punktes (R) von einer Geraden ermittelt werden. Dieser Abstand kann z. B. als Minimum des Betrages des Differenzvektors aus dem Ortsvektor von R und dem Ortsvektor eines Punktes der Geraden bestimmt werden.

Aufgabe h

- Ermitteln Sie zunächst die Lage des Durchstoßpunktes des Flugzeuges durch die Wolkendecke und danach den Abstand zweier Punkte voneinander.

Aufgabe i

- Berücksichtigen Sie, dass sich die Wolkendecke in einer zur Erdoberfläche parallelen Ebene befindet.

Lösungen

a) Da die z-Koordinate $z = 1$ des Richtungsvektors $\begin{pmatrix} 3 \\ -2 \\ 1 \end{pmatrix}$ positiv ist, befindet sich das Flugzeug in der Startphase. Gleichsetzen der Geradengleichung mit der Ebenengleichung $\begin{pmatrix} x \\ y \\ 0 \end{pmatrix}$ der xy-Ebene liefert:

$$\begin{pmatrix} x \\ y \\ 0 \end{pmatrix} = \begin{pmatrix} 12 \\ 17 \\ \frac{3}{2} \end{pmatrix} + t \cdot \begin{pmatrix} 3 \\ -2 \\ 1 \end{pmatrix}$$

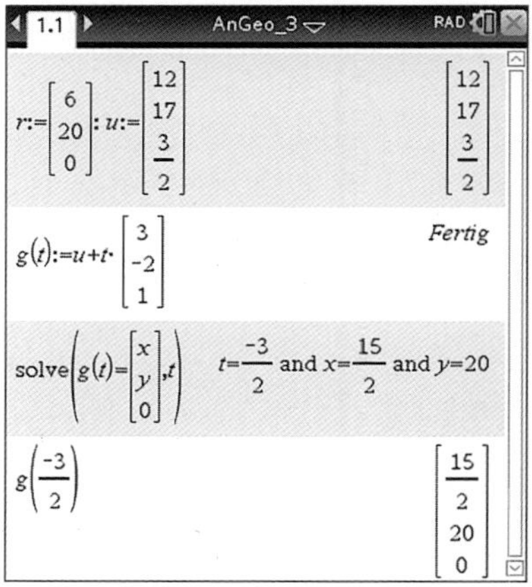

Dies führt zu einem linearen Gleichungssystem:

$x = 12 + 3t$

$y = 17 - 2t$

$0 = \frac{3}{2} + \quad t$

Dies liefert als Startpunkt $\underline{\underline{P\left(\frac{15}{2} \,\middle|\, 20 \,\middle|\, 0\right)}}$.

Der Parameter $t = -\frac{3}{2}$ bedeutet, dass das Flugzeug 1,5 Minuten vor 13.00 Uhr gestartet ist, also um <u>12.58' 30" Uhr</u>.

b) *Zeichnerische Lösung:*
Trägt man in ein zweidimensionales Koordinatensystem den Startpunkt P sowie die Flugrichtung, projiziert in xy-Richtung ein, so kann man zeichnerisch die Lage der rechteckigen Startbahn ermitteln.

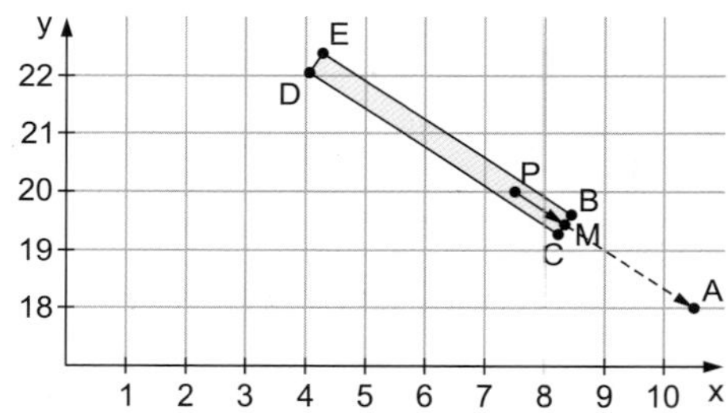

Eine Lösungsidee besteht darin, den Vektor $\vec{a} = \begin{pmatrix} 3 \\ -2 \end{pmatrix}$, der die xy-Richtung der Flugbahn beschreibt, auf die Länge 1 zu kürzen (dies kann in einfacher Weise mit einem Zirkel mit $r = 1$ cm erfolgen).

Damit kann man die Bedingung, dass der Startpunkt 1 km vor dem Ende der Startbahn liegt, erfüllen, um zunächst die Mitte der einen Endseite (in der Abbildung ist dies der Punkt M) der rechteckigen Startbahn zu bestimmen.

Um die vier Eckpunkte des Rechtecks zu ermitteln, muss man noch beachten, dass die Startbahn 400 m breit ist. Dies bedeutet, dass man ausgehend vom Mittelpunkt M der einen Rechtecksseite im rechten Winkel jeweils 0,2 cm abträgt und so die Eckpunkte B und C ermittelt. Die beiden fehlenden Eckpunkte des Rechtecks bekommt man, indem man ausgehend von B und C diesen Vektor fünfmal in entgegengesetzte Richtung abträgt.

Rechnerische Lösung:
Rechnerisch geschieht dies am einfachsten, indem man den Einheitsvektor nutzt. Es ergibt sich dabei $\vec{a}_e = \begin{pmatrix} \frac{3\sqrt{13}}{13} \\ \frac{-2\sqrt{13}}{13} \end{pmatrix}$ als Einheitsvektor zum Vektor $\vec{a}$. Zusätzlich benötigt man nun noch einen Einheitsvektor, der senkrecht auf $\vec{a}_e$ steht, um vom Mittelpunkt der Seite $\overline{BC}$ die Eckpunkte B und C zu bestimmen. Dieser Vektor $\vec{r}_a = \begin{pmatrix} \frac{2\sqrt{13}}{13} \\ \frac{3\sqrt{13}}{13} \end{pmatrix}$ lässt sich aus dem Vektor $\vec{a}_e$ ableiten.

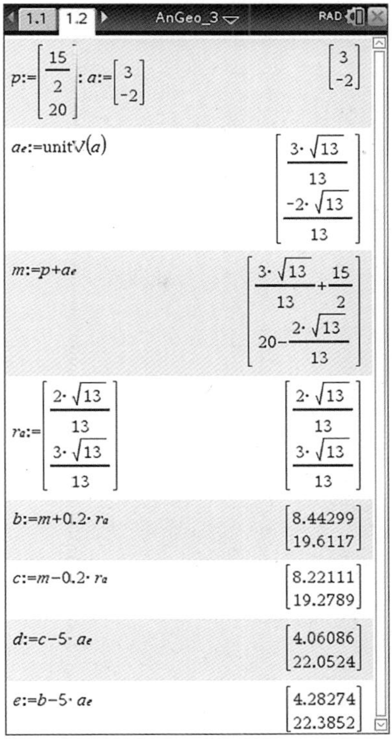

Ein Einheitsvektor ist ein Vektor der Länge 1 und gleicher Richtung wie der vorgegebene Vektor – für solch einen Vektor existiert der Befehl unitv().

So erhält man für die Koordinaten des Rechtecks:
B(8,4 | 19,6),

C(8,2 | 19,3),

D(4,1 | 22,1),

E(4,3 | 22,4)

c) Da in der Geradengleichung die Koordinaten in km und der Parameter t in Minuten angegeben ist, braucht man z. B. nur die in der 1. Minute nach dem Start zurückgelegte Strecke zu berechnen und mit 60 zu multiplizieren.
Man erhält eine Startgeschwindigkeit $v \approx 224{,}5\ \frac{\text{km}}{\text{h}}$. Damit wird die geforderte Geschwindigkeit in etwa eingehalten.

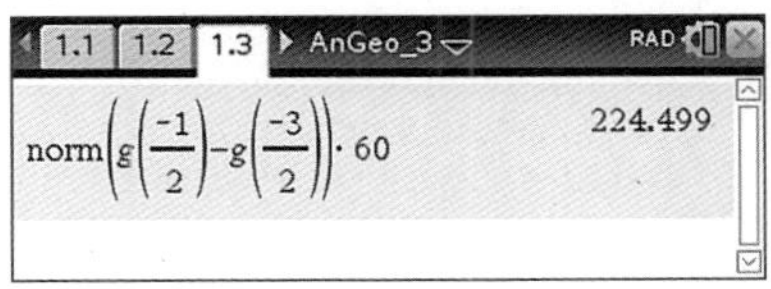

d) Der gesuchte Winkel lässt sich mithilfe des Skalarproduktes bestimmen. Man nutzt dazu den Richtungsvektor $\begin{pmatrix} 3 \\ -2 \\ 1 \end{pmatrix}$ der Geraden sowie den Normalenvektor $\begin{pmatrix} 0 \\ 0 \\ 1 \end{pmatrix}$ der xy-Ebene und ermittelt als Winkel beim Startvorgang $\alpha \approx 15{,}5°$.

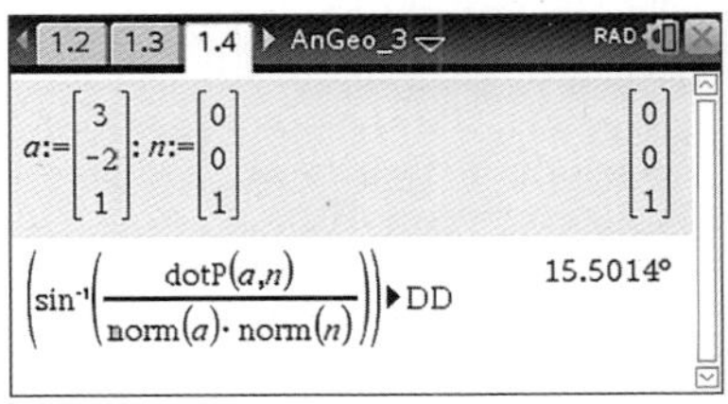

e) Der Abstand beider Flugzeuge um 13 Uhr kann mithilfe des Betrags des Verbindungsvektors, der sich aus den Ortsvektoren beider Flugzeuge um 13 Uhr ergibt, berechnet werden.

Flugzeug A befindet sich um 13 Uhr im Punkt $U\left(12 \mid 17 \mid \frac{3}{2}\right)$ und Flugzeug B im Punkt F(10 | 10 | 3). Damit lässt sich der Abstand als Betrag des Vektors $\overrightarrow{UF}$ bestimmen, dieser beträgt ca. 7,43 km.

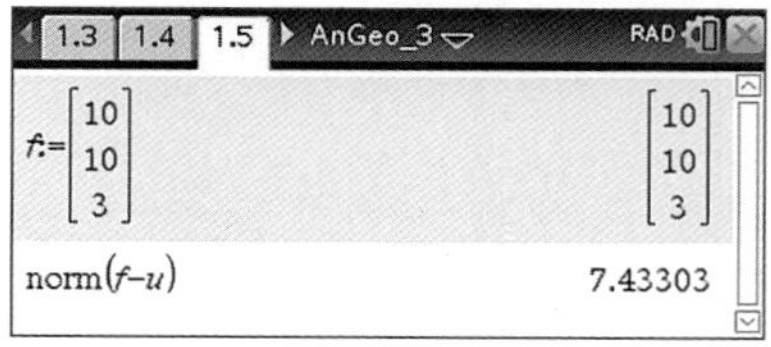

f) Es muss in dieser Aufgabe der Abstand zweier windschiefer Geraden bestimmt werden, üblicherweise wird dies unter Verwendung des Skalarproduktes durchgeführt.

Man definiert den Verbindungsvektor $\overrightarrow{PQ}$ zweier beliebiger Punkte P = g(s) auf g und Q = g2(t) auf g2 = g(FH). Dieser Vektor muss orthogonal zu den Richtungsvektoren beider Geraden sein, wenn diese Punkte den minimalen Abstand der beiden Geraden annehmen sollen.

Man kann die Werte der Parameter mit einem Gleichungssystem mit zwei Variablen ermitteln. Daraus erhält man die relevanten Punkte P und Q und den gesuchten Abstand von ca. 1,79 km. Der Mindestabstand wird also eingehalten.

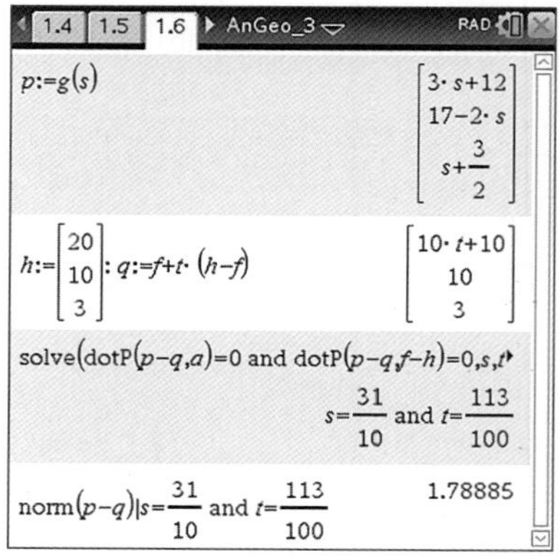

Variante: Es gibt auch einen Weg, der ohne das Skalarprodukt auskommt.

Zuerst wird der Parameter s bestimmt, für den g(s) jeweils den Punkt mit minimalem Abstand zu einem beliebigen Punkt g2(t) auf g2 = g(FH) angibt. Danach wird unter Verwendung dieses Parameterwertes s der Parameterwert t für den absolut kleinsten Abstand berechnet. Die Berechnung der Lotfußpunkte und des Abstandes erfolgt danach unter Verwendung der gefundenen Parameterwerte. Man erhält für den Abstand etwa 1,79 km, also mehr als den Mindestabstand.

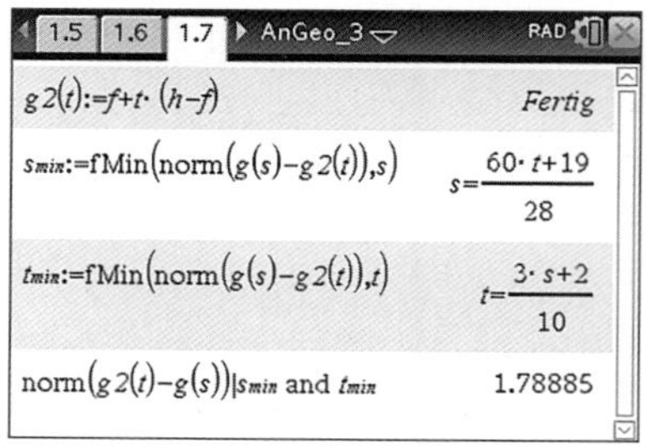

g) Der Abstand des Flugzeuges B zu einem beliebigen Zeitpunkt t zur Radarstation entspricht der Länge des Vektors zwischen der Radarstation R und dem Punkt g2(t) auf der Geraden g2 = g(FH). Den Wert des Parameters t, für den der Abstand minimal ist, erhält man mit dem Befehl fMin. Es ergibt sich ein minimaler Abstand von ca. 10,4 km.

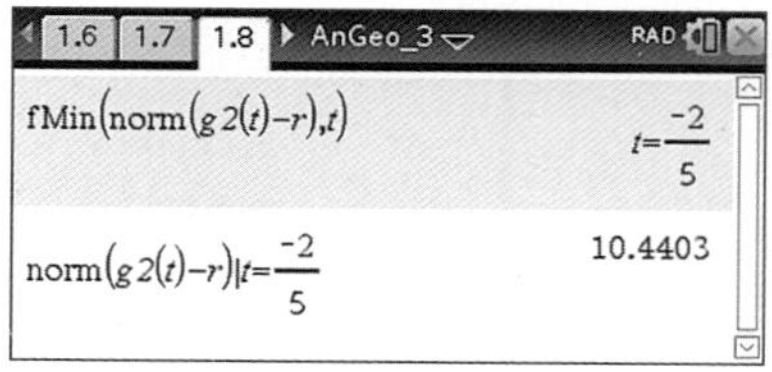

h) Der Abstand des Flugzeuges A um 13.03 Uhr zur Radarstation entspricht der Länge des Vektors zwischen der Radarstation R und dem Ort des Flugzeuges um 13.03 Uhr. Dieser Ort wird berechnet, indem $t = 3$ in die Geradengleichung des Flugzeuges A eingesetzt wird. Es ergibt sich ein Abstand von ca. 18,1 km.

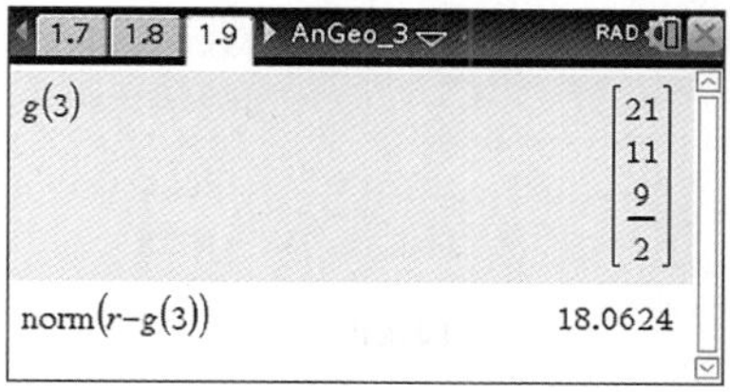

i) Man kann die Ebenengleichung ermitteln, indem man den Ort des Flugzeuges um 13.03 Uhr als Ortsvektor und zwei zur xy-Ebene, aber nicht zueinander parallele Vektoren als Spannvektoren nutzt. Damit erhält man als Ebenengleichung:

$$\vec{x} = \begin{pmatrix} 21 \\ 11 \\ \frac{9}{2} \end{pmatrix} + t \cdot \begin{pmatrix} 1 \\ 0 \\ 0 \end{pmatrix} + s \cdot \begin{pmatrix} 0 \\ 1 \\ 0 \end{pmatrix}$$

Da diese Ebene parallel zur xy-Ebene verläuft, ist der Abstand der Wolkendecke zur Radarstation gleich der z-Koordinate der Ebene, also 4,5 km.

Die Arbeitsgemeinschaft „Wirtschaft und Recht" des Elisabeth-Gymnasiums ist an bestimmten Tagen der Woche mit der Pausenversorgung beauftragt. Max, der für die Getränke zuständig ist, hat im letzten Jahr ermittelt, dass 60 % der Schülerinnen und Schüler Biolimo und die weiteren Schülerinnen und Schüler andere Getränke kaufen. Im Mittel wurden pro Tag 250 Getränke verkauft. Interpretieren Sie im Weiteren diese relativen Häufigkeiten als Wahrscheinlichkeiten.

a) Begründen Sie, unter welchen Voraussetzungen man den Anteil der „Biolimo-Käufer" durch eine binomialverteilte Zufallsgröße X beschreiben kann, und geben Sie hierfür den Erwartungswert μ und die Standardabweichung σ an. (4 BE)

b) Berechnen Sie mit dieser Zufallsgröße die Wahrscheinlichkeiten der folgenden Ereignisse:
A: Es werden mindestens 150 Flaschen Biolimo verkauft.
B: Es werden höchstens 140 Flaschen Biolimo verkauft.
C: Von den nächsten 4 Kunden kauft spätestens der dritte Biolimo. (4 BE)

c) Beschreiben Sie in diesem Sachzusammenhang einen Sachverhalt, dessen Wahrscheinlichkeit sich durch $P(D) = 0{,}6^4$ berechnen lässt, wenn man 10 Schülerinnen und Schüler betrachtet. (2 BE)

d) Da sich in letzter Zeit einige Schüler beschwert haben, dass die Flaschen nicht richtig gefüllt wären, hat sich Max bei der Herstellerfirma von Biolimo folgende Daten besorgt: Der Mittelwert für den Getränkeinhalt ist 0,33 ℓ bei einer Standardabweichung von 30 $m\ell$. Ermitteln Sie die Wahrscheinlichkeiten für die folgenden Ereignisse unter der Annahme, dass sich der Flascheninhalt durch eine normalverteilte Zufallsgröße X beschreiben lässt:
E: Der Inhalt ist mindestens 5 % geringer als der Mittelwert.
F: Der Inhalt weicht um mehr als 40 $m\ell$ vom Mittelwert ab. (4 BE)

e) Bestimmen Sie ein Intervall symmetrisch um den Mittelwert, in dem mit einer Wahrscheinlichkeit von mindestens 95 % die gemessenen Inhaltswerte liegen. (2 BE)

f) Berechnen Sie, wie viele Flaschen man testen müsste, um mit einer Wahrscheinlichkeit von mindestens 95 % mindestens 4 Flaschen zu finden, deren Inhalt um mehr als 10 % vom Erwartungswert abweicht. (4 BE)

g) Von der Biolimo soll es künftig die Sorten „Orange-Melone" und „Ingwer-Sanddorn" geben. Tina befragt 120 Schülerinnen und Schüler, die regelmäßig Biolimo trinken, welche der Sorten sie bevorzugen würden. In dieser Stichprobe entschieden sich 56 der Befragten für „Orange-Melone" und 64 für „Ingwer-Sanddorn". Tina geht deshalb davon aus, dass die Sorte „Ingwer-Sanddorn" die beliebtere Sorte unter allen Biolimotrinkern sein wird.
Prüfen Sie diese Schlussfolgerung auf einem Sicherheitsniveau von 95 %. (5 BE)

(25 BE)

Hinweise und Tipps

Aufgabe a

- Das Modell der Binomialverteilung verlangt bestimmte Voraussetzungen, z. B. die Unabhängigkeit bei der Entscheidung des einzelnen Schülers bei der Wahl des Getränkes.
- Erwartungswert und Standardabweichung lassen sich für eine Binomialverteilung nach einfachen Formeln berechnen.

Aufgabe b

- Es handelt sich bei den Ereignissen A und B um Ereignisse, die jeweils einer binomialverteilten Zufallsgröße zugeordnet werden können. Entnehmen Sie dem Text die zugehörigen Parameter n und p für jedes der Ereignisse.
- Nutzen Sie zur Bestimmung von P(C) ein geeignetes Baumdiagramm.

Aufgabe c

- Berücksichtigen Sie, welche Wahrscheinlichkeit im Term genutzt wird und dass nur über $k=4$ bei $n=10$ etwas ausgesagt wird.

Aufgabe d

- Nutzen Sie zur Berechnung der Wahrscheinlichkeiten E und F z. B. den Rechnerbefehl normCdf( ) zur Berechnung einer Intervallwahrscheinlichkeit für eine normalverteilte Zufallsgröße oder wenden Sie eine grafische Lösungsmethode an.

Aufgabe e

- Das Intervall lässt sich durch $P(|X-\mu|\leq c)=0{,}95$ bzw. $P(\mu-c\leq X\leq\mu+c)=0{,}95$ beschreiben. Probieren Sie systematisch verschiedene Werte für c aus, bis diese Gleichung möglichst genau erfüllt ist, bzw. nutzen Sie den Befehl invNorm( ).
- Auch die Sigma-Regeln können genutzt werden.

Aufgabe f

- Berechnen Sie zunächst die Intervallwahrscheinlichkeit für das gesuchte Intervall und nutzen Sie dann diese Wahrscheinlichkeit unter Berücksichtigung des Sachverhaltes, die Aufgabe nun als Bernoulli-Kette zu betrachten.
- Denken Sie an das Vorgehen zur Lösung der „Dreifach-mindestens-Aufgaben".

Aufgabe g

- Erstellen Sie für jede der beobachteten relativen Häufigkeiten ein Konfidenzintervall.
- Vergleichen Sie beide Konfidenzintervalle. Was fällt auf?

Lösungen

a) Damit man den Anteil der „Biolimo-Käufer“ mit dem Modell der Binomialverteilung beschreiben kann, muss man z. B. voraussetzen, dass

- dieser Anteil annähernd konstant bleibt, dass also z. B. keine neuen Getränke angeboten werden.
- es keine Beeinflussung der Schüler untereinander bei der Wahl der Getränke gibt.
- es nicht zu Engpässen bei einzelnen Getränkesorten kommt.

Mit $n=250$ und $p=0{,}6$ ergeben sich:

$\mu = n \cdot p = 250 \cdot 0{,}6 = \underline{\underline{150}}$ und $\sigma = \sqrt{n \cdot p \cdot (1-p)} = \sqrt{250 \cdot 0{,}6 \cdot 0{,}4} \approx \underline{\underline{7{,}7}}$

b) Die Zufallsgröße X beschreibe die Anzahl der Schülerinnen und Schüler, die Biolimo kaufen, wenn 250 Getränke verkauft werden. X ist binomialverteilt mit $n=250$ und $p=0{,}6$.

$$P(A) = P(X \geq 150) = \sum_{k=150}^{250} \binom{250}{k} \cdot 0{,}6^k \cdot (1-0{,}6)^{250-k} \approx \underline{\underline{0{,}5274}}$$

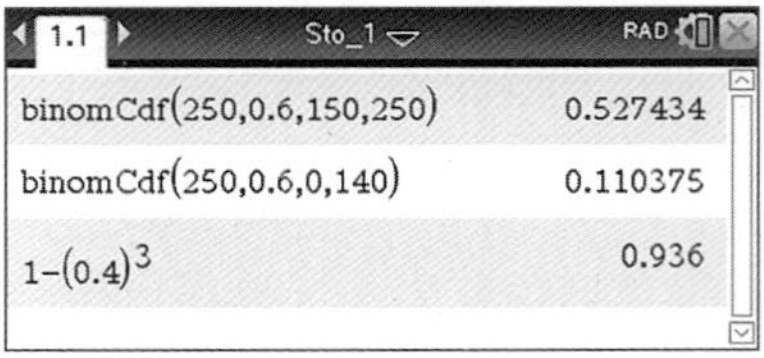

$$P(B) = P(X \leq 140) = \sum_{k=0}^{140} \binom{250}{k} \cdot 0{,}6^k \cdot (1-0{,}6)^{250-k} \approx \underline{\underline{0{,}1104}}$$

Die Wahrscheinlichkeit C lässt sich über das Gegenereignis berechnen, dass unter den ersten drei Schülern kein Schüler Biolimo kauft:

$P(C) = 1 - 0{,}4^3 = \underline{\underline{0{,}936}}$

Dies kann man sich am Baumdiagramm verdeutlichen.

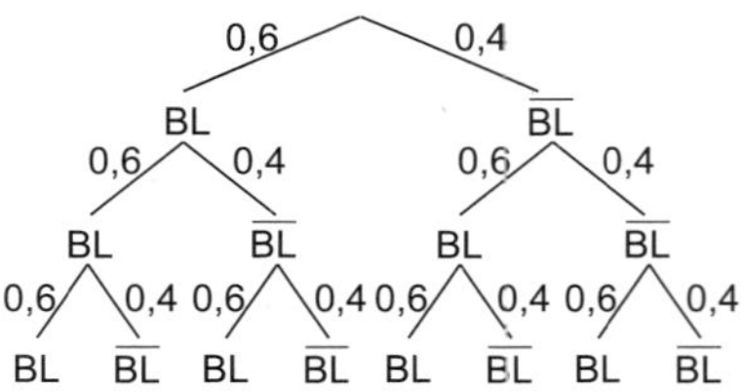

c) Da im Term nur ein Pfad betrachtet wird und dieser die Länge 4 hat, ist eine denkbare Beschreibung: Von den nächsten 10 Schülern kauft frühestens der fünfte Schüler keine Biolimo.

d) X sei die normalverteilte Zufallsgröße für das Volumen des Flascheninhalts mit $\mu = 0{,}33\ \ell$ und $\sigma = 0{,}03\ \ell$:

$P(E) = P(X \leq 0{,}95 \cdot \mu) = P(X \leq 0{,}3135) \approx \underline{\underline{0{,}2912}}$

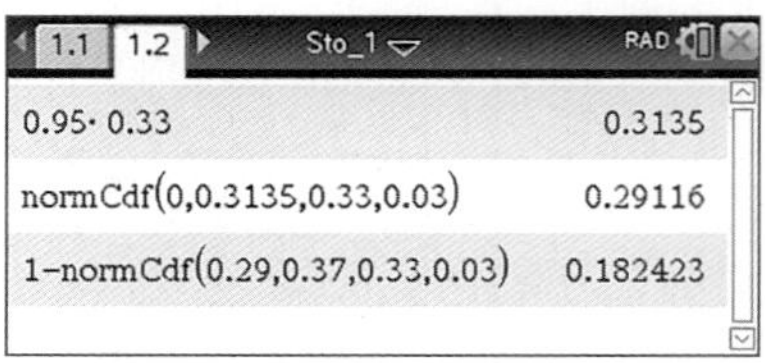

$P(F) = 1 - P(\overline{F}) = 1 - P(0{,}29 \leq X \leq 0{,}37) \approx \underline{\underline{0{,}1824}}$

Mithilfe des Befehls normCdf( ) erhält man die gesuchten Wahrscheinlichkeiten.

Alternative Lösung:
Eine grafische Lösung kann man mithilfe des Befehls normPdf(x, μ, σ) (stellt die Dichte der Normalverteilung dar) erhalten, indem man im Grafikfenster das bestimmte Integral der Dichtefunktion im gesuchten Intervall ermittelt.

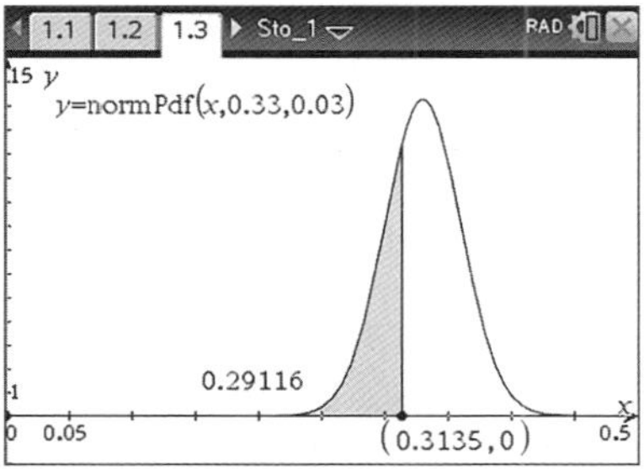

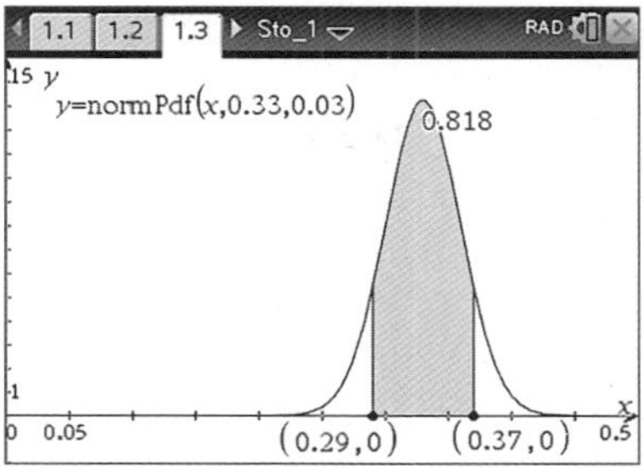

e) Das gesuchte Intervall, für das $P(\mu - c \leq X \leq \mu + c) = 0{,}95$ gilt, kann durch systematisches Probieren ermittelt werden. Man findet so $c = 0{,}06$. Das gesuchte Intervall ist also:
$\mu - 0{,}06 \leq X \leq \mu + 0{,}06$

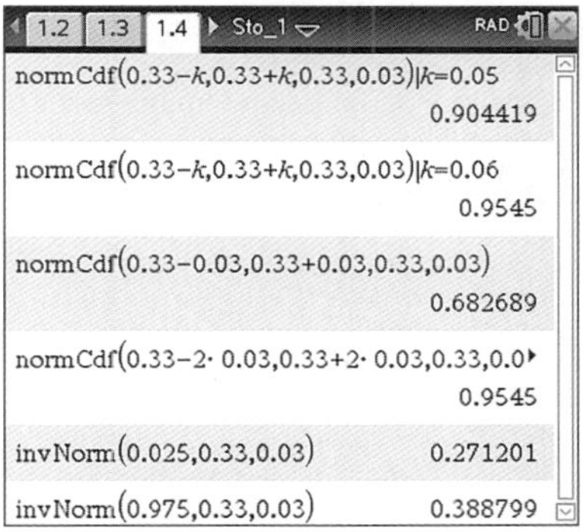

Dieses Ergebnis bestätigen auch die sogenannten Sigma-Regeln, die z. B. besagen, dass mindestens 95,5 % der Werte in der doppelten Sigma-Umgebung des Mittelwertes liegen.

Variante:
Die Nutzung des invNorm()-Befehls liefert genauere Ergebnisse. Das gesuchte Intervall ergibt sich auf diesem Wege zu $(0{,}271; 0{,}389)$.

Variante:
Nach den Sigma-Regeln liegen ca. 95 % der Werte in der 2σ- bzw. 1,96σ-Umgebung des Erwartungswertes:
Mit $\mu = 0{,}33\ \ell$ und $\sigma = 0{,}03\ \ell$ ergibt sich

- für die 2σ-Umgebung:
  $0{,}33\ \ell - 2 \cdot 0{,}03\ \ell \leq X \leq 0{,}33\ \ell + 2 \cdot 0{,}03\ \ell \quad \Leftrightarrow \quad 0{,}27\ \ell \leq X \leq 0{,}39\ \ell$
- für die 1,96σ-Umgebung:
  $0{,}33\ \ell - 1{,}96 \cdot 0{,}03\ \ell \leq X \leq 0{,}33\ \ell + 1{,}96 \cdot 0{,}03\ \ell \quad \Leftrightarrow \quad 0{,}271\ \ell \leq X \leq 0{,}389\ \ell$

f) Zunächst wird die Intervallwahrscheinlichkeit für das gesuchte Intervall (Abweichung um mehr als 10 % vom Erwartungswert) mit $p_0 = 1 - P(0{,}9 \cdot \mu \leq X \leq 1{,}1 \cdot \mu) \approx 0{,}2713$ ermittelt. Diese Wahrscheinlichkeit wird nun genutzt, um mithilfe der binomialverteilten Zufallsgröße Y: „Das Volumen des Flascheninhalts weicht um mehr als 10 % vom Mittelwert ab." eine sogenannte „Dreifach-mindestens-Aufgabe" durch systematisches Probieren zu lösen.

Y ist dann binomialverteilt mit unbekanntem n und $p = p_0$.

$$P(Y \geq 4) \geq 0{,}95$$

$$\Rightarrow \sum_{k=4}^{n} \binom{n}{k} \cdot p_0^k \cdot (1-p_0)^{n-k} \geq 0{,}95$$

Man muss mindestens 27 Flaschen testen, um mit einer Wahrscheinlichkeit von mindestens 95 % mindestens 4 Flaschen zu finden, deren Inhalt um mehr als 10 % vom Erwartungswert abweicht.

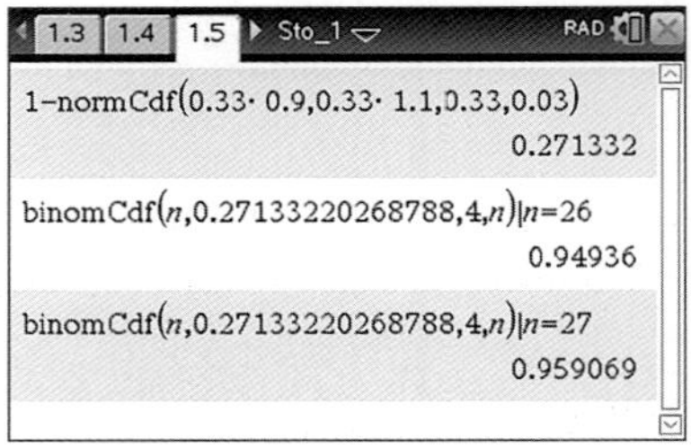

g) Für „Orange-Melone“ ergibt sich die relative Häufigkeit $h = \frac{56}{120} \approx 0{,}467$, für „Ingwer-Sanddorn“ $h = \frac{64}{120} \approx 0{,}533$.

Die beiden 95-%-Konfidenzintervalle sind:
„Orange-Melone“: [0,38; 0,55]
„Ingwer-Sanddorn“: [0,45; 0,62]

Da sich beide Konfidenzintervalle überlappen, kann Tina mit einer Sicherheitswahrscheinlichkeit von 95 % nicht davon ausgehen, dass „Ingwer-Sanddorn“ die beliebtere Sorte ist.

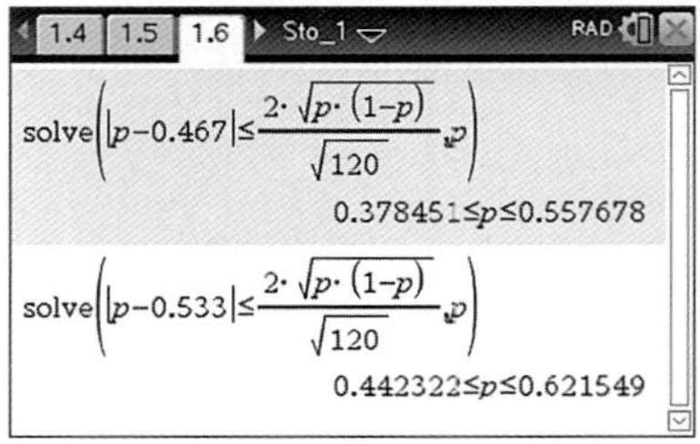

Kernfach Mathematik (Thüringen): Übungsaufgaben
Prüfungsteil B3 – Stochastik – Aufgabe 2

„Nur jeder siebte Autofahrer tankt Biosprit E10", lautete eine Schlagzeile ein halbes Jahr nach dessen Einführung in Deutschland. Lösen Sie unter der Annahme, dass diese Aussage wahr ist, die folgenden Aufgaben.

a) Berechnen Sie die Wahrscheinlichkeiten folgender Ereignisse.
   A: Von 562 Tageskunden einer Tankstelle tanken mehr als 50 und weniger als 100 Kunden Biosprit E10. (2 BE)
   B: Von fünf Kunden tankt frühestens der vierte Kunde, aber mindestens einer, Biosprit E10. (2 BE)
   C: Der fünfte Kunde ist der zweite E10 tankende Kunde. (2 BE)

b) Formulieren Sie im Zusammenhang mit dem hier betrachteten Sachverhalt ein Ereignis D, für dessen Wahrscheinlichkeit gilt:

$$P(D) = 1 - \left(\frac{6}{7}\right)^3$$ (1 BE)

c) Für eine Zufallsgröße X in diesem Zusammenhang gilt: $E(X) = 420 \cdot \frac{6}{7}$
   Interpretieren Sie X und $E(X) = 360$ im gegebenen Sachzusammenhang.
   Ermitteln Sie ein zu E(X) symmetrisches Intervall, in dem X mit einer Wahrscheinlichkeit von ca. 92 % liegt. (3 BE)

Bei einer stichprobenartigen Untersuchung an einer Tankstelle wurde beobachtet, dass 19 % von 200 Kunden Biosprit E10 tankten.

d) Gibt dieses Ergebnis Anlass, in Zweifel zu ziehen, dass der Anteil der „Biosprit-Nutzer" unter allen Autofahrern nicht mehr $p = \frac{1}{7}$ beträgt?
   Beurteilen Sie auf Basis einer Sicherheitswahrscheinlichkeit von 95 %. (2 BE)

e) Begründen Sie, dass sich das 95-%-Prognoseintervall für die relativen Häufigkeiten für $p = \frac{1}{7}$ verkleinert, wenn der Stichprobenumfang n größer wird.
   Ermitteln Sie, wie groß n mindestens sein müsste, damit $h = 0{,}19$ nicht im 95-%-Prognoseintervall liegt. (4 BE)

f) Nehmen Sie für die folgenden Teilaufgaben an, der Spritverbrauch sei normalverteilt mit $\mu = 6{,}3 \, \frac{\text{Liter}}{100\text{ km}}$ und $\sigma = 0{,}7 \, \frac{\text{Liter}}{100\text{ km}}$.
   (1) Ermitteln Sie die Wahrscheinlichkeiten folgender Ereignisse:
       D: Der Spritverbrauch liegt um mindestens 0,2 Liter pro 100 km über dem Erwartungswert μ.
       E: Der Spritverbrauch weicht um mehr als 0,2 Liter pro 100 km vom Erwartungswert μ ab. (4 BE)
   (2) Erläutern Sie, wie man das Intervall bestimmen kann, in dem mit 95 %-iger Wahrscheinlichkeit der Spritverbrauch dieser Pkw-Marke liegt, und geben Sie dieses Intervall an. (2 BE)
   (3) Beschreiben Sie eine Simulation für den Spritverbrauch von 500 Pkws dieser Marke. Erläutern Sie, wie anhand der Simulationsergebnisse ein Schätzwert für die Wahrscheinlichkeit bestimmt werden kann, dass der Spritverbrauch höchstens 6,4 Liter auf 100 km beträgt. (3 BE)

(25 BE)

Hinweise und Tipps

Aufgabe a

- Prüfen Sie, für welches der Ereignisse A, B und C die Binomialverteilung als mathematisches Modell geeignet ist.
- Wenn von fünf Kunden frühestens der vierte, aber mindestens einer, Biosprit tankt, dann kann man zwei Fälle unterscheiden. Berechnen Sie die zugehörigen Wahrscheinlichkeiten mit den Pfadregeln.
- Wenn der fünfte Kunde der zweite E10 tankende Kunde ist, dann muss von den ersten vier Kunden genau einer bereits E10 getankt haben. Auf die Wahrscheinlichkeit für Letzteres passt die Binomialverteilung als Modell.

Aufgabe b

- Den Term $\left(\frac{6}{7}\right)^3$ kann man im Sachzusammenhang interpretieren als die Wahrscheinlichkeit, dass von drei Kunden keiner E10 tankt. Der Term $1-\left(\frac{6}{7}\right)^3$ kann dann als Gegenwahrscheinlichkeit aufgefasst werden.
- Beschreiben Sie das Gegenereignis zu „keiner von drei Kunden tankt E10" mit Worten.

Aufgabe c

- Der Term $\frac{6}{7}$ kann im Kontext der Aufgabenstellung als Wahrscheinlichkeit dafür aufgefasst werden, dass ein Kunde kein E10 tankt.
- Beschreiben Sie die Zufallsgröße X und den Erwartungswert E(X) im Sachzusammenhang mit Worten.
- Entnehmen Sie die Parameter n und p der Zufallsgröße X der Aufgabenstellung.
- Ein zu E(X) symmetrisches Intervall kann z. B. durch $I=[360-c;\ 360+c]$ mit $c>0$ beschrieben werden.
- Ermitteln Sie durch systematisches Probieren einen Wert für c, sodass $P(I)\approx 0{,}92$ ist (z. B. Schieberegler oder Tabellenkalkulation).

Aufgabe d

- Berechnen Sie das 95-%-Prognoseintervall für $n=200$ und $p=\frac{1}{7}$.
- Prüfen Sie, ob die relative Häufigkeit 0,19 innerhalb dieses Prognoseintervalls liegt.

Aufgabe e

Einfluss von Stichprobenumfang auf Prognoseintervall begründen

- Notieren Sie das 95-%-Prognoseintervall mit allgemeinem n.
- Prüfen Sie, wie sich die beiden Grenzen bei Vergrößerung von n verschieben. Wo steht das n?

Größe des Stichprobenumfangs bestimmen

- Werfen Sie nochmal einen Blick auf das Prognoseintervall aus Teilaufgabe d. Befindet sich $h=0{,}19$ in der Nähe der oberen oder der unteren Grenze?
- Muss also $h=0{,}19$ größer sein als die obere Grenze oder kleiner als die untere Grenze?

Aufgabe f

Wahrscheinlichkeiten berechnen

- Bezeichnen Sie die normalverteilte Zufallsgröße für den Spritverbrauch mit X und verwenden Sie für die Parameter dieser Normalverteilung die im Aufgabentext beschriebenen Werte.
- Zu bestimmen sind die Wahrscheinlichkeiten $P(D) = P(X \geq \mu + 0{,}2)$ und $P(E) = P(|X - \mu| > 0{,}2)$.

Intervall bestimmen

- Das Intervall lässt sich beschreiben durch $P(|X - \mu| \leq c) = 0{,}95$ bzw. $P(\mu - c \leq X \leq \mu + c) = 0{,}95$. Probieren Sie systematisch verschiedene Werte für c aus, bis diese Gleichung möglichst genau erfüllt ist.

Simulation beschreiben

- Ihr CAS-Rechner enthält einen Befehl zum Erzeugen von normalverteilten Zufallszahlen mit gegebenem Erwartungswert und gegebener Standardabweichung. Mit diesem Befehl werden 500 normalverteilte Zufallszahlen mit den gegebenen Parametern erzeugt. Dann wird für jede dieser Zufallszahlen entschieden, ob sie die gegebene Bedingung erfüllt. Die Anzahl der Zahlen, auf die diese Entscheidung zutrifft, wird ins Verhältnis zu allen 500 Zufallszahlen gesetzt. Der Quotient ist ein Schätzwert für die gesuchte Wahrscheinlichkeit.

Lösungen

a) *Ereignis A:*
X sei die Zufallsgröße, die die Anzahl der Kunden beschreibt, die E10 tanken. Dann ist X binomialverteilt mit $n = 562$ und $p = \frac{1}{7}$.

$P(A) = P(50 < X < 100)$

$= \sum_{k=51}^{99} \binom{562}{k} \cdot \left(\frac{1}{7}\right)^k \cdot \left(\frac{6}{7}\right)^{562-k} \approx \underline{\underline{0{,}9880}}$

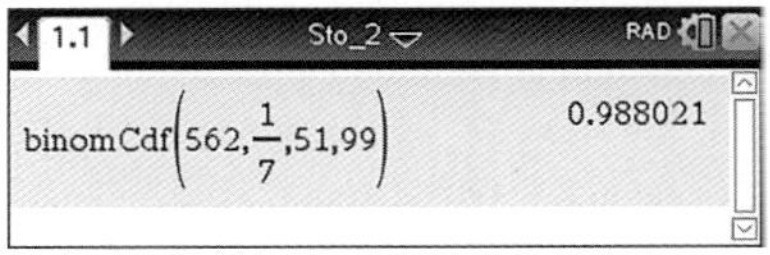

Es ist also fast sicher, dass Ereignis A eintritt.

Ereignis B:
Wenn frühestens der vierte von fünf Kunden E10 tankt, dann heißt das, dass entweder die ersten drei Kunden keinen Biosprit tanken, der vierte Kunde E10 nimmt und es vom fünften Kunden offenbleibt, was er tankt, oder die ersten vier Kunden tanken keinen Biosprit, aber der fünfte Kunde entscheidet sich als Erster für E10.
Dazu gehört die folgende Wahrscheinlichkeit:

$P(B) = \left(\frac{6}{7}\right)^3 \cdot \left(\frac{1}{7}\right)^1 \cdot 1 + \left(\frac{6}{7}\right)^4 \cdot \left(\frac{1}{7}\right)^1 \approx \underline{\underline{0{,}1671}}$

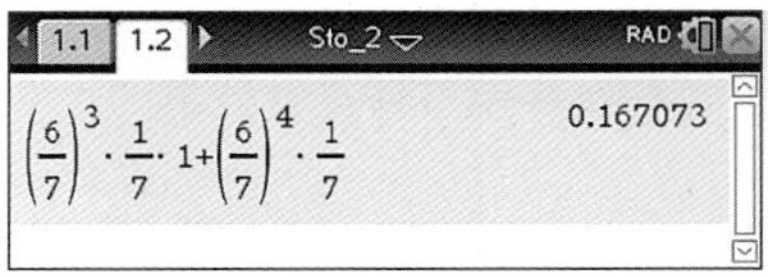

Ereignis C:
Unter den ersten vier Kunden ist genau ein E10 tankender Kunde und der fünfte Kunde tankt E10.

$P(C) = \binom{4}{1} \cdot \left(\frac{1}{7}\right)^1 \cdot \left(\frac{6}{7}\right)^3 \cdot \frac{1}{7} \approx \underline{\underline{0{,}0514}}$

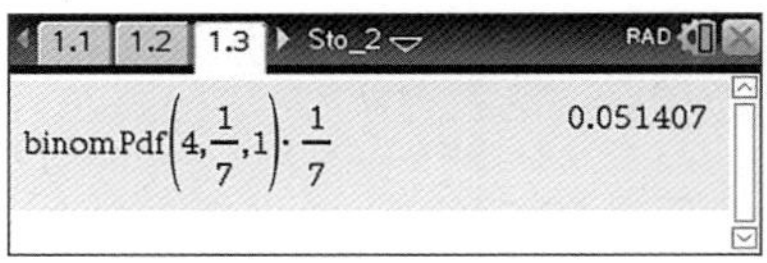

b) $1 - P(D) = \left(\frac{6}{7}\right)^3$ beschreibt die Wahrscheinlichkeit, dass von drei Kunden keiner E10 tankt.
Das Ereignis könnte also lauten: „Mindestens einer von drei Kunden tankt Biosprit E10."

c) X kann hier als die Zufallsgröße betrachtet werden, die die Anzahl der Kunden beschreibt, die **keinen** Biosprit E10 tanken.

X ist binomialverteilt mit $n = 420$ und $p = \frac{6}{7}$. $E(X) = 360$ beschreibt dann den Erwartungswert von X.

Zu berechnen ist c mit:
$P(360 - c \leq X \leq 360 + c) \approx 0{,}92$

Der Wert für c kann z. B. durch systematisches Probieren gefunden werden. Es ergibt sich $c = 12$, sodass das gesuchte Intervall lautet:
$\underline{\underline{[348; 372]}}$

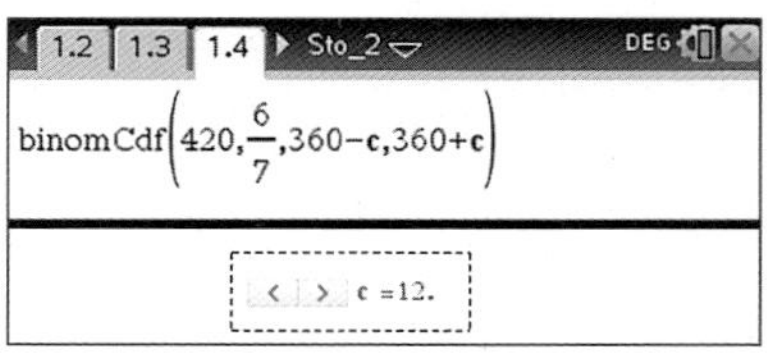

d) Das 95-%-Prognoseintervall für n = 200 und $p = \frac{1}{7}$ ist:

$0{,}0934 \le h \le 0{,}1923$

Die relative Häufigkeit 0,19 liegt somit innerhalb des 95-%-Prognoseintervalls und es gibt keinen Anlass, den Wert $p = \frac{1}{7}$ in Zweifel zu ziehen.

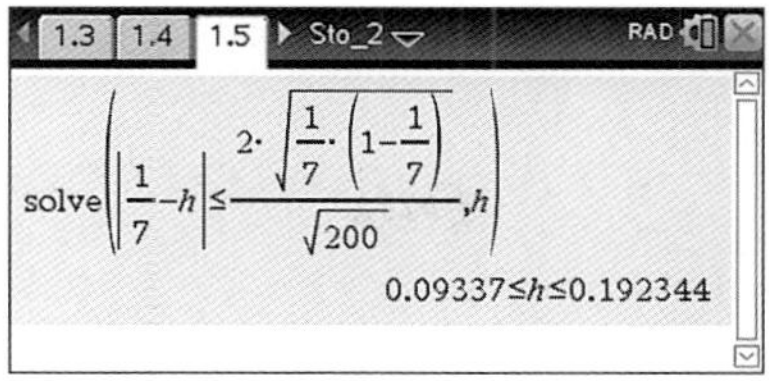

e) Das 95-%-Prognoseintervall für die relativen Häufigkeiten und für $p = \frac{1}{7}$ kann geschrieben werden als:

$$\frac{1}{7} - 2\cdot\frac{\sqrt{\frac{1}{7}\cdot\frac{6}{7}}}{\sqrt{n}} \le h \le \frac{1}{7} + 2\cdot\frac{\sqrt{\frac{1}{7}\cdot\frac{6}{7}}}{\sqrt{n}}$$

Wenn n größer wird, so wird der Term

$$2\cdot\frac{\sqrt{\frac{1}{7}\cdot\frac{6}{7}}}{\sqrt{n}}$$

kleiner. Damit rücken die Grenzen

$$\frac{1}{7} - 2\cdot\frac{\sqrt{\frac{1}{7}\cdot\frac{6}{7}}}{\sqrt{n}} \text{ und } \frac{1}{7} + 2\cdot\frac{\sqrt{\frac{1}{7}\cdot\frac{6}{7}}}{\sqrt{n}}$$

des 95-%-Prognoseintervalls näher zusammen, das Prognoseintervall wird also insgesamt kleiner.

Die relative Häufigkeit 0,19 liegt in der Nähe der oberen Grenze des in Teilaufgabe d berechneten Prognoseintervalls. Damit 0,19 außerhalb des neuen Prognoseintervalls liegt, muss gelten:

$$\frac{1}{7} + 2\cdot\frac{\sqrt{\frac{1}{7}\cdot\frac{6}{7}}}{\sqrt{n}} < 0{,}19$$

Es ergibt sich $n > 220{,}4$ bzw. $\underline{\underline{n \ge 221}}$.

Der Stichprobenumfang muss also mindestens 221 betragen.

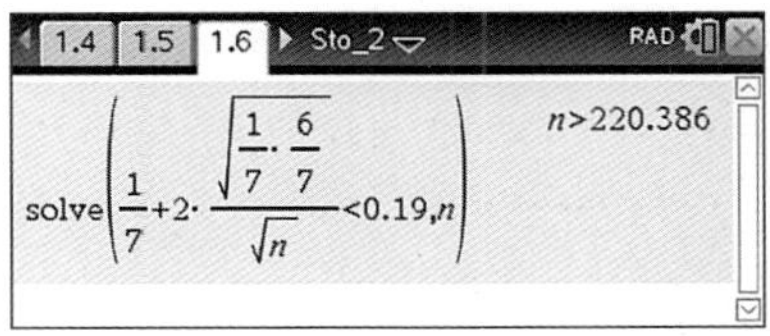

f) (1) X sei die normalverteilte Zufallsgröße für den Spritverbrauch mit $\mu = 6{,}3\,\frac{\text{Liter}}{100\text{ km}}$ und $\sigma = 0{,}7\,\frac{\text{Liter}}{100\text{ km}}$. Dann gilt:

$P(D) = P(X \ge 6{,}5) \approx \underline{\underline{0{,}3875}}$

$P(E) = P(|X - 6{,}3| > 0{,}2)$
$= 1 - P(6{,}1 \le X \le 6{,}5) \approx \underline{\underline{0{,}7751}}$

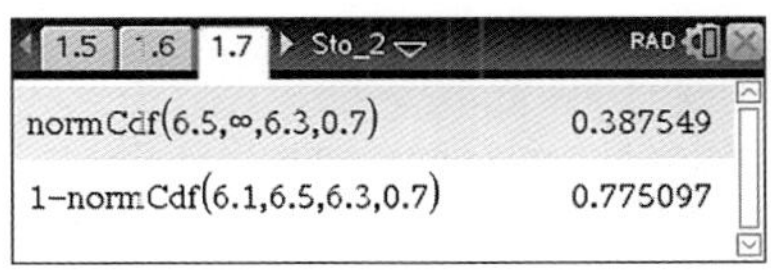

(2) Durch systematisches Probieren erhält man als Intervallgrenzen (in Liter pro 100 km):
$[6{,}3-1{,}37;\, 6{,}3+1{,}37]=\underline{\underline{[4{,}93;\, 7{,}67]}}$

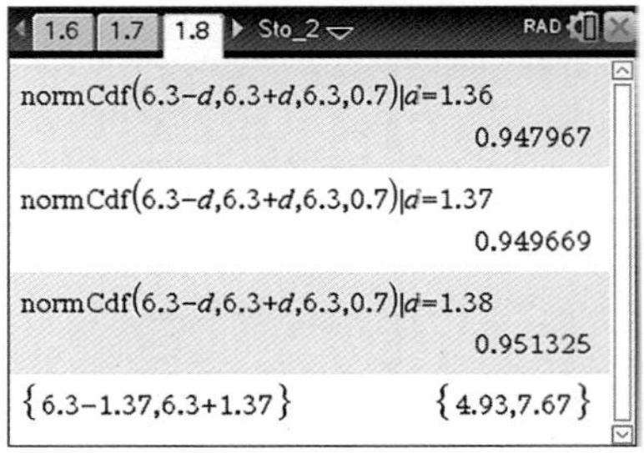

Alternativ kann man auch die von den Sigma-Regeln her bekannte Abschätzung für das 95-%-Prognoseintervall verwenden:
$P(\mu-1{,}96\cdot\sigma\le X\le\mu+1{,}96\cdot\sigma)\approx 0{,}95$

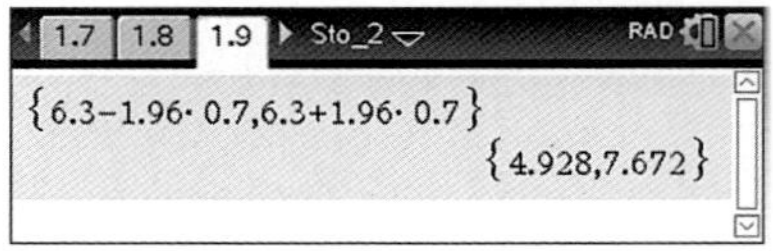

(3) Mit dem Befehl randNorm(6.3, 0.7, 500) werden 500 normalverteilte Zufallszahlen mit den gegebenen Parametern erzeugt. Diese Zahlen werden als Liste z. B. unter der Variablen „sprit“ gespeichert. Dann wird für jede dieser Zufallszahlen entschieden, ob sie kleiner oder gleich 6,4 ist, z. B. mit dem Befehl countIf(sprit, ? ≤ 6.4). Die Anzahl der Zahlen, auf die diese Entscheidung zutrifft, wird ins Verhältnis zu allen 500 Zufallszahlen gesetzt. Der Quotient ist ein Schätzwert für die gesuchte Wahrscheinlichkeit.

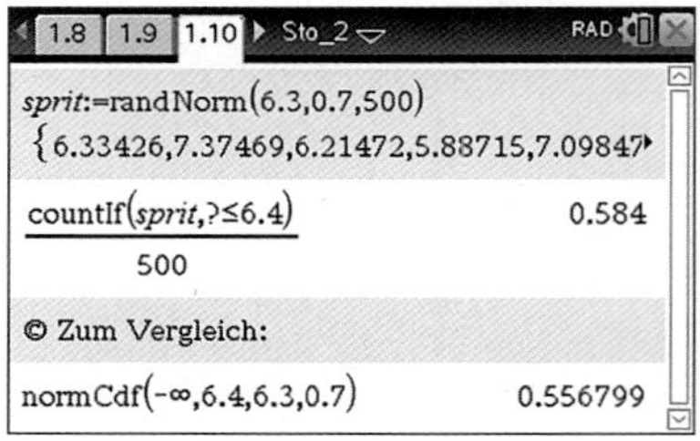

Eine Billigfluggesellschaft nutzt auf einer bestimmten Strecke Flugzeuge mit 240 Plätzen, die immer vorab ausgebucht sind. In der Regel werden aber 8 % der gebuchten Plätze vorab storniert.
Die Fluggesellschaft ist an der wirklichen Passagierzahl bei Schließung der Passagierliste interessiert. Interpretieren Sie im Weiteren diese relativen Häufigkeiten als Wahrscheinlichkeiten.

a) Erläutern Sie, unter welchen Voraussetzungen die Anzahl der Passagiere als binomialverteilt angesehen werden kann. (2 BE)

b) Bestimmen Sie, unter der Voraussetzung, dass die Anzahl der Passagiere binomialverteilt ist, die Wahrscheinlichkeiten der folgenden Ereignisse:
A: Genau 220 Plätze werden genutzt.
B: Mindestens 210 Plätze werden genutzt.
C: Alle Plätze werden genutzt. (3 BE)

c) Um die Flüge besser auszunutzen, verkauft die Fluggesellschaft 5 % mehr Plätze pro Flugzeug; damit könnte es zu Überbuchungen kommen. Berechnen Sie die Wahrscheinlichkeiten der folgenden Ereignisse:
D: Alle Passagiere, die zum Flug erscheinen, können mitfliegen.
E: Höchstens drei Personen können nicht mitfliegen. (6 BE)

d) Die Fluggesellschaft möchte nur so viele Buchungen durchführen, dass die Wahrscheinlichkeit, dass Kunden am Gate wegen Überbuchung zurückgewiesen werden müssen, höchstens 10 % beträgt.
Ermitteln Sie die maximale Anzahl von Buchungen, die die Fluggesellschaft unter diesen Bedingungen durchführen kann. (3 BE)

e) Jeder wegen Überbuchung zurückgewiesene Kunde verursacht der Fluggesellschaft Kosten für Übernachtung, Entschädigung und ggf. Umbuchung in Höhe von 750 €, worin der Ticketpreis von 500 € bereits enthalten ist. Ermitteln Sie, mit welchen Kosten die Fluggesellschaft im Mittel bei 252 Buchungen rechnen muss und ob sich diese Überbuchungspraxis lohnt. (5 BE)

f) Nach einer Werbeaktion möchte die Leitung der Fluggesellschaft ermitteln, ob sich das Stornierungsverhalten der Fluggäste verändert hat. Sie will das am Stornierungsverhalten von 900 zufällig ausgewählten Fluggästen stichprobenartig testen.
Ermitteln Sie ein 95-%-Prognoseintervall für die relativen Häufigkeiten so, dass die Geschäftsleitung nicht daran glauben wird, dass sich das Stornierungsverhalten gegenüber $p = 0{,}08$ geändert hat.
Zu welchem Schluss könnte die Geschäftsleitung kommen, wenn von den 900 Personen 53 Personen ihre Buchung stornieren und sie auch von einer Sicherheitswahrscheinlichkeit von 95 % ausgeht? (4 BE)

g) Die Masse der Gepäckstücke, die die Passagiere aufgeben, kann als normalverteilt angesehen werden. Sie beträgt durchschnittlich 16 kg bei einer Standardabweichung von 2,5 kg. Ermitteln Sie die Wahrscheinlichkeit, dass ein Gepäckstück eine Masse von mindestens 13 kg und höchstens 19 kg hat. (2 BE)

(25 BE)

Hinweise und Tipps

Aufgabe a

- Das Modell der Binomialverteilung verlangt bestimmte Voraussetzungen, z. B. die Unabhängigkeit der Entscheidung einzelner Kunden.

Aufgabe b

- Betrachten Sie nun den Vorgang als Bernoulli-Experiment mit der Erfolgswahrscheinlichkeit p und der Kettenlänge n.

Aufgabe c

- Beachten Sie, dass es im Unterschied zu Teilaufgabe b zu einer Änderung bei der Länge der Bernoulli-Kette kommt.

Aufgabe d

- Die Bedingung lässt sich durch $P(241 \leq Z \leq c) \leq 0{,}1$ beschreiben; dabei ist Z binomialverteilt mit (unbekanntem) $n = c$ und $p = 0{,}92$. Gesucht ist der größte Wert für c, sodass diese Ungleichung erfüllt ist.
- Probieren Sie systematisch verschiedene Werte für c aus.

Aufgabe e

- Erstellen Sie sich eine Übersicht über die Einnahmen bei „normaler" Buchung (240 verkaufte Tickets) und über Einnahmen sowie Ausgaben bei Überbuchung (252 verkaufte Tickets).

Aufgabe f

- Bestimmen Sie das 95-%-Prognoseintervall für $n = 900$ und $p = 0{,}08$.
- Berechnen Sie, welcher relativen Häufigkeit die Anzahl von 53 stornierenden Personen entspricht.
- Liegt die berechnete relative Häufigkeit innerhalb oder außerhalb des 95-%-Prognoseintervalls?

Aufgabe g

- Nutzen Sie hier die entsprechenden Rechnerbefehle zur Normalverteilung.

Lösungen

a) Für das Modell der Binomialverteilung könnte sprechen:
- Die Stornierungen erfolgen durch die Passagiere unabhängig voneinander (z. B. keine Familien- bzw. Gruppenstornierungen) und mit gleicher Wahrscheinlichkeit.
- Es gibt keine Gründe (Katastrophen oder Terroranschläge), die das Stornierungsverhalten momentan beeinflussen.

b) Die Zufallsgröße X beschreibe die Anzahl der Fluggäste unter 240 Buchungen, die ihren Platz nutzen. X ist binomialverteilt mit n = 240 und p = 1 − 0,08 = 0,92.

Ereignis A

$P(A) = P(X = 220) = \binom{240}{220} \cdot 0{,}92^{220} \cdot (1 - 0{,}92)^{20} \approx \underline{\underline{0{,}0911}}$

Ereignis B

$P(B) = P(X \geq 210)$

$= \sum_{k=210}^{240} \binom{240}{k} \cdot 0{,}92^{k} \cdot (1 - 0{,}92)^{240-k}$

$\approx \underline{\underline{0{,}9942}}$

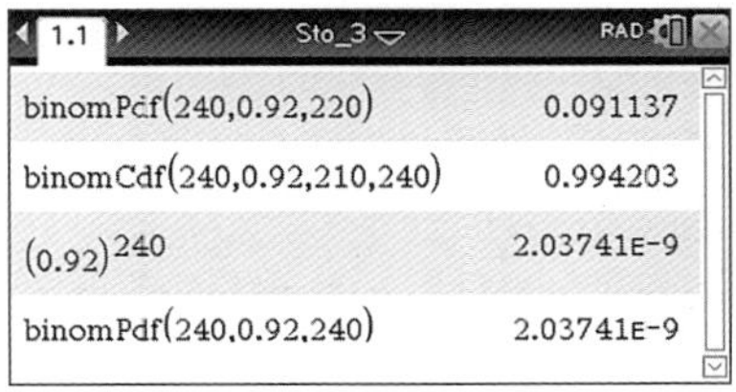

Ereignis C

$P(C) = P(X = 240) = 0{,}92^{240} \approx \underline{\underline{0}}$

c) Die Zufallsgröße Y beschreibe die Anzahl der Fluggäste unter 252 Buchungen (5 % mehr als 240), die ihren Platz nutzen. Y ist binomialverteilt mit n = 252 und p = 0,92.

$P(D) = P(Y \leq 240)$

$= \sum_{k=0}^{240} \binom{252}{k} \cdot 0{,}92^{k} \cdot (1 - 0{,}92)^{252-k}$

$\approx \underline{\underline{0{,}9838}}$

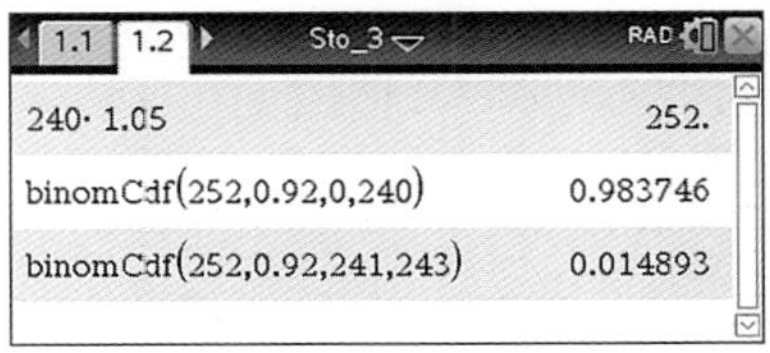

$P(E) = P(241 \leq Y \leq 243)$

$= \sum_{k=241}^{243} \binom{252}{k} \cdot 0{,}92^{k} \cdot (1 - 0{,}92)^{252-k}$

$\approx \underline{\underline{0{,}0149}}$

d) Zu berechnen ist das größte c mit:

$P(241 \leq Z \leq c) \leq 0{,}1$

Der Wert für c kann z. B. durch systematisches Probieren gefunden werden. Es ergibt sich c = 255.

Es können also maximal $\underline{\underline{\text{255 Buchungen}}}$ durchgeführt werden.

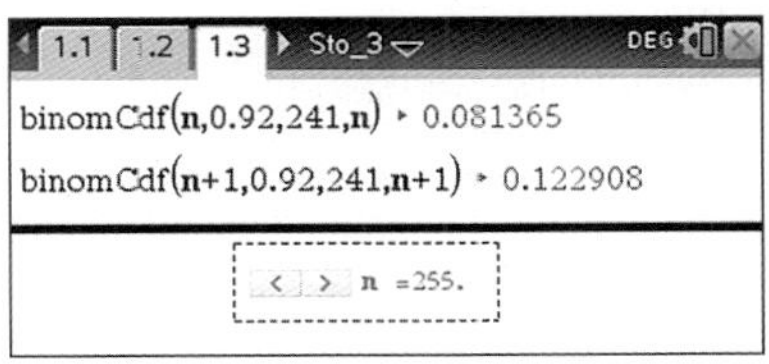

e) Gesucht ist der Erwartungswert der Einnahmen (bzw. Ausgaben) unter den Voraussetzungen, dass bei Stornierungen keine Unkosten entstehen (also die Flugkosten erstattet werden) und insgesamt 252 Buchungen vorgenommen wurden.

Bei 240 Buchungen belaufen sich die Einnahmen dann auf $240 \cdot 500 \cdot 0{,}92 = 110\,400$ € (unter Berücksichtigung von 8 % Stornierungen).
Bei 252 Buchungen (Überbuchung) betragen die Einnahmen *ohne Erstattungen* nach analoger Rechnung 115 920 €.
Erstattungen sind nur bei mindestens 241 Buchungen zu zahlen. Die Fluggesellschaft muss im Mittel mit Kosten von ca. 22,18 € rechnen.

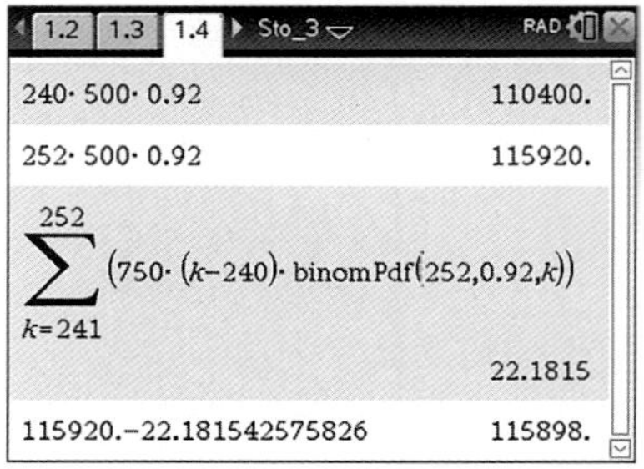

Damit ergibt sich ein Betrag, der höher ist als ohne Überbuchungen; die Praxis lohnt sich.

f) Das 95-%-Prognoseintervall für $p = 0{,}08$ und $n = 900$ ist:
$0{,}062 \leq h \leq 0{,}098$

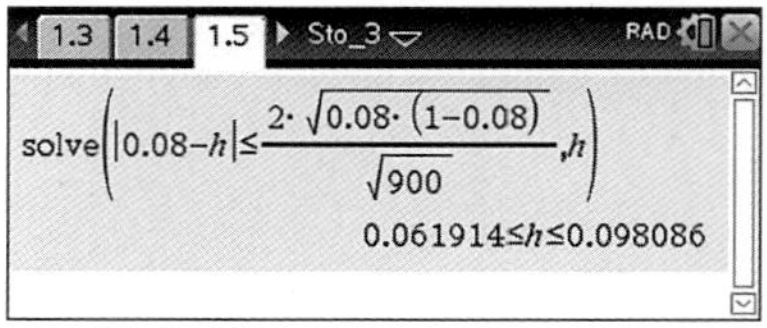

Wenn der Anteil der Stornierungen unter den 900 Fluggästen zwischen 6,2 % und 9,8 % liegt, wird die Geschäftsleitung keinen Anlass zur Annahme haben, dass sich das Stornierungsverhalten verändert hat.

Wenn nur 53 von 900 Personen stornieren, ergibt sich eine relative Häufigkeit von:

$$h = \frac{53}{900} \approx 0{,}059$$

Dieser Wert liegt außerhalb des Prognoseintervalls. Demnach sind Zweifel an $p = 0{,}08$ bei einer Sicherheitswahrscheinlichkeit von 95 % begründbar und es kann aufgrund des Ergebnisses davon ausgegangen werden, dass tatsächlich weniger Stornierungen erfolgen.

g) Die gesuchte Wahrscheinlichkeit kann direkt mit dem Befehl normCdf( ) berechnet werden. Ob man als Grenzen 13 kg und 19 kg bzw. 12,5 kg und 19,5 kg nutzt, sollte sich aus dem im Unterricht vereinbarten Vorgehen ergeben.

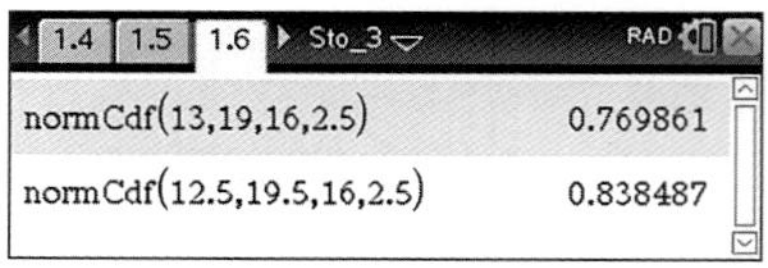

Man ermittelt demzufolge eine Wahrscheinlichkeit von ca. 77,0 % bzw. 83,8 %.

Alternative Lösung:
Eine grafische Lösung kann man mithilfe des Befehls normPdf(x, μ, σ) (stellt die Dichte der Normalverteilung dar) erhalten, indem man im Grafikfenster das bestimmte Integral der Dichtefunktion im gesuchten Intervall ermittelt.

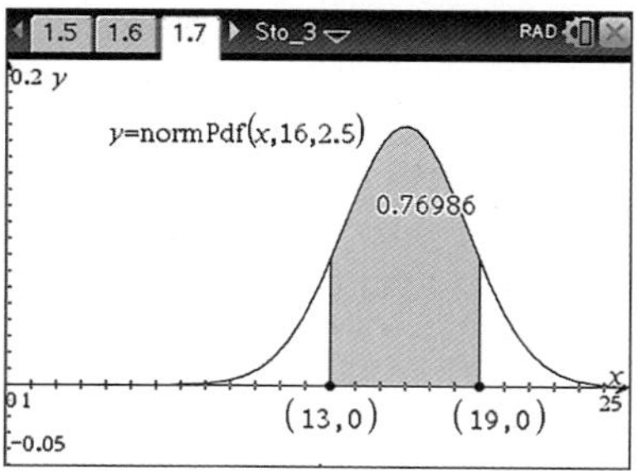

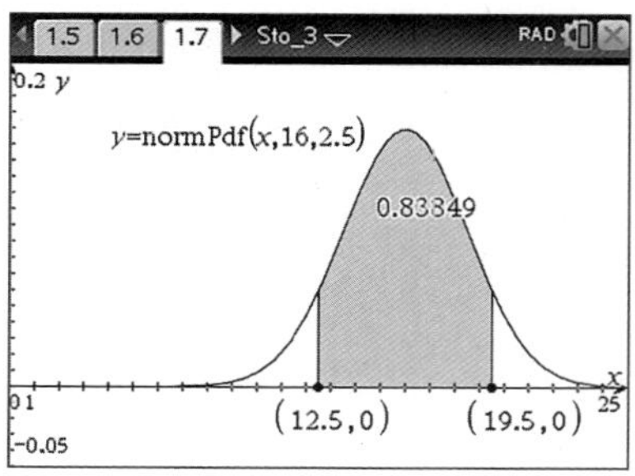

Kernfach Mathematik (Thüringen): Abiturprüfung 2021
Pflichtaufgaben Teil A

1. Geben Sie in der Tabelle je eine zugehörige Funktionsgleichung an.

Funktionsgleichung von f	**Funktionsgleichung von f'**
$f(x) = 4 \cdot \sqrt{x}$	
$f(x) = x \cdot e^x$	
	$f'(x) = 5 - x$
	$f'(x) = \pi \cdot \sin(x)$
	$f'(x) = \frac{6}{x^3}$

(5 BE)

2. Betrachtet wird eine Schar von Funktionen f_a mit $a \in \mathbb{R}$ und $x \in \mathbb{R}$.
$f_a(x) = (x-1) \cdot (x+1) \cdot (x+a)$

   a) Geben Sie die Nullstellen von f_a an. (2 BE)

   b) Entscheiden Sie, ob folgende Aussage wahr ist.
   Begründen Sie Ihre Entscheidung.
   „Es gibt Werte für a so, dass die x-Achse Tangente an den Graphen von f_a ist.“ (3 BE)

3. Für jeden Wert von $a \in \mathbb{R}$ ist eine Funktion f_a gegeben durch $f_a(x) = e^{x+1} + a$ $(x \in \mathbb{R})$.

   a) Beschreiben Sie die Lage der Graphen von f_a bezogen auf den Graphen der Funktion g mit $g(x) = e^x$. (2 BE)

   b) Berechnen Sie den Wert für a so, dass gilt:

$$\int_0^1 f_a(x)\,dx = 0$$ (3 BE)

4. Gegeben sind die Graphen der Funktionen f und g.

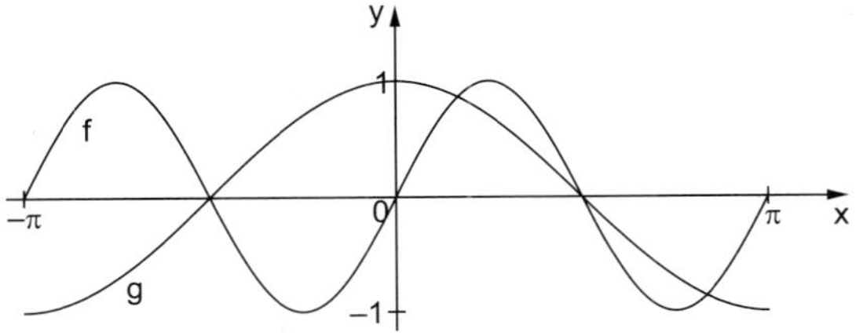

a) Ordnen Sie den Graphen die entsprechende Gleichung zu.

$h_1(x) = \sin(x)$ $\qquad$ $h_4(x) = \cos(x)$

$h_2(x) = \sin(2x)$ $\qquad$ $h_5(x) = \cos(2x)$

$h_3(x) = \sin\left(\frac{1}{2}x\right)$ $\qquad$ $h_6(x) = \cos\left(\frac{1}{2}x\right)$ (2 BE)

b) Die Funktion s mit $s(x) = f(x) + g(x)$ besitzt im Intervall $-\pi \leq x \leq \pi$ genau vier Nullstellen.
Kennzeichnen Sie diese Nullstellen näherungsweise in der Darstellung und begründen Sie die Gültigkeit dieser Aussage mithilfe der Darstellung. (3 BE)

5. Gegeben ist der Vektor $\vec{a} = \begin{pmatrix} 2 \\ -2 \\ 1 \end{pmatrix}$.

Ermitteln Sie jeweils einen Vektor $\vec{x}$, der die angegebene Bedingung erfüllt.

a) $2\vec{a} + \vec{x} = \vec{0}$ (1 BE)

b) $\vec{x} \parallel \vec{a}$ und $|\vec{x}| = 12$ (2 BE)

c) Der Vektor $\vec{x}$ ist senkrecht zu $\vec{a}$ und parallel zur xy-Ebene. (2 BE)

6. Ein Körper bewegt sich auf einer geradlinigen Bahn.
Der Körper wird von einer Radarstation, die mathematisch durch $R(0\,|\,0\,|\,0)$ beschrieben wird, zuerst in $P_1(-1\,|\,3\,|\,2)$ und fünf Sekunden später in $P_2(0\,|\,2\,|\,2{,}5)$ geortet.

a) Geben Sie eine Gleichung an, die die Flugbahn mathematisch beschreibt. (2 BE)

b) Der Körper wird von der Radarstation in einem weiteren Punkt P_3 geortet. Die Richtung des Radarsignals wird durch $\vec{p} = \begin{pmatrix} 1 \\ 3 \\ z \end{pmatrix}$ mathematisch beschrieben.
Zeigen Sie, dass $z = 5{,}5$ ist.

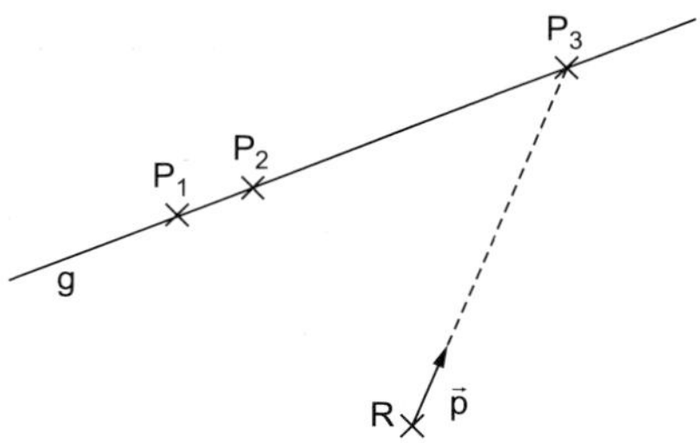

Skizze nicht maßstäblich (3 BE)

7. Ein Glücksrad ist in genau zwei Sektoren eingeteilt, die mit den Zahlen „1“ und „2“ beschriftet sind.
Die Zahl „1“ tritt mit der Wahrscheinlichkeit $\frac{1}{4}$ auf.
Paula und Leon vereinbaren folgendes Spiel:

> Jeder dreht das Glücksrad genau einmal.
> Ist die Summe beider Zahlen ungerade, erhält Paula von Leon die Summe der Zahlen in Euro.
> Ist die Summe beider Zahlen gerade, erhält Leon von Paula die Summe der Zahlen in Euro.

a) Bestimmen Sie die Wahrscheinlichkeit dafür, dass Paula von Leon Geld erhält. (2 BE)

b) Berechnen Sie den Gewinn, den Leon pro Spiel auf lange Sicht erwarten kann. (3 BE)

8. Dargestellt sind Graphen der Dichtefunktionen von Normalverteilungen mit den Erwartungswerten 1 bzw. 2 und den Standardabweichungen 0,5 bzw. 0,25.

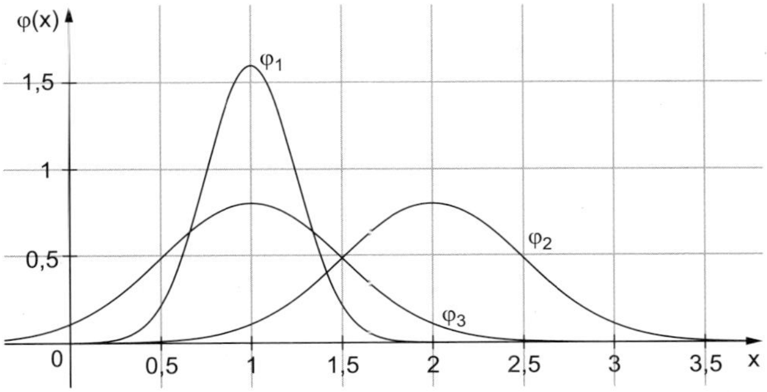

a) Ordnen Sie den dargestellten Graphen die richtigen Werte zu.

Graph der Funktion	Erwartungswert	Standardabweichung
φ_1		
φ_2		
φ_3		

(2 BE)

b) Die Zufallsgröße X ist normalverteilt und gehört zu φ_1.
Entscheiden Sie, ob folgende Gleichungen richtig oder falsch sind.
Korrigieren Sie gegebenenfalls.

Gleichung	**richtig/ falsch**	**korrigiert**
$P(X \leq 2) = \int_{-\infty}^{2} \varphi_1(x)\,dx$		
$P(0{,}5 \leq X \leq 1{,}5) = 1 - \int_{1{,}5}^{\infty} \varphi_1(x)\,dx$		
$P(X = 1) = \varphi_1(1)$		

(3 BE)

9. Gegeben ist die Koordinatengleichung einer Ebene ε mit $x + 2z = 13$ und der Punkt P mit den Koordinaten $P(1 \mid 1 \mid 1)$.

a) Beschreiben Sie die besondere Lage der Ebene ε im Koordinatensystem. (1 BE)

b) Bestimmen Sie die Koordinaten des Bildpunktes P', der bei der Spiegelung von P an der Ebene ε entsteht. (4 BE)

10. Ein Glücksrad mit gleichgroßen Sektoren ist einmal mit „1“, zweimal mit „2“ und dreimal mit „3“ beschriftet.

a) Das Glücksrad wird dreimal gedreht. Aus den angezeigten Ergebnissen werden entsprechend der Reihenfolge der Ergebnisse Zahlen gebildet. Berechnen Sie die Wahrscheinlichkeit dafür, dass man die Zahl „321“ erhält. (1 BE)

b) Das Glücksrad wird zweimal gedreht. Aus den angezeigten Zahlen werden Summen gebildet.
Betrachtet werden folgende Ereignisse:

E := „Die Summe der angezeigten Zahlen ist mindestens fünf.“
F := „Die Summe der angezeigten Zahlen ist kleiner als fünf.“

Untersuchen Sie, ob das Ereignis E mit einer höheren Wahrscheinlichkeit eintritt als das Ereignis F.

(4 BE)
(40 BE)

Hinweise und Tipps

Aufgabe 1

- Beachten Sie, ob Sie die Funktion f ableiten müssen, um f' zu erhalten, bzw. die Ableitungsfunktion f' integrieren müssen, um die Funktion f zu ermitteln.
- Analysieren Sie die gegebene Termstruktur, um die anzuwendende Ableitungs- bzw. Integrationsregel zu berücksichtigen.
- Beachten Sie die Zusammenhänge $F'(x) = f(x)$ bzw. $\int f(x)\,dx = F(x) + c$
- Damit gilt auch: $\int f'(x)\,dx = f(x) + c$

Aufgabe 2

Teilaufgabe a

- Da die Gleichung von f_a in faktorisierter Form vorgegeben ist, können Sie die Nullstellen durch Untersuchung der Faktoren bestimmen. Beachten Sie: Ein Produkt ist dann gleich null, wenn mindestens einer der Faktoren null ergibt.

Teilaufgabe b

- Damit die x-Achse an einer Stelle x_0 Tangente an den Graphen von f_a sein kann, muss $f_a(x_0) = 0$ und gleichzeitig $f_a'(x_0) = 0$ gelten.
- *Beachte:* Wenn der gleiche Linearfaktor in einer Linearfaktorzerlegung zweimal auftritt, hat die Funktion eine doppelte Nullstelle. Es gilt: An der doppelten Nullstelle liegt ein Extrempunkt vor.

Aufgabe 3

Teilaufgabe a

- Für $b \geq 0$ gilt: $f(x) + b$: Verschiebung des Graphen von f auf der y-Achse um b in positive y-Richtung (für $b < 0$ in negative y-Richtung)
  $f(x + b)$: Verschiebung des Graphen von f auf der x-Achse um b in negative x-Richtung (für $b < 0$ in positive x-Richtung)

Teilaufgabe b

- Um eine Stammfunktion von f_a zu ermitteln, benötigen Sie einerseits die Summenregel sowie andererseits die Integrationsregel für die natürliche Exponentialfunktion und die Regel für die lineare Substitution:

  $\int e^x\,dx = e^x + C$ und $\int (ax + b)\,dx = \frac{1}{a} \cdot F(ax + b) + C$
- Nutzen Sie den Zusammenhang $F'(x) = f(x)$ zur Kontrolle Ihrer ermittelten Stammfunktion.

Aufgabe 4

Teilaufgabe a

- Skizzieren Sie sich zunächst die Graphen der Funktionen $y = \sin(x)$ bzw. $y = \cos(x)$ für eine volle Periode im Intervall $[0; 2\pi]$ und vergleichen Sie Amplitude und Periodenlänge mit den dargestellten Funktionen f und g.

Teilaufgabe b

- Da im gegebenen Intervall schon zwei Stellen liegen, wo f und g gemeinsame Nullstellen haben, müssen noch zwei Stellen gefunden werden, für die z. B. $f(x) = -g(x)$ gilt; dies lässt sich durch „Messung“ überprüfen.

Aufgabe 5

Teilaufgabe a

- Damit die Summe zweier Vektoren den Nullvektor ergibt, müssen die Summen der einander entsprechenden Koordinaten jeweils den Wert 0 ergeben.

Teilaufgabe b

- Zwei Vektoren $\vec{a}$ und $\vec{b}$ sind genau dann parallel zueinander, wenn $\vec{a} = r \cdot \vec{b}$ mit $r \in \mathbb{R}$ gilt und $r \neq 0$ ist, der eine Vektor also ein Vielfaches des anderen ist.
- Berechnen Sie den Betrag des Vektors $\vec{a}$.

Teilaufgabe c

- Zwei Vektoren stehen senkrecht aufeinander, wenn das Skalarprodukt aus beiden null ergibt.
- Die xy-Ebene kann vektoriell dargestellt werden durch $\begin{pmatrix} x \\ y \\ 0 \end{pmatrix}$ bzw. in Koordinatenform mit $z = 0$.

Aufgabe 6

Teilaufgabe a

- Sie können einen der beiden Punkte P_1 oder P_2 als festen Punkt der Geraden und seinen Ortsvektor als Stützvektor verwenden.
- Der Richtungsvektor der Flugbahn ist der Differenzvektor der Ortsvektoren von P_1 und P_2.

Teilaufgabe b

- Der Ortungsstrahl von der Radarstation R zum Punkt P_3 kann durch eine weitere Gerade beschrieben werden.
- Der Ursprung O kann als fester Punkt und der Vektor $\overrightarrow{OP_3}$ als Richtungsvektor dieser Geraden verwendet werden.
- Die Flugbahn und der Ortungsstrahl schneiden einander in P_3. Aus diesem Ansatz lässt sich durch Gleichsetzen der Geradengleichungen und Lösen des Gleichungssystems die z-Koordinate von P_3 bestimmen.
- Verwenden Sie unterschiedliche Parameter in den Geradengleichungen.

Aufgabe 7

Teilaufgabe a

- Zeichnen Sie ein Baumdiagramm.
- Beachten Sie, dass die Wahrscheinlichkeiten bei jeder Drehung gleichbleiben.
- Die Gesamtwahrscheinlichkeiten in jeder Stufe sind gleich 1.
- Erstellen Sie eine Wahrscheinlichkeitsverteilung für die ausgezahlten Summen.
- Stellen Sie fest, welche der Summen gerade bzw. ungerade sind.
- Ordnen Sie Paula die Summen zu, die sie im Gewinnfall erhält.

Teilaufgabe b

- Entnehmen Sie der Tabelle von Teilaufgabe a, welche Summen zu welchen Wahrscheinlichkeiten Leon im Gewinnfall erhält bzw. an Paula auszahlen muss, falls er verliert.
- Der Erwartungswert einer Zufallsgröße ist die Summe der Produkte von jedem Wert und zugehöriger Wahrscheinlichkeit der Zufallsgröße.

Aufgabe 8

Teilaufgabe a

- Der Graph einer normalverteilten Zufallsgröße ist achsensymmetrisch zum Erwartungswert (Gauß'sche Glockenkurve).
- Suchen Sie also die Symmetrieachse jedes Graphen, um den Erwartungswert zu bestimmen.
- Die Standardabweichung gibt den Abstand der Wendepunkte der Graphen von der Symmetrieachse an. Da nur zwei Standardabweichungen auftreten, können Sie mit dieser Überlegung abschätzen, welche Standardabweichungen für jede Glockenkurve zutreffend sind.

Teilaufgabe b

- Beachten Sie, dass für eine normalverteilte Zufallsgröße X mit der Dichtefunktion φ(x) gilt:

$$P(a \le X \le b) = \int_a^b \varphi(x)\,dx$$

- Außerdem ist zu berücksichtigen, dass
  - $\int_a^a \varphi(x)\,dx = 0$ ist,
  - die Dichtefunktion über alle reellen Zahlen definiert ist,
  - die Symmetrie der Glockenkurve manche Rechnungen vereinfacht,
  - Erwartungswert und Standardabweichung von Teilaufgabe a genutzt werden können.

Aufgabe 9

Teilaufgabe a

- Beachten Sie, dass in der Koordinatengleichung eine Variable nicht vorkommt.
- Es ist eine Beschreibung der Lage gesucht. Dazu sind Redewendungen hilfreich wie „parallel zu", „senkrecht auf" o. ä.

Teilaufgabe b

- Bestimmen Sie einen Normalenvektor der Ebene ε.
- Der Normalenvektor und der Punkt P legen eine Lotgerade zur Ebene ε fest.
- Bestimmen Sie den Durchstoßpunkt F der Lotgeraden durch die Ebene ε.
- Der Spiegelpunkt P' liegt genauso weit von F entfernt wie der Originalpunkt P, und er liegt ebenfalls auf der Lotgeraden.

Aufgabe 10

Teilaufgabe a

- Überlegen Sie, wie viele Sektoren es insgesamt sind.
- Wenn alle Sektoren gleich groß sind, kann man damit die Wahrscheinlichkeiten für die Ergebnisse 1, 2 und 3 aus der jeweiligen Anzahl bestimmen.
- Ein dreistufiges Baumdiagramm zu zeichnen, ist recht aufwendig. Versuchen Sie, ohne ein solches auszukommen, da nur ein Pfad das gewünschte Ergebnis liefert.

Teilaufgabe b

- Zeichnen Sie ein Baumdiagramm und ermitteln Sie damit die Wahrscheinlichkeiten.
- Beachten Sie, dass einige Summen doppelt vorkommen.
- Ereignis F ist das Gegenereignis von E.

Lösungen

1.

Funktionsgleichung von f	Funktionsgleichung von f'
$f(x) = 4 \cdot \sqrt{x}$	$\underline{\underline{f'(x) = 4 \cdot \left(\frac{1}{2} x^{-\frac{1}{2}}\right) = \frac{2}{\sqrt{x}}}}$
$f(x) = x \cdot e^x$	$\underline{\underline{f'(x) = 1 \cdot e^x + x \cdot e^x = e^x \cdot (1+x)}}$
$\underline{\underline{f(x) = 5x - \frac{x^2}{2}}}$	$f'(x) = 5 - x$
$\underline{\underline{f(x) = -\pi \cdot \cos(x)}}$	$f'(x) = \pi \cdot \sin(x)$
$\underline{\underline{f(x) = -\frac{3}{x^2}}}$	$f'(x) = \frac{6}{x^3}$

Hinweis:
Folgende Regeln wurden (in dieser Reihenfolge) für die Berechnung der Funktionsgleichungen verwendet:
- Potenzregel der Differenzialrechnung: $(x^n)' = n \cdot x^{n-1}$ (mit $\sqrt{x} = x^{\frac{1}{2}}$)
- Produktregel der Differenzialrechnung: $(f(x) \cdot g(x))' = f'(x) \cdot g(x) + f(x) \cdot g'(x)$
- Summenregel der Integralrechnung: $\int (g(x) + h(x))\,dx = \int g(x)\,dx + \int h(x)\,dx$
- Integration einer Winkelfunktion: $\int \sin(x)\,dx = -\cos(x) + C$
- Potenzregel der Integralrechnung: $\int x^n\,dx = \frac{x^{n+1}}{n+1} + C$ (mit $n = -3$)

2. a) Die Betrachtung der drei Linearfaktoren liefert die Nullstellen von f_a:

$x - 1 = 0$ Nullstelle $\underline{\underline{x_1 = 1}}$

$x + 1 = 0$ Nullstelle $\underline{\underline{x_2 = -1}}$

$x + a = 0$ Nullstelle $\underline{\underline{x_3 = -a}}$

b) Da an einer doppelten Nullstellen ein Extrempunkt vorliegt und die Funktion f_a mit Sicherheit die beiden Nullstellen $x_1 = 1$ und $x_2 = -1$ hat, kann eine doppelte Nullstelle nur entstehen, wenn $a = 1$ bzw. $a = -1$ gilt. In beiden Fällen ergibt sich als Tangente an den Graphen von f_a die x-Achse. Die Aussage ist $\underline{\underline{\text{wahr}}}$.

Begründung
Ausgehend von der Vermutung, dass $a = 1$ bzw. $a = -1$ gilt, wird untersucht, ob die x-Achse Tangente ist:
$a = 1$: $f(x) = (x-1) \cdot (x+1) \cdot (x+1) = x^3 + x^2 - x - 1$, also $f'(x) = 3x^2 + 2x - 1$

Es gilt: $f(-1) = 0$ und $f'(-1) = 0$

Analog zeigt man, dass die Aussage auch für $a = -1$ gilt.

3. a) Der Graph der Funktion f_a ist gegenüber der Funktion $f(x) = e^x$ um a Einheiten entlang der y-Achse und um eine Einheit entlang der y-Achse nach links verschoben.

b) Unter Beachtung der Regeln gilt:

$$\int_0^1 (e^{x+1} + a)\,dx = \left[e^{x+1} + a\ \ x\right]_0^1 = e^2 + a - e$$

Die Gleichung $e^2 + a - e = 0$ wird zu einer wahren Aussage, wenn $\underline{\underline{a = e - e^2}}$ gilt.

4. a) Der Graph der Funktion f entspricht vom „prinzipiellen Verlauf" dem Graphen der Funktion $y = \sin(x)$: Die Amplitude ist gleich, nur die Periodenlänge ist gegenüber $y = \sin(x)$ verändert. Damit bleiben noch die Funktionen $h_2(x) = \sin(2x)$ bzw. $h_3(x) = \sin\left(\frac{1}{2}x\right)$ übrig. Nutzt man die Beziehung für die Periodenlänge p der Funktion $y = \sin(b \cdot x)$ mit $p = \frac{2\pi}{b}$, so erhält man $b = 2$. Damit ist die Funktion f der Gleichung h_2 zuzuordnen.

Die Funktion g entspricht sowohl von der Periodenlänge als auch der Periode der Funktion $y = \cos(x)$. Damit ist die Funktion g der Gleichung h_4 zuzuordnen.

b) Neben den beiden gemeinsamen Nullstellen bei $x = \pm\frac{\pi}{2}$ müssen zwei weitere Stellen gesucht werden, für die $f(x) = -g(x)$ gilt, was bedeutet, dass man Stellen sucht, für die die beiden Graphen gleich weit von der x-Achse entfernt sind.

Es ist zu erkennen, dass dies nur im Bereich von $[-\pi; 0]$ sein kann. Durch einfaches Messen findet man in etwa die Stellen $x \approx -2{,}63$ und $x \approx -0{,}53$.

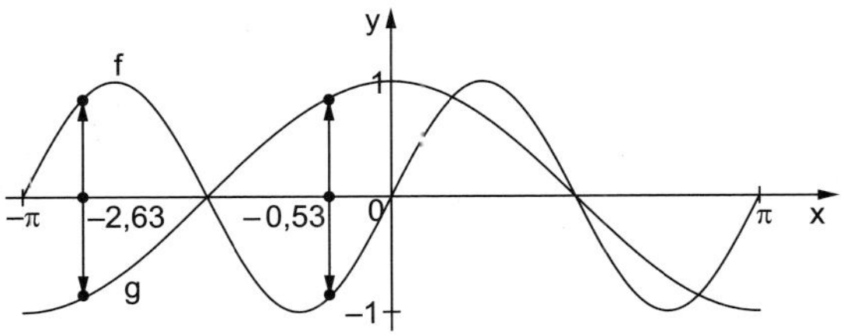

5. a) Es soll gelten:

$2\vec{a} + \vec{x} = \vec{0}$

Dies bedeutet

$$2 \cdot \begin{pmatrix} 2 \\ -2 \\ 1 \end{pmatrix} + \begin{pmatrix} x \\ y \\ z \end{pmatrix} = 0,$$

womit sich die drei Gleichungen

$4 + x = 0$

$-4 + y = 0$

$2 + z = 0$

ergeben. Hieraus folgt $x = -4$, $y = 4$ und $z = -2$ und damit erhält man den Vektor:

$$\underline{\underline{\vec{x} = \begin{pmatrix} -4 \\ 4 \\ -2 \end{pmatrix}}}$$

b) Der Betrag des Vektors $\vec{a}$ ist:

$$|\vec{a}| = \sqrt{2^2 + (-2)^2 + 1^2} = 3$$

Damit $\vec{x} = r \cdot \vec{a}$ gilt und $|\vec{x}| = 12$ ist, muss

$$\vec{x} = \frac{12}{3} \cdot \begin{pmatrix} 2 \\ -2 \\ 1 \end{pmatrix} = 4 \cdot \begin{pmatrix} 2 \\ -2 \\ 1 \end{pmatrix} = \underline{\underline{\begin{pmatrix} 8 \\ -8 \\ 4 \end{pmatrix}}}$$

sein.

c) Für das Skalarprodukt eines Vektors $\vec{x} = \begin{pmatrix} x \\ y \\ z \end{pmatrix}$ mit dem Vektor $\vec{a}$ muss gelten $\vec{x} \circ \vec{a} = 0$.

Es ergibt sich damit $2x - 2y + z = 0$. Damit dieser Vektor parallel zur xy-Ebene $\begin{pmatrix} x \\ y \\ 0 \end{pmatrix}$ verläuft, muss $z = 0$ sein, dies entspricht auch der Koordinatenform der xy-Ebene. Somit muss die Gleichung $2x - 2y = 0$ gelöst werden.

Eine Möglichkeit dafür ist $x = 1$ und $y = 1$. Damit erhält man für den gesuchten Vektor z. B. $\underline{\underline{\vec{x} = \begin{pmatrix} 1 \\ 1 \\ 0 \end{pmatrix}}}$.

6. a) Gleichung der Flugbahn:

$$\vec{x} = \overrightarrow{OP_1} + r \cdot \overrightarrow{P_1P_2} = \begin{pmatrix} -1 \\ 3 \\ 2 \end{pmatrix} + r \cdot \begin{pmatrix} 0-(-1) \\ 2-3 \\ 2{,}5-2 \end{pmatrix} = \underline{\underline{\begin{pmatrix} -1 \\ 3 \\ 2 \end{pmatrix} + r \cdot \begin{pmatrix} 1 \\ -1 \\ 0{,}5 \end{pmatrix}}} \quad \text{mit } r \in \mathbb{R}$$

b) Geradengleichung für den Ortungsstrahl:

$$\vec{x} = \overrightarrow{OR} + s \cdot \overrightarrow{RP_3} = \begin{pmatrix} 0 \\ 0 \\ 0 \end{pmatrix} + s \cdot \vec{p} = s \cdot \begin{pmatrix} 1 \\ 3 \\ z \end{pmatrix} \quad \text{mit } s \in \mathbb{R}$$

Gleichsetzen der Geradengleichungen in Form eines Gleichungssystems:

(1) $-1 + r = s$

(2) $3 - r = 3s$

(3) $2 + 0{,}5r = s \cdot z$

Einsetzen von (1) in (2):

$$3 - r = 3 \cdot (-1 + r) \;\Rightarrow\; 3 - r = 3r - 3 \;\Rightarrow\; 6 = 4r \;\Rightarrow\; r = \frac{3}{2} \quad (4)$$

Einsetzen von (4) in (1):

$$-1 + \frac{3}{2} = s \;\Rightarrow\; s = \frac{1}{2} \quad (5)$$

Einsetzen von (4) und (5) in (3):

$$2 + \frac{1}{2} \cdot \frac{3}{2} = \frac{1}{2} \cdot z \;\Rightarrow\; \frac{11}{4} = \frac{1}{2} \cdot z \;\Rightarrow\; z = \frac{11}{2} = 5{,}5$$

7\. a) Baumdiagramm und Wahrscheinlichkeitsverteilung:

Ergebnis	(1; 1)	(1; 2)	(2; 1)	(2; 2)
Summe	2	3	3	4
Wahrscheinlichkeit	$\frac{1}{16}$	$\frac{3}{16}$	$\frac{3}{16}$	$\frac{9}{16}$

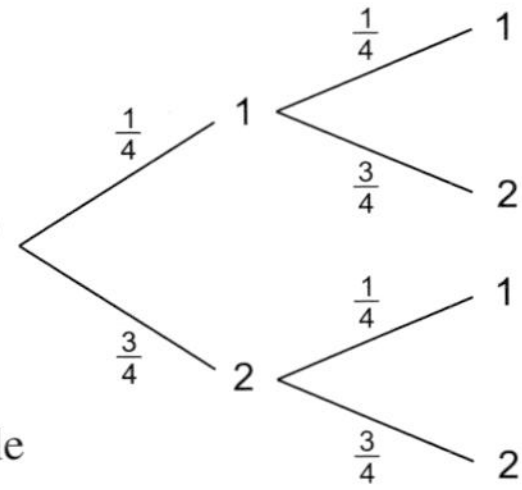

Paula erhält Geld von Leon, wenn die Summer der beiden Zahlen ungerade ist. Dies ist nur bei der Summe 3 der Fall. Die zugehörigen Wahrscheinlichkeiten kann man der Tabelle entnehmen:

$$P(\text{Paula erhält Geld}) = \frac{3}{16} + \frac{3}{16} = \frac{6}{16} = \underline{\underline{\frac{3}{8}}}$$

b) Der Erwartungswert für Leons Gewinn ergibt sich nach der Tabelle von Teilaufgabe a durch folgenden Term:

$$2 \cdot \frac{1}{16} + 4 \cdot \frac{9}{16} - 3 \cdot \frac{3}{16} - 3 \cdot \frac{3}{16} = \frac{2}{16} + \frac{36}{16} - \frac{9}{16} - \frac{9}{16} = \frac{20}{16} = \frac{5}{4}$$

Auf lange Sicht macht Leon einen Gewinn von $\underline{\underline{1{,}25 \text{ Euro}}}$ pro Spiel.

8\. a)

Graph der Funktion	Erwartungswert	Standardabweichung
φ_1	1	0,25
φ_2	2	0,5
φ_3	1	0,5

b)

Gleichung	**richtig/ falsch**	**korrigiert**
$P(X \le 2) = \int_{-\infty}^{2} \varphi_1(x)\,dx$	$\underline{\underline{\text{richtig}}}$	
$P(0{,}5 \le X \le 1{,}5) = 1 - \int_{1,5}^{\infty} \varphi_1(x)\,dx$	$\underline{\underline{\text{falsch}}}$	$\underline{\underline{P(0{,}5 \le X \le 1{,}5) = 1 - 2 \cdot \int_{1,5}^{\infty} \varphi_1(x)\,dx}}$
$P(X = 1) = \varphi_1(1)$	$\underline{\underline{\text{falsch}}}$	$P(X = 1) = \int_{1}^{1} \varphi_1(x)\,dx = \underline{\underline{0}}$

Alternative Lösungen für die mittlere Gleichung:

$$P(0{,}5 \le X \le 1{,}5) = \underline{\underline{1 - \int_{1,5}^{\infty} \varphi_1(x)\,dx - \int_{-\infty}^{0,5} \varphi_1(x)\,dx}} = \underline{\underline{\int_{0,5}^{1,5} \varphi_1(x)\,dx}}$$

9. a) Da in der Koordinatengleichung die Variable y nicht vorkommt, ist die Ebene ε parallel zur y-Achse.
Dies ist gleichbedeutend damit, dass die Ebene ε senkrecht zur xz-Ebene verläuft.

b) Ein Normalenvektor der Ebene ε kann aus den Koeffizienten der Koordinatengleichung abgelesen werden:

$$\vec{n} = \begin{pmatrix} 1 \\ 0 \\ 2 \end{pmatrix}$$

Gleichung der Lotgeraden:

$$\ell\colon \vec{x} = \overrightarrow{OP} + t \cdot \vec{n} = \begin{pmatrix} 1 \\ 1 \\ 1 \end{pmatrix} + t \cdot \begin{pmatrix} 1 \\ 0 \\ 2 \end{pmatrix} \text{ mit } t \in \mathbb{R}$$

Für den Durchstoßpunkt F von ℓ durch die Ebene ε setzt man die Koordinaten von ℓ in die Ebenengleichung ein:

$$1 \cdot (1+t) + 0 \cdot 1 + 2 \cdot (1+2t) = 13 \quad \Rightarrow \quad 5t + 3 = 13 \quad \Rightarrow \quad t = 2$$

Da der Spiegelpunkt P' doppelt so weit von P entfernt ist wie Punkt F, setzt man in die Gleichung der Lotgeraden für den Parameter t den doppelten Wert, also $t = 4$, ein:

$$\overrightarrow{OP'} = \begin{pmatrix} 1 \\ 1 \\ 1 \end{pmatrix} + 4 \cdot \begin{pmatrix} 1 \\ 0 \\ 2 \end{pmatrix} = \begin{pmatrix} 5 \\ 1 \\ 9 \end{pmatrix}$$

Der Spiegelpunkt P' hat die Koordinaten $\underline{\underline{P'(5|1|9)}}$.

10. a) Es sind insgesamt sechs gleichgroße Sektoren, von denen jeder also mit der Wahrscheinlichkeit $\frac{1}{6}$ gedreht wird. Bei jeder Umdrehung bleibt diese Wahrscheinlichkeit erhalten.

Da genau ein Sektor eine „1" enthält, ist:

$$P(„1") = \frac{1}{6}$$

Da zweimal die „2" vorkommt, ist:

$$P(„2") = 2 \cdot \frac{1}{6} = \frac{1}{3}$$

Für dreimal eine „3" ist dann:

$$P(„3") = 3 \cdot \frac{1}{6} = \frac{1}{2}$$

Um die Zahl „321" zu drehen, muss zuerst eine 3, dann eine 2 und zum Schluss eine 1 gedreht werden. Das ergibt eine Wahrscheinlicht von:

$$P(„321") = \frac{1}{2} \cdot \frac{1}{3} \cdot \frac{1}{6} = \underline{\underline{\frac{1}{36}}}$$

b) Aus Platzgründen werden im Baumdiagramm die Wahrscheinlichkeiten weggelassen.

Es gilt wie in Teilaufgabe a in jeder Stufe:

$P(„1“) = \frac{1}{6}, \quad P(„2“) = \frac{1}{3}, \quad P(„3“) = \frac{1}{2}$

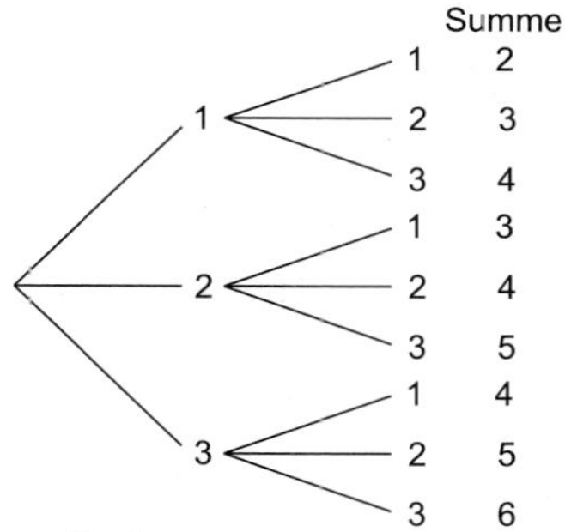

Damit kann man folgende Wahrscheinlichkeitstabelle aufstellen:

Summe	2	3	4	5	6
Ergebnisse	{(1; 1)}	{(1; 2), (2; 1)}	{(1; 3), (3; 1), (2; 2)}	{(2; 3), (3; 2)}	{(3; 3)}
Wahrscheinlichkeit	$\frac{1}{6} \cdot \frac{1}{6} = \frac{1}{36}$	$\frac{1}{6} \cdot \frac{1}{3} + \frac{1}{3} \cdot \frac{1}{6} = \frac{2}{18} = \frac{1}{9}$	$\frac{1}{6} \cdot \frac{1}{2} + \frac{1}{2} \cdot \frac{1}{6} + \frac{1}{3} \cdot \frac{1}{3} = \frac{1}{6} + \frac{1}{9} = \frac{5}{18}$	$\frac{1}{3} \cdot \frac{1}{2} + \frac{1}{2} \cdot \frac{1}{3} = \frac{2}{6} = \frac{1}{3}$	$\frac{1}{2} \cdot \frac{1}{2} = \frac{1}{4}$

Außer für die Alternativlösung (siehe unten) braucht man die Summen 2, 3 und 4 nicht, sodass es reichen würde, nur die Wahrscheinlichkeiten für die Summen 5 und 6 zu ermitteln.

$P(E) = P(\text{Summe} \geq 5) = \frac{1}{3} + \frac{1}{4} = \frac{7}{12}; \; P(F) = P(\text{Summe} < 5) = 1 - P(E) = \frac{5}{12} < P(E)$

Das Ereignis E tritt mit einer höheren Wahrscheinlichkeit ein als das Ereignis F.

Alternative Lösung:

$P(F) = P(\text{Summe} < 5) = \frac{1}{36} + \frac{1}{9} + \frac{5}{18} = \frac{1+4+10}{36} = \frac{15}{36} = \frac{5}{12} < P(E)$

Kernfach Mathematik (Thüringen): Abiturprüfung 2021
Pflichtaufgabe Teil B: Analysis

1. Gegeben ist die Schar der in $\mathbb{R}$ definierten Funktionen f_a mit

$$f_a(x) = \left(\frac{1}{2} - x\right) \cdot e^{a-x} \quad (a \in \mathbb{R}).$$

a) Geben Sie die Koordinaten der Schnittpunkte der Graphen von f_a mit den Koordinatenachsen an.

Ermitteln Sie den Wert für a so, dass der Graph von f_a die y-Achse unter einem Winkel von 45° schneidet. (4 BE)

b) Berechnen Sie die Koordinaten der lokalen Extrempunkte und Wendepunkte der Graphen von f_a.

Geben Sie zwei Eigenschaften für die Lage der Extrempunkte im Koordinatensystem an. (8 BE)

c) Für jeden Wert von a bilden die Punkte $S\left(\frac{1}{2} \middle| f_a\left(\frac{1}{2}\right)\right)$, $E\left(\frac{3}{2} \middle| f_a\left(\frac{3}{2}\right)\right)$ und $W\left(\frac{5}{2} \middle| f_a\left(\frac{5}{2}\right)\right)$ ein Dreieck.

Bestimmen Sie den Wert von a, für den dieses Dreieck gleichschenklig mit der Basis $\overline{EW}$ ist. (3 BE)

d) Der Anstieg einer Tangente im Punkt $W\left(\frac{5}{2} \middle| f_a\left(\frac{5}{2}\right)\right)$ an einen Graphen von f_a soll eine natürliche Zahl sein.

Ermitteln Sie eine zugehörige Tangentengleichung. (3 BE)

e) Die Graphen der Schar g_a ergeben sich, wenn die Graphen der Schar f_a so in x-Richtung verschoben werden, dass die Extrempunkte auf der y-Achse liegen.

Geben Sie die Verschiebung und eine Gleichung von g_a an.

Begründen Sie, dass kein Wert für a existiert, so dass der Extrempunkt des Graphen der zugehörigen Funktion g_a im Koordinatenursprung liegt. (3 BE)

2. Das Ufer eines Sees kann im Süden durch den Graphen der Funktion f_2 mit

$$f_2(x) = \left(\frac{1}{2} - x\right) \cdot e^{2-x}$$

und im größeren restlichen Bereich durch den Graphen einer quadratischen Funktion p mathematisch modelliert werden. Der Zufluss zum See wird durch den Punkt Z dargestellt.
In der Darstellung liegt der Scheitelpunkt des Graphen von p bei $S\left(\frac{7}{2} \,\middle|\, 5\right)$. Der Graph von p schneidet den Graphen von f_2 im Punkt $Z\left(\frac{1}{2} \,\middle|\, f_2\left(\frac{1}{2}\right)\right)$.

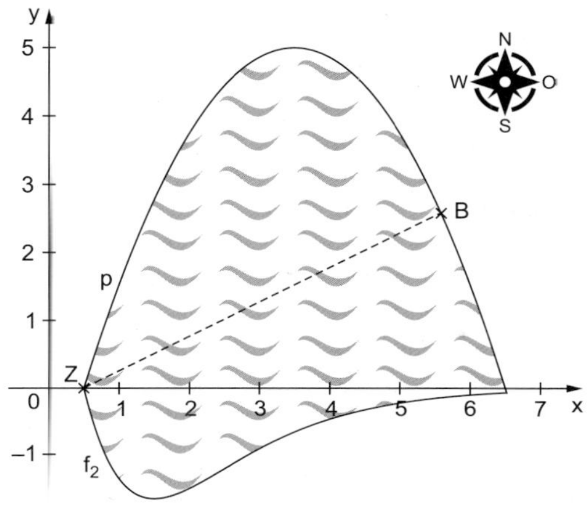

a) Weisen Sie nach, dass $p(x) = -\frac{5}{9}x^2 + \frac{35}{9}x - \frac{65}{36}$ eine Funktionsgleichung von p ist. (3 BE)

b) Eine Längeneinheit entspricht 20 m in der Wirklichkeit.
Berechnen Sie die Größe der Fläche des Sees in Quadratmeter. (4 BE)

c) Der südliche Teil des Sees wird als Badebereich freigegeben. Dieser soll aus Gründen des Naturschutzes nur die Hälfte der Gesamtfläche des Sees umfassen. Ausgehend vom Zufluss wird der Badebereich geradlinig mit Baumstämmen abgegrenzt.

Berechnen Sie die Koordinaten des Punktes B, der den zweiten Befestigungspunkt der Baumstämme beschreibt.
Runden Sie die Koordinaten von B auf zwei Dezimalstellen genau. (7 BE)

d) Im nördlichen Teil des Sees gibt es eine geschützte Wasserpflanzenart. Die von den Pflanzen bedeckte Fläche kann mathematisch durch die Funktion h mit $h(t) = \frac{80 \cdot e^{0{,}11t}}{9 + e^{0{,}11t}}$ beschrieben werden.
Dabei gibt h(t) die von den Pflanzen bedeckte Fläche in Quadratmeter und t die Beobachtungszeit in Tagen an.
Die Beobachtung beginnt zum Zeitpunkt t = 0 und endet nach 80 Tagen.

Stellen Sie den Graphen der Funktion h im gegebenen Intervall dar.
Beschreiben Sie die Größe der von den Pflanzen bedeckten Fläche anhand der graphischen Darstellung ab Beobachtungsbeginn. (5 BE)

(40 BE)

Hinweise und Tipps

Aufgabe 1

- Definieren Sie die Funktion f_a auf ihrem CAS-Rechner in geeigneter Form, z. B. als f(a, x).

Aufgabe 1 a

- Bilden Sie die ersten drei Ableitungsfunktionen von f_a. Notieren Sie deren Gleichungen. Beachten Sie dabei den Hinweis zu dynamischen Definitionen im Kapitel „Hinweise und Tipps zur schriftlichen Abiturprüfung“ in diesem Band.
- Speichern Sie die Gleichungen der Ableitungsfunktionen unter geeigneten Bezeichnungen auf Ihrem CAS-Rechner ab, damit Sie sie nicht immer wieder eintippen müssen.

Aufgabe 1 b

- Untersuchen Sie für die Bestimmung der lokalen Extrempunkte und der Wendepunkte jeweils eine notwendige und eine hinreichende Bedingung.
- Ermitteln Sie die zugehörigen Funktionswerte und notieren Sie die Koordinaten der lokalen Extrempunkte und der Wendepunkte.
- Betrachten Sie die Koordinaten der ermittelten Extrempunkte und schlussfolgern Sie hieraus auf gemeinsame Eigenschaften.

Aufgabe 1 c

- Veranschaulichen Sie, z. B. für $a = 3$, den Sachverhalt.
- Bestimmen Sie für das gesuchte Dreieck SEW für alle Dreiecksseiten eine vektorielle Darstellung und berechnen Sie die Längen der Seiten SW und SE. Ermitteln Sie, wann $\overline{SW} = \overline{SE}$ gilt.

Aufgabe 1 d

- Für den Anstieg m einer Funktion f an einer Stelle x_0 gilt $m = f'(x_0)$. Überprüfen Sie, wann sich hierfür eine natürliche Zahl ergibt. Berücksichtigen Sie z. B., dass e zwar eine irrationale Zahl ist, für die aber $e^0 = 1$ gilt.
- Neben dem Anstieg der Tangente benötigen Sie für die Tangentengleichung noch den Berührpunkt $P(x_0 \mid f(x_0))$.

Aufgabe 1 e

- Es gilt: $f(x + b)$ ergibt für $b > 0$ eine Verschiebung des Graphen von f auf der x-Achse um b in negative x-Richtung.
- Berücksichtigen Sie zur Beantwortung der zweiten Anweisung den Verlauf der natürlichen Exponentialfunktion $y = e^x$.

Aufgabe 2 a

- Sie haben die Koordinaten des Scheitelpunkts des Graphen von p gegeben. Diese Koordinaten müssen die Gleichung von p erfüllen. Zweckmäßig ist es, dabei an die Scheitelpunktsform der Parabel zu denken.
- Die Koordinaten des Schnittpunktes Z von f_2 und p müssen ebenfalls die Gleichung von p erfüllen.
- Stellen Sie zunächst die Scheitelpunktsform von p auf.
- Vergleichen Sie dann durch Ausmultiplizieren mit der für p gegebenen Gleichung.

- *Alternative:* Zeigen Sie, dass die gegebene Gleichung für p die im Aufgabentext gelieferten Eigenschaften der Parabel liefert: Im Scheitelpunkt muss die 1. Ableitung von p den Wert 0 haben, weil dort ein lokales Maximum existiert und somit der Tangentenanstieg 0 ist.

Aufgabe 2b

- Die Fläche des Sees wird durch die beiden Graphen begrenzt.
- Der Flächeninhalt kann durch ein bestimmtes Integral $\int_{x_1}^{x_2} (p(x) - f_2(x))\,dx$ bestimmt werden.
- Sie können die Funktion $f_a(x)$, die Sie für die Lösung von Aufgabe 1 verwendet haben, mit $a = 2$ weiter verwenden. Auch den Term der Funktion p haben Sie ggf. zur Lösung von Teilaufgabe 2a bereits definiert. Falls dies nicht der Fall ist, sollten Sie die Definition dieser Funktionsgleichungen auf dem CAS-Rechner jetzt nachholen.
- Eine der Integrationsgrenzen ist als x-Koordinate des Punktes Z gegeben. Die andere kann durch Gleichsetzen der beiden Funktionsgleichungen berechnet werden.
- Bei der Angabe des Flächeninhaltes ist der Maßstab für die Länge zu beachten. Der Maßstab muss auf den Flächeninhalt übertragen werden.

Aufgabe 2c

- Verwenden Sie die in der Zeichnung gegebene Teilung der Gesamtfläche des Sees in Teilflächen.
- Die Gerade, die die Grenze des Badebereiches mathematisch modelliert, verläuft durch die Punkte Z und B.
- Stellen Sie eine Gleichung dieser Geraden auf. Beachten Sie dabei, dass Sie die Koordinaten von Z kennen.
- Wählen Sie eine Teilfläche aus, die sich leicht integrieren lässt, falls man mit der x-Koordinate von B als Integrationsgrenze arbeiten möchte.
- Da B sowohl auf der Geraden durch Z und B als auch auf p liegt, gibt es eine weitere Bedingung für die Lösung der Aufgabe.
- Beachten Sie, dass das Ergebnis auf zwei Dezimalstellen genau angegeben werden soll.

Aufgabe 2d

- Definieren Sie die Funktion h(t) auf Ihrem CAS-Rechner.
- Entnehmen Sie Funktionswerte dem CAS-Rechner.
- Nutzen Sie die Funktionswerte zur grafischen Darstellung von h(t).
- Vergleichen Sie Ihre handschriftliche Darstellung mit dem vom CAS-Rechner angezeigten Graphen.
- Um die verlangte Beschreibung möglichst exakt angeben zu können, lassen sich einige Eigenschaften des Graphen mit den Werkzeugen des CAS untersuchen.

Lösungen

1. a) Für die Schnittpunkte gilt:
Schnittpunkte mit der x-Achse erhalten Sie durch Lösen der Gleichung $f_a(x) = 0$.
Der Schnittpunkt mit der y-Achse ergibt sich für $x = 0$ aus $f_a(0)$.

Zeichnen Sie mit dem CAS für verschiedene a mehrere Funktionsgraphen, um sich ein Bild über den Verlauf der Kurven der Schar zu machen.
Ein Schnittwinkel von 45° (des Graphen) mit der y-Achse bedeutet auch einen Schnittwinkel von 45° (der Tangente an den Graphen) mit der x-Achse.
Beachten Sie, dass der Schnittwinkel an einer Stelle x_0 mit der x-Achse dem Anstieg an dieser Stelle entspricht und mithilfe der 1. Ableitung an dieser Stelle bestimmt werden kann. Berücksichtigen Sie die Orientierung des gesuchten Winkels.

Vorarbeiten

Die Funktion f_a und die 1. bis 3. Ableitung werden definiert und gespeichert:

$$f_a'(x) = \frac{(2x-3) \cdot e^{a-x}}{2}$$

$$f_a''(x) = \frac{-(2x-5) \cdot e^{a-x}}{2}$$

$$f_a'''(x) = \frac{(2x-7) \cdot e^{a-x}}{2}$$

Beachten Sie den Hinweis zu dynamischen Definitionen in Abschnitt 6 des Kapitels „Hinweise und Tipps zur schriftlichen Abiturprüfung" dieses Buches: Erst den Term auswerten, dann abspeichern.

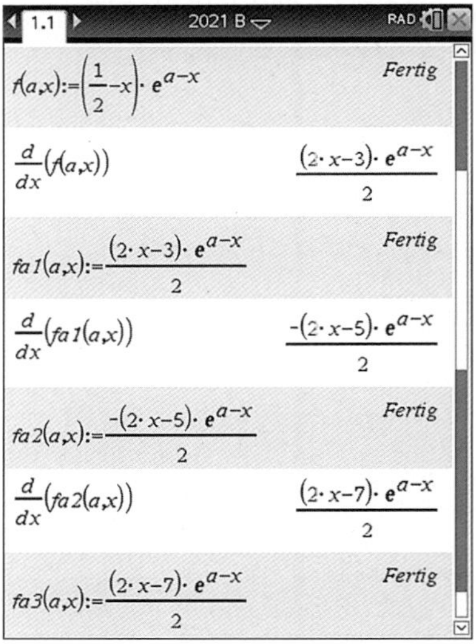

Schnittpunkte mit den Koordinatenachsen

Das Lösen der Gleichung $f_a(x) = 0$ ergibt $x = \frac{1}{2}$. Damit ist der Schnittpunkt mit der x-Achse $\underline{\underline{S_x\left(\frac{1}{2} \,\middle|\, 0\right)}}$.

Da $f_a(0) = \frac{e^a}{2}$ gilt, ist der Schnittpunkt mit der y-Achse $\underline{\underline{S_y\left(0 \,\middle|\, \frac{e^a}{2}\right)}}$.

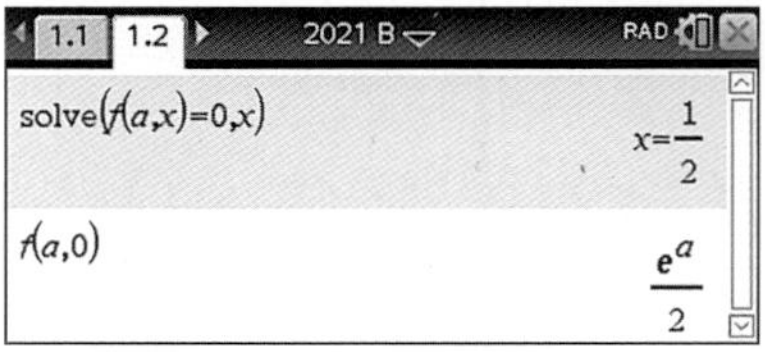

Schnittwinkel

Betrachtet man den Verlauf z. B. von $f_1(x)$, so erkennt man, dass der Anstieg im Schnittpunkt mit der y-Achse negativ ist.
Das bedeutet, dass für den Anstieg im Schnittpunkt mit der y-Achse $f_a'(0) = -1$ gelten muss, da $\tan(-45°) = -1$ gilt.

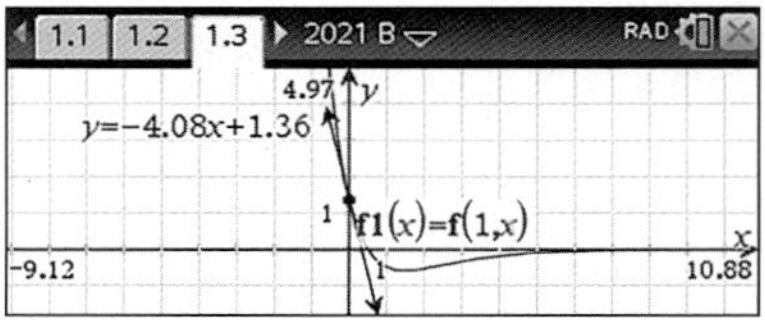

Das Lösen der Gleichung $f_a'(0) = -1$ liefert:

$a = \ln\left(\frac{2}{3}\right)$

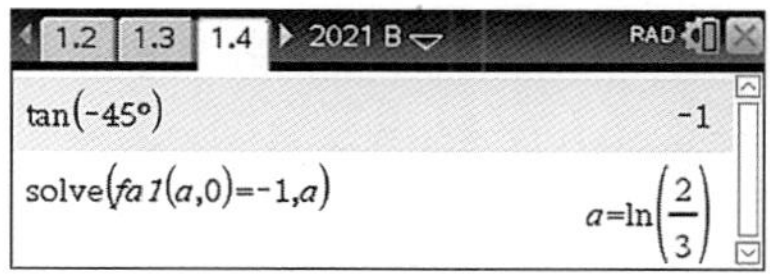

Eine Kontrolle im Grafikfenster ist möglich.

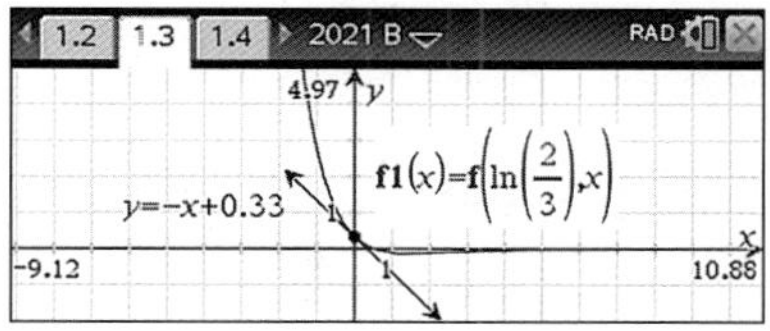

Anmerkung:
Ein Schnittwinkel (des Graphen) von 45° mit der y-Achse führt auf einen Schnittwinkel (der Tangente) von 135° mit der x-Achse (siehe Abbildung rechts).
Daraus resultiert der Anstieg $\tan(135°) = -1$.

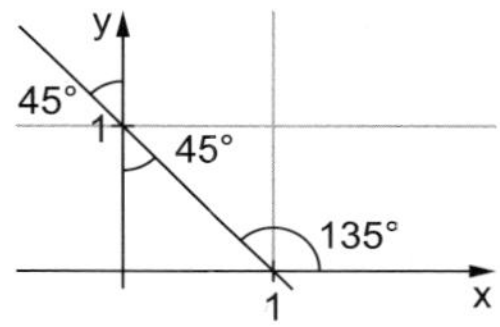

b) **Lokale Extrempunkte**
Für die notwendige Bedingung werden die Nullstellen von

$$f_a'(x) = \frac{(2x-3)\cdot e^{a-x}}{2}$$

bestimmt. $x = \frac{3}{2}$ kommt als einzige mögliche lokale Extremstelle infrage.

Für eine hinreichende Bedingung wird das Vorzeichen der 2. Ableitung an dieser Stelle bestimmt:

$$f_a''\left(\frac{3}{2}\right) = e^{a-\frac{3}{2}} > 0 \quad \Rightarrow \quad \text{lokales Minimum}$$

Nun wird noch der zugehörige Funktionswert berechnet:

$$f_a\left(\frac{3}{2}\right) = -e^{a-\frac{3}{2}}$$

Es gibt also einen lokalen Tiefpunkt:

$T\left(\frac{3}{2} \,\middle|\, -e^{a-\frac{3}{2}}\right)$

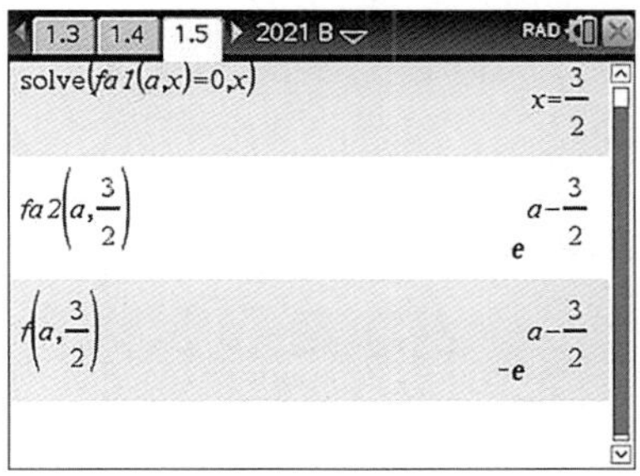

Wendepunkte
Für die notwendige Bedingung werden die Nullstellen von

$$f_a''(x) = \frac{-(2x-5)\cdot e^{a-x}}{2}$$

bestimmt. $x = \frac{5}{2}$ kommt als einzige mögliche Wendestelle infrage.

Für eine hinreichende Bedingung wird die 3. Ableitung an dieser Stelle bestimmt:

$$f_a'''\left(\frac{5}{2}\right) = -e^{a-\frac{5}{2}} < 0 \quad \Rightarrow \quad \text{Wendepunkt}$$

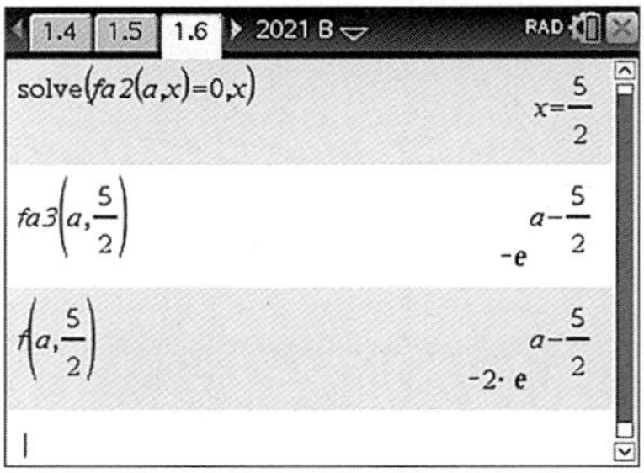

Nun wird noch der zugehörige Funktionswert berechnet:

$$f_a\left(\frac{5}{2}\right) = -2e^{a-\frac{5}{2}}$$

Es gibt also einen Wendepunkt:

$$\underline{\underline{W\left(\frac{5}{2} \,\middle|\, -2e^{a-\frac{5}{2}}\right)}}$$

Eigenschaften
1. Da die x-Koordinate $x = \frac{3}{2}$ für den Extrempunkt aller Kurven unabhängig vom Parameter a ist, liegen alle Extrempunkte auf der Geraden $x = \frac{3}{2}$.
2. Da zusätzlich die y-Koordinaten aller Extrempunkte negativ sind, liegen alle Extrempunkte im IV. Quadranten.

Das könnte man noch durch einige Scharkurven veranschaulichen.

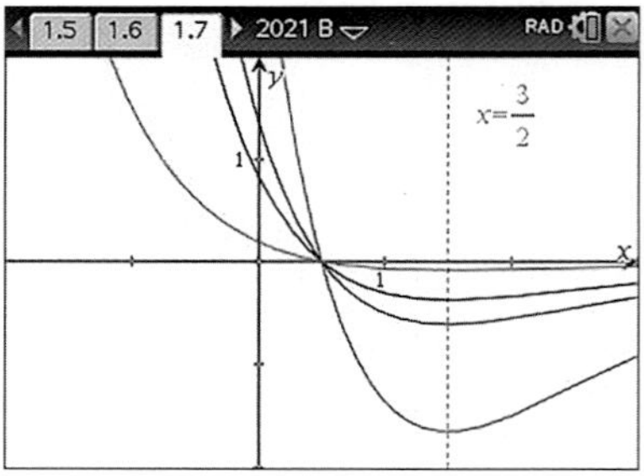

c) Für $a = 3$ kann der Sachverhalt, wie nebenstehend zu sehen ist, veranschaulicht werden.

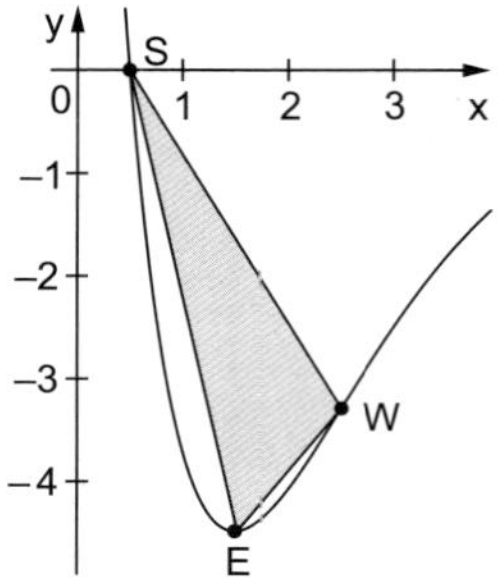

Die Ortsvektoren der Punkte S, E und W werden gespeichert.

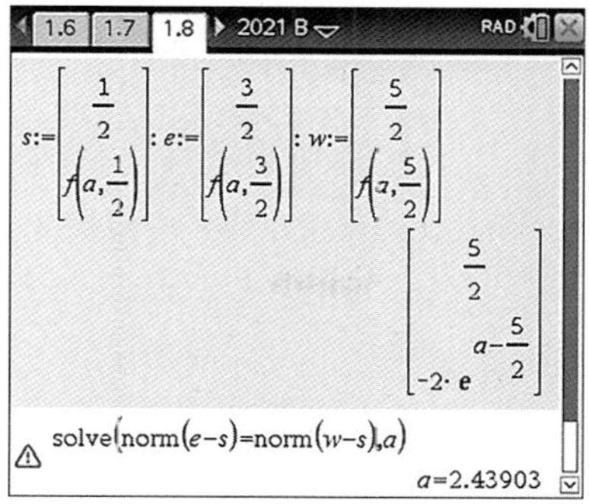

Damit $\overline{SW} = \overline{SE}$ gilt, wird untersucht, für welches a die Beträge der zugehörigen Vektoren gleich sind:

$|\overrightarrow{SW}| = |\overrightarrow{SE}|$

Man ermittelt einen Wert von $\underline{\underline{a \approx 2,44.}}$

Hinweis: Die Ermittlung eines exakten Wertes ist möglich, indem man die sich ergebende Wurzelgleichung quadriert und dann die Lösung sucht.

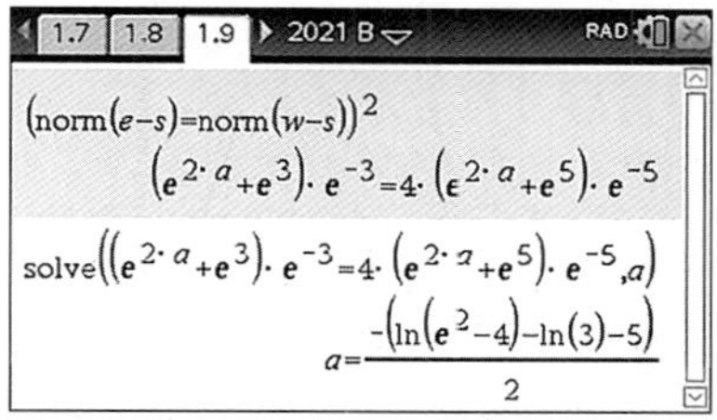

Eine Selbstkontrolle durch grafische Darstellung mit Längenmessung ist zu empfehlen.

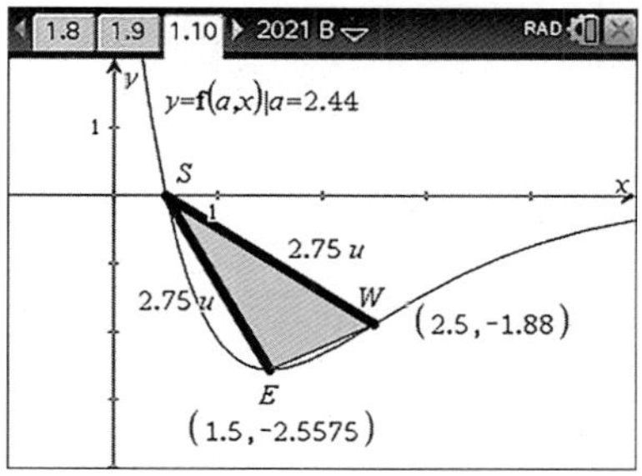

d) Für den Anstieg gilt:

$f_a'\left(\frac{5}{2}\right) = e^{a-\frac{5}{2}}$

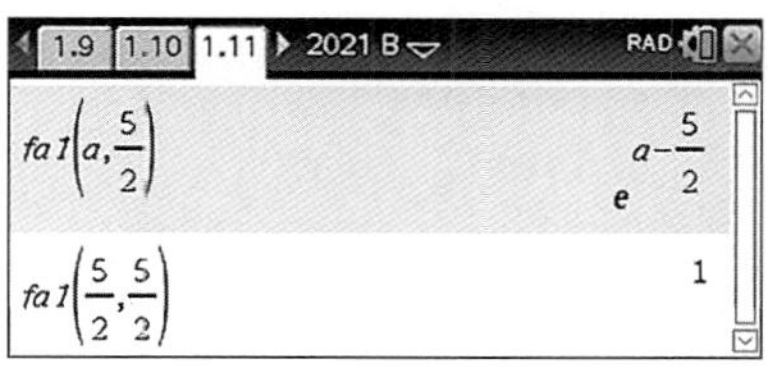

Dieser Ausdruck ist für $a = \frac{5}{2}$ offensichtlich eine natürliche Zahl, denn es gilt:

$f_{\frac{5}{2}}'\left(\frac{5}{2}\right) = e^{\frac{5}{2}-\frac{5}{2}} = e^0 = 1$

Um die Gleichung $y = mx + n$ der Tangente an den Graphen von $f_{\frac{5}{2}}(x)$ im Wendepunkt $W\left(\frac{5}{2} \,\middle|\, -2\right)$ zu ermitteln, benötigt man neben diesem Anstieg $m = f'_{\frac{5}{2}}\left(\frac{5}{2}\right) = 1$ noch dessen Koordinaten.

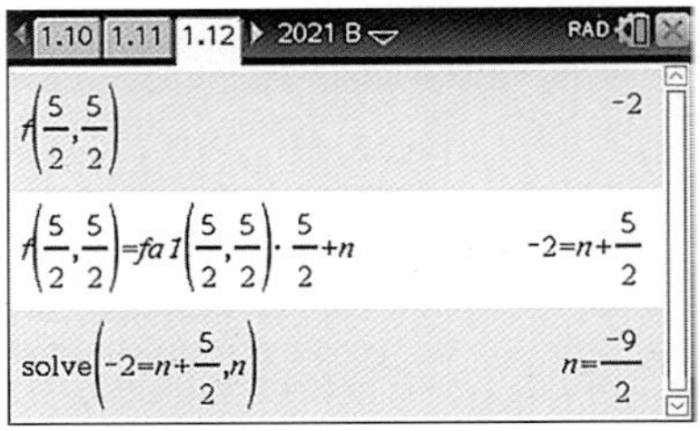

Es gilt dann:

$$-2 = 1 \cdot \frac{5}{2} + n \;\Rightarrow\; n = -\frac{9}{2}$$

Damit ist die gesuchte Tangentengleichung:

$$\underline{\underline{y = x - \frac{9}{2}}}$$

e) Die Funktion g_a erhält man durch eine Verschiebung um $\frac{3}{2}$ in negative x-Richtung,

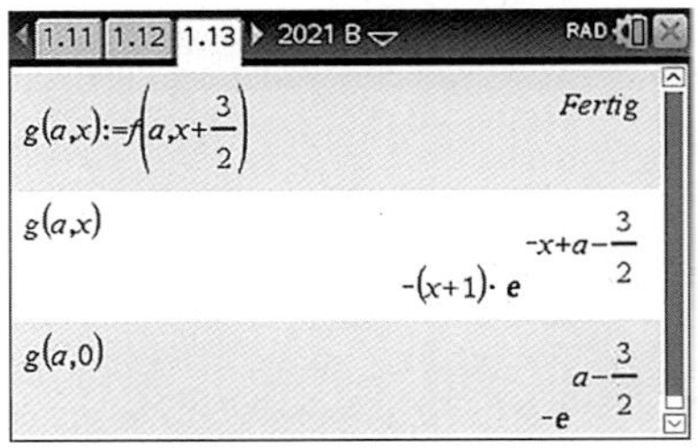

$$g_a(x) = f_a\left(x + \frac{3}{2}\right),$$

da für die Extremstelle $x = \frac{3}{2}$ gilt. Daher ist:

$$\underline{\underline{g_a(x) = -(x+1) \cdot e^{-x + a - \frac{3}{2}}}}$$

Für alle a ist die y-Koordinate $-e^{a - \frac{3}{2}}$ des Extrempunktes negativ, da $e^x > 0$ für alle $x \in \mathbb{R}$ gilt und damit $-e^x < 0$ für alle $x \in \mathbb{R}$.

2. a) Die Scheitelpunktform der Gleichung einer Parabel ist $g(x) = a \cdot (x - x_s)^2 + y_s$.
Mit $S\left(\frac{7}{2} \,\middle|\, 5\right)$ folgt:

$$g(x) = a \cdot \left(x - \frac{7}{2}\right)^2 + 5$$

Der Punkt $Z\left(\frac{1}{2} \,\middle|\, f_2\left(\frac{1}{2}\right)\right)$ muss sowohl die Gleichung von f_2 als auch von p erfüllen.
Setzt man $x = \frac{1}{2}$ in die Gleichung von f_2 ein, so ergibt sich:

$$f_2\left(\frac{1}{2}\right) = \left(\frac{1}{2} - \frac{1}{2}\right) \cdot e^{2-x} = 0$$

Der Punkt Z hat also die Koordinaten $Z\left(\frac{1}{2} \,\middle|\, 0\right)$. Diese werden nun in die Gleichung für g eingesetzt:

$$0 = a \cdot \left(\frac{1}{2} - \frac{7}{2}\right)^2 + 5 \;\Rightarrow\; 0 = 9a + 5 \;\Rightarrow\; a = -\frac{5}{9}$$

Das bedeutet:

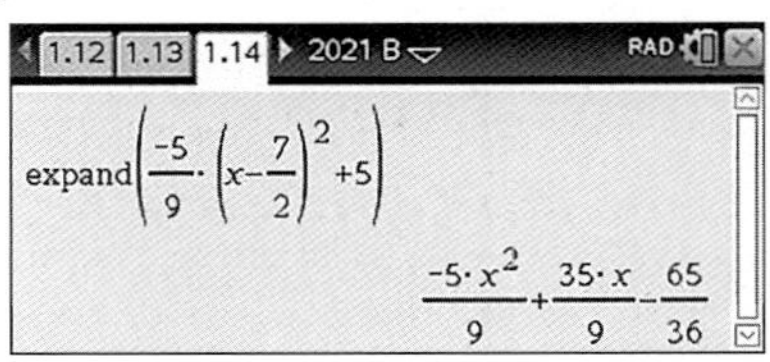

$$g(x) = -\frac{5}{9} \cdot \left(x - \frac{7}{2}\right)^2 + 5$$
$$= -\frac{5}{9}x^2 + \frac{35}{9}x - \frac{65}{36} = p(x)$$

Alternative Lösung 1:
Die Funktion p(x) wird auf dem CAS-Rechner definiert.
Damit gelingt der Nachweis für folgende Eigenschaften:

- Der Scheitelpunkt erfüllt die Gleichung von p, denn:
  $p\left(\frac{7}{2}\right)=5$
- Der Punkt Z erfüllt die Gleichung von p, denn:
  $p\left(\frac{1}{2}\right)=0=f_2\left(\frac{1}{2}\right)$
- Der Anstieg der Parabel p am Scheitelpunkt ist null, denn:
  $p'\left(\frac{7}{2}\right)=0$

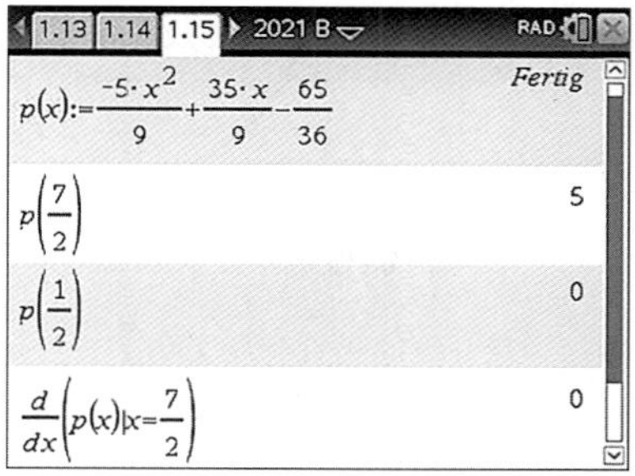

Alternative Lösung 2:
Die Gleichung für p wird mit den oben genannten Bedingungen hergeleitet. Man definiert $p(x)=a\cdot x^2+b\cdot x+c$ und $p'(x)=2a\cdot x+b$ und löst dann das Gleichungssystem:

$p\left(\frac{1}{2}\right)=0,\quad p\left(\frac{7}{2}\right)=5,\quad p'\left(\frac{7}{2}\right)=0$

Man erhält die Koeffizienten

$a=-\frac{5}{9},\ b=\frac{35}{9},\ c=-\frac{65}{36}$

der gegebenen Funktion p.

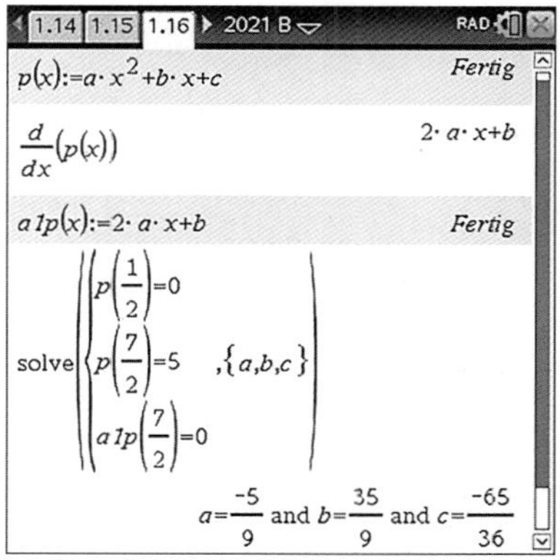

b) Die Lösungen der Gleichung $f_2(x)=p(x)$ werden mit dem CAS-Rechner ermittelt.

Der Rechner gibt als Lösungen $x_1=\frac{1}{2}$ und $x_2\approx 6{,}52$ zurück.

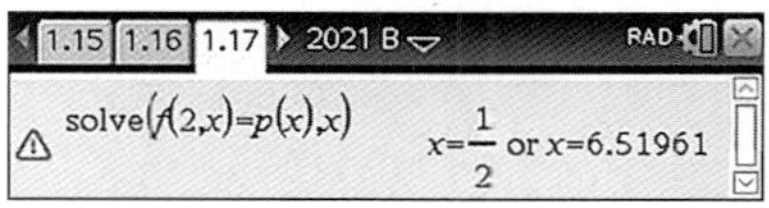

Die Warnung des Rechners (gelbes Dreieck) auf eventuelle weitere Lösungen können Sie mit einem Blick auf die Zeichnung im Aufgabentext ignorieren, weil dort Näherungswerte für beide Lösungen ablesbar sind, die mit den Rechnerangaben weitgehend übereinstimmen.

Die Fläche des Sees wird also von den Graphen der beiden Funktionen f_2 und p im Intervall [0,5; 6,52] vollständig eingeschlossen.

Vorsicht: Der rechte Schnittpunkt der Graphen von f_2 und p liegt *nicht* auf der x-Achse. Die Gesamtfläche des Sees kann also nicht mithilfe der x-Achse aufgeteilt werden.

Der Flächeninhalt dieser Fläche kann deshalb mithilfe des Integrals

$$\int_{x_1}^{x_2} (p(x) - f_2(x))\, dx \approx 24{,}4$$

berechnet werden.

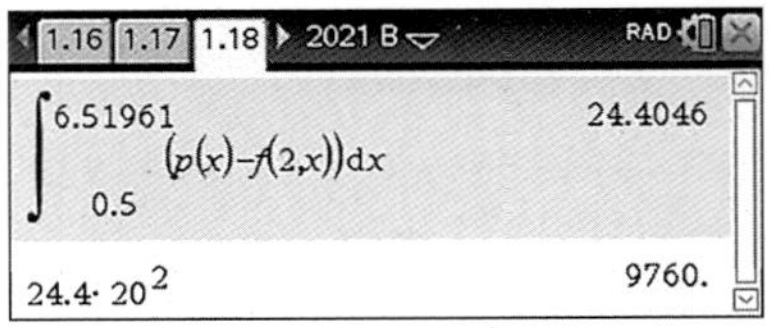

Nun muss noch der Maßstab für die Längeneinheit (1 LE = 20 m) berücksichtigt werden. Die Längeneinheit geht in die Fläche quadratisch über, also muss das Ergebnis mit 20^2 multipliziert werden.

Die Fläche des Sees hat eine Größe von ca. 9 760 m^2.

c) Der Flächeninhalt der Gesamtfläche ist aus Teilaufgabe 2 b bekannt; er ist $A_{Gesamt} \approx 24{,}4$.

Für die Fläche A_1 (siehe Abbildung) muss daher $A_1 = 12{,}2$ gelten, weil der Badebereich die Hälfte der Gesamtfläche ausmachen soll.

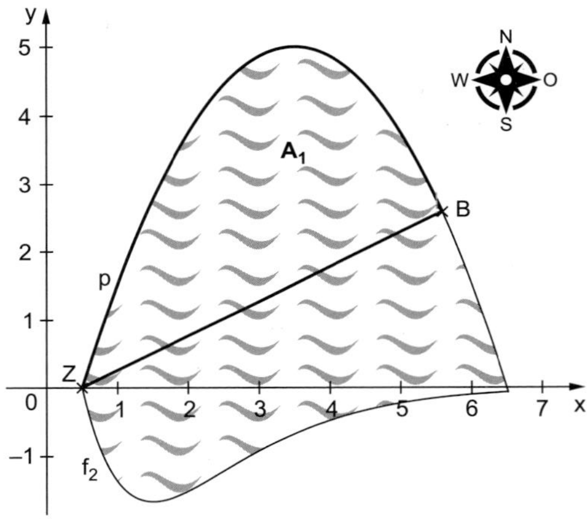

Zunächst wird die Gleichung $y = m \cdot x + n$ der Geraden k durch die Punkte $Z(0{,}5 \mid 0)$ und $B(x_B \mid y_B)$ bestimmt.

Mit den Koordinaten von Z folgt aus dem Ansatz:

$0 = 0{,}5 \cdot m + n \quad \Rightarrow \quad n = -0{,}5m$

Für die Gerade k gilt also:

$k(x) = m \cdot x - 0{,}5m$

Für den Flächeninhalt der Fläche A_1 lässt sich nun folgender Ansatz bilden:

$$\int_{0{,}5}^{x_B} (p(x) - k(x))\, dx = 12{,}2 \qquad \text{Gleichung (1)}$$

Außerdem muss gelten:

$p(x_B) = k(x_B)$ Gleichung (2)

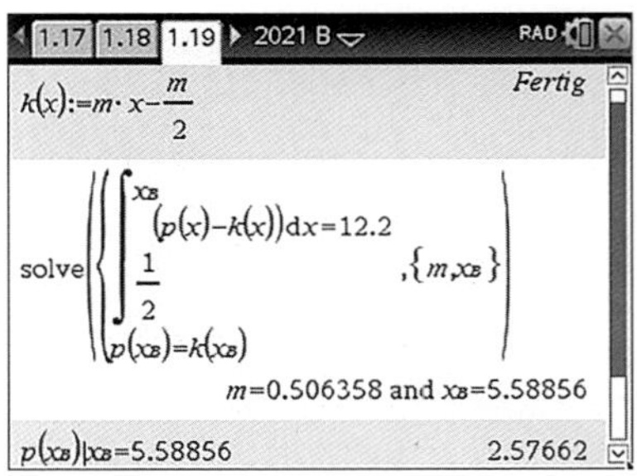

Das Gleichungssystem aus den Gleichungen (1) und (2) wird nach den Variablen m und x_B gelöst:

$m \approx 0{,}506$ und $x_B \approx 5{,}589$

Einsetzen von $x_B \approx 5{,}589$ in p(x) ergibt $y_B \approx 2{,}577$.

Die Koordinaten von B sind $B(5{,}59 \mid 2{,}58)$.

d) Definieren Sie die Funktion h(t) auf dem Rechner.

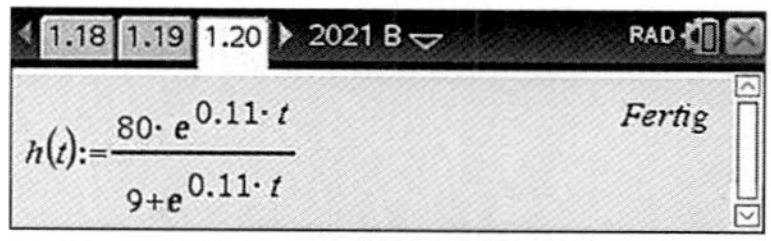

Tabellieren Sie Argumente und Funktionswerte in einer geeigneten Schrittweite, z. B. von zehn Tagen.

Verwenden Sie z. B. die Möglichkeit der Tabellierung von Funktionswerten in der Anwendung Graphs. Stellen Sie dazu unter menu die gewählte Schrittweite ein.

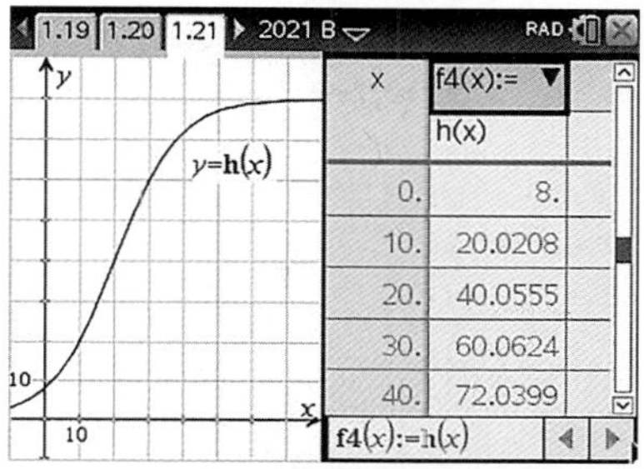

Sie können sich aber auch mit der Anwendung „Grafikspur" verschiedene Wertepaare anzeigen lassen und diese zum Skizzieren des Graphen nutzen.

Zeichnen Sie den Graphen von h anhand der ermittelten Werte.

Vergleichen Sie Ihre Zeichnung mit dem vom Rechner angezeigten Graphen. Die Handzeichnung sollte den Verlauf gut wiedergeben.

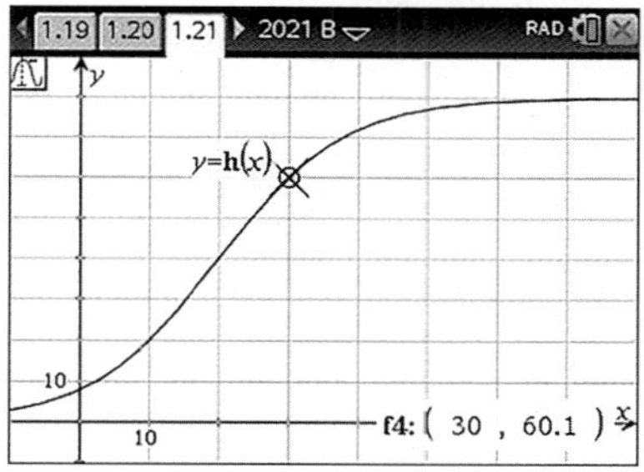

Eine Wertetabelle sieht etwa so aus:

t	0	10	20	30	40	50	60	70	80
h(t)	8	20	40	60	72	77	79	79,7	79,9

Zeichnung des Graphen von h:

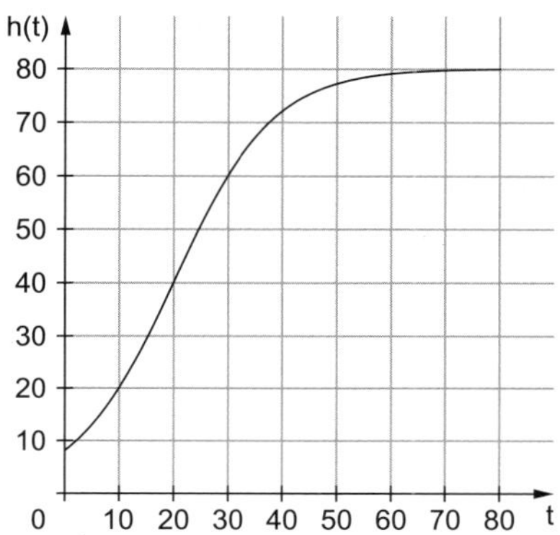

Mit Graph analysieren können Sie z. B. den Wendepunkt ablesen, der eine wichtige Rolle bei der Beschreibung der Veränderung des Größenwachstums spielt.

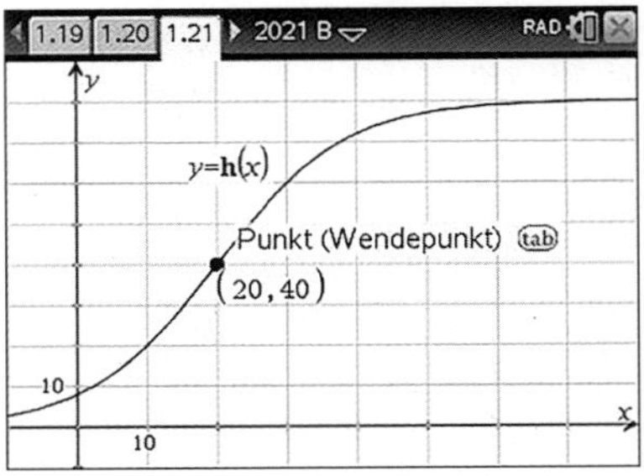

Beschreibung der Größe der von den Pflanzen bedeckten Fläche
Zu Beginn der Beobachtung sind 8 m^2 der Seeoberfläche mit Pflanzen bedeckt. Die Größe der Fläche nimmt bis zum 20. Tag exponentiell immer stärker zu (Wendepunkt). Danach nimmt die Geschwindigkeit des Pflanzenwachstums ab, die Größe der von Pflanzen bedeckte Fläche nimmt langsamer zu und nähert sich einer Grenze von 80 m^2, wie eine Berechnung des Grenzwertes auch rechnerisch bestätigt.

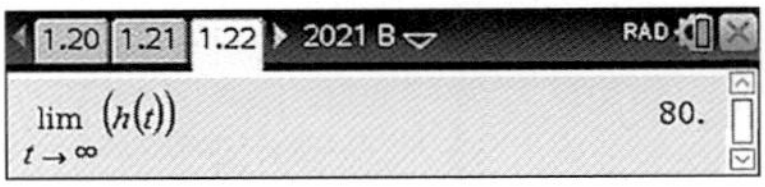

Kernfach Mathematik (Thüringen): Abiturprüfung 2021
Wahlaufgabe C1: Schwerpunkt Geometrie

1. Gegeben sind die Punkte $A(6|6|3)$, $B(3|6|6)$ und $C(6|3|6)$.

   a) Weisen Sie nach, dass das Dreieck ABC ein gleichseitiges Dreieck ist. (3 BE)

   b) Die Punkte A, B und C liegen in einer Ebene ε.
   Beschreiben Sie eine Vorgehensweise zur Ermittlung einer Koordinatengleichung von ε.

   Ein Normalenvektor von ε ist $\vec{n} = \begin{pmatrix} 1 \\ 1 \\ 1 \end{pmatrix}$.

   Geben Sie eine Koordinatengleichung von ε an. (4 BE)

   c) Berechnen Sie die Größe des Neigungswinkels des Dreiecks ABC zur xy-Ebene. (3 BE)

   d) Auf der Geraden h mit $\vec{x} = \begin{pmatrix} 0 \\ 0 \\ 0 \end{pmatrix} + r \cdot \begin{pmatrix} 1 \\ 1 \\ 1 \end{pmatrix}$ $(r \in \mathbb{R})$ gibt es einen Punkt P, der vom Koordinatenursprung O und vom Punkt A den gleichen Abstand hat.
   Berechnen Sie die Koordinaten von P. (3 BE)

   Gemeinsam mit dem Koordinatenursprung O bilden die Punkte A, B und C eine dreiseitige Pyramide ABCO.

   e) Berechnen Sie das Volumen dieser Pyramide. (3 BE)

   f) Stellen Sie diese Pyramide in einem Koordinatensystem dar. Veranschaulichen Sie verdeckte Körperkanten.
   Zeichnen Sie in die Darstellung die senkrechte Projektion der Pyramide in die xy-Ebene ein. (4 BE)

   g) Eine Ebene η soll die Pyramide in zwei volumengleiche Teilkörper zerlegen.
   Veranschaulichen Sie im Koordinatensystem aus Teilaufgabe 1 f die Schnittfläche einer solchen Ebene mit der Pyramide.
   Begründen Sie, dass die von Ihnen gewählte Ebene die Bedingung erfüllt.
   Geben Sie eine Gleichung für η an. (5 BE)

2. An einem Montag wurden die Schüler eines Gymnasiums befragt, auf welche Art sie die Schule erreichten:

motorisierter Individualverkehr:	35 %
Fußgänger:	35 %
ÖPNV:	15 %
Fahrrad:	15 %

Die relativen Häufigkeiten werden im Folgenden als Wahrscheinlichkeiten interpretiert. Betrachtet werden folgende Ereignisse:

A := „Unter 20 befragten Schülern kamen höchstens 5 mit dem Fahrrad."

B := „Von 100 befragten Schülern nutzten mindestens 20 den ÖPNV."

C := „Unter 80 befragten Schülern waren mindestens 20 und höchstens 30 Fußgänger."

a) Geben Sie drei Bedingungen an, unter denen zur Berechnung für die Wahrscheinlichkeiten dieser Ereignisse das Modell der Binomialverteilung angenommen werden kann. (3 BE)

Zur Auswertung der Befragung wird das Modell der Binomialverteilung angewendet.

b) Berechnen Sie die Wahrscheinlichkeiten der Ereignisse A, B und C. (6 BE)

c) Beschreiben Sie in diesem Sachzusammenhang ein Ereignis D, dessen Wahrscheinlichkeit durch

$$P(D) = 1 - \left(\binom{15}{14} \cdot 0{,}35^{14} \cdot 0{,}65^{1} + \binom{15}{15} \cdot 0{,}35^{15} \cdot 0{,}65^{0}\right)$$

berechnet werden kann. (3 BE)

d) Schüler eines anderen Gymnasiums wollen überprüfen, ob an ihrer Schule auch 15 % der Schüler mit dem Fahrrad zur Schule kommen.
Dazu befragen sie 100 Schüler.
Berechnen Sie für $p = 0{,}15$ das Prognoseintervall, in dem die Anzahl der Radfahrer mit einer Sicherheitswahrscheinlichkeit von 95 % liegt. (3 BE)

(40 BE)

Hinweise und Tipps

Aufgabe 1 a

- Speichern Sie die Ortsvektoren der Punkte unter geeigneten Variablen ab.
- Berechnen und vergleichen Sie die Beträge der Vektoren, die die Seiten des Dreiecks ABC beschreiben.

Aufgabe 1 b

- Zur Koordinatengleichung einer Ebene können Sie über die Normalenform $\vec{n} \circ (\vec{x} - \vec{x}_0) = 0$ gelangen. Dabei ist $\vec{n}$ ein Normalenvektor, $\vec{x} = \begin{pmatrix} x \\ y \\ z \end{pmatrix}$ der Ortsvektor eines beliebigen Punktes der Ebene und $\vec{x}_0$ der Ortsvektor eines bekannten Punktes der Ebene.

Aufgabe 1 c

- Der Winkel zwischen zwei Ebenen entspricht dem (spitzen) Winkel zwischen ihren Normalenvektoren.
- Da das Dreieck in der Ebene ε liegt, können deren Normalenvektor $\vec{n}$ und ein Normalenvektor $\vec{m}$ der xy-Ebene verwendet werden.
- Der Winkel zwischen den zwei Vektoren wird mithilfe der folgenden Gleichung bestimmt:
  $\cos(\varphi) = \frac{|\vec{n} \circ \vec{m}|}{|\vec{n}| \cdot |\vec{m}|}$

Aufgabe 1 d

- Untersuchen Sie, für welchen Punkt P auf h die Bedingung $|\overrightarrow{OP}| = |\overrightarrow{AP}|$ erfüllt ist.

Aufgabe 1 e

- Für die Pyramide ABCO kann man das Dreieck ABC als Grundfläche ansehen.
- Der Abstand der Ebene ε vom Ursprung wäre dann die Höhe der Pyramide, denn das Dreieck ABC liegt in der Ebene ε.
- Der Flächeninhalt der Grundfläche ABC kann über das Kreuzprodukt $\overrightarrow{AB} \times \overrightarrow{AC}$ ermittelt werden (siehe Teilaufgabe 1 b).

Alternativen:

- Sind $\vec{a}$, $\vec{b}$, $\vec{c}$ die das Tetraeder aufspannenden Vektoren, kann dessen Volumen berechnet werden durch die Formel (siehe „Spatprodukt" im Tafelwerk):
  $V = \frac{1}{6} \cdot |(\vec{a} \times \vec{b}) \circ \vec{c}|$
- Da die Grundfläche ABC ein gleichseitiges Dreieck ist, kann dessen Flächeninhalt auch über die Formel $A_\Delta = \frac{a^2}{4} \cdot \sqrt{3}$ bestimmt werden.
- Die Höhe der Pyramide kann auch über die Hesse'sche Normalenform der Ebenengleichung gefunden werden.

Aufgabe 1 f

- Da Sie die Zeichnung wohl am besten auf kariertem Papier anfertigen, sollten Sie für das Schrägbild eine Perspektive verwenden, bei der die x-Achse mit einem Winkel von 135° zur y-Achse gezeichnet wird und eine Verkürzung der Einheit in x-Richtung auf die Länge einer Kästchendiagonalen erfolgt. Die Einheiten auf der y-Achse und der z-Achse sollten dann zwei Kästchenlängen betragen.
- Verwenden Sie Hilfslinien, um eine korrekte Darstellung zu erreichen. Beachten Sie die Koordinaten der Punkte A, B, C und O.

Aufgabe 1 g

- Die Pyramide ABCO ist eine Pyramide mit einem gleichseitigen Dreieck ABC als Grundfläche. Ihre Seitenkanten $\overline{OA}$, $\overline{OB}$ und $\overline{OC}$ haben alle die gleiche Länge $d = \sqrt{2 \cdot 6^2 + 3^2} = 9$ LE.
- Diese Vorstellung vereinfacht möglicherweise die Überlegungen zum Finden einer Ebene η, die die Pyramide in zwei volumengleiche Teilkörper zerlegt.
- Im Folgenden werden mehrere Lösungsvarianten vorgestellt. Es ist natürlich nur genau eine Lösung verlangt.

Aufgabe 2 a

- Wichtige Voraussetzungen für eine Modellierung mit der Binomialverteilung sind die Unabhängigkeit der Einzelversuche bei gleichbleibender Wahrscheinlichkeit.
- Bei jedem Einzelversuch müssen genau zwei Ausgänge möglich sein (Treffer-Niete-Modell).
- Der Stichprobenumfang darf nicht zu klein sein.

Aufgabe 2 b

- Nutzen Sie den CAS-Rechner zur Berechnung der Wahrscheinlichkeiten.
- Machen Sie sich klar, ob die Grenzen bei Redewendungen wie „höchstens“ oder „mindestens“ zum Intervall dazugehören.
- Achten Sie auf die verschiedenen Werte für n und p.

Aufgabe 2 c

- Der Term für P(D) beschreibt eine Wahrscheinlichkeit, bei der von der Gesamtwahrscheinlichkeit 1 genau zwei Einzelwahrscheinlichkeiten subtrahiert werden.
- Die Wahrscheinlichkeit $P(X=k)$ bei einer binomialverteilten Zufallsgröße X mit den Parametern n und p wird berechnet durch $P(X=k) = \binom{n}{k} \cdot p^k \cdot (1-p)^{n-k}$.
- Entnehmen Sie n, k und p dem Term für P(D).

Aufgabe 2 d

- Eine Sicherheitswahrscheinlichkeit von 95 % können Sie näherungsweise einer Zwei-Sigma-Umgebung zuordnen.
- Berechnen Sie für $n = 100$ und $p = 0{,}15$ die Zwei-Sigma-Umgebung zum Erwartungswert.

Lösungen

1. a) Es ist:

$$\overrightarrow{OA}=\begin{pmatrix}6\\6\\3\end{pmatrix},\ \overrightarrow{OB}=\begin{pmatrix}3\\6\\6\end{pmatrix},\ \overrightarrow{OC}=\begin{pmatrix}6\\3\\6\end{pmatrix}$$

Die Beträge der Vektoren, die die Seiten des Dreiecks beschreiben, sind:

$$|\overrightarrow{AB}|=3\cdot\sqrt{2},\ |\overrightarrow{AC}|=3\cdot\sqrt{2},\ |\overrightarrow{BC}|=3\cdot\sqrt{2}$$

Die Seiten sind gleich lang, also ist das Dreieck ABC gleichseitig.

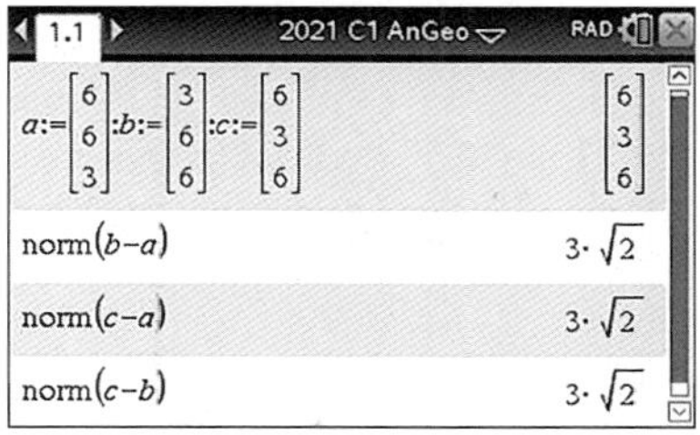

b) Eine Koordinatengleichung der Ebene kann über die Normalenform $\vec{n}\circ(\vec{x}-\vec{x}_0)=0$ gebildet werden. Der Normalenvektor $\vec{n}$ ist hier gegeben.

Dieser Vektor $\vec{n}=\begin{pmatrix}1\\1\\1\end{pmatrix}$ ist ein Vielfaches von $\overrightarrow{AB}\times\overrightarrow{AC}$:

$$\vec{n}=\frac{1}{9}\cdot(\overrightarrow{AB}\times\overrightarrow{AC})$$

Der Vektor $\vec{x}_0$ ist der Ortsvektor eines Punktes, der in der Ebene liegt, also hier z. B. der Ortsvektor $\overrightarrow{OA}=\begin{pmatrix}6\\6\\3\end{pmatrix}$.

Die Gleichung $\vec{n}\circ(\vec{x}-\vec{x}_0)=0$ führt auf die Koordinatengleichung der Ebene:

$\varepsilon\colon x+y+z-15=0$

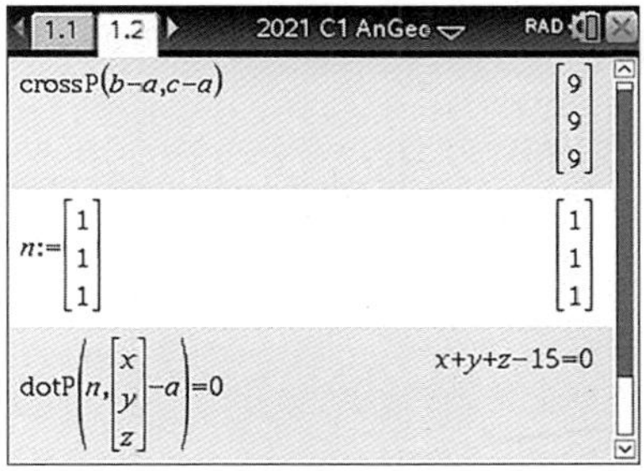

c) Der Normalenvektor der Ebene ε ist gegeben mit $\vec{n}=\begin{pmatrix}1\\1\\1\end{pmatrix}$. Als Normalenvektor der xy-Ebene kann $\vec{m}=\begin{pmatrix}0\\0\\1\end{pmatrix}$ verwendet werden. Damit ergibt sich:

$$\cos(\varphi)=\frac{|\vec{n}\circ\vec{m}|}{|\vec{n}|\cdot|\vec{m}|}=\frac{\left|\begin{pmatrix}1\\1\\1\end{pmatrix}\circ\begin{pmatrix}0\\0\\1\end{pmatrix}\right|}{\left|\begin{pmatrix}1\\1\\1\end{pmatrix}\right|\cdot\left|\begin{pmatrix}0\\0\\1\end{pmatrix}\right|}=\frac{1}{\sqrt{3}}=\frac{\sqrt{3}}{3}$$

Der Neigungswinkel des Dreiecks ABC gegen die xy-Ebene hat eine Größe von etwa 54,74°.

d) $\overrightarrow{OP}=\begin{pmatrix}0\\0\\0\end{pmatrix}+r\cdot\begin{pmatrix}1\\1\\1\end{pmatrix}=r\cdot\begin{pmatrix}1\\1\\1\end{pmatrix};\ |\overrightarrow{OP}|=r\cdot\sqrt{3}$

$\overrightarrow{AP}=r\cdot\begin{pmatrix}1\\1\\1\end{pmatrix}-\begin{pmatrix}6\\6\\3\end{pmatrix}=\begin{pmatrix}r-6\\r-6\\r-3\end{pmatrix};$

$|\overrightarrow{AP}|=\sqrt{3}\cdot\sqrt{r^2-10r+27}$

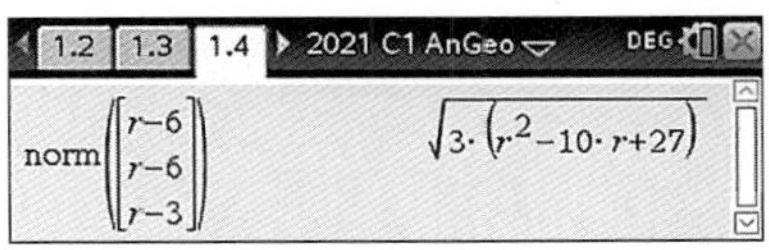

$|\overrightarrow{OP}| = |\overrightarrow{AP}|$ ist damit gleichbedeutend zu:

$r \cdot \sqrt{3} = \sqrt{3} \cdot \sqrt{r^2 - 10r + 27} \quad \Leftrightarrow \quad r = \sqrt{r^2 - 10r + 27}$

Diese Gleichung wird mit dem CAS-Rechner gelöst. Es gibt nur die Lösung $r = \frac{27}{10}$.

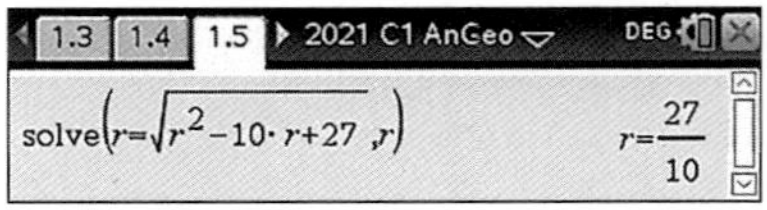

Der Ortsvektor des Punktes P ist:

$$\overrightarrow{OP} = \frac{27}{10} \cdot \begin{pmatrix} 1 \\ 1 \\ 1 \end{pmatrix}$$

Der Punkt P hat die Koordinaten $\underline{\underline{P(2{,}7 \,|\, 2{,}7 \,|\, 2{,}7)}}$.

e) Die Lotgerade vom Ursprung zur Ebene ε: $x + y + z - 15 = 0$ hat die Gleichung $\vec{x} = r \cdot \begin{pmatrix} 1 \\ 1 \\ 1 \end{pmatrix}$. Den Durchstoßpunkt F erhält man durch Einsetzen der Koordinaten in die Ebenengleichung: $r + r + r - 15 = 0$ ergibt $r = 5$ und damit hat der Durchstoßpunkt F die Koordinaten $F(5 \,|\, 5 \,|\, 5)$.

Der Abstand von F zum Ursprung und damit die Höhe h der Pyramide ist:

$$|\overrightarrow{OF}| = \sqrt{5^2 + 5^2 + 5^2} = \sqrt{3 \cdot 5^2} = \sqrt{3} \cdot 5$$

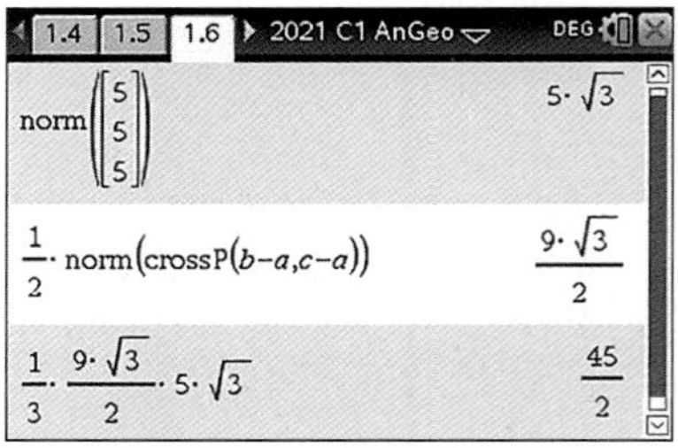

Für den Flächeninhalt des Dreieckes ABC wird verwendet:

$$A_\Delta = \frac{1}{2} \cdot |\overrightarrow{AB} \times \overrightarrow{AC}| = \frac{1}{2} \cdot \left| \begin{pmatrix} 9 \\ 9 \\ 9 \end{pmatrix} \right| = \frac{1}{2} \cdot 9 \cdot \sqrt{3}$$

Das Volumen der Pyramide ABCO wird berechnet durch:

$$V = \frac{1}{3} \cdot A_\Delta \cdot h = \frac{1}{3} \cdot \frac{1}{2} \cdot 9 \cdot \sqrt{3} \cdot \sqrt{3} \cdot 5 = \underline{\underline{\frac{45}{2}\,[\text{VE}]}}$$

Alternative Lösungen:

Die Pyramide ABCO ist ein Tetraeder, das z. B. von $\overrightarrow{AB}$, $\overrightarrow{AC}$, $\overrightarrow{AO}$ aufgespannt wird. Damit ist das Volumen berechenbar durch:

$$V = \frac{1}{6} \cdot |(\overrightarrow{AB} \times \overrightarrow{AC}) \circ \overrightarrow{AO}|$$

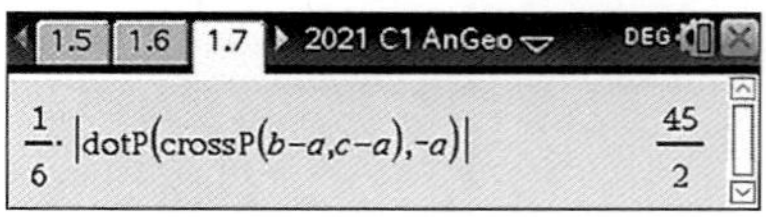

Es ergibt sich dasselbe Ergebnis wie oben.

Flächeninhalt der Grundfläche über $A_\Delta = \frac{a^2}{4} \cdot \sqrt{3}$, wobei $a = |\overrightarrow{AB}| = 3 \cdot \sqrt{2}$ ist:

$$\frac{(3 \cdot \sqrt{2})^2}{4} \cdot \sqrt{3} = \frac{18}{4} \cdot \sqrt{3} = \frac{9}{2} \cdot \sqrt{3}$$

Höhe h der Pyramide über die Hesse'sche Normalenform der Ebenengleichung:

$$\frac{1}{\sqrt{3}} \cdot (x + y + z - 15) = 0$$

Die Höhe h entspricht dem Abstand zum Ursprung, also dem Betrag des Absolutglieds:

$$h = \left| -\frac{1}{\sqrt{3}} \cdot 15 \right| = \frac{15}{3} \cdot \sqrt{3} = 5 \cdot \sqrt{3}$$

f) Schrägbild:

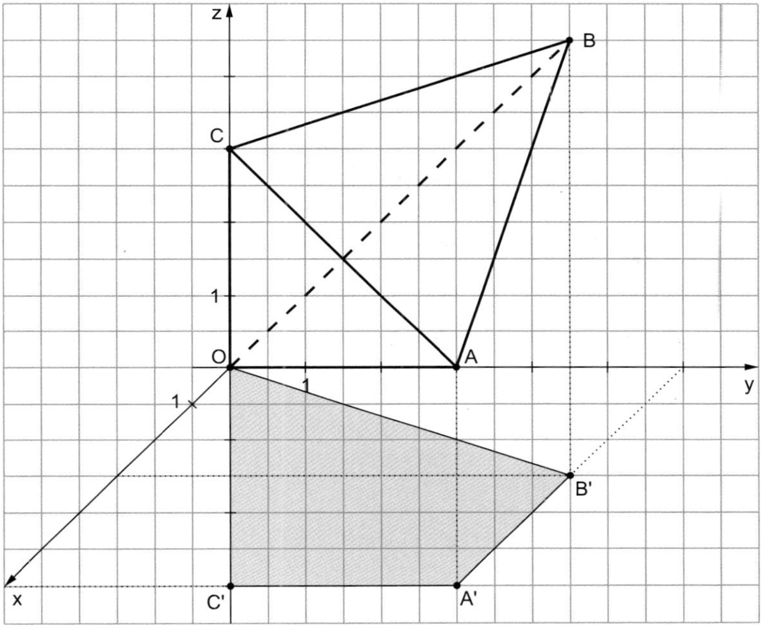

g) (1) Es sei M_{OA} der Mittelpunkt der Seitenkante $\overline{OA}$. Die Strecke $\overline{CM_{OA}}$ zerlegt die Seitenfläche ACO in zwei flächengleiche Teildreiecke ACM_{OA} und OCM_{OA}, weil diese in der Länge der Seiten $\overline{OM_{OA}}$ und $\overline{AM_{OA}}$ übereinstimmen. Außerdem sind diese Seiten bzw. ihre Verlängerungen gleich weit von C entfernt, haben also die gleiche Höhe. Die Teildreiecke ACM_{OA} und OCM_{OA} sind, weil sie in ein und derselben Ebene liegen, gleich weit vom Punkt B entfernt, sodass die Teilkörper $ACM_{OA}B$ und $OCM_{OA}B$ neben den flächengleichen Teildreiecke ACM_{OA} und OCM_{OA} als Grundflächen auch die gleiche Höhe besitzen und somit volumengleich sind. Die Veranschaulichung zeigt die obere Abbildung auf der nächsten Seite.

Die Ebene CBM_{OA} hat die Gleichung:

$$\underline{\underline{\frac{27}{2}x + \frac{27}{2}y - 9z - \frac{135}{2} = 0}}$$

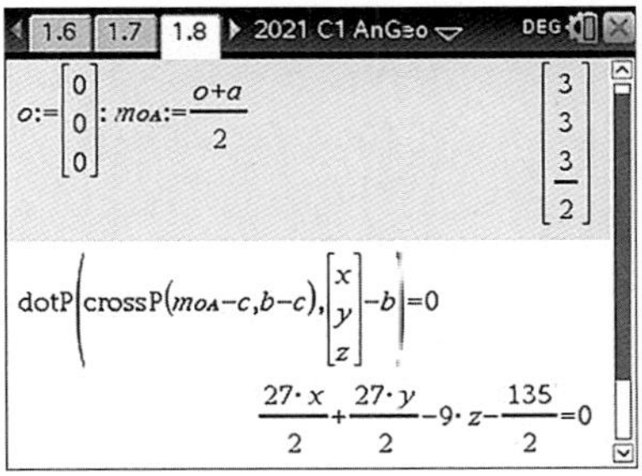

Analog könnte man auch die anderen beiden Seitenflächen halbieren und die entstehenden Teilkörper betrachten: Die untere Abbildung auf der nächsten Seite zeigt die Halbierung der Seitenfläche OBC, die Abbildung auf der übernächsten Seite die von ABC (dort sieht man die zerlegende Schnittfigur wegen der Perspektive nur als Strecke $\overline{OB}$).

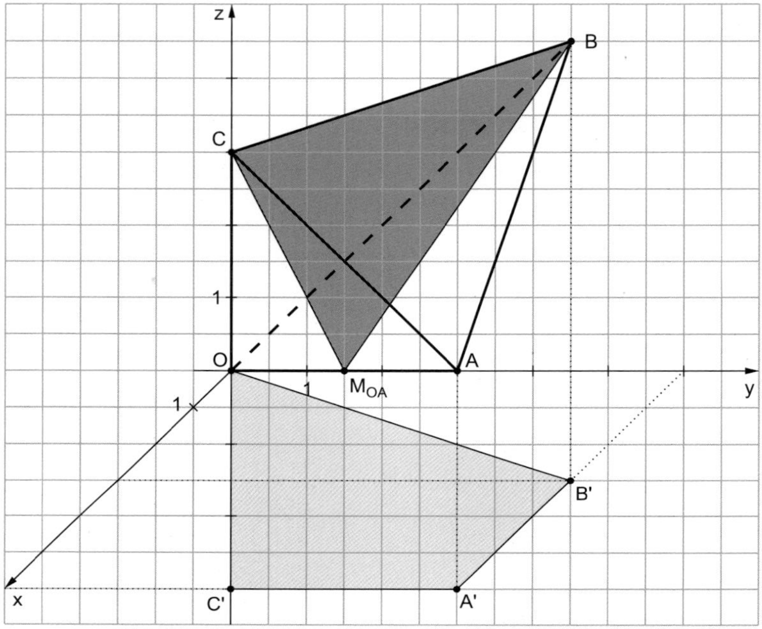
z
B
C
1
O
A
M_OA
1
1
y
B'
x
C'
A'

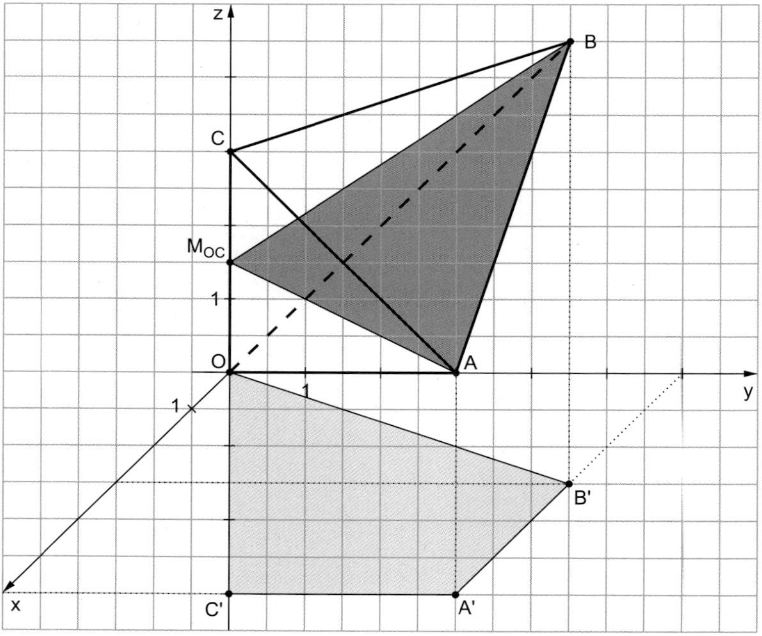
z
B
C
M_OC
1
O
A
1
1
y
B'
x
C'
A'

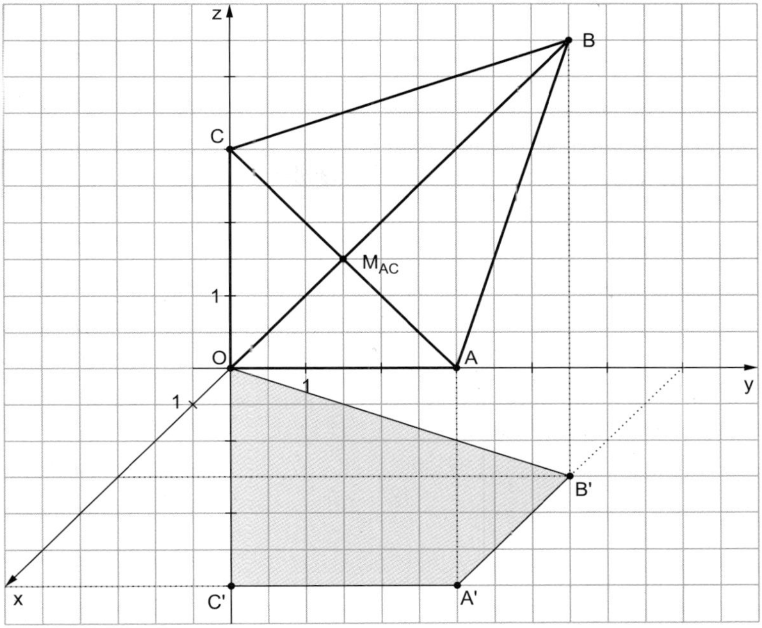

(2) Man kann aber auch die Grundfläche ABC halbieren, z. B. durch die Halbierung der Grundkante $\overline{BC}$. Die Strecke $\overline{AM_{BC}}$ zerlegt die Grundfläche ABC in zwei flächengleiche Teildreiecke ACM_{BC} und ABM_{BC}, weil diese in der Länge der Seiten $\overline{CM_{BC}}$ und $\overline{BM_{BC}}$ übereinstimmen. Außerdem sind diese Seiten bzw. ihre Verlängerungen gleich weit von A entfernt, haben also die gleiche Höhe. Die Teildreiecke ACM_{BC} und ABM_{BC} sind, weil sie in ein und derselben Ebene liegen, gleich weit vom Punkt O entfernt, sodass die Teilkörper $ABM_{BC}O$ und $ACM_{BC}O$ neben den flächengleichen Teildreiecke ACM_{BC} und ABM_{BC} als Grundflächen auch die gleiche Höhe besitzen und somit volumengleich sind. Die Veranschaulichung zeigt die obere Abbildung auf der nächsten Seite.

Die Ebene OAM_{BC} hat die Gleichung:

$$\underline{\underline{-\frac{45}{2}x + \frac{45}{2}y = 0}}$$

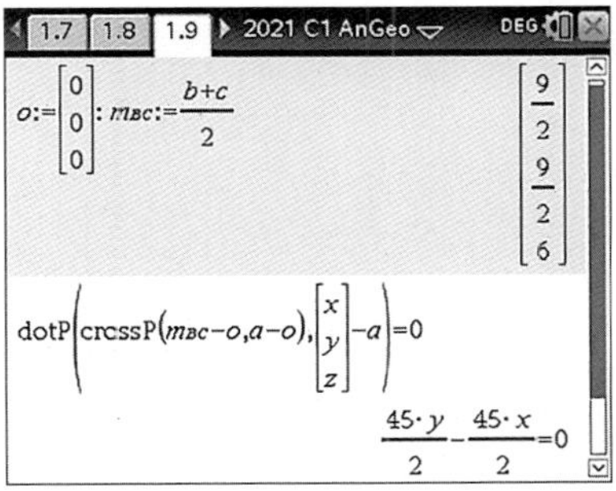

Analog könnte man auch die anderen beiden Grundkanten halbieren und die entstehenden Teilkörper betrachten: Die untere Abbildung auf der nächsten Seite zeigt die Halbierung der Grundkante $\overline{AB}$, die Abbildung auf der übernächsten Seite die von $\overline{AC}$ (dort sieht man die zerlegende Schnittfigur wegen der Perspektive nur als Strecke $\overline{OB}$).

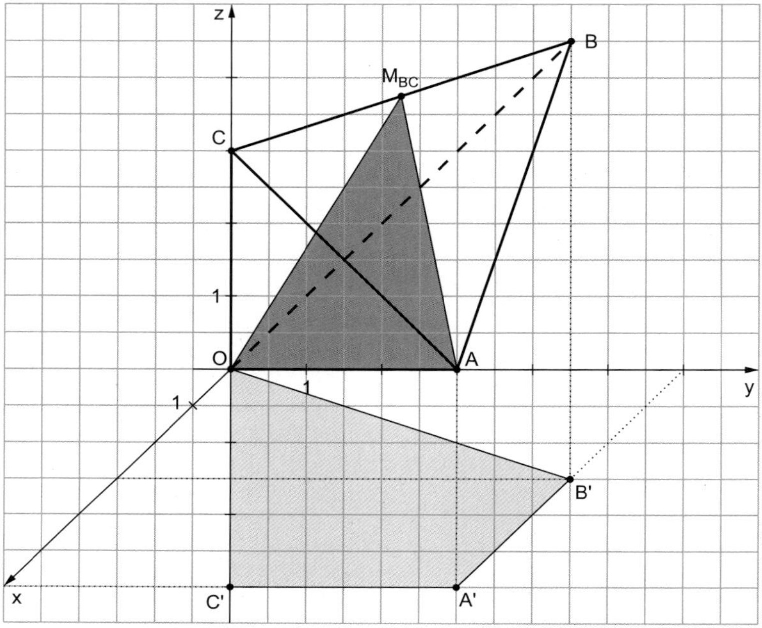
z
B
M_BC
C
1
O
A
1
1
y
B'
x
C'
A'

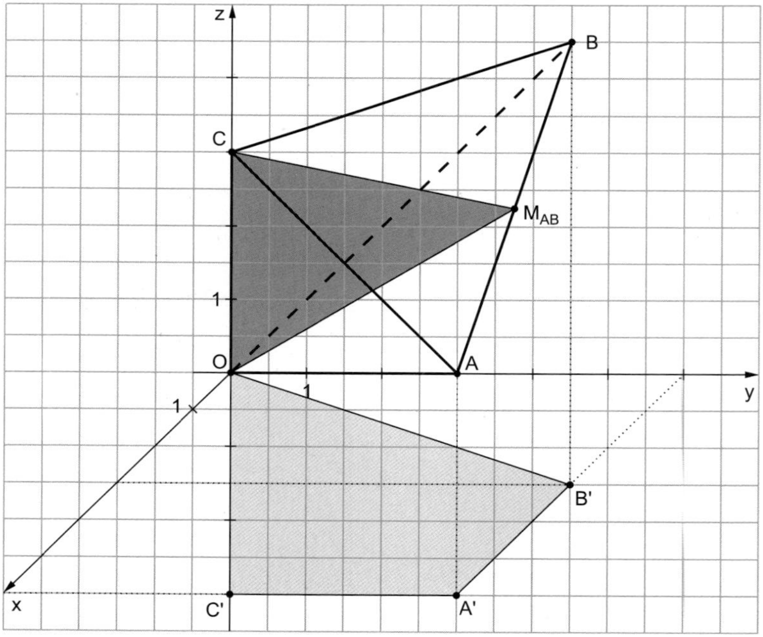
z
B
C
M_AB
1
O
A
1
1
y
B'
x
C'
A'

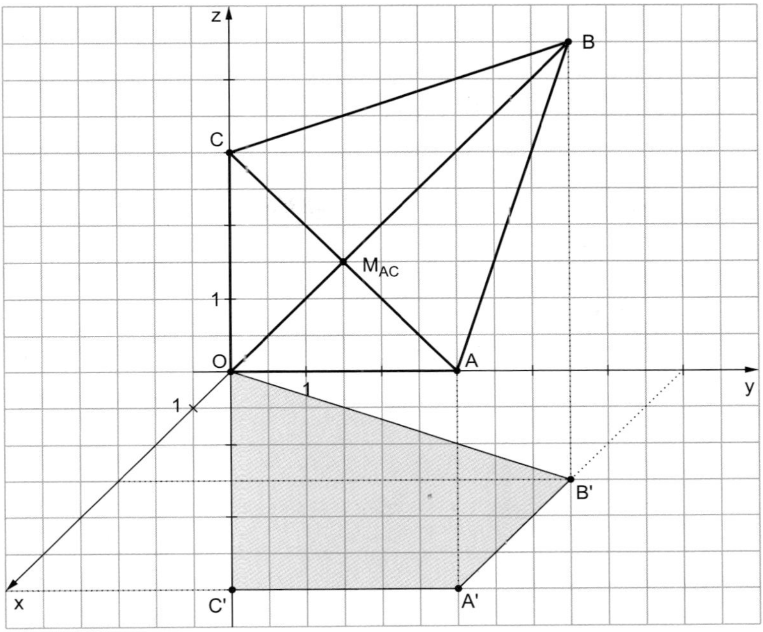

Alternative Lösung:
Schrägbild der Pyramide mit halbierender Ebene bei etwas anderer Perspektive. Die x-Achse wird mit einem Winkel von 153,43° zur y-Achse gezeichnet und eine Verkürzung der Einheit in x-Richtung auf die Länge von $\frac{1}{2} \cdot \sqrt{5}$ Kästchenlängen vorgenommen. Die Einheiten auf der y-Achse und der z-Achse betragen jeweils zwei Kästchenlängen.

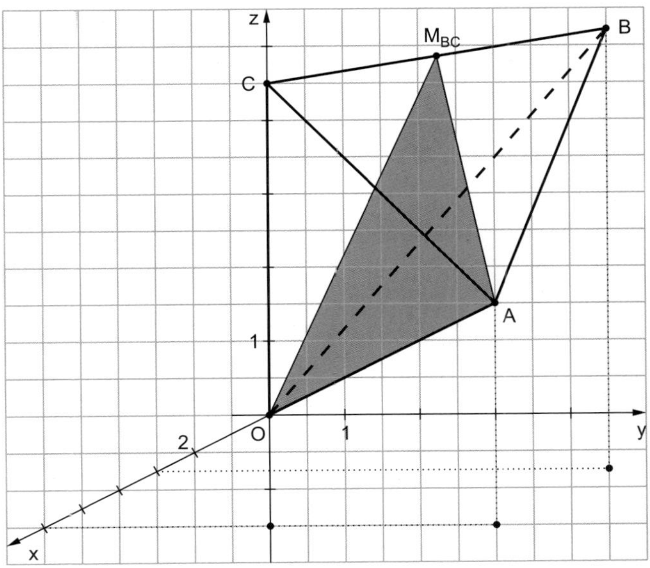

2. a) (1) Die Anzahl n der befragten Schüler ist groß, damit man von einer gewissen Stabilisierung der relativen Häufigkeiten ausgehen kann.

(2) Die Schüler werden unabhängig voneinander befragt.

(3) Es sind keine Mehrfachantworten möglich, jeder Schüler kann nur genau eine Antwort ankreuzen.

b) $P(A) = B_{20;\,0,15}(X \leq 5) \approx \underline{\underline{0,9327}}$

$P(B) = B_{100;\,0,15}(X \geq 20) \approx \underline{\underline{0,1065}}$

$P(C) = B_{80;\,0,35}(20 \leq X \leq 30) \approx \underline{\underline{0,7027}}$

1.1 | 2021 C1 Stoch | RAD

binomCdf(20,0.15,0,5)	0.932692
binomCdf(100,0.15,20,100)	0.106544
binomCdf(80,0.35,20,30)	0.702717

c) Dem Term für P(D) kann man entnehmen, dass von der Gesamtwahrscheinlichkeit 1 zwei Einzelwahrscheinlichkeiten für eine binomialverteilte Zufallsgröße mit $n = 15$, $p = 0,35$ und $k = 15$ sowie $k = 14$ subtrahiert werden. Die Wahrscheinlichkeit $p = 0,35$ kann zwei Sachverhalten zugeordnet werden: „motorisierter Individualverkehr" oder „Fußgänger"

Zwei Beschreibungen sind möglich:
„Von 15 befragten Schülern erreichen höchstens 13 individuell motorisiert die Schule."
oder
„Von 15 befragten Schülern erreichen höchstens 13 als Fußgänger die Schule."

d) Der Erwartungswert μ einer binomialverteilten Zufallsgröße ist $\mu = n \cdot p$, die zugehörige Standardabweichung σ ist:

$\sigma = \sqrt{n \cdot p \cdot (1-p)}$

Zu berechnen ist das Intervall $[\mu - 2 \cdot \sigma;\ \mu + 2 \cdot \sigma]$.

Es ergibt sich rechnerisch das Intervall [7,859; 22,141]. Da es um Anzahlen von Personen geht, sind nur ganzzahlige Intervallgrenzen sinnvoll.

1.1 | 1.2 | 2021 C1 Stoch | RAD

$100 \cdot 0.15 - 2 \cdot \sqrt{100 \cdot 0.15 \cdot (1-0.15)}$	7.85857
$100 \cdot 0.15 + 2 \cdot \sqrt{100 \cdot 0.15 \cdot (1-0.15)}$	22.1414

Mit einer Sicherheitswahrscheinlichkeit von ca. 95 % kann man bei einem Stichprobenergebnis im Intervall $\underline{\underline{[8;\ 22]}}$ davon ausgehen, dass auch bei dem anderen Gymnasium 15 % der Schüler mit dem Fahrrad zur Schule kommen.

Zur Probe können mit dem CAS-Rechner die entsprechenden Wahrscheinlichkeiten berechnet werden.

1.1 | 1.2 | 1.3 | 2021 C1 Stoch | RAD

binomCdf(100,0.15,9,21)	0.933246
binomCdf(100,0.15,8,22)	0.965693

Kernfach Mathematik (Thüringen): Abiturprüfung 2021
Wahlaufgabe C2: Schwerpunkt Stochastik

1. In einer Zufallsstichprobe wurden 1 009 volljährige Thüringer befragt. 74 % der Befragten bezweifeln, dass eine CO_2-Steuer zu einem geringeren CO_2-Ausstoß führen würde. Nur 19 % erwarten einen positiven Effekt auf die CO_2-Bilanz.

   Die Befragung zeigt auch, dass die Thüringer bereit sind, selbst zur Senkung des CO_2-Ausstoßes beizutragen. Von den Befragten wollen
   - 54 % häufiger zu Fuß gehen,
   - 48 % häufiger das Fahrrad nutzen,
   - 45 % öfter auf öffentliche Verkehrsmittel umsteigen.

   Nach: OTZ. 26.08.2019, Seite 1.

   a) Stellen Sie die Befragungsergebnisse zur CO_2-Steuer in einem Kreisdiagramm dar. Begründen Sie, dass diese Art der Darstellung für die Befragung zur Bereitschaft, persönlich zur Senkung des CO_2-Ausstoßes beizutragen, nicht möglich ist. (3 BE)

   b) Gegeben ist die nebenstehende Darstellung einer Binomialverteilung.

   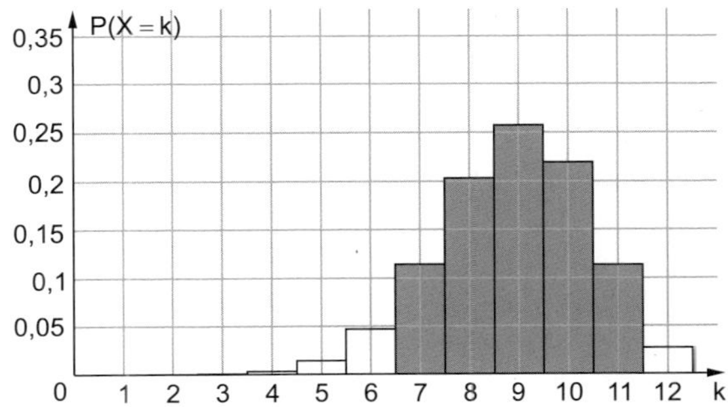

   Begründen Sie, dass die Angaben zur CO_2-Steuer als Grundlage dieser Modellierung dienen können.

   Beschreiben Sie ein Ereignis, das in der Darstellung durch die grau markierte Fläche mathematisch beschrieben wird. (5 BE)

Anita möchte Voraussagen für ihren eigenen Jahrgang treffen. Dafür nutzt sie die Befragungsergebnisse zur Bereitschaft, selbst zur Senkung des CO_2-Ausstoßes beizutragen und verwendet das Modell der Binomialverteilung. Zu ihrem Jahrgang gehören 60 Jugendliche.

   c) Begründen Sie, dass die relativen Häufigkeiten aus der Befragung als Trefferwahrscheinlichkeiten p der zugehörigen Binomialverteilungen interpretiert werden können. (1 BE)

d) Berechnen Sie die Wahrscheinlichkeit folgender Ereignisse:

A := „Weniger als 40 Jugendliche ihres Jahrgangs wollen häufiger zu Fuß gehen."

B := „Mindestens die Hälfte und höchstens drei Viertel der Jugendlichen ihres Jahrgangs wollen häufiger das Fahrrad nutzen."

C := „Die Anzahl der Jugendlichen ihres Jahrgangs, die bereit sind, häufiger das Fahrrad zu benutzen, liegt außerhalb der 1σ-Umgebung um den Erwartungswert." (8 BE)

e) Bestimmen Sie die Anzahl von Personen, die mindestens befragt werden müssen, damit mit einer Wahrscheinlichkeit von mindestens 90 % mindestens 50 der Befragten angeben, häufiger das Fahrrad zu benutzen. (3 BE)

f) Anita nimmt weiterhin an, dass auch an ihrer Schule 48 % der Jugendlichen häufiger das Fahrrad nutzen wollen. Vor der Befragung der 60 Jugendlichen ihres Jahrgangs interessiert sie sich für das Intervall, in dem mit einer Wahrscheinlichkeit von 95 % die Anzahl derer liegt, die bereit sind, häufiger das Fahrrad zu nutzen.
Berechnen Sie das zugehörige Prognoseintervall für die Anzahl dieser Jugendlichen.
Beschreiben Sie seine Bedeutung im Sachzusammenhang. (5 BE)

2. Gegeben sind die Gerade g durch:

$$g\colon \vec{x} = \begin{pmatrix} -1 \\ -1 \\ 4 \end{pmatrix} + r \cdot \begin{pmatrix} -1 \\ -1 \\ 2 \end{pmatrix} \quad (r \in \mathbb{R})$$

und für jede reelle Zahl a die Gerade h_a durch

$$h_a\colon \vec{x} = \begin{pmatrix} 0 \\ 0 \\ 0 \end{pmatrix} + s \cdot \begin{pmatrix} 3 \\ 3 \\ a \end{pmatrix} \quad (s \in \mathbb{R}).$$

a) Zeigen Sie, dass die Geraden g und h_{-6} parallel zueinander verlaufen, aber nicht identisch sind. (2 BE)

b) Berechnen Sie den Abstand der Geraden g und h_{-6}. (3 BE)

c) Es gibt eine Zahl a, so dass sich die Geraden g und h_a unter einem rechten Winkel schneiden.
Berechnen Sie diesen Wert von a und bestimmen Sie die Koordinaten des zugehörigen Schnittpunkts. (5 BE)

d) Die Geraden h_a liegen alle in einer Ebene ε.

Geben Sie zwei Eigenschaften für die Lage der Ebene ε im Raum an.
Bestimmen Sie eine Gleichung der Ebene ε in Koordinatenform. (5 BE)

(40 BE)

Hinweise und Tipps

Aufgabe 1 a

- Berücksichtigen Sie, dass der Vollwinkel von 360° einem Prozentwert von 100 entspricht und dass ein gewisser Teil der Befragten nicht geantwortet hat.
- Kreisdiagramme eignen sich dann besonders gut zur Veranschaulichung eines Sachverhaltes, wenn die betrachteten Daten 100 % ergeben.

Aufgabe 1 b

- Beachten Sie bei Ihrer Begründung die Kenngrößen einer Binomialverteilung: Stichprobengröße n, Trefferwahrscheinlichkeit p sowie die Bedeutung und Lage des Erwartungswertes und dessen Berechnung mit $E(X) = n \cdot p$
- Beachten Sie, dass die markierte Fläche einer Summenwahrscheinlichkeit entspricht.

Aufgabe 1 c

- Wichtige Voraussetzungen für eine Modellierung mit der Binomialverteilung sind die Unabhängigkeit der Einzelversuche bei gleichbleibender Wahrscheinlichkeit.
- Bei jedem Einzelversuch müssen genau zwei Ausgänge möglich sein (Treffer-Niete-Modell).
- Der Stichprobenumfang darf nicht zu klein sein.

Aufgabe 1 d

- Nutzen Sie den CAS-Rechner zur Berechnung der Wahrscheinlichkeiten.
- Machen Sie sich klar, ob die Grenzen bei Redewendungen wie „höchstens“ oder „mindestens“ zum Intervall dazugehören.
- Achten Sie auf die verschiedenen Werte für n und p.
- Berechnen Sie die Sigma-Umgebung um den Erwartungswert.

Aufgabe 1 e

- Es liegt eine „Dreimal-mindestens-Aufgabe“ vor.
- Der Parameter n einer binomialverteilten Zufallsgröße X ist so zu bestimmen, dass $P(X \geq 50) \geq 0{,}9$ gilt. Der Wert für n lässt sich durch systematisches Probieren finden.

Aufgabe 1 f

- Eine Sicherheitswahrscheinlichkeit von 95 % können Sie näherungsweise einer Zwei-Sigma-Umgebung zuordnen.
- Berechnen Sie für $n = 60$ und $p = 0{,}48$ das Prognoseintervall für die Zwei-Sigma-Umgebung um den Erwartungswert. Beachten Sie beim Runden, dass Sie in Richtung der Ungleichheitszeichen runden. Führen Sie eine Probe durch.
- Bei n Befragungen kann aufgrund der 2σ-Regel erwartet werden, dass ca. 95 % der Befragungen im Schnitt Ergebnisse im 95 %-Prognoseintervall liefern, falls die Annahme ($p = 0{,}48$) zutrifft.

Aufgabe 2a

- Speichern Sie die Vektorgleichungen für die Geraden unter geeigneten Variablen ab.
- Geraden sind echt parallel zueinander, wenn die Richtungsvektoren parallel zueinander sind und die Geraden keinen gemeinsamen Punkt haben.

Aufgabe 2b

- Da die Geraden g und h_{-6} parallel zueinander verlaufen, kann man den Abstand der beiden Geraden berechnen, indem man den Abstand eines beliebigen Punktes P der einen Geraden von der anderen Geraden bestimmt.
- Dieser Abstand kann z. B. als Minimum des Betrages des Differenzvektors aus dem Ortsvektor des Punktes P und dem allgemeinen Ortsvektor eines Punktes der anderen Geraden bestimmt werden.
- Weitere Möglichkeiten (Orthogonalitätsbedingung, Flächeninhaltsberechnung) werden als Alternativen dargestellt.

Aufgabe 2c

- Damit zwei Geraden rechtwinklig zueinander verlaufen, müssen die beiden Richtungsvektoren rechtwinklig zueinander sein. Dies überprüft man z. B. mit dem Skalarprodukt.
- Ob ein Schnittpunkt vorliegt, muss dann noch durch Gleichsetzen der beiden Geraden überprüft werden.
- Vergessen Sie nicht, die Koordinaten des Schnittpunktes zu berechnen.

Aufgabe 2d

- Es ist eine Beschreibung der Lage gesucht. Dazu sind Redewendungen hilfreich wie „parallel zu“ (Koordinatenebene bzw. -achse), „senkrecht auf“ (Koordinatenebene) u. ä.
- Berücksichtigen Sie, dass im Richtungsvektor der Geraden h_a zwei Koordinaten nicht von a abhängig sind.
- Sollten Sie Probleme haben, sich die Lage vorzustellen, so berechnen Sie zunächst eine Koordinatengleichung der Ebene und schlussfolgern Sie dann auf deren Lage.
- Zur Koordinatengleichung einer Ebene können Sie über die Normalenform $\vec{n} \circ (\vec{x} - \vec{x}_0) = 0$ gelangen. Dabei ist $\vec{n}$ ein Normalenvektor, $\vec{x} = \begin{pmatrix} x \\ y \\ z \end{pmatrix}$ der Ortsvektor eines beliebigen Punktes der Ebene und $\vec{x}_0$ der Ortsvektor eines bekannten Punktes der Ebene. Einen Normalenvektor können Sie z. B. mit dem Kreuzprodukt aus zwei verschiedenen Richtungsvektoren ermitteln.

Lösungen

1. a) **Kreisdiagramm**

Um die gegebenen Daten in einem Kreisdiagramm zu veranschaulichen, müssen die Prozentwerte in die entsprechenden Winkelgrößen umgerechnet werden.

Es gilt: $100\ \% \mathrel{\hat{=}} 360°$ bzw. $p\ \% \mathrel{\hat{=}} 3{,}6° \cdot p$

Es ergibt sich damit:

Zweifel: $74\ \% \mathrel{\hat{=}} 3{,}6° \cdot 74 = 266{,}4°$

Positiver Effekt: $19\ \% \mathrel{\hat{=}} 3{,}6° \cdot 19 = 68{,}4°$

Keine Angabe: $7\ \% \mathrel{\hat{=}} 3{,}6° \cdot 7 = 25{,}2°$

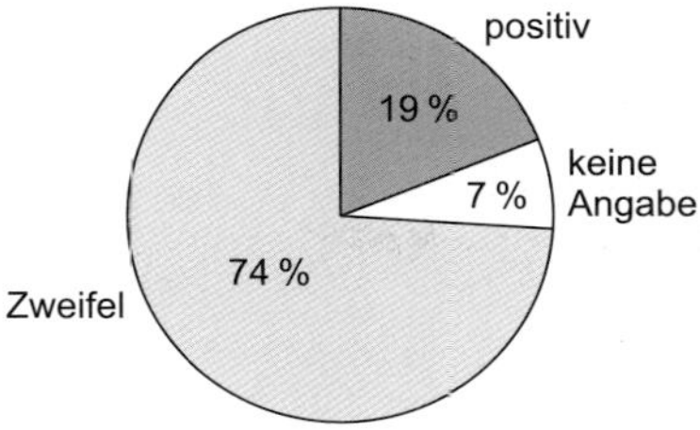

Begründung

Da Mehrfachnennungen möglich waren, was man an der Summe der Prozentangaben erkennt, ist eine Darstellung im Kreisdiagramm nicht sinnvoll.

b) Der grafischen Darstellung kann man die Stichprobengröße $n = 12$ sowie den Erwartungswert $E(X) \approx 9$ entnehmen. Mit der Formel $E(X) = n \cdot p$ zur Berechnung des Erwartungswertes einer binomialverteilten Zufallsgröße X ergibt sich für die Wahrscheinlichkeit p der Wert $p \approx 0{,}75$. Daher passt die Darstellung des nach rechts verschobenen „Gipfels" des Säulendiagramms zu „Zweifel am Nutzen einer CO_2-Steuer".

Die markierte Fläche umfasst die Trefferwahrscheinlichkeit von 7 bis 11 Befragten, die Zweifel haben. Mit der Zufallsgröße X: „Anzahl der Befragten in der Stichprobe, die Zweifel am Nutzen einer CO_2-Steuer haben", ist in der Grafik das Ereignis E: „Von 12 Befragten bezweifeln mindestens 7 und höchstens 11 Befragte, dass eine CO_2-Steuer zu einem geringeren CO_2-Ausstoß führen wird" markiert.

c) (1) Die Anzahl n der befragten Thüringer ist mit $n = 1\,009$ groß genug.

(2) Die Thüringer werden unabhängig voneinander befragt (Zufallsstichprobe).

(3) Es sind keine Mehrfachantworten möglich, jeder Befragte kann nur genau eine von zwei möglichen Antworten ankreuzen, wenn man die Kategorien „häufiger zu Fuß", „Fahrrad" und „öffentliche Verkehrsmittel" einzeln betrachtet.

d) $P(A) = B_{60;\,0,54}(X < 40) \approx \underline{\underline{0{,}9681}}$

$P(B) = B_{60;\,0,48}(30 \le X \le 45) \approx \underline{\underline{0{,}4277}}$

$\mu = 60 \cdot 0{,}48 = 28{,}8;\ \sigma = \sqrt{60 \cdot 0{,}48 \cdot 0{,}52} \approx 3{,}9$

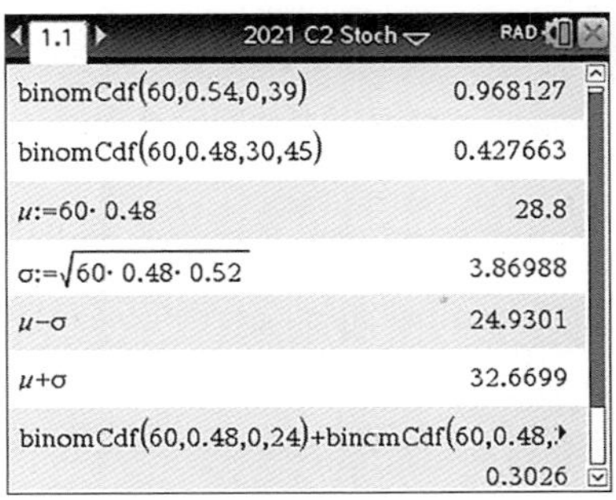

Das 1σ-Intervall ist daher (24,9; 32,7). Es ist nach der Anzahl gefragt, die außerhalb dieses Intervalls liegt. Da Anzahlen ganzzahlig sind, ist der größte ganzzahlige Wert, der unterhalb dieses Intervalls liegt, 24 und der kleinste ganzzahlige Wert, der oberhalb dieses Intervalls liegt, 33. Deshalb wird hier berechnet:

$$P(C) = B_{60;\,0,48}(X < \mu - \sigma) + B_{60;\,0,48}(X > \mu + \sigma)$$

$$= B_{60;\,0,48}(X \le 24) + B_{60;\,0,48}(X \ge 33) \approx \underline{\underline{0{,}3026}}$$

e) Zu betrachten ist:
$B_{n;\,0{,}48}(X \geq 50) \geq 0{,}90$

Das systematische Probieren liefert erstmals für $n = 118$ eine Wahrscheinlichkeit $\geq 0{,}9$.

Mindestens 118 Personen müssen befragt werden.

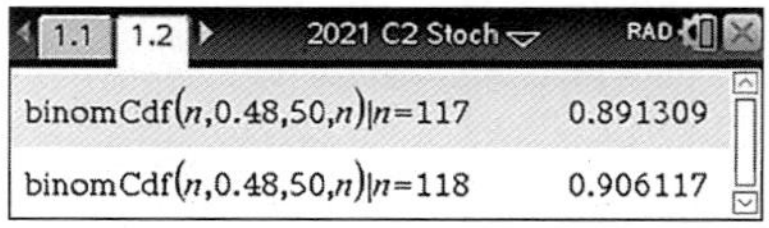

f) **Berechnung des Prognoseintervalls**
Der Erwartungswert μ einer binomialverteilten Zufallsgröße ist $\mu = n \cdot p$, die zugehörige Standardabweichung σ ist:

$$\sigma = \sqrt{n \cdot p \cdot (1-p)}$$

Zu berechnen ist das Intervall
$[\mu - 2 \cdot \sigma;\ \mu + 2 \cdot \sigma]$.

Mit $n = 60$ und $p = 0{,}48$ ergibt sich, wenn man in Richtung der Ungleichheitszeichen rundet, das Intervall $[22;\ 36]$.

Eine Probe liefert: $P(22 \leq X \leq 36) \approx 0{,}948$

Da im Aufgabentext 95 % gefordert werden, wählt man das Intervall $[21;\ 36]$, für welches $P(21 \leq X \leq 36) \approx 0{,}962$ gilt.

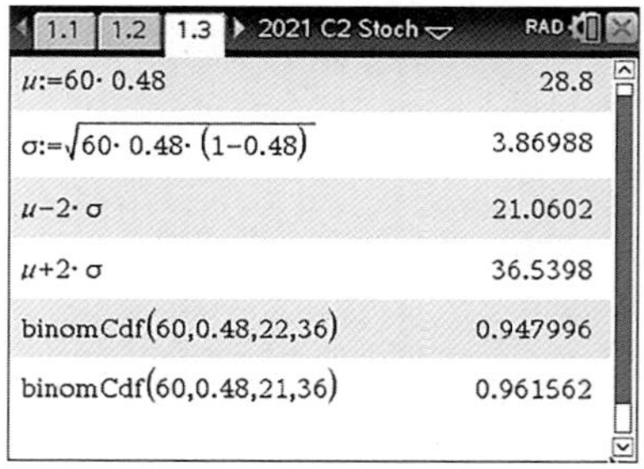

Bedeutung im Sachzusammenhang
Wenn diese Befragung unter gleichen Bedingungen z. B. 100-mal durchgeführt wird, dann kann man in ca. 95 Fällen erwarten, dass mindestens 21 und höchstens 36 Befragte angeben, häufiger mit dem Fahrrad zu fahren.

2. a) Die Gerade

$$g\colon \vec{x} = \begin{pmatrix} -1 \\ -1 \\ 4 \end{pmatrix} + r \cdot \begin{pmatrix} -1 \\ -1 \\ 2 \end{pmatrix} \quad (r \in \mathbb{R})$$

und die Geradenschar

$$h_a\colon \vec{x} = \begin{pmatrix} 0 \\ 0 \\ 0 \end{pmatrix} + s \cdot \begin{pmatrix} 3 \\ 3 \\ a \end{pmatrix} \quad (s \in \mathbb{R})$$

werden als Variablen g(r) bzw. h(a, s) gespeichert.

Das Gleichsetzen der beiden Geradengleichungen g und h_{-6} ergibt keine Lösung. Damit gibt es für die Lagebeziehung der beiden Geraden noch die beiden Möglichkeiten, dass sie windschief verlaufen oder echt parallel sind.

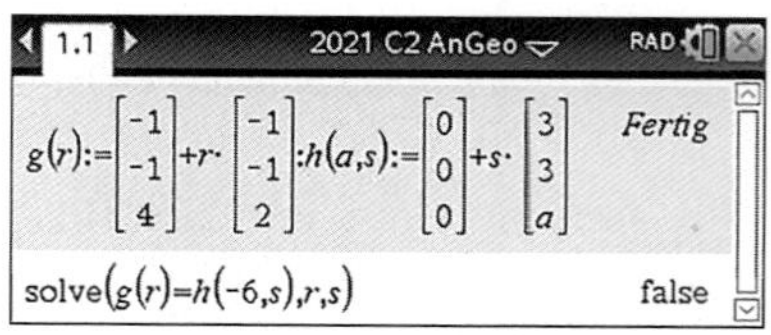

Für $a = -6$ verlaufen die Richtungsvektoren der beiden Geraden parallel zueinander, da

$$\begin{pmatrix} -1 \\ -1 \\ 2 \end{pmatrix} = -\frac{1}{3} \cdot \begin{pmatrix} 3 \\ 3 \\ -6 \end{pmatrix}$$

gilt. Damit ist gezeigt, dass beide Geraden echt parallel zueinander verlaufen.

Alternative Lösung:
Hat man gezeigt, dass die beiden Richtungsvektoren kollinear verlaufen, kann man durch eine Punktprobe zeigen, dass z. B. der Punkt A(–1 | –1 | 4), der dem Stützvektor der Geraden g entspricht, nicht auf der Geraden h_{-6} liegt.

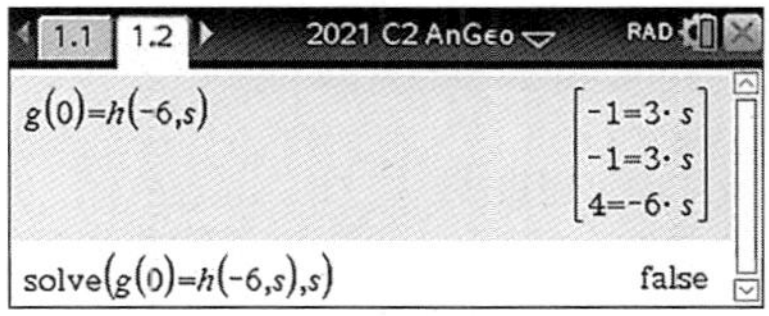

b) Bestimmung des betragskleinsten Vektors zwischen dem Punkt P(0 | 0 | 0) der Geraden h_{-6} und einem allgemeinen Punkt Q der Geraden g:

$$\overrightarrow{PQ} = \begin{pmatrix} -1 \\ -1 \\ 4 \end{pmatrix} + r \cdot \begin{pmatrix} -1 \\ -1 \\ 2 \end{pmatrix} - \begin{pmatrix} 0 \\ 0 \\ 0 \end{pmatrix} = \begin{pmatrix} -1-r \\ -1-r \\ 4+2r \end{pmatrix}$$

Für den Betrag des Vektors $\overrightarrow{PQ}$ ergibt sich:
$|\overrightarrow{PQ}| = \sqrt{2(3r^2 + 10r + 9)}$

Nun wird mit dem fmin-Befehl der betragsmäßig kleinste dieser Vektoren gesucht. Dieser ergibt sich für $r = -\frac{5}{3}$. Für den gesuchten Abstand erhält man schließlich über $|\overrightarrow{PQ}|$ und $r = -\frac{5}{3}$ den Wert $d = \frac{2 \cdot \sqrt{3}}{3}$ LE.

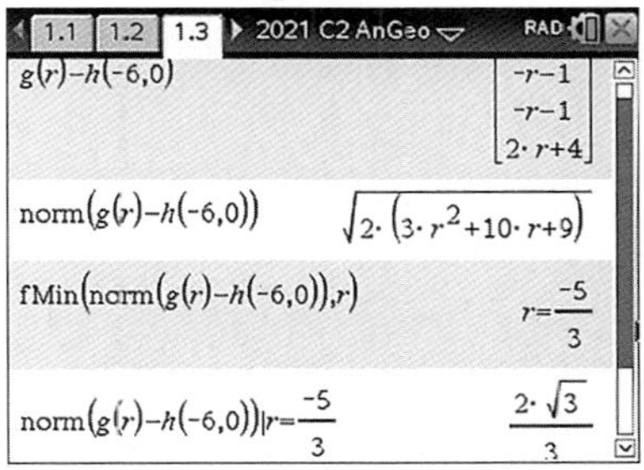

Alternative 1: Orthogonalitätsbedingung
Man bestimmt mit dem Skalarprodukt den Punkt auf der Geraden g, der sich als Lotfußpunkt für P(0 | 0 | 0) ergibt, und berechnet damit den Abstand.

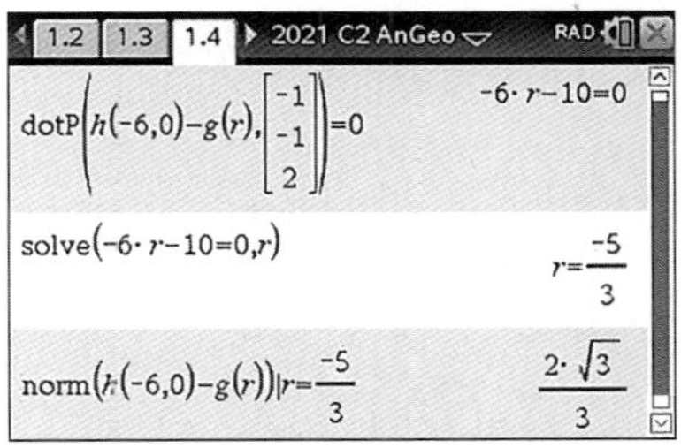

Alternative 2: Flächeninhalt eines Dreiecks
Man berechnet mithilfe der Ortsvektoren dreier Punkte A, B und P, von denen zwei auf der einen Geraden liegen und der dritte auf der anderen Geraden liegt, z. B. mit dem Kreuzprodukt den Flächeninhalt des Dreiecks ABP und nutzt dann die bekannte Formel $A = \frac{1}{2} g \cdot h$ zur Berechnung des Flächeninhaltes eines Dreiecks, um bei bekanntem Flächeninhalt A und bestimmbarer Länge der Grundseite g die Höhe h, also den Abstand, zu berechnen.

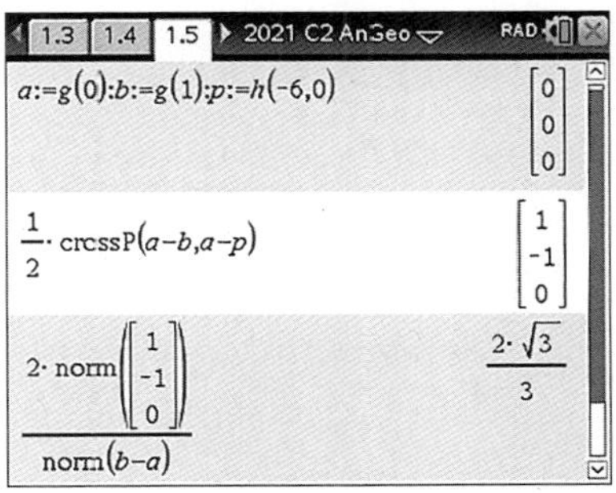

c) Es wird das Skalarprodukt der beiden Richtungsvektoren gleich null gesetzt.

$$\begin{pmatrix}-1\\-1\\2\end{pmatrix}\circ\begin{pmatrix}3\\3\\a\end{pmatrix}=0 \;\Rightarrow\; \underline{\underline{a=3}}$$

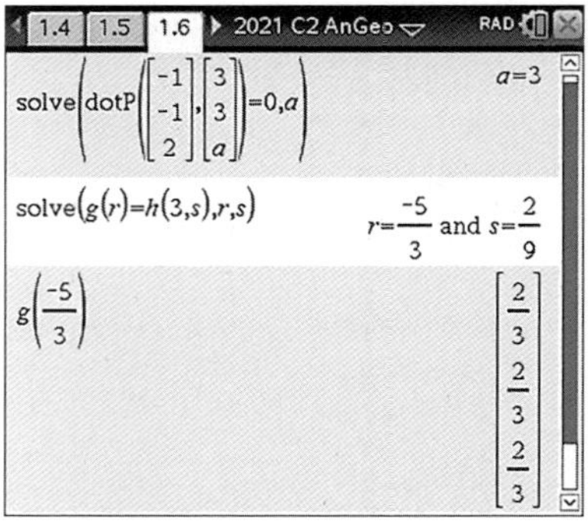

Gleichsetzen der beiden Geraden g und h_3 liefert die Lösungen:

$$r=-\frac{5}{3} \text{ und } s=\frac{2}{9}$$

Als Schnittpunkt erhält man:

$$\underline{\underline{S\left(\frac{2}{3}\,\middle|\,\frac{2}{3}\,\middle|\,\frac{2}{3}\right)}}$$

d) **Eigenschaften**

Alle Geraden der Schar verlaufen durch den Koordinatenursprung, da der Stützvektor $\begin{pmatrix}0\\0\\0\end{pmatrix}$ zu allen Geraden gehört. Die Ebene ε verläuft senkrecht zur xy-Ebene, da der von a abhängige Richtungsvektor der Geradenschar nur in z-Richtung variabel ist. Da im Richtungsvektor in x- und y-Richtung die gleichen Werte vorkommen und alle Ebenen durch den Koordinatenursprung verlaufen, muss die Ebene die Winkelhalbierende zwischen positiver x- und y-Achse enthalten.

Bestimmung einer Koordinatenform

Eine Koordinatengleichung der Ebene kann über die Normalenform $\vec{n}\circ(\vec{x}-\vec{x}_0)=0$ gebildet werden. Der Normalenvektor $\vec{n}$ kann dabei über das Kreuzprodukt aus zwei unterschiedlichen Richtungsvektoren, z. B. mit a = 0 und a = 1, gefunden werden:

$$\begin{pmatrix}3\\3\\0\end{pmatrix}\times\begin{pmatrix}3\\3\\1\end{pmatrix}=\begin{pmatrix}3\\-3\\0\end{pmatrix}$$

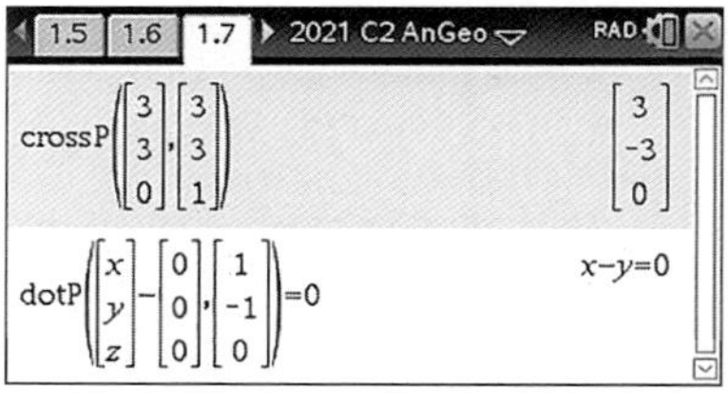

Man wählt dann z. B. den Normalenvektor $\vec{n}=\begin{pmatrix}1\\-1\\0\end{pmatrix}$. Der Vektor $\vec{x}_0$ ist der Ortsvektor eines Punktes, der in der Ebene liegt, also hier z. B. der Ortsvektor $\overrightarrow{OP}=\begin{pmatrix}0\\0\\0\end{pmatrix}$. Das Skalarprodukt $\vec{n}\circ(\vec{x}-\vec{x}_0)=0$ führt auf die Koordinatenform der Ebene:

$\underline{\underline{\varepsilon\colon x-y=0}}$

Alternative Lösung:

Man bestimmt mit den beiden oben genutzten Richtungsvektoren mit a = 0 und a = 1 und dem Punkt P eine Parametergleichung der Ebene und löst das Gleichungssystem, welches sich aus dieser Darstellung ergibt:

$$\begin{pmatrix}x\\y\\z\end{pmatrix}=\begin{pmatrix}0\\0\\0\end{pmatrix}+r\cdot\begin{pmatrix}3\\3\\0\end{pmatrix}+s\cdot\begin{pmatrix}3\\3\\1\end{pmatrix}$$

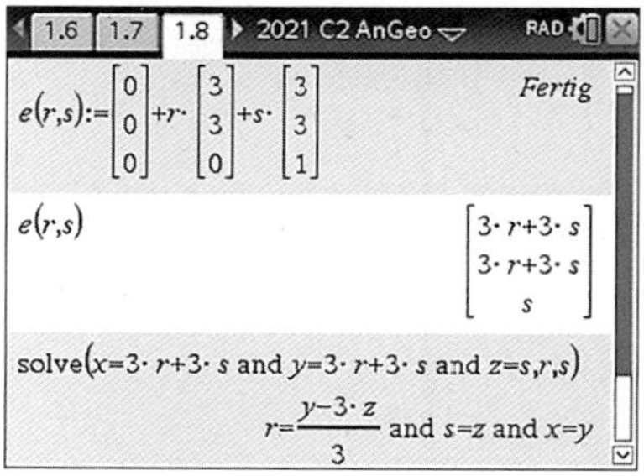

Die Koordinatengleichung ergibt sich zu x = y, also x − y = 0.

Kernfach Mathematik (Thüringen): Abiturprüfung 2022
Pflichtaufgaben Teil A

1. Geben Sie in der Tabelle je eine zugehörige Funktionsgleichung an.

Funktionsgleichung von f	**Funktionsgleichung von f'**
$f(x) = (x+1)(x-1)$	
$f(x) = 4\sqrt{x}$	
$f(x) = x \cdot e^x$	
	$f'(x) = \frac{6}{x^3}$
	$f'(x) = (4x+1)^2$

(5 BE)

2. Gegeben ist die Funktion f durch $f(x) = \sin(x)$ mit $x \in \mathbb{R}$.
   a) Skizzieren Sie den Graphen von f.
   Berechnen Sie den Inhalt der Fläche, die der Graph von f mit der x-Achse im Intervall $-\pi \leq x \leq \pi$ vollständig begrenzt. (3 BE)
   b) Alle Ursprungsgeraden mit positivem Anstieg haben mit dem Graphen von f im Intervall $-\pi \leq x \leq \pi$ gemeinsame Punkte.
   Geben Sie die Anzahl der gemeinsamen Punkte in Abhängigkeit vom Anstieg der Ursprungsgeraden an. (2 BE)

3. Gegeben sind die Funktion g mit $g(x) = -x + 1$ sowie die Scharen der Funktionen f_a mit $f_a(x) = ax^2$ und p_a mit $p_a(x) = f_a(x) \cdot g(x)$ $(a, x \in \mathbb{R};\ a \neq 0)$.
   a) Begründen Sie, dass jede Funktion p_a die Nullstellen $x_1 = 0$ und $x_2 = 1$ besitzt. (2 BE)
   b) Es gibt einen Wert von a, sodass der Graph von p_a in einem Schnittpunkt mit der x-Achse die Tangente mit $g(x) = -x + 1$ besitzt.
   Berechnen Sie diesen Wert für a. (3 BE)

4. Dargestellt sind Graphen der Schar f_t mit

$$f_t(x) = \frac{10}{1 + 10 \cdot e^{-t \cdot x}} \quad (t > 0)$$

für zwei Werte t_1 und t_2 $(t_1 \neq t_2)$ sowie die Asymptote $y = b$.
Die Graphen der Schar f_t schneiden die y-Achse im Punkt $P(0\,|\,a)$.

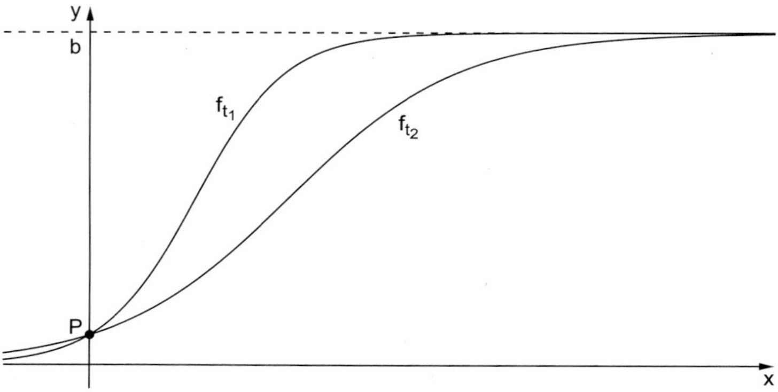

a) Geben Sie die Werte von a und b an. (2 BE)

b) Jeder Graph von f_t besitzt einen Wendepunkt $W_t(x_w \mid y_w)$.
Tragen Sie jeweils das richtige Relationszeichen ein.

$f'_{t_1}(x_w) \;\square\; f'_{t_2}(x_w)$

$f_{t_1}(1) \;\square\; f_{t_2}(1)$

$t_1 \;\square\; t_2$ (3 BE)

5. Gegeben ist das Dreieck ABC mit $A(4 \mid 6 \mid 3)$, $B(2 \mid 8 \mid 5)$ und $C(0 \mid 0 \mid 4)$.

a) Berechnen Sie die Länge der Seitenhalbierenden vom Eckpunkt C zur Seite $\overline{AB}$. (3 BE)

b) Bei Spiegelung von C am Mittelpunkt der Seite $\overline{AB}$ entsteht der Bildpunkt C'. Ermitteln Sie die Koordinaten von C'. (2 BE)

6. Für jede reelle Zahl k sind die Vektoren $\vec{a}_k = \begin{pmatrix} 2 \\ k \\ 1 \end{pmatrix}$ und $\vec{b}_k = \begin{pmatrix} 1 \\ -k \\ k \end{pmatrix}$ gegeben.

a) Berechnen Sie die Werte für k so, dass die Vektoren $\vec{a}_k$ und $\vec{b}_k$ orthogonal zueinander sind. (3 BE)

b) Der Koordinatenursprung und die Vektoren $\vec{a}_k$ und $\vec{b}_k$ erzeugen für jedes k eine Ebene ε_k.
Ermitteln Sie den Wert für k so, dass ε_k die xz-Ebene ist. (2 BE)

7. Der Punkt M ist Schnittpunkt der Diagonalen eines Quadrates ABCD mit $\overrightarrow{AB} = \vec{a}$ und $\overrightarrow{AC} = \vec{e}$.
Der Punkt R ist der Mittelpunkt der Seite $\overline{AB}$.
Auf der Seite $\overline{CD}$ liegt ein Punkt S, der diese Seite im Verhältnis $\overline{DS} : \overline{SC} = 1 : 4$ teilt.

a) Stellen Sie den Sachverhalt grafisch dar. (2 BE)

b) Geben Sie die folgenden Vektoren nur unter Verwendung der Vektoren $\vec{a}$ und $\vec{e}$ an.

$\overrightarrow{CD} =$ $\qquad\qquad$ $\overrightarrow{MR} =$ $\qquad\qquad$ $\overrightarrow{SM} =$ (3 BE)

8. In einem Restaurant wird ein Drei-Gänge-Menü gereicht. Erfahrungsgemäß wählen von 100 Gästen 60 keine Vorspeise, 40 verzichten auf die Nachspeise und 20 wählen weder Vorspeise noch Nachspeise. Alle Gäste wählen den Hauptgang.

   a) Vervollständigen Sie folgende Vierfeldertafel.

	V	$\overline{V}$	
N			
$\overline{N}$		20	
		60	100

Vorspeise (V)
Nachspeise (N)

(2 BE)

   b) Geben Sie die Anzahl der Gäste an, die alle drei Gänge wählen. (1 BE)

   c) Berechnen Sie die Wahrscheinlichkeit dafür, dass ein Gast, der keine Vorspeise wählt, auch auf die Nachspeise verzichtet. (2 BE)

9. Die Füllmenge einer Abfüllmaschine für Milch wird normalverteilt mit einem Erwartungswert von 1 000 $m\ell$ und einer Standardabweichung von 5 $m\ell$ modelliert.
   Die Gleichung der Dichtefunktion einer Normalverteilung ist

$$\varphi(x) = \frac{1}{\sqrt{2\pi\sigma^2}} \cdot e^{-\frac{(x-\mu)^2}{2\sigma^2}}.$$

   a) Gegeben sind die Dichtefunktionen φ_1, φ_2, φ_3 durch:

☐ $\varphi_1(x) = \frac{1}{\sqrt{50\pi}} \cdot e^{-\frac{(x-1005)^2}{50}}$

☐ $\varphi_2(x) = \frac{1}{\sqrt{50\pi}} \cdot e^{-\frac{(x-1000)^2}{50}}$

☐ $\varphi_3(x) = \frac{1}{\sqrt{8\pi}} \cdot e^{-\frac{(x-1000)^2}{8}}$

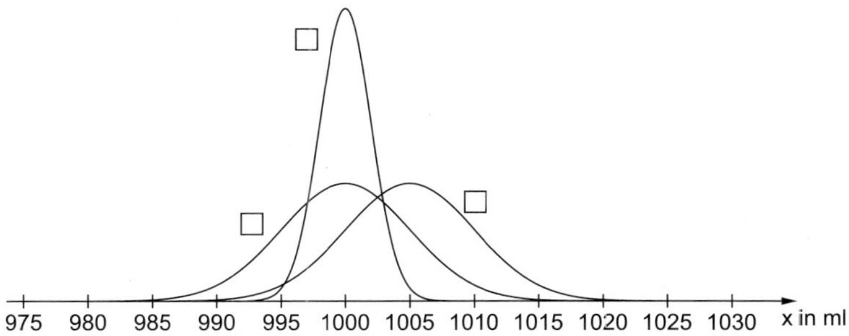

   Kreuzen Sie die Gleichung an, die den obigen Sachverhalt korrekt beschreibt. Ordnen Sie jedem Graphen die zugehörige Dichtefunktion zu. (3 BE)

   b) Geben Sie die 2σ-Umgebung um den Erwartungswert an.
   Beschreiben Sie deren Bedeutung im Sachzusammenhang. (2 BE)

10. Die Abbildung zeigt ein zweistufiges Baumdiagramm für die Ereignisse A und B.

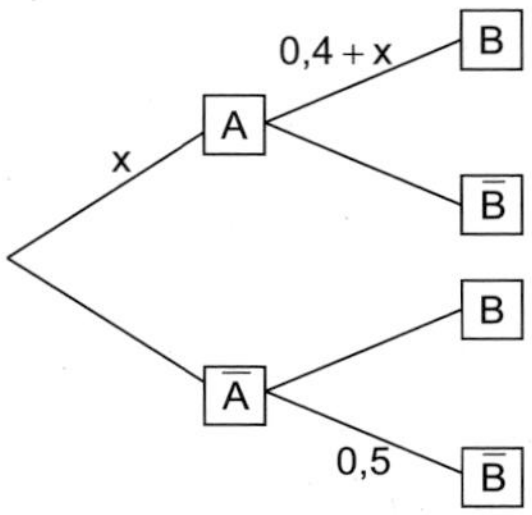

a) Berechnen Sie für $x = 0{,}5$ die Wahrscheinlichkeit P(B). (2 BE)

b) Berechnen Sie x so, dass die Wahrscheinlichkeit P(B) minimal wird. (3 BE)

(40 BE)

Hinweise und Tipps

Aufgabe 1

- Beachten Sie, ob Sie die Funktion f ableiten müssen, um f' zu erhalten, bzw. die Ableitungsfunktion f' integrieren müssen, um die Funktion f zu ermitteln.
- Analysieren Sie die gegebene Termstruktur, um die anzuwendende Ableitungs- bzw. Integrationsregel zu berücksichtigen. Vereinfachen Sie ggf. den gegebenen Term, um eine einfachere Integrationsregel nutzen zu können.
- Beachten Sie die Zusammenhänge: $F'(x) = f(x)$ bzw. $\int f(x)\,dx = F(x) + c$
- Damit gilt auch: $\int f'(x)\,dx = f(x) + c$
- Kontrollieren Sie insbesondere die Ergebnisse, die Regeln der Integralrechnung erfordern, mittels des Zusammenhangs $F'(x) = f(x)$.

Aufgabe 2

Teilaufgabe a

- Skizzieren Sie die Funktion f mindestens im angegebenen Intervall.
- Nutzen Sie zur Berechnung der gesuchten Fläche den bekannten Zusammenhang $\int \sin(x)\,dx = -\cos(x) + c$ und beachten Sie, dass das Integral der orientierten Fläche zwischen der x-Achse und dem Graphen der Funktion im gegebenen Intervall entspricht.

Teilaufgabe b

- Veranschaulichen Sie sich einige Beispiele für Ursprungsgeraden $g(x) = m \cdot x$ für positive $m < 1$ und $m > 1$.

Aufgabe 3

Teilaufgabe a

- Liegt ein Funktionsterm p in Produktform vor, so ergeben sich die Nullstellen der Funktion p aus den Nullstellen der Faktoren.
- Bestimmen Sie die Nullstellen von g und von f_a *oder* setzen Sie die Werte $x = 0$ und $x = 1$ in den Funktionsterm von p_a ein.

Teilaufgabe b

- Bestimmen Sie die 1. Ableitungsfunktion von p_a. Da g den Anstieg $m = -1$ besitzt, untersuchen Sie, ob dies für die Tangente an einer der Nullstellen zutrifft.

Aufgabe 4

Teilaufgabe a

- Um a zu bestimmen, muss für f_t gelten: $f_t(0) = a$. Lösen Sie die entstehende Bruchgleichung und beachten Sie, dass $e^0 = 1$ ist.
- Für die Bestimmung von b kann der Verlauf der Funktion $g(x) = e^{-x}$ im Unendlichen betrachtet werden, um Schlussfolgerungen für das Grenzverhalten der Funktion f_t zu treffen.

Teilaufgabe b

- Zeichnen Sie die Wendepunkte von f_{t_1} und f_{t_2} möglichst genau ein und ermitteln Sie hiermit die jeweiligen Relationszeichen.
- Bei der dritten Teilaufgabe kann man mit zwei selbstgewählten Beispielen mittels Überschlag eine Antwort finden.

Aufgabe 5

Teilaufgabe a

- Die Seitenhalbierende in einem Dreieck verläuft von einem Eckpunkt zum Mittelpunkt der gegenüberliegenden Seite.

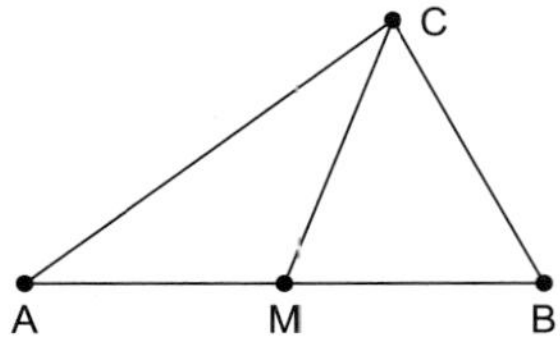

- Der Mittelpunkt M der Seite $\overline{AB}$ kann mittels Vektoren berechnet werden:
  $\overrightarrow{OM} = \overrightarrow{OA} + \frac{1}{2} \cdot \overrightarrow{AB}$ bzw. $\overrightarrow{OM} = \frac{1}{2} \cdot (\overrightarrow{OA} + \overrightarrow{OB})$
- Die Länge der Seitenhalbierenden $\overline{CM}$ kann mit dem Betrag des Vektors $\overrightarrow{CM}$ ermittelt werden.

Teilaufgabe b

- Für den Spiegelpunkt C' von C muss z. B. gelten:
  $\overrightarrow{OC'} = \overrightarrow{OC} + 2 \cdot \overrightarrow{CM}$

Aufgabe 6

Teilaufgabe a

- Die Orthogonalität zweier Vektoren lässt sich mithilfe des Skalarprodukts nachweisen.
- Zwei Vektoren, die verschieden vom Nullvektor sind, sind orthogonal zueinander, wenn ihr Skalarprodukt den Wert null hat.

Teilaufgabe b

- Die xz-Ebene hat die Gleichung $y = 0$.
- Die aus den Vektoren $\vec{a}_k$ und $\vec{b}_k$ sowie dem Ursprung gebildete Ebene lässt sich z. B. in der Parameterform $\vec{x} = \vec{0} + r \cdot \vec{a}_k + s \cdot \vec{b}_k$ mit $r, s \in \mathbb{R}$ oder in der Normalenform $\begin{pmatrix} n_1 \\ n_2 \\ n_3 \end{pmatrix} \circ \left(\begin{pmatrix} x \\ y \\ z \end{pmatrix} - \begin{pmatrix} 0 \\ 0 \\ 0 \end{pmatrix} \right) = 0$ mit dem Normalenvektor $\vec{n} = \begin{pmatrix} n_1 \\ n_2 \\ n_3 \end{pmatrix}$ angeben.
- Wählen Sie eine der Formen aus und berücksichtigen Sie $y = 0$.

Aufgabe 7

Teilaufgabe a

- Zeichnen Sie ein Quadrat ABCD und zeichnen Sie die Diagonalen ein. Wählen Sie mit Blick auf die Lage des Punktes S eine Seitenlänge von fünf Längeneinheiten.
- Markieren Sie die Vektoren $\overrightarrow{AB} = \vec{a}$ und $\overrightarrow{AC} = \vec{e}$.
- Legen Sie die Punkte R und S fest.

Teilaufgabe b

- Stellen Sie die Vektoren $\overrightarrow{CD}$, $\overrightarrow{MR}$ und $\overrightarrow{SM}$ jeweils in einer Vektorsumme dar, in der neben den gesuchten Vektoren nur die Vektoren $\vec{a}$ oder $\vec{e}$ bzw. Vielfache davon vorkommen.

Aufgabe 8

Teilaufgabe a

- Beachten Sie bei der Berechnung der Vierfeldertafel, dass in der rechten Randspalte und der unteren Randzeile immer die Summen der Werte aus den inneren zugehörigen Zeilen bzw. Spalten stehen.
- Die Zahl 100 rechts unten ist sowohl die Summe der beiden darüber stehenden Zahlen als auch die Summe der beiden links von ihr stehenden Zahlen. Sie gibt den Umfang der Stichprobe an.

- Außerdem lassen sich dem Text weitere in die Tabelle gehörende Werte entnehmen, z. B. „40 verzichten auf die Nachspeise".

Teilaufgabe b

- Entnehmen Sie dem Text, wie viele Gäste den Hauptgang wählen.
- Wer alle drei Gänge wählt, muss neben dem Hauptgang sowohl die Vorspeise als auch die Nachspeise wählen.

Teilaufgabe c

- Die gesuchte Wahrscheinlichkeit können Sie aus dem Anteil der Gäste, die keine Nachspeise wählen, an allen, die keine Vorspeise essen, bestimmen.
- Es handelt sich um eine bedingte Wahrscheinlichkeit, die nach der Formel $P_B(A) = \frac{P(A \cap B)}{P(B)}$ berechnet werden kann.
- Da es sich bei der gesuchten Größe um eine Wahrscheinlichkeit handelt, müssten Sie eigentlich von der Vierfeldertafel der absoluten Häufigkeiten zu einer Vierfeldertafel der relativen Häufigkeiten übergehen und dort die interessierenden relativen Häufigkeiten als Wahrscheinlichkeiten nutzen. Es ist aber auch möglich, das Ergebnis durch den prozentualen Anteil der Gästeanzahl, die keine Nachspeise verzehren, an der Anzahl der Gäste, die keine Vorspeise nehmen, auszudrücken.

Aufgabe 9

Teilaufgabe a

- Vergleichen Sie die drei zur Wahl stehenden Funktionsgleichungen mit der im Aufgabentext gegebenen allgemeinen Funktionsgleichung.
- Beachten Sie, dass für den Erwartungswert einer normalverteilten Zufallsgröße üblicherweise die Variable μ und für ihre Standardabweichung die Variable σ verwendet werden.
- Beurteilen Sie, ob die im Text gegebenen Werte für μ und σ in den Termen für φ_1, φ_2 und φ_3 richtig verwendet wurden.
- Beachten Sie, dass die Graphen der Dichtefunktionen normalverteilter Zufallsgrößen symmetrisch zum Erwartungswert sind.
- Verwenden Sie die Tatsache, dass die Wendepunkte der Gauß'schen Glockenkurve jeweils eine Standardabweichung vom Erwartungswert entfernt liegen.

Teilaufgabe b

- Für die 2σ-Umgebung des Erwartungswertes μ gilt $[\mu - 2\sigma; \mu + 2\sigma]$.
- Setzen Sie die gegebenen Werte ein.
- Verwenden Sie, dass ungefähr 95 % der Werte einer normalverteilten Zufallsgröße in der 2σ-Umgebung des Erwartungswertes μ liegen.

Aufgabe 10

Teilaufgabe a

- Ergänzen Sie die fehlenden Wahrscheinlichkeiten im Baumdiagramm.
- Beachten Sie, dass sich die Pfadwahrscheinlichkeiten an jeder Verzweigung zu 1 addieren.
- Wählen Sie die Pfade aus, die für P(B) relevant sind.
- Berechnen Sie die Produkte der Pfadwahrscheinlichkeiten längs jedes Pfades (1. Pfadregel).
- Addieren Sie diese Produkte (2. Pfadregel).

Teilaufgabe b

- Berechnen Sie zunächst P(B) in Abhängigkeit von x.
- Vereinfachen Sie den Term durch Zusammenfassen.
- Ermitteln Sie das lokale Extremum dieser Funktion als Scheitelpunkt der zugehörigen Parabel oder mit den Mitteln der Analysis.

Lösungen

1.

Funktionsgleichung von f	Funktionsgleichung von f'
$f(x) = (x+1)(x-1)$	$\underline{\underline{f'(x) = 1 \cdot (x-1) + (x+1) \cdot 1 = 2x}}$
$f(x) = 4\sqrt{x}$	$\underline{\underline{f'(x) = 4 \cdot \left(\frac{1}{2} x^{-\frac{1}{2}}\right) = \frac{2}{\sqrt{x}}}}$
$f(x) = x \cdot e^x$	$\underline{\underline{f'(x) = 1 \cdot e^x + x \cdot e^x = e^x \cdot (1+x)}}$
$\underline{\underline{f(x) = -\frac{3}{x^2}}}$	$f'(x) = \frac{6}{x^3}$
$\underline{\underline{f(x) = \frac{1}{12}(4x+1)^3}}$	$f'(x) = (4x+1)^2$

Hinweis:
Folgende Regeln wurden (in dieser Reihenfolge) für die Berechnung der Funktionsgleichungen verwendet:

- Produktregel der Differenzialrechnung: $(f(x) \cdot g(x))' = f'(x) \cdot g(x) + f(x) \cdot g'(x)$
  Oder nach Anwendung der binomischen Formel: Potenzregel für $f(x) = x^2 - 1$
- Potenzregel der Differenzialrechnung: $(x^n)' = n \cdot x^{n-1}$ (mit $\sqrt{x} = x^{\frac{1}{2}}$)
- Produktregel der Differenzialrechnung: $(f(x) \cdot g(x))' = f'(x) \cdot g(x) + f(x) \cdot g'(x)$
- Potenzregel der Integralrechnung: $\int x^n \, dx = \frac{x^{n+1}}{n+1} + C$ (mit $n = -3$)
- Umkehrung der linearen Substitutionsregel der Integralrechnung:
  $\int g'(ax+b) \, dx = \frac{1}{a} g(ax+b) + C$ (mit $g'(z) = z^2$ und $g(z) = \frac{1}{3} z^3$)
  Oder nach Anwendung der binomischen Formel: Potenzregel für $f'(x) = 16x^2 + 8x + 1$

2. a) **Skizze**

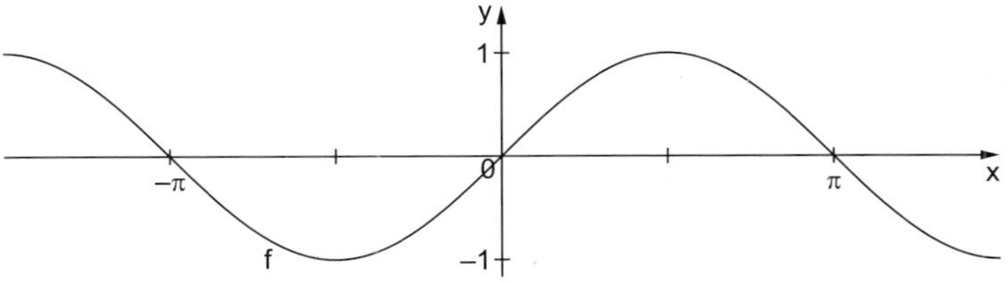

Flächeninhalt berechnen
Da das Integral den orientierten Inhalt der Fläche zwischen der x-Achse und dem Graphen der Funktion angibt, ergibt sich für die Berechnung:

$$A = -\int_{-\pi}^{0} f(x) \, dx + \int_{0}^{\pi} f(x) \, dx = -[-\cos(x)]_{-\pi}^{0} + [-\cos(x)]_{0}^{\pi}$$

$$= -(-1-1) + (1-(-1)) = \underline{\underline{4 \text{ FE}}}$$

Berücksichtigt man die Symmetrie der Sinusfunktion im gegebenen Intervall zum Koordinatenursprung, so vereinfacht sich die Berechnung zu:

$$A = 2 \cdot \int_0^{\pi} f(x)\,dx = 2 \cdot \left[-\cos(x)\right]_0^{\pi} = 2 \cdot (1-(-1)) = \underline{\underline{4\text{ FE}}}$$

b) Eine mögliche Skizze könnte so aussehen:

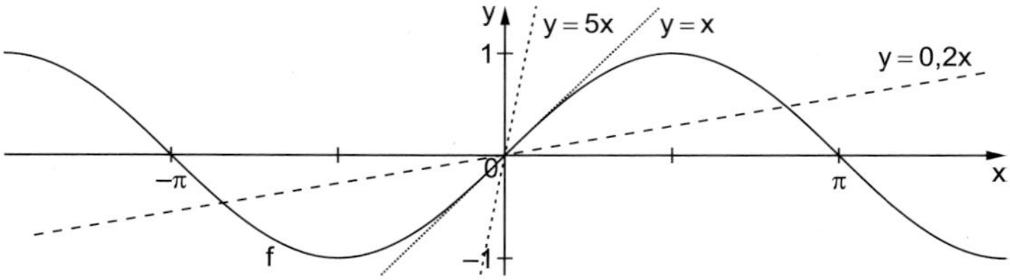

Dies bedeutet: $\underline{\underline{0 < m < 1\text{: drei gemeinsame Punkte}}}$ bzw.

$\underline{\underline{m \geq 1\text{: ein gemeinsamer Punkt}}}$

3. a) $p_a(x) = (a \cdot x^2) \cdot (-x+1)$

Nullstellen der Faktoren:

$a \cdot x^2 = 0$ Einzige Nullstelle ist $x = 0$.

$-x+1 = 0$ Einzige Nullstelle ist $x = 1$.

Damit ist gezeigt, dass p_a die beiden Nullstellen $x = 0$ und $x = 1$ hat.

Lösungsvariante:

$p_a(0) = (a \cdot 0^2) \cdot (-0+1) = 0$ bzw. $p_a(1) = (a \cdot 1^2) \cdot (-1+1) = 0$

b) Bestimmung der 1. Ableitungsfunktion von p:

Mit $p_a(x) = -a \cdot x^3 + a \cdot x^2$ ergibt sich:

$p'_a(x) = -3 \cdot a \cdot x^2 + 2 \cdot a \cdot x$

Untersuchung, ob $p'_a(x) = -1$ für eine der Nullstellen von p_a gilt:

$p'_a(0) = 0$ entfällt

$p'_a(1) = -3 \cdot a \cdot 1^2 + 2 \cdot a \cdot 1 = -3a + 2a = -a$

Hieraus folgt $a = 1$.

Überprüfung, ob die Funktion g auch bei $x = 1$ die x-Achse schneidet:

$g(1) = 0$

Für $\underline{\underline{a = 1}}$ hat der Graph von p_1 im Schnittpunkt $(1 \mid 0)$ mit der x-Achse die Tangente mit der Gleichung $g(x) = -x + 1$.

4. a) Mit $f_t(0) = a$ folgt:

$$\frac{10}{1 + 10 \cdot e^{-t \cdot 0}} = a$$

Hieraus folgt $10 = (1 + 10 \cdot 1) \cdot a$ und damit $\underline{\underline{a = \frac{10}{11}}}$.

Für $x \to \infty$ gilt $e^{-t \cdot x} \to 0$. Damit verbleibt vom Funktionsterm von f_t nur $\frac{10}{1}$ übrig. Dies bedeutet, dass f_t die Asymptote $y = 10$ hat, also ist $\underline{\underline{b = 10}}$.

b) Eine mögliche Skizze könnte so aussehen:

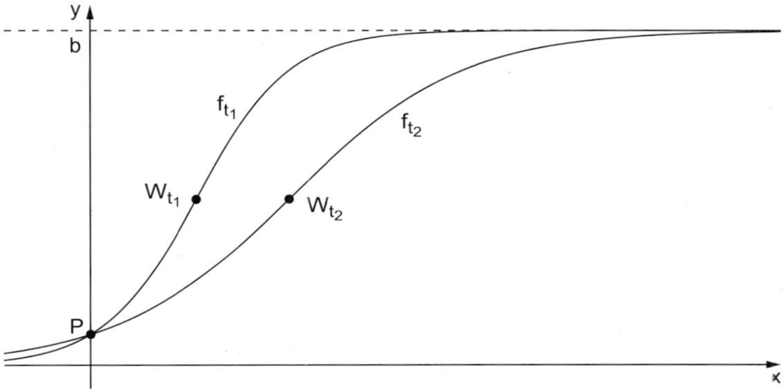

Hieraus lässt sich ablesen:

$f'_{t_1}(x_W) \boxed{>} f'_{t_2}(x_W)$

$f_{t_1}(1) \boxed{>} f_{t_2}(1)$

$t_1 \boxed{>} t_2$

Hinweis: Wählt man z. B. $t_1 = 1$ und $t_2 = 2$ sowie $x = 1$, dann folgt aus $e^{-2} < e^{-1}$, dass der Nenner für t_2 größer ist als der Nenner von t_1 und damit der gesamte Term für t_1 größer ist als derjenige für t_2.

5. a) $\overrightarrow{OM} = \frac{1}{2} \cdot (\overrightarrow{OA} + \overrightarrow{OB}) = \frac{1}{2} \cdot \left(\begin{pmatrix} 4 \\ 6 \\ 3 \end{pmatrix} + \begin{pmatrix} 2 \\ 8 \\ 5 \end{pmatrix} \right) = \begin{pmatrix} 3 \\ 7 \\ 4 \end{pmatrix}$

$\overrightarrow{CM} = \overrightarrow{OM} - \overrightarrow{OC} = \begin{pmatrix} 3 \\ 7 \\ 4 \end{pmatrix} - \begin{pmatrix} 0 \\ 0 \\ 4 \end{pmatrix} = \begin{pmatrix} 3 \\ 7 \\ 0 \end{pmatrix}$

$\overline{CM} = |\overrightarrow{CM}| = \sqrt{3^2 + 7^2 + 0^2} = \underline{\underline{\sqrt{58}\ \text{LE}}}$

b) $\overrightarrow{OC'} = \overrightarrow{OC} + 2 \cdot \overrightarrow{CM} = \begin{pmatrix} 0 \\ 0 \\ 4 \end{pmatrix} + 2 \cdot \begin{pmatrix} 3 \\ 7 \\ 0 \end{pmatrix} = \begin{pmatrix} 6 \\ 14 \\ 4 \end{pmatrix} \quad \Rightarrow \quad \underline{\underline{C'(6\,|\,14\,|\,4)}}$

6. a) Das Skalarprodukt der Vektoren $\vec{a}_k$ und $\vec{b}_k$ ist:

$\vec{a}_k \circ \vec{b}_k = \begin{pmatrix} 2 \\ k \\ 1 \end{pmatrix} \circ \begin{pmatrix} 1 \\ -k \\ k \end{pmatrix} = 2 \cdot 1 + k \cdot (-k) + 1 \cdot k = 2 - k^2 + k$

Das Skalarprodukt wird null gesetzt und die so entstandene quadratische Gleichung mithilfe der p-q-Formel nach k gelöst:

$2-k^2+k=0 \quad |\cdot(-1)$

$k^2-k-2=0$

$p=-1; q=-2$

$$k_{1;2}=\frac{1}{2}\pm\sqrt{\left(\frac{1}{2}\right)^2-(-2)}=\frac{1}{2}\pm\sqrt{\frac{1}{4}+\frac{8}{4}}=\frac{1}{2}\pm\sqrt{\frac{9}{4}}=\frac{1}{2}\pm\frac{3}{2}$$

$$k_1=\frac{1}{2}-\frac{3}{2}=\frac{-2}{2}=-1 \text{ und } k_2=\frac{1}{2}+\frac{3}{2}=\frac{4}{2}=2$$

Für $\underline{\underline{k=-1}}$ und $\underline{\underline{k=2}}$ sind die Vektoren $\vec{a}_k$ und $\vec{b}_k$ orthogonal zueinander.

b) Verwendung der Parameterform $\vec{x}=\vec{0}+r\cdot\vec{a}_k+s\cdot\vec{b}_k$:

$$\vec{x}=r\cdot\begin{pmatrix}2\\k\\1\end{pmatrix}+s\cdot\begin{pmatrix}1\\-k\\k\end{pmatrix}$$

Wegen $y=0$ muss $r\cdot k+s\cdot(-k)=(r-s)\cdot k=0$ für beliebige reelle Zahlen r und s gelten. Dies ist nur der Fall, wenn $k=0$ ist.

Alternativ mit Normalenform

Berechnung eines Normalenvektors aus den Vektoren $\vec{a}_k$ und $\vec{b}_k$:

$$\vec{a}_k\times\vec{b}_k=\begin{pmatrix}2\\k\\1\end{pmatrix}\times\begin{pmatrix}1\\-k\\k\end{pmatrix}=\begin{pmatrix}k\cdot k-1\cdot(-k)\\1\cdot1-2\cdot k\\2\cdot(-k)-k\cdot1\end{pmatrix}=\begin{pmatrix}k^2+k\\1-2k\\-3k\end{pmatrix}$$

Die xz-Ebene hat den Normalenvektor $\vec{n}=\begin{pmatrix}n_1\\n_2\\n_3\end{pmatrix}=\begin{pmatrix}0\\1\\0\end{pmatrix}$.

Für die xz-Ebene muss also $n_3=0$ sein, deshalb gilt $-3k=0$. Diese Gleichung ist nur für $k=0$ erfüllt.

Die Ebene ε_k ist für $\underline{\underline{k=0}}$ die xz-Ebene.

7. a)

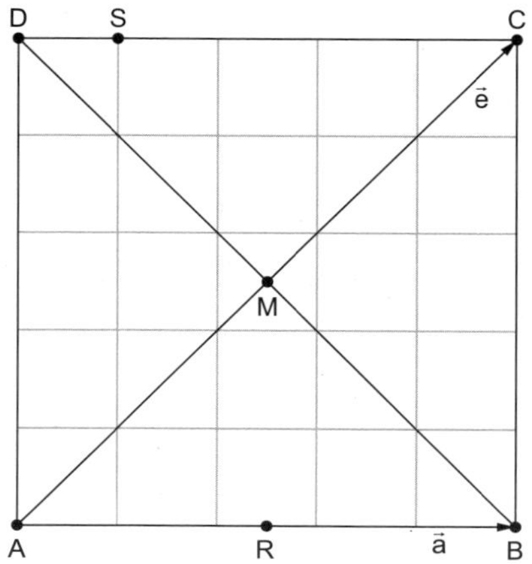

b) $\overrightarrow{CD} = \underline{\underline{-\vec{a}}}$

$$\overrightarrow{AM} + \overrightarrow{MR} = \overrightarrow{AR}$$
$$\frac{1}{2}\vec{e} + \overrightarrow{MR} = \frac{1}{2}\vec{a}$$
$$\overrightarrow{MR} = \underline{\underline{\frac{1}{2}\vec{a} - \frac{1}{2}\vec{e}}}$$

$$\overrightarrow{SM} + \overrightarrow{MC} + \overrightarrow{CS} = \vec{0}$$
$$\overrightarrow{SM} + \frac{1}{2}\vec{e} - \frac{4}{5}\vec{a} = \vec{0}$$
$$\overrightarrow{SM} = \underline{\underline{\frac{4}{5}\vec{a} - \frac{1}{2}\vec{e}}}$$

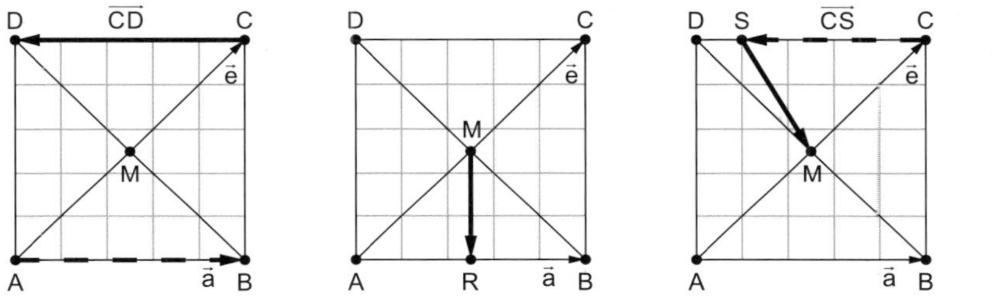

8. a)

	V	$\overline{V}$	
N	**20**	**40**	**60**
$\overline{N}$	**20**	20	**40**
	40	60	100

	V	$\overline{V}$	
N	40 − 20 = 20	60 − 20 = 40	100 − 40 = 60
$\overline{N}$	40 − 20 = 20	20	40 (Text)
	100 − 60 = 40	60	100

b) Dem Text lässt sich entnehmen, dass alle Gäste den Hauptgang wählen. Aus der Vierfeldertafel kann man ablesen, dass 20 Gäste sowohl Vorspeise als auch Nachspeise wählen (Eintrag bei $V \cap N$).

Also sind es auch <u>20 Gäste</u>, die alle drei Gänge wählen.

c) Vierfeldertafel der relativen Häufigkeiten:

	V	$\overline{V}$	
N	0,2	0,4	0,6
$\overline{N}$	0,2	0,2	0,4
	0,4	0,6	1,0

$h_{100}(\overline{V} \cap \overline{N})$ → 0,2

$h_{100}(\overline{V})$ → 0,6

$$P_{\overline{V}}(\overline{N}) = \frac{P(\overline{V} \cap \overline{N})}{P(\overline{V})} = \frac{h_{100}(\overline{V} \cap \overline{N})}{h_{100}(\overline{V})} = \frac{0,2}{0,6} = \frac{1}{3}$$

Die Wahrscheinlichkeit dafür, dass ein Gast, der keine Vorspeise verzehrt, auch auf die Nachspeise verzichtet, beträgt $\underline{\underline{\frac{1}{3}}}$.

Alternativ:

$$p = \frac{20}{60} = \underline{\underline{\frac{1}{3}}}$$

9. a) Es gilt $\mu = 1000$ (*mℓ*) und $\sigma = 5$ (*mℓ*). Damit ist $\frac{1}{\sqrt{2\pi\sigma^2}} = \frac{1}{\sqrt{2\pi \cdot 5^2}} = \frac{1}{\sqrt{50\pi}}$. Wegen dieses Ergebnisses entfällt die Dichtefunktion φ_3.

Es gilt $2\sigma^2 = 2 \cdot 5^2 = 2 \cdot 25 = 50$ und $(x - \mu)^2 = (x - 1000)^2$. Da die Dichtefunktion φ_1 im Exponenten aber den Term $(x - 1005)^2$ aufweist, kann auch diese Funktion ausgeschlossen werden. Lediglich in der Gleichung für φ_2 werden die Werte für μ und σ richtig verwendet, also ist die Funktion $\underline{\underline{\varphi_2}}$ anzukreuzen.

Aus den bisher gewonnenen Erkenntnissen folgt auch, dass der am weitesten rechts liegende Graph wegen des hier verwendeten Erwartungswertes von 1005 zur Dichtefunktion φ_1 gehört. Zu den beiden anderen Graphen gehört der Erwartungswert 1000. Da die beiden flacheren, gleich hohen Graphen aber denselben Vorfaktor $\frac{1}{\sqrt{50\pi}}$ besitzen, muss der zweite dieser beiden Graphen zu φ_2 gehören, weil der andere, wie bereits erläutert, zu φ_1 gehört. Da außerdem $\frac{1}{\sqrt{8\pi}} > \frac{1}{\sqrt{50\pi}}$ gilt, muss der höhere Graph zu φ_3 gehören.

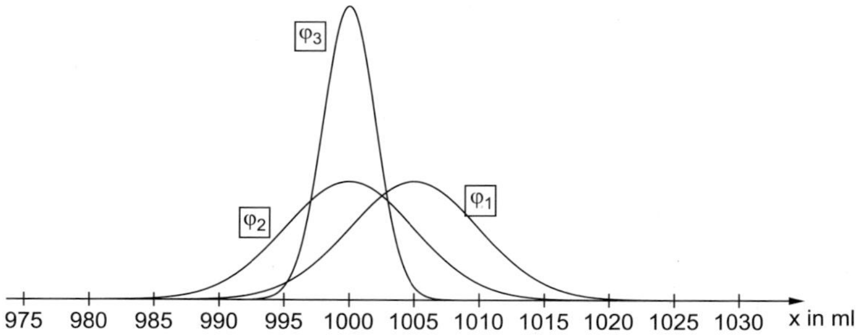

Alternativ:
φ_1 muss der Graph rechts sein, da nur für diesen $\mu = 1005$ gilt. Die flachere Kurve mit $\mu = 1000$ hat eine größere Standardabweichung, daher ist dies φ_2.

b) 2σ-Umgebung des Erwartungswertes μ:

$$[\mu - 2\sigma; \mu + 2\sigma] = [1000 - 2 \cdot 5; 1000 + 2 \cdot 5] = \underline{\underline{[990; 1010]}}$$

Bedeutung im Sachzusammenhang:
Ungefähr 95 % der Abfüllmengen dieser Maschine liegen zwischen 990 *mℓ* und 1010 *mℓ* Milch.

10. a) $P(B) = x \cdot (0{,}4 + x) + (1 - x) \cdot (1 - 0{,}5)$

Für $x = 0{,}5$ ergibt sich:

$P(B) = 0{,}5 \cdot (0{,}4 + 0{,}5) + (1 - 0{,}5) \cdot (1 - 0{,}5)$

$= 0{,}5 \cdot 0{,}9 + 0{,}5 \cdot 0{,}5 = 0{,}45 + 0{,}25 = \underline{\underline{0{,}70}}$

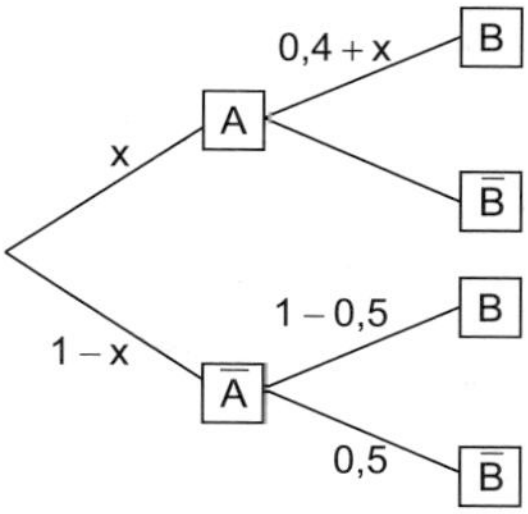

b) $P(B) = x \cdot (0{,}4 + x) + (1 - x) \cdot (1 - 0{,}5)$

$= 0{,}4x + x^2 + 1 - 0{,}5 - x + 0{,}5x$

$= x^2 - 0{,}1x + 0{,}5$

$f(x) = x^2 - 0{,}1x + 0{,}5$

Quadratische Ergänzung:

$f(x) = (x - 0{,}05)^2 + 0{,}4975$

Der Scheitelpunkt liegt an der Stelle $x = 0{,}05$. Da die Parabel nach oben geöffnet ist, liegt bei $x = 0{,}05$ ein lokales Minimum vor.

Alternativ:

$f(x) = x^2 - 0{,}1x + 0{,}5; \quad f'(x) = 2x - 0{,}1; \quad f''(x) = 2$

Notwendige Bedingung $f'(x) = 0$:

$2x - 0{,}1 = 0 \quad \Rightarrow \quad x = 0{,}05$ ist mögliche Extremstelle.

Hinreichende Bedingung für ein lokales Minimum ist $f''(x) > 0$.
Weil $f''(x) = 2 > 0$ für alle reellen x gilt, liegt bei $x = 0{,}05$ ein relatives Minimum vor.

Die Wahrscheinlichkeit P(B) wird für $\underline{\underline{x = 0{,}05}}$ minimal.

Kernfach Mathematik (Thüringen): Abiturprüfung 2022
Pflichtaufgabe Teil B: Analysis

1. Gegeben ist die Schar der in $\mathbb{R}$ definierten Funktionen f_a mit

   $f_a(x) = (4x + a) \cdot e^{-\frac{1}{2}x} \quad (x, a \in \mathbb{R}).$

   a) Stellen Sie die Funktion f_4 in einem geeigneten Intervall grafisch dar. Geben Sie die Nullstelle von f_4 an. (3 BE)

   b) An den Graphen von f_4 wird an der Stelle $x = -1$ die Tangente t angelegt.
   Weisen Sie rechnerisch nach, dass t durch $t(x) = 4\sqrt{e} \cdot (x+1)$ beschrieben werden kann. (2 BE)

   c) Die Funktion F_4 ist die Stammfunktion von f_4, deren Graph durch den Punkt $P(-2 \mid -8e)$ verläuft.
   Untersuchen Sie, ob das Verhältnis des Anstiegs der Stammfunktion F_4 an ihrer Nullstelle und des Anstiegs der Tangente t mit $t(x) = 4\sqrt{e} \cdot (x+1)$ ein ganzzahliges Vielfaches der Euler'schen Zahl e ist. (5 BE)

   d) Der Schnittpunkt des Graphen von f_a mit der x-Achse ist P_a.
   Der Schnittpunkt des Graphen von f_a' mit der x-Achse ist Q_a.
   Für jeden Wert von a schneiden sich die Graphen von f_a und f_a' im Punkt S_a.
   Weisen Sie nach, dass die Länge der Strecke $\overline{P_aQ_a}$ unabhängig vom Parameter a ist.
   Berechnen Sie den Wert von a, für den das Dreieck $P_aQ_aS_a$ den Flächeninhalt $A = \frac{8}{3}$ FE besitzt. (6 BE)

   e) Für jeden Wert von a bilden der Schnittpunkt P_a des Graphen von f_a mit der x-Achse, der Extrempunkt $E_a\left(\frac{8-a}{4} \,\middle|\, f_a\left(\frac{8-a}{4}\right)\right)$ und der Wendepunkt $W_a\left(\frac{16-a}{4} \,\middle|\, f_a\left(\frac{16-a}{4}\right)\right)$ ein Dreieck.
   Begründen Sie, dass es keinen Wert für a gibt, sodass der Winkel $\measuredangle\, W_aP_aE_a$ ein rechter Winkel ist.
   Berechnen Sie auf zwei Dezimalen genau einen Wert von a, für den das Dreieck rechtwinklig ist. (6 BE)

2. Zur Simulation des kontrollierten Abflusses von großen Wassermengen durch Ventile wurde in eine Experimentieranordnung ein Durchflusssensor eingebaut. Dieser misst die momentane Durchflussgeschwindigkeit des abfließenden Wassers.
   Während eines Experiments wurden folgende Werte protokolliert:

Zeit in h	1	2	4	6	8	12
Durchflussgeschwindigkeit in 100 $\frac{m^3}{h}$	7,80	5,98	3,00	1,55	0,86	0,28

Zur mathematischen Beschreibung der Durchflussgeschwindigkeit wurde folgende Gleichung vorgeschlagen:

$$v_k(t) = \frac{k^4}{t^2 + k^2} - 0,25 \quad (t, k \geq 0)$$

Dabei wird die Zeit t in Stunden und die Durchflussgeschwindigkeit in 100 Kubikmeter pro Stunde angegeben.

a) Bestimmen Sie für $t = 4$ den Wert von k, der eine Beschreibung für die Simulation zulässt. (2 BE)

b) Interpretieren Sie folgende Aussagen jeweils im Sachzusammenhang:
   (I) $v_k'(4,5) < 0$
   (II) $\int_4^5 v_k(t)\, dt \approx 2,24$ (4 BE)

Für weitere Untersuchungen wird $k = 3$ gewählt.

c) Berechnen Sie die Menge des abgeflossenen Wassers in Liter, wenn das Wasser restlos abgelaufen ist. (3 BE)

d) Das Ventil ist für eine maximale Änderung der Durchflussgeschwindigkeit von $200 \frac{m^3}{h^2}$ ausgelegt.

   Untersuchen Sie, ob diese Vorgabe eingehalten wird. (3 BE)

e) Ein Mitarbeiter schlägt vor, zur Modellierung der Abflussgeschwindigkeit die Funktion w mit

   $w(t) = (4t + 8) \cdot e^{-0,5 \cdot t} \quad (t \geq 0)$

   zu verwenden.

   Begründen Sie, dass diese Funktion den Sachverhalt ebenfalls näherungsweise beschreibt.

   Bestimmen Sie die maximale Differenz der Durchflussgeschwindigkeiten beider Modelle für $2 \leq t \leq 17,5$. (6 BE)

(40 BE)

Hinweise und Tipps

Aufgabe 1 a

- Übertragen Sie die Funktionsgleichung auf Ihren Rechner und speichern Sie diese unter einer geeigneten Variablen ab.
- Stellen Sie die Funktion f_4 auf Ihrem Rechner grafisch dar und übertragen Sie dann die Zeichnung auf Papier. Nutzen Sie dafür die Tabellierfunktion oder die Grafikspur des Rechners.
- Die Nullstelle der Funktion ist die Stelle, an der der Graph die x-Achse schneidet.
- Sie können die Nullstelle aus der Grafik ablesen oder mithilfe der Funktionsgleichung gewinnen. Der Lösungsweg muss nicht angegeben werden, hier ist nur das Ergebnis von Interesse (Operator: „Geben Sie … an“).

Aufgabe 1 b

- Die Tangente ist eine Gerade, deren Gleichung in der Form $y = m \cdot x + n$ darstellbar ist.
- Der Anstieg m einer Tangente an den Graphen einer Funktion an einer Stelle x_0 entspricht dem Wert der 1. Ableitung dieser Funktion an der Stelle x_0.
- Da man auch den Wert der Funktion an der Stelle x_0 berechnen kann, lässt sich damit der y-Achsendurchgang n der Tangente berechnen.

Aufgabe 1 c

- Eine Stammfunktion F von f erhält man durch: $\int f(x)\,dx = F(x) + c$
- Die Integrationskonstante c kann durch die Angabe der Nebenbedingung (Koordinaten von P) bestimmt werden.
- Ermitteln Sie die Nullstelle x_1 von F_4.
- Der Anstieg m_1 von F_4 an der Stelle x_1 ist $m_1 = F_4'(x_1) = f_4(x_1)$.
- Den Anstieg m der Tangente können Sie den Überlegungen zur Teilaufgabe b entnehmen.
- Bilden Sie das Verhältnis $\frac{m_1}{m}$ und prüfen Sie, ob es ein ganzzahliges Vielfaches der Euler'schen Zahl e ist.

Aufgabe 1 d

- Schnittpunkte von Graphen von Funktionen $y = f(x)$ mit der x-Achse werden für $y = 0$ ermittelt.
- Verwenden Sie die in den Teilaufgaben a und b eingegebenen bzw. berechneten Funktionen $f_a(x)$ bzw. $f_a'(x)$ für die Berechnung der Koordinaten der Punkte P_a und Q_a.
- Da die Punkte P_a und Q_a auf der x-Achse liegen, kann die Länge der Strecke $\overline{P_a Q_a}$ als Betrag der Differenz ihrer x-Koordinaten berechnet werden.
- Ermitteln Sie die Koordinaten des Schnittpunktes S_a der Graphen von f_a und f_a' durch Gleichsetzen der Funktionsgleichungen.
- Die Strecke $\overline{P_a Q_a}$ kann als Grundseite des Dreiecks $P_aQ_aS_a$ und der Betrag des y-Wertes des Schnittpunktes S_a als Höhe des Dreiecks $P_aQ_aS_a$ angesehen werden.
- Verwenden Sie für die Berechnung des Flächeninhaltes die Formel $A_\Delta = \frac{g \cdot h}{2}$.

Aufgabe 1 e

- Veranschaulichen Sie sich das Problem anhand einer Zeichnung z. B. für $a = 4$.
- Berechnen Sie die y-Koordinaten des Extrem- und des Wendepunktes.

- Fassen Sie die Schenkel der Winkel als Vektoren auf und untersuchen Sie, ob die Größe des von diesen Vektoren eingeschlossenen Winkels 90° betragen kann.
- In diesem Falle müsste das Skalarprodukt dieser Vektoren den Wert null haben.

Aufgabe 2a

- Um für die weiteren Aufgabenteile einen Vergleich der gewählten Modelle mit den gegebenen Daten zu haben, sollten Sie die Daten in einer Tabelle erfassen und darstellen.
- Zur Bestimmung des gesuchten Wertes für k muss die vorgegebene Gleichung für v_k nach k gelöst werden.

Aufgabe 2b

Aussage (I)

- Die Funktion v_k beschreibt die Durchflussgeschwindigkeit.
- Die Funktion v_k' beschreibt die lokale Änderungsrate von v_k.

Aussage (II)

- Beachten Sie, dass das bestimmte Integral der orientierten Fläche zwischen der t-Achse und dem Graphen der Funktion im gegebenen Intervall entspricht.
- Die Funktion v_k gibt die Änderungsrate der Wassermenge an; damit beschreibt das bestimmte Integral die Gesamtänderung der Größe im gegebenen Intervall.
- Eine Flächeneinheit zwischen dem gegebenen Graphen v_k und der t-Achse entspricht 100 m^3 abgeflossenes bzw. zugeflossenes Wasser, abhängig davon, ob die Fläche oberhalb oder unterhalb der t-Achse liegt.

Aufgabe 2c

- Das Wasser ist restlos abgelaufen, wenn $v_3(t) = 0$ ist bzw. $\lim\limits_{t \to \infty} v_3(t) = 0$ gilt. Der grafische Verlauf der Daten legt zwar eine asymptotische Annäherung des Graphen von $v_3(t)$ an die t-Achse nahe, der gegebene Funktionsterm widerspricht dem aber.
- Stellen Sie den Graphen von v_3 dar.
- Ermitteln Sie das Grenzverhalten von v_3 und ggf. die Nullstellen.
- Bestimmen Sie mit diesen Ergebnissen das Intervall, in welchem das Wasser vollständig abläuft, und berechnen Sie mit dem bestimmten Integral die Wassermenge.

Aufgabe 2d

- Die maximale Änderung der Durchflussgeschwindigkeit kann bestimmt werden, indem das Maximum bzw. Minimum der Ableitungsfunktion v_3' bestimmt wird.
- Nutzen Sie entweder eine notwendige und eine hinreichende Bedingung zur Ermittlung des Extremums oder eine grafische Lösung (Operator: „Untersuchen Sie").
- Eine mögliche Wendestelle von v_3 beschreibt auch eine Stelle, an der sich die Durchflussgeschwindigkeit maximal bzw. minimal ändert. Ermitteln Sie ggf. diese Stelle.

Aufgabe 2e

- Stellen Sie die Funktion w gemeinsam mit den gegebenen Daten in einem Fenster dar.
- Definieren Sie die Funktion $d(t) = v_3(t) - w(t)$ und untersuchen sie d auf maximale Werte im angegebenen Intervall.
- Es sind verschiedene Lösungswege denkbar, da der Operator „Bestimmen" angegeben ist.

1. a) **Nullstelle**

Speichern Sie den Funktionsterm als Funktion in Abhängigkeit von x und dem Parameter a ab:

$f_a(x) = (4x + a) \cdot e^{-\frac{1}{2}x}$

Die Nullstelle der Funktion f_4 können Sie durch Lösen der Gleichung $f_4(x) = 0$ berechnen: $\underline{\underline{x = -1}}$

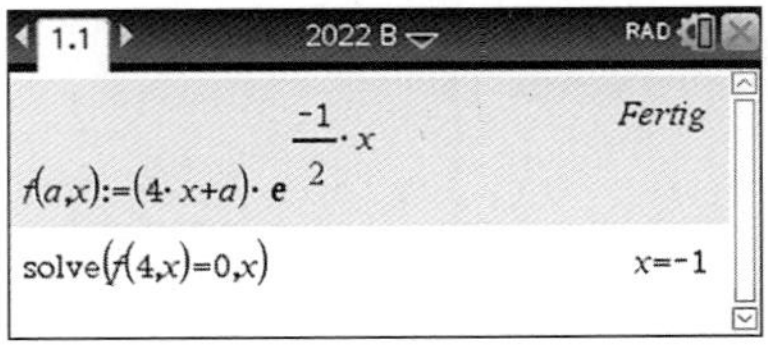

Grafische Darstellung

Ein geeignetes Intervall ist z. B. $-1{,}5 \leq x \leq 12$.

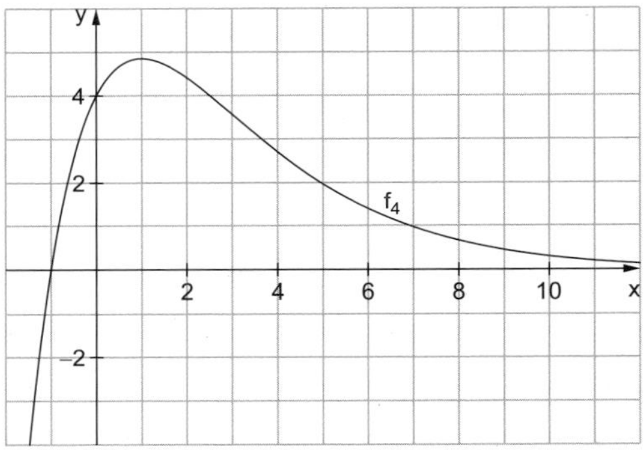

Mit der Grafikspur können Sie den Graphen „abfahren" und die angezeigten Koordinaten zum Übertragen der Zeichnung auf Papier nutzen. Die Nullstelle $x = -1$ wird auch beim Abfahren des Graphen (bei einer geeignet eingestellten Schrittweite) angezeigt.

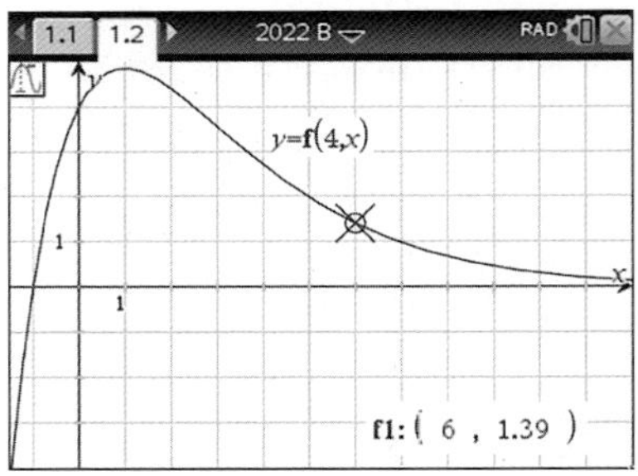

Die Funktion $f_4(x) = (4x + 4) \cdot e^{-\frac{1}{2}x}$ kann nur für $4x + 4 = 0$, also für $x = -1$ den Wert null annehmen (Satz vom Nullprodukt). Die Nullstelle ist also auch ohne Einsatz von Rechentechnik sofort angebbar.

b) Die 1. Ableitung von $f_a(x)$ wird mit dem Rechner ermittelt und unter der Variablen fa1(a, x) gespeichert:

$f_a'(x) = \left(-2x - \frac{a}{2} + 4\right) \cdot e^{-\frac{1}{2}x}$

Mit fa1(4, x) ergibt sich dann die 1. Ableitung von $f_4(x)$:

$f_4'(x) = (2 - 2x) \cdot e^{-\frac{1}{2}x}$

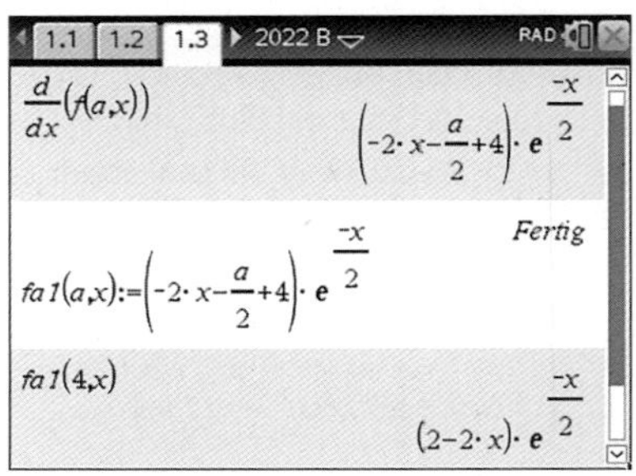

Der Anstieg von f_4 und damit der Anstieg m der Tangente an der Stelle $x_0 = -1$ ist:

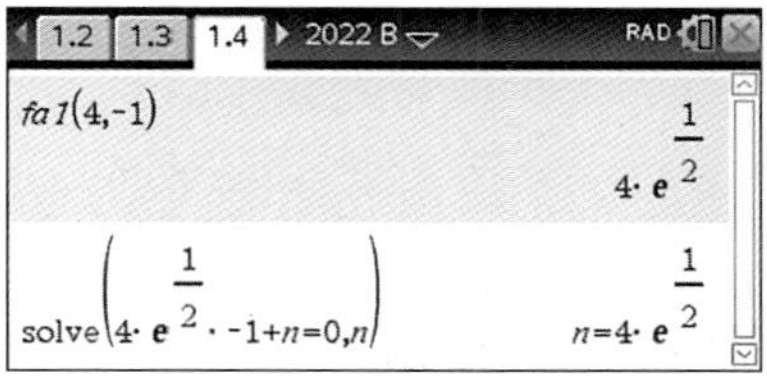

$m = f_4'(-1) = 4 \cdot e^{\frac{1}{2}} = 4 \cdot \sqrt{e}$

Der Funktionswert y von $f_4(x)$ an der Stelle $x_0 = -1$ ist nach Teilaufgabe a gleich null.

Aus dem Ansatz $y = m \cdot x + n$ erhält man nach dem Einsetzen von $y = 0$, $m = 4 \cdot \sqrt{e}$ und $x = -1$ sowie dem Lösen dieser Gleichung nach n für n den Wert $n = 4 \cdot e^{\frac{1}{2}} = 4 \cdot \sqrt{e}$. Die Tangentengleichung ist damit $y = t(x) = 4 \cdot \sqrt{e} \cdot x + 4 \cdot \sqrt{e}$. Nach Ausklammern von $4 \cdot \sqrt{e}$ ergibt sich die gegebene Tangentengleichung:

$t(x) = 4 \cdot \sqrt{e} \cdot (x + 1)$

Der verlangte Nachweis ist damit erbracht.

c) Mit dem Rechner wird die Stammfunktion F_4 von f_4 ermittelt:

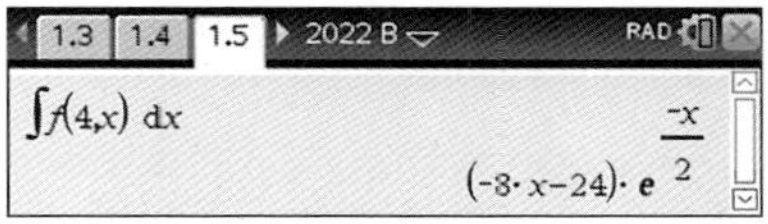

$F_4(x) = (-8x - 24) \cdot e^{-\frac{1}{2}x} + c$

Bei Verwendung der Vorlage für das unbestimmte Integral wird die Integrationskonstante nicht angegeben. Sie muss dann für die weitere Berechnung von Hand hinzugefügt werden.

Verwendet man zum Integrieren den Befehl integral(f(4, x), x, c), so wird die Integrationskonstante vom Rechner mit zurückgegeben. Den Befehl findet man unter [Buch-Taste] [1] oder man tippt ihn über die Tastatur ein.

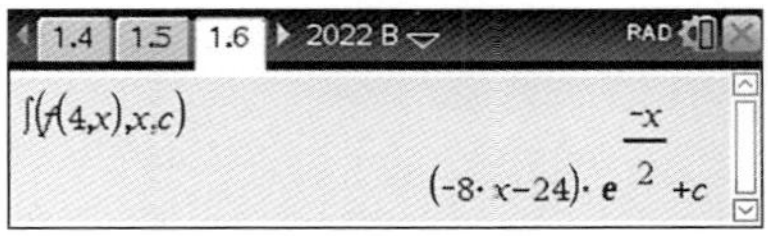

Um die Integrationskonstante für den Durchgang des Graphen durch den Punkt $P(-2\,|\,-8e)$ zu bestimmen, wird die Gleichung $(-8x - 24) \cdot e^{-\frac{1}{2}x} + c = -8e$ für $x = -2$ nach c gelöst. Es ergibt sich $c = 0$.

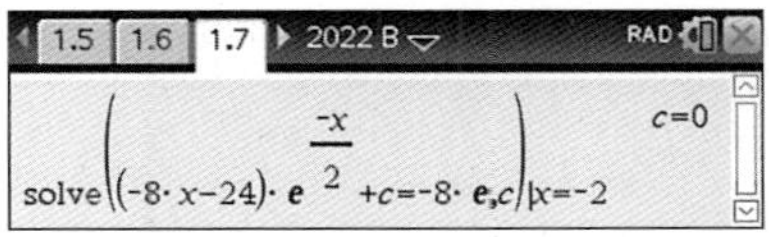

Für die weitere Rechnung wird wegen $c = 0$ die Funktion $F_4(x) = (-8x - 24) \cdot e^{-\frac{1}{2}x}$ genutzt. Als Nullstelle dieser Funktion wird aus $(-8x - 24) \cdot e^{-\frac{1}{2}x} = 0$ der Wert $x = -3$ ermittelt.

Der Anstieg m_1 von F_4 an der Stelle $x_1 = -3$ ist $m_1 = F_4'(-3) = f_4(-3) = -8 \cdot e^{\frac{3}{2}}$.

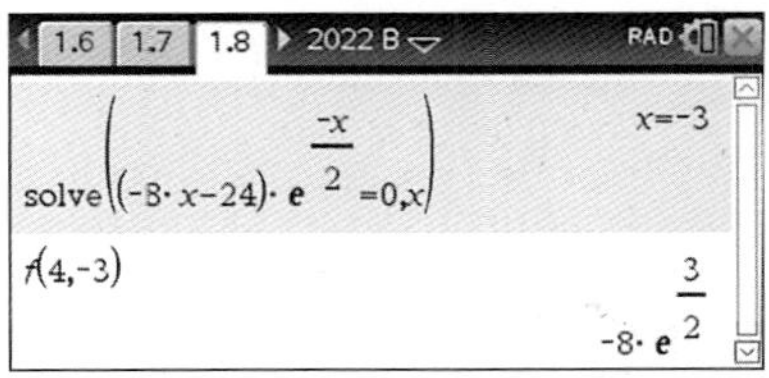

Der Anstieg der Tangente t(x) an der Stelle $x = -1$ wurde in Teilaufgabe b zu $m = 4 \cdot e^{\frac{1}{2}}$ bestimmt.

Das Verhältnis beider Anstiege ist $\frac{m_1}{m} = -2e$.

Da -2 eine ganze Zahl ist, steht hiermit fest, dass das untersuchte Verhältnis ein ganzzahliges Vielfaches der Euler'schen Zahl e ist.

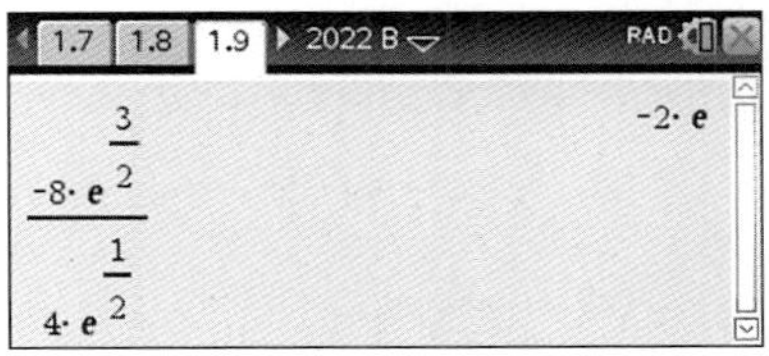

d) **Streckenlänge**
Aus $f_a(x) = (4x + a) \cdot e^{-\frac{1}{2}x} = 0$ ergibt sich $P_a\left(-\frac{a}{4} \,\middle|\, 0\right)$.

Aus $f_a'(x) = \left(-2x - \frac{a}{2} + 4\right) \cdot e^{-\frac{1}{2}x} = 0$ erhält man $Q_a\left(\frac{8-a}{4} \,\middle|\, 0\right)$.

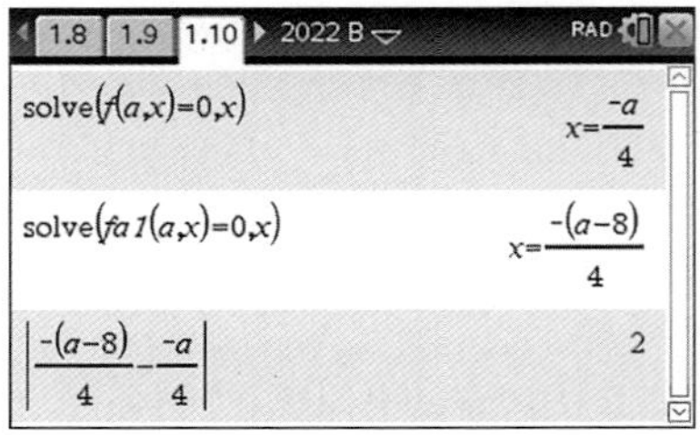

Der Betrag der Differenz der beiden x-Werte von P_a und Q_a ist die Länge der Strecke $\overline{P_aQ_a}$:

$$\overline{P_aQ_a} = \left| \frac{8-a}{4} - \frac{-a}{4} \right| = 2$$

Die Länge der Strecke $\overline{P_aQ_a}$ ist also unabhängig von a.

Flächeninhalt
Die x-Koordinate des Schnittpunktes S_a der Graphen von f_a und f_a' wird durch Gleichsetzen der Funktionsgleichungen ermittelt:

$$x_S = \frac{8-3a}{12}$$

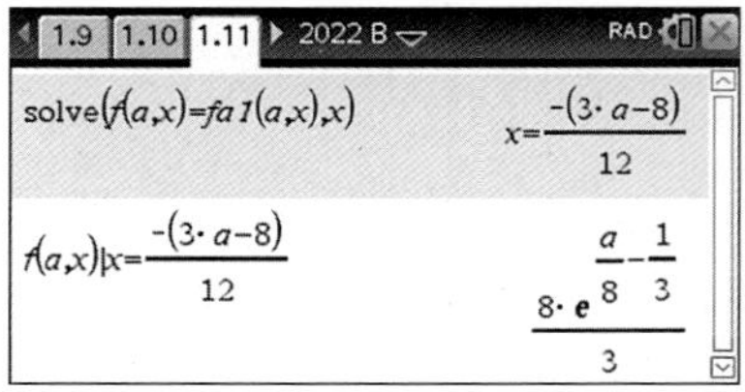

Die y-Koordinate von S_a kann durch Einsetzen von x_S in die Gleichung von $f_a(x)$ bestimmt werden:

$$y_S = f_a(x_S) = \frac{8}{3} \cdot e^{\frac{a}{8} - \frac{1}{3}}$$

Das Dreieck $P_aQ_aS_a$ soll den Flächeninhalt $A_\Delta = \frac{8}{3}$ besitzen.

Außerdem gilt $A_\Delta = \frac{1}{2} \cdot \overline{P_aQ_a} \cdot y_S$. Durch Gleichsetzen und Einsetzen erhält man:

$$\frac{8}{3} = \frac{1}{2} \cdot 2 \cdot \frac{8}{3} \cdot e^{\frac{a}{8} - \frac{1}{3}}$$

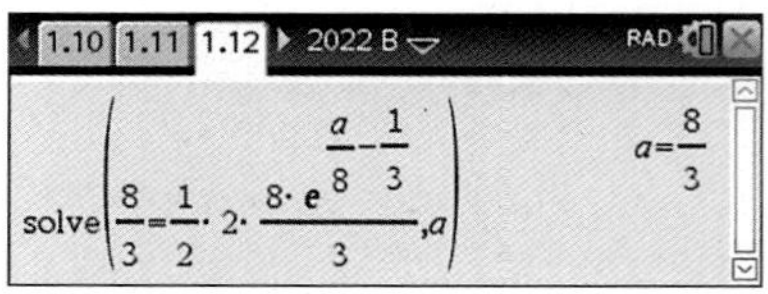

Daraus folgt $\underline{\underline{a = \frac{8}{3}}}$.

e) Veranschaulichung am Graphen von f_4:
Nullstelle, Extrem- und Wendepunkt können mit dem Werkzeug „Graph analysieren" ermittelt werden.

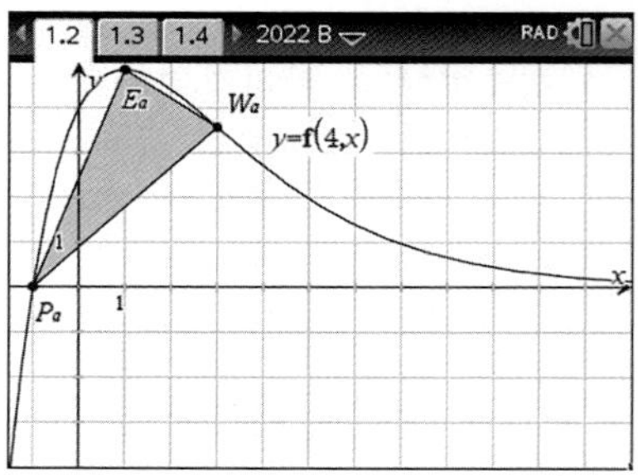

Zunächst werden die Ortsvektoren der Punkte E_a, W_a und P_a definiert:

$$\overrightarrow{OE_a} = \begin{pmatrix} \frac{8-a}{4} \\ 8 \cdot e^{\frac{a}{8}-1} \end{pmatrix}; \quad \overrightarrow{OW_a} = \begin{pmatrix} \frac{16-a}{4} \\ 16 \cdot e^{\frac{a}{8}-2} \end{pmatrix};$$

$$\overrightarrow{OP_a} = \begin{pmatrix} -\frac{a}{4} \\ 0 \end{pmatrix}$$

Winkel $\sphericalangle W_aP_aE_a$
Zur Untersuchung des Winkels $\sphericalangle W_aP_aE_a$, der seinen Scheitelpunkt in P_a hat, werden die Vektoren $\overrightarrow{P_aW_a}$ und $\overrightarrow{P_aE_a}$ verwendet.
Die Gleichung $\overrightarrow{P_aW_a} \circ \overrightarrow{P_aE_a} = 0$ hat keine Lösung, also kann der Winkel $\sphericalangle W_aP_aE_a$ für keinen Wert von a ein rechter Winkel sein.

Winkel $\sphericalangle P_aE_aW_a$
Zur Untersuchung des Winkels $\sphericalangle P_aE_aW_a$, der seinen Scheitelpunkt in E_a hat, werden die Vektoren $\overrightarrow{E_aP_a}$ und $\overrightarrow{E_aW_a}$ verwendet.
Die Gleichung $\overrightarrow{E_aP_a} \circ \overrightarrow{E_aW_a} = 0$ hat die auf zwei Dezimalen gerundete Lösung $a \approx 2{,}23$. Für diesen Wert von a ist der Winkel $\sphericalangle P_aE_aW_a$ ein rechter Winkel.

Winkel $\sphericalangle E_aW_aP_a$
Zur Untersuchung des Winkels $\sphericalangle E_aW_aP_a$, der seinen Scheitelpunkt in W_a hat, werden die Vektoren $\overrightarrow{W_aE_a}$ und $\overrightarrow{W_aP_a}$ verwendet.
Die Gleichung $\overrightarrow{W_aE_a} \circ \overrightarrow{W_aP_a} = 0$ hat die auf zwei Dezimalen gerundete Lösung $a \approx 6{,}23$. Für diesen Wert von a ist der Winkel $\sphericalangle E_aW_aP_a$ ein rechter Winkel.

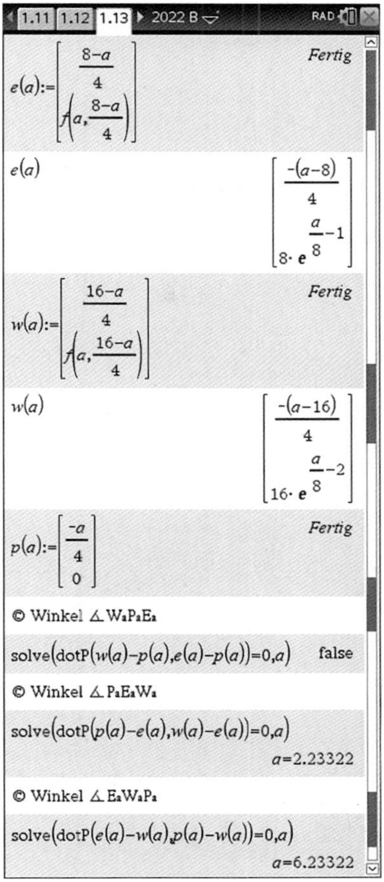

2. a) Die Daten werden in der Tabelle erfasst und dargestellt. Es ist erkennbar, dass der Verlauf als streng monoton fallend angesehen werden kann.

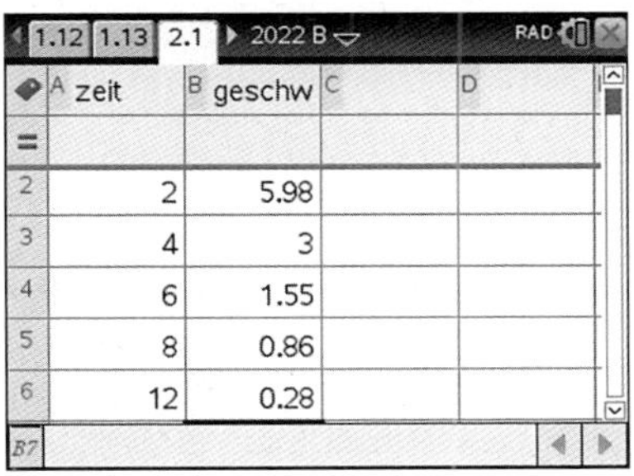

	A zeit	B geschw	C	D
=				
2	2	5.98		
3	4	3		
4	6	1.55		
5	8	0.86		
6	12	0.28		

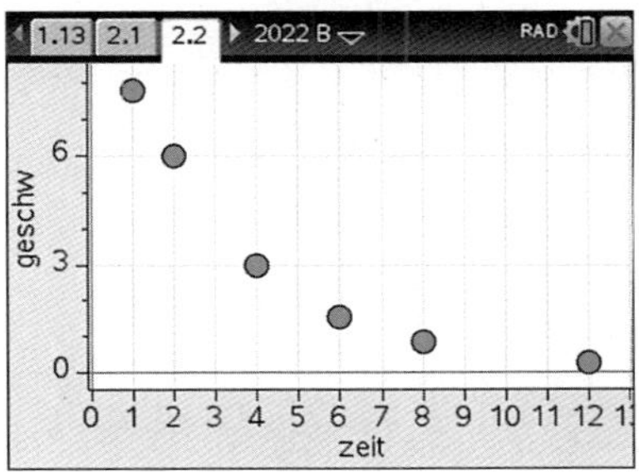

Nach der Definition der allgemeinen Funktionsgleichung $v_k(t)$ kann die Gleichung $v_k(4) = 3$ gelöst werden.

Da $k \geq 0$ gelten soll, ergibt sich als Lösung $k \approx 3{,}0$.

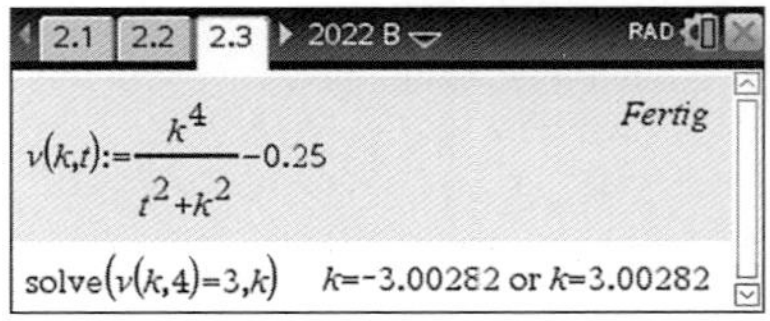

b) **Aussage (I)**
Die momentane Durchflussgeschwindigkeit nimmt zum Zeitpunkt $t = 4{,}5$ ab.

Aussage (II)
Zwischen der vierten und der fünften Stunde fließen ca. 224 m^3 Wasser ab.

c) Die grafische Darstellung zeigt, dass es (zumindest im dargestellten Bereich) nur eine Nullstelle gibt.

Das Grenzverhalten von v_3 für $t \to \infty$ bestätigt, dass zur Beantwortung der Frage die Nullstellen betrachtet werden müssen.

Die Berechnung der Nullstellen liefert, dass nach $t \approx 17{,}75$ h das gesamte Wasser abgelaufen ist. Die Berechnung des bestimmten Integrals

$$\int_0^{17{,}7482} v_3(t)\,dt \approx 33{,}4533$$

liefert unter Beachtung des Maßstabes, dass ca. 3 345 m^3 = 3 345 000 ℓ abgeflossen sind.

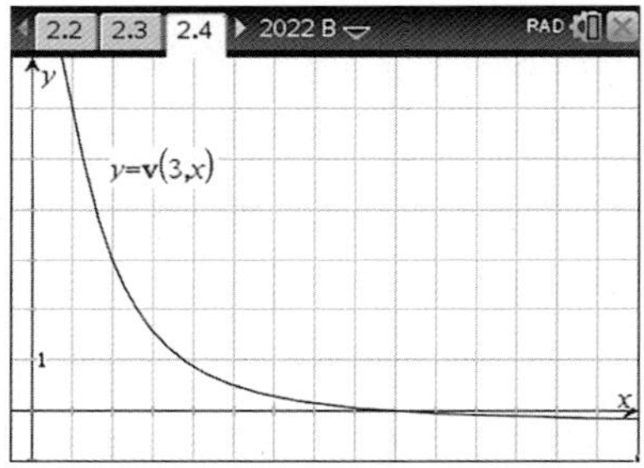

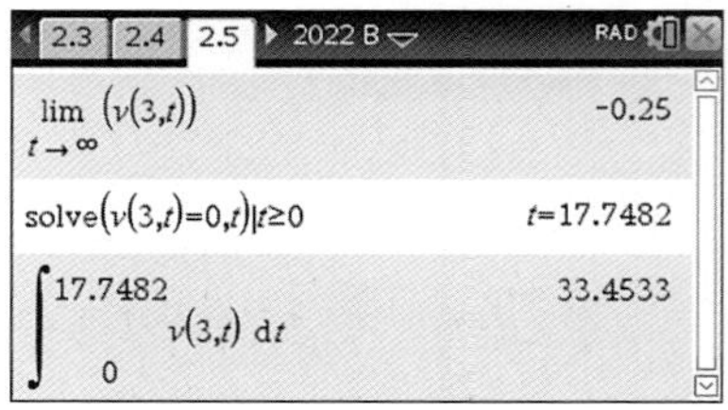

d) Es sind die lokalen Extremstellen von v_3' zu berechnen. Die ersten drei Ableitungsfunktionen von v_3 lauten:

$$v_3'(t) = -\frac{162 \cdot t}{(t^2+9)^2}; \quad v_3''(t) = \frac{486 \cdot (t^2-3)}{(t^2+9)^3}; \quad v_3'''(t) = -\frac{1944 \cdot t \cdot (t^2-9)}{(t^2+9)^4}$$

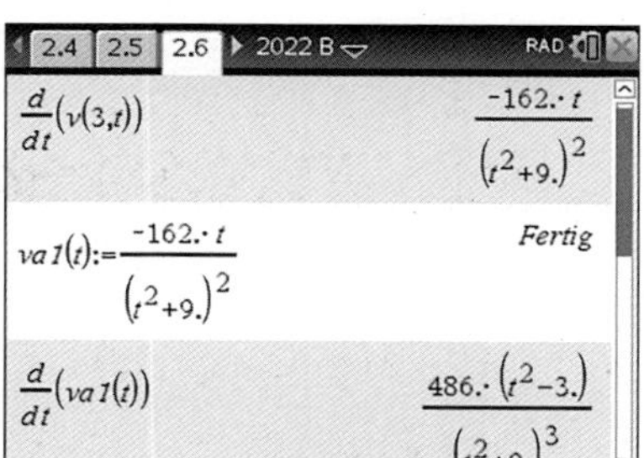

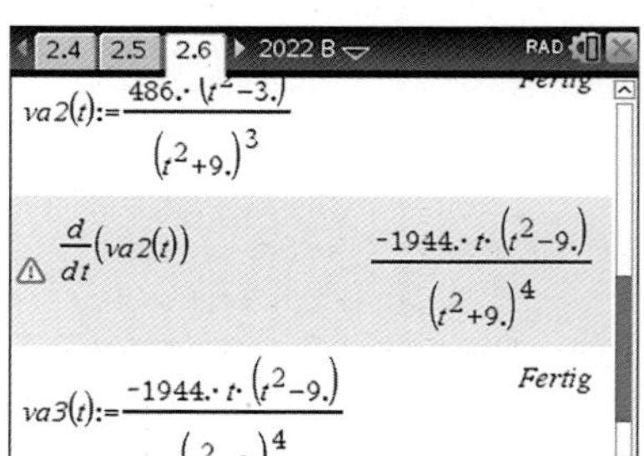

Für die notwendige und hinreichende Bedingung für die Existenz eines Wendepunktes werden die Nullstellen der 2. Ableitungsfunktion bestimmt. $v_3''(t) = 0$ liefert als Lösung $t_0 \approx 1{,}73$. Die Überprüfung mit dem hinreichenden Kriterium liefert $v_3'''(t_0) \approx 0{,}97 > 0$.

2.5 2.6 2.7 2022 B	RAD
solve(va2(t)=0,t)|t≥0	t=1.73205
va3(t)|t=1.7320508075689	0.974279
va1(t)|t=1.7320508075689	-1.94856

Damit ist nachgewiesen, dass an der Stelle $t_0 \approx 1{,}73$ ein lokales Minimum von v_3' vorliegt.

Dieses Minimum entspricht wegen $v_3'(t_0) \approx -1{,}95$ bei Beachtung des Maßstabes einer maximalen Abnahme bzw. einer maximalen Änderung der Durchflussgeschwindigkeit um ca. $195\,\frac{m^3}{h^2}$. Damit wird die geforderte Bedingung eingehalten.

Lösungsvariante:
Stellt man die Funktionen v_3 und v_3' im interessierenden Intervall dar, so lässt sich die maximale Änderung der Durchflussgeschwindigkeit auch mittels des Befehls „Graph analysieren" als Tiefpunkt des Graphen von v_3' ermitteln. Der Funktionswert von v_3' an der Stelle $t \approx 1{,}73$ entspricht dem oben ermittelten Wert.

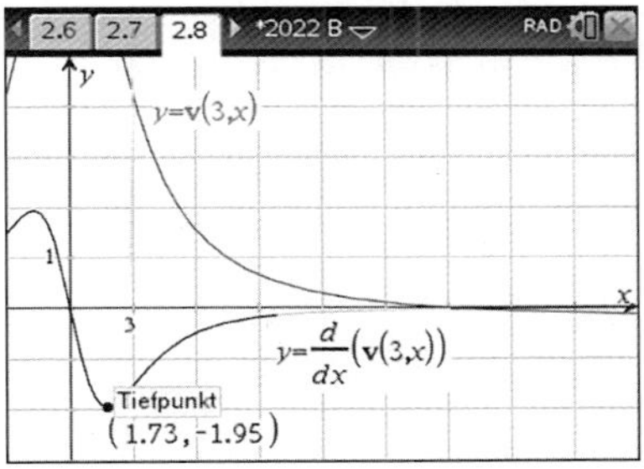

e) Die gleichzeitige grafische Darstellung der gegebenen Daten und der neuen Modellfunktion w zeigt eine ausreichende Übereinstimmung.

Auch ein tabellarischer Vergleich ist möglich und zeigt ebenfalls eine ausreichende Übereinstimmung. Nur der Wert für $t = 12$ weicht etwas mehr ab.

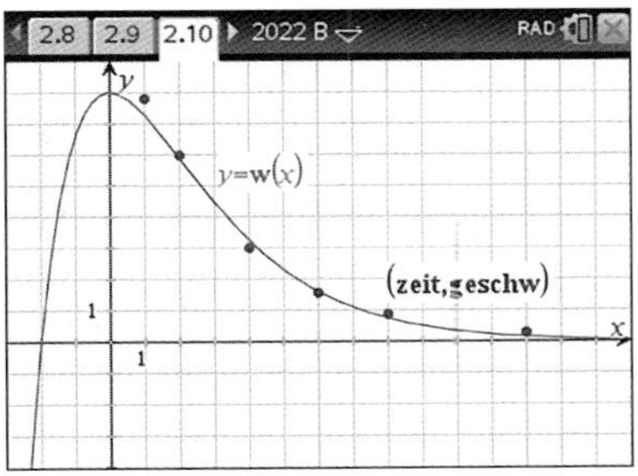

	A zeit	B geschw	C modell2	D
=			=w(zeit)	
2	2	5.98	5.88607	
3	4	3	3.24805	
4	6	1.55	1.59319	
5	8	0.86	0.732626	
6	12	0.28	0.13881	

C1 =7.2783679165517

Die Differenzfunktion d wird als Betragsfunktion definiert, da die *maximale* Differenz gesucht wird.

Mit dem Befehl fMax wird die Stelle für die maximale Differenz im Intervall [2; 17,5] bestimmt. An der Stelle $t \approx 3{,}7$ beträgt die maximale Differenz unter Beachtung des Maßstabes ca. $\underline{\underline{26{,}5\,\frac{m^3}{h}}}$.

2.7 2.8 2.9 2022 B	RAD
$w(t):=(4\cdot t+8)\cdot e^{-0.5\cdot t}$	Fertig
d(t):=|w(t)-v(3,t)|	Fertig
fMax(d(t),t)	t=-∞
fMax(d(t),t)|2≤t≤17.5	t=3.70395
d(t)|t=3.7039456832094	0.265154

Lösungsvariante 1:
Die Bestimmung der maximalen Differenz auf grafischem Weg liefert das gleiche Ergebnis.

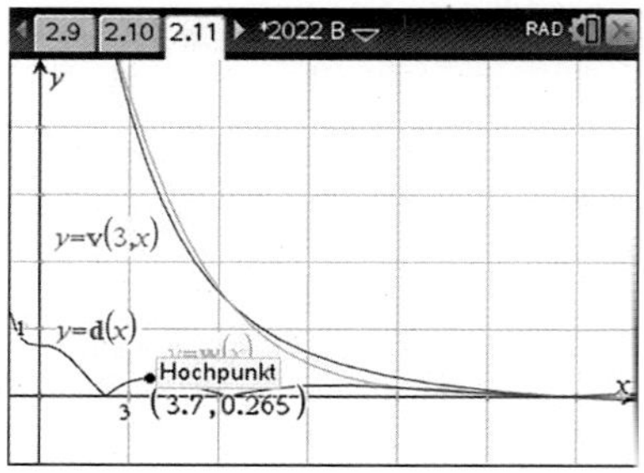

Lösungsvariante 2:
Bei Nutzung einer notwendigen und hinreichenden Bedingung ist es günstig, die Differenzfunktion *nicht* als Betragsfunktion zu definieren. Allerdings muss man dann auch etwaige lokale Minima untersuchen, da auch dort die maximale Differenz vorliegen kann.

Auch dieser Weg führt zum obigen Ergebnis.

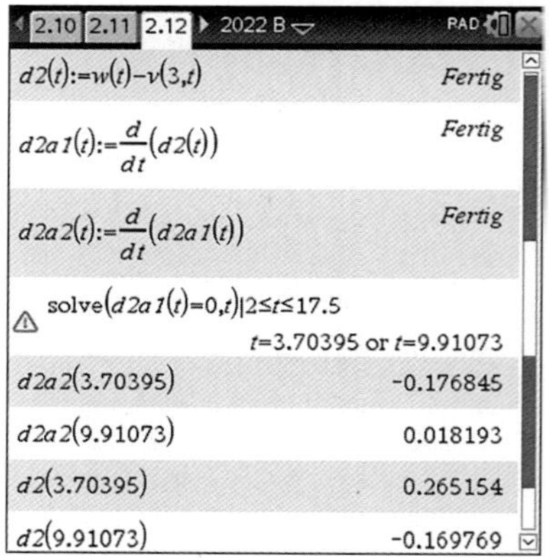

Kernfach Mathematik (Thüringen): Abiturprüfung 2022
Wahlaufgabe C1: Schwerpunkt Geometrie

1. Gegeben ist eine Pyramide ABCDS mit $A(2|0|0)$, $B(4|2|0)$, $C(2|4|0)$, $D(0|2|0)$ und $S(2|2|4)$.

   a) Zeichnen Sie diese Pyramide in ein Koordinatensystem. Achten Sie dabei auf verdeckte Körperkanten.
   Beschreiben Sie die besondere Lage der Pyramide im Koordinatensystem. (4 BE)

   b) Zeigen Sie, dass es sich um eine gerade quadratische Pyramide handelt. (4 BE)

   c) Berechnen Sie das Volumen der Pyramide. (2 BE)

   d) Berechnen Sie die Größe des Neigungswinkels einer Seitenfläche zur Grundfläche. (2 BE)

   e) Gegeben ist die Schar von Geraden g_a mit

   $$g_a:\ \vec{x} = \begin{pmatrix} 0 \\ 0 \\ 2 \end{pmatrix} + r \cdot \begin{pmatrix} 1 \\ a \\ 0 \end{pmatrix} \quad (a, r \in \mathbb{R})$$

   Bestimmen Sie die Werte von a, für die die Gerade mit der Pyramide gemeinsame Punkte besitzt. (4 BE)

   f) Alle Eckpunkte der Pyramide liegen auf einer Kugel.
   Berechnen Sie die Koordinaten des Mittelpunktes der Kugel. (3 BE)

   g) Es gibt Ebenen, die die Pyramide in zwei volumengleiche Teile zerlegen.
   Geben Sie für zwei solche Ebenen je eine Gleichung an. (2 BE)

   h) Die Pyramide wird in die xy-Ebene gekippt. Die umgekippte Pyramide wird mit A'B'C'D'S' bezeichnet. Dabei gilt B' = B, C' = C und S' liegt in der xy-Ebene.
   Berechnen Sie die Koordinaten des Punktes S'. (4 BE)

2. „Im Bundesland Thüringen hatten am 12.07.2021 genau 1 141 725 Personen eine Erstimpfung gegen das Coronavirus erhalten, davon waren sogar 870 050 Personen zweimal geimpft. Das entspricht 53,5 % der Thüringerinnen und Thüringer mit Erstimpfung und 40,8 % mit Zweitimpfung.“
   Daten nach: TMASGFF

   Am selben Tag werden auf einem Wochenmarkt in Thüringen Personen zufällig ausgewählt und zu ihrem Impfstatus befragt.
   Zur Auswertung der Befragung soll das Modell der Binomialverteilung angewendet werden.

   a) Geben Sie zwei Gründe im Sachzusammenhang dafür an, dass man die Anzahl der zweimal geimpften Personen als binomialverteilt mit $p = 0{,}408$ ansehen kann.
   Geben Sie eine auf den Sachverhalt bezogene Grenze dieses Modells an. (3 BE)

   b) Bestimmen Sie die Wahrscheinlichkeit folgender Ereignisse:

   A := „Von 100 befragten Personen sind 40 oder 41 zweimal geimpft.“

   B := „Von 100 befragten Personen ist mindestens die Hälfte zweimal geimpft.“ (4 BE)

c) Betrachtet wird das Ereignis C:
C := „Von n befragten Personen geben mindestens 80 an, zweimal geimpft zu sein."

Bestimmen Sie die Mindestanzahl n der befragten Personen so, dass $P(C) > 0{,}8$ gilt. (2 BE)

d) Beschreiben Sie in diesem Sachzusammenhang ein Ereignis D, dessen Wahrscheinlichkeit durch

$$P(D) = \sum_{k=5}^{7} \binom{10}{k} \cdot 0{,}408^{k} \cdot 0{,}592^{10-k}$$

$$= \binom{10}{5} \cdot 0{,}408^{5} \cdot 0{,}592^{5} + \binom{10}{6} \cdot 0{,}408^{6} \cdot 0{,}592^{4} + \binom{10}{7} \cdot 0{,}408^{7} \cdot 0{,}592^{3}$$

berechnet werden kann. (2 BE)

e) Von 100 befragten Personen gaben 53 an, bereits zweimal geimpft zu sein. Untersuchen Sie mit einer Sicherheitswahrscheinlichkeit von 95 %, ob dieses Ergebnis mit der Angabe „40,8 % der Thüringer haben eine Zweitimpfung erhalten." verträglich ist. (4 BE)

(40 BE)

Hinweise und Tipps

Aufgabe 1 a

- Zeichnen Sie ein Schrägbild der Pyramide, z. B. in Kavalierperspektive.
- Bezeichnen Sie die Eckpunkte.
- Zeichnen Sie verdeckte Körperkanten strichliert (gestrichelt).
- Bei der Beschreibung der besonderen Lage können Sie z. B. darauf achten, ob Seiten- oder Grundflächen in besonderer Beziehung zu Koordinatenachsen oder Koordinatenebenen stehen.

Aufgabe 1 b

- Speichern Sie zunächst die Ortsvektoren der Punkte unter geeigneten Variablen.
- Die Pyramide ist quadratisch, wenn ihre Grundfläche ein Quadrat ist.
- Ein Viereck ist quadratisch, wenn alle Seiten gleich lang sind und mindestens ein rechter Innenwinkel existiert.
- Eine Pyramide ist gerade, wenn ihre Spitze senkrecht über dem Mittelpunkt der Grundfläche liegt.

Aufgabe 1 c

- Das Volumen V einer Pyramide kann mithilfe der Formel $V = \frac{1}{3} \cdot A_G \cdot h$ berechnet werden.

Aufgabe 1 d

- Den Neigungswinkel einer Seitenfläche zur Grundfläche können Sie mithilfe eines rechtwinkligen Stützdreiecks berechnen.
- Zeichnen Sie ein solches Stützdreieck und verwenden Sie eine geeignete trigonometrische Funktion zur Berechnung der Größe des Neigungswinkels.
- Alternativ können Sie die Größe des gesuchten Winkels auch über die Normalenvektoren der xy-Ebene und einer Seitenflächenebene ermitteln.

Aufgabe 1 e

- Die Geradenschar g_a spannt eine Ebene auf. Machen Sie sich die Lage dieser Ebene im Koordinatensystem klar.
- Eine gute Vorstellung von den Geraden und ihrer Lage zur Pyramide können Sie sich in einem Grundriss (Ansicht von oben) verschaffen.
- Zeichnen Sie einen solchen Grundriss und machen Sie sich klar, welcher Teil der Geradenschar die Pyramide durchdringen kann.

Aufgabe 1 f

- Weil die Pyramide ABCDS gerade und quadratisch ist, muss der Mittelpunkt K der Kugel auf der Pyramidenhöhe, also der Strecke $\overline{MS}$ liegen.
- Wenn die Eckpunkte auf der Kugel liegen, dann muss ihre Entfernung zum Kugelmittelpunkt gleich sein.

Aufgabe 1 g

- Weil die Pyramide ABCDS gerade und quadratisch ist, können Symmetrieeigenschaften der Pyramide zur Bestimmung der volumenhalbierenden Ebenen genutzt werden.
- Da die Ebenengleichungen nur angegeben werden sollen, ist eine Begründung nicht erforderlich.

Aufgabe 1 h

- Entnehmen Sie dem Text, um welche Kante die Pyramide in die xy-Ebene gekippt wird.
- Es genügt, wenn Sie sich eine geeignete Seitenfläche umgeklappt vorstellen.
- Das Umklappen kann in zwei Richtungen passieren.
- Stellen Sie die Situation im Aufriss oder im Grundriss dar.
- Die Koordinaten des Punktes S' können Sie mithilfe der Höhe der Seitenfläche berechnen.

Aufgabe 2 a

- Überlegen Sie, ob die Charakteristika einer Binomialverteilung auf den Sachverhalt zutreffen.
- Lässt sich das „Treffer-Niete-Modell“ anwenden?
- Ist die Unabhängigkeit gesichert?
- Es ist ausreichend, genau eine Grenze des Modells anzugeben. Eine Begründung ist nicht erforderlich (Operator „Geben Sie … an“).

Aufgabe 2 b

- Sie können die Binomialverteilung zugrunde legen.
- Entnehmen Sie den Umfang der Stichprobe und die Einzelwahrscheinlichkeit dem Text.
- Machen Sie sich klar, was „40 oder 41“ und „mindestens die Hälfte“ bedeuten.

Aufgabe 2 c

- Überlegen Sie, welche Kenngrößen der Binomialverteilung gesucht und welche gegeben sind.
- Beispielsweise mit systematischem Probieren können Sie eine Lösung finden.

Aufgabe 2 d

- Entnehmen Sie den Termen, die für P(D) angegeben sind, die Kenngrößen für n, k und p.
- Erinnern Sie sich in diesem Zusammenhang an die Formel von Bernoulli (Tafelwerk).

Aufgabe 2 e

- Stichprobenergebnisse für bekannte Wahrscheinlichkeiten in der Grundgesamtheit werden mithilfe von Prognoseintervallen auf statistische Verträglichkeit geprüft.
- Eine Sicherheitswahrscheinlichkeit von 95 % weist auf ein 2σ-Prognoseintervall hin.
- Bestimmen Sie zunächst die Standardabweichung σ und den Erwartungswert μ der binomialverteilten Zufallsgröße und dann das zugehörige 2σ-Prognoseintervall.
- Prüfen Sie, ob das Stichprobenergebnis in diesem Intervall liegt.

Lösungen

1. a) **Besondere Lage**
Die Eckpunkte A und D liegen auf der x- bzw. y-Achse und haben den gleichen Abstand zum Ursprung. Die Grundfläche ABCD liegt in der xy-Ebene.

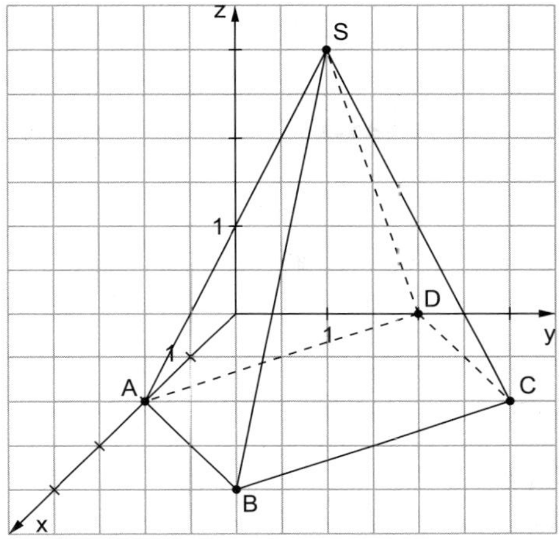

b) Die Ortsvektoren der Punkte A, B, C, D und S werden unter den Variablen a, b, c, d und s gespeichert.

Die Seiten der Grundfläche haben alle dieselbe Länge:
$|\overrightarrow{AB}| = |\overrightarrow{BC}| = |\overrightarrow{CD}| = |\overrightarrow{AD}| = 2 \cdot \sqrt{2}$

Da das Skalarprodukt $\overrightarrow{AB} \circ \overrightarrow{AD} = 0$ ist, ist der Innenwinkel des Vierecks ABCD bei A ein rechter Winkel.

Aus beiden Eigenschaften geht hervor, dass ABCD ein Quadrat ist.

Die Koordinaten des Mittelpunktes M der Grundfläche lassen sich aus den arithmetischen Mitteln der Koordinaten zweier gegenüberliegender Eckpunkte der Grundfläche, z. B. der Punkte A und C ermitteln:

$$\overrightarrow{OM} = \frac{1}{2} \cdot (\overrightarrow{OA} + \overrightarrow{OC}) = \begin{pmatrix} 2 \\ 2 \\ 0 \end{pmatrix}$$

Da die x- und y-Koordinaten von M(2 | 2 | 0) und S(2 | 2 | 4) übereinstimmen, liegt S senkrecht über M.

Die Pyramide ABCDS ist also eine gerade quadratische Pyramide.

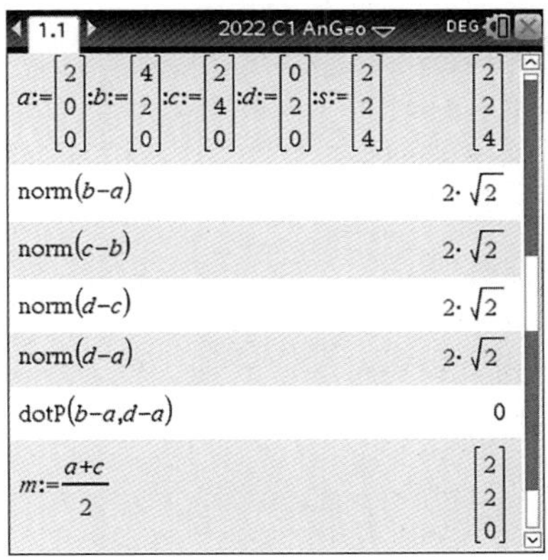

c) Die Grundfläche der Pyramide ist das Quadrat ABCD mit der Seitenlänge $2 \cdot \sqrt{2}$ LE.
Der Flächeninhalt des Quadrates ist:

$$A_G = (2 \cdot \sqrt{2})^2 = 8 \text{ FE}$$

Die Spitze S liegt vier Einheiten über der Grundfläche, also ist die Höhe h = 4 LE.

Die Pyramide hat ein Volumen von:

$$V = \frac{1}{3} \cdot 8 \cdot 4 = \underline{\underline{\frac{32}{3}}} \text{ VE}$$

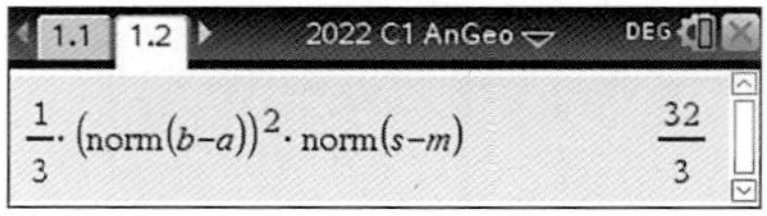

d) Das in der Abbildung zu erkennende Stützdreieck MNS hat einen rechten Winkel bei M.

Die Seite $\overline{MN}$ ist halb so lang wie eine Seite der Grundfläche ABCD:

$$\overline{MN} = \frac{1}{2} \cdot 2 \cdot \sqrt{2} = \sqrt{2}$$

Die Seite $\overline{MS}$ ist so lang wie die Höhe der Pyramide:

$$\overline{MS} = 4$$

Der gesuchte Neigungswinkel ist der Winkel ∡ MNS. Seine Größe kann im Dreieck MNS mithilfe der Tangensfunktion berechnet werden:

$$\tan(\measuredangle\, MNS) = \frac{\overline{MS}}{\overline{MN}} = \frac{4}{\sqrt{2}}$$

$$\Rightarrow \quad \measuredangle\, MNS = \arctan\left(\frac{4}{\sqrt{2}}\right) \approx \underline{\underline{70{,}53°}}$$

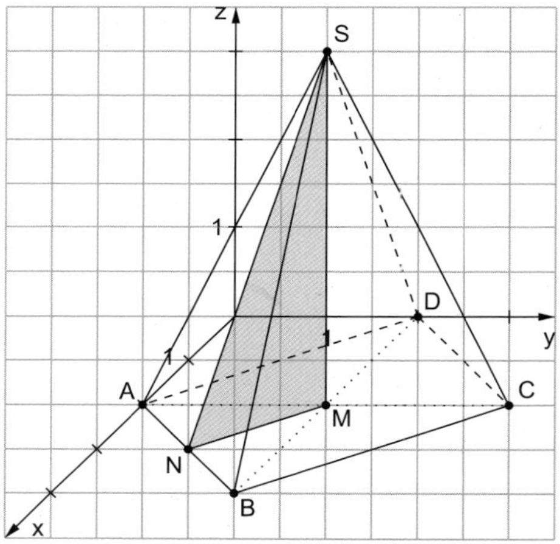

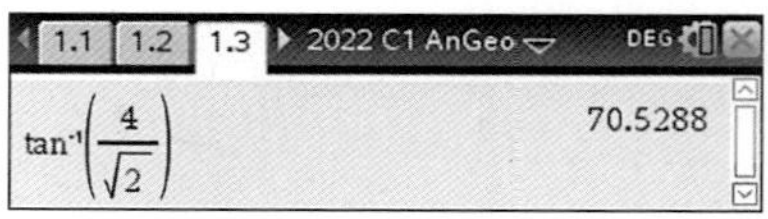

Alternative:
Ein Normalenvektor der Ebene, in der die Seitenfläche ABS liegt, ist:

$$\vec{n}_1 = \overrightarrow{AS} \times \overrightarrow{AB} = \begin{pmatrix} -8 \\ 8 \\ -4 \end{pmatrix}$$

Ein Normalenvektor der xy-Ebene ist:

$$\vec{n}_2 = \begin{pmatrix} 0 \\ 0 \\ 1 \end{pmatrix}$$

Der Winkel α, den beide Ebenen einschließen, kann als der Winkel zwischen ihren Normalenvektoren berechnet werden:

$$\alpha = \arccos\left(\frac{|\vec{n}_1 \circ \vec{n}_2|}{|\vec{n}_1| \cdot |\vec{n}_2|}\right) \approx \underline{\underline{70{,}53°}}$$

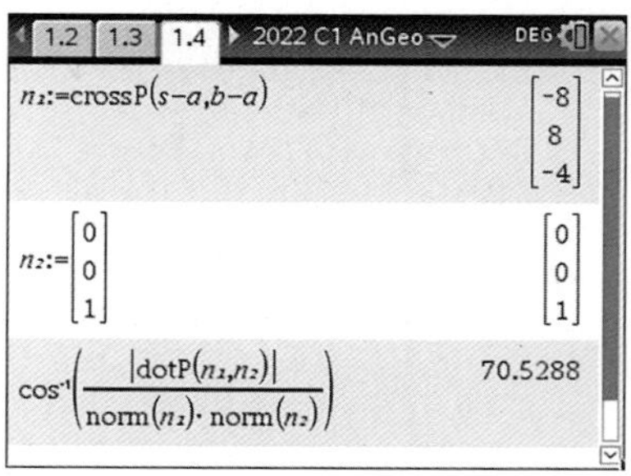

e) Die Geradenschar

$$g_a\colon\ \vec{x} = \begin{pmatrix} 0 \\ 0 \\ 2 \end{pmatrix} + r \cdot \begin{pmatrix} 1 \\ a \\ 0 \end{pmatrix} \quad (a, r \in \mathbb{R})$$

hat einen gemeinsamen Punkt $Z(0\,|\,0\,|\,2)$ auf der z-Achse.

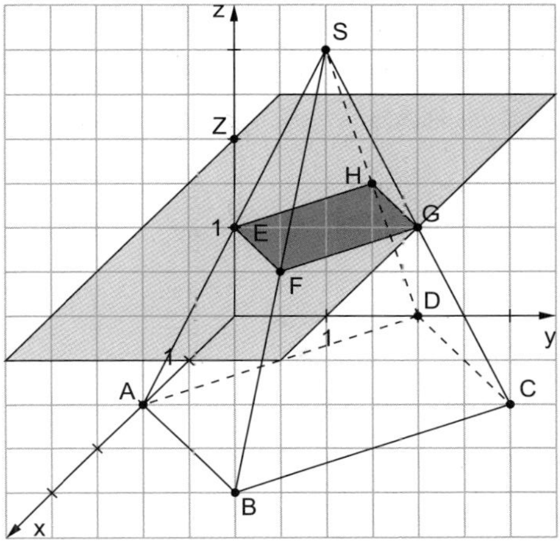

Die Richtungsvektoren haben den z-Wert $z = 0$. Die Geraden verlaufen deshalb parallel zur xy-Ebene in der Höhe 2 über dieser Ebene.

Die x- und y-Koordinaten des Richtungsvektors bewirken eine Auffächerung der Geraden um den Punkt Z. Die Zahl a gibt dabei an, wie weit die Spitze des Richtungsvektors vom Punkt $(1\,|\,0\,|\,2)$ in negative y-Richtung $(a < 0)$ oder in positive y-Richtung $(a > 0)$ entfernt ist. Die Geraden der Schar bilden eine Ebene in der Höhe 2 über der xy-Ebene, die die Pyramidenseitenkanten in ihren Mittelpunkten E, F, G und H schneidet.

Die gesuchten Werte lassen sich daher als Schnittpunkte der Geraden g_a mit den Geraden durch A und S bzw. D und S berechnen. Es ist nur zu beachten, dass die Variable a bereits für den Ortsvektor des Punktes A vergeben ist. Deshalb wird nebenstehend der Parameter a in g_a durch den Parameter t für g_t ersetzt.

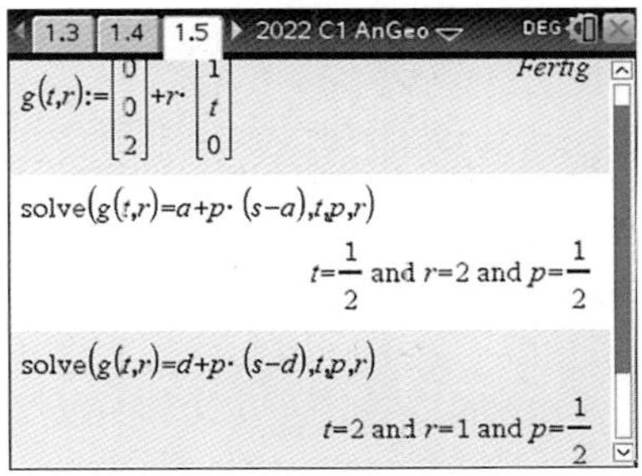

Die Geradenschar hat für $\underline{\underline{0{,}5 \le a \le 2}}$ gemeinsame Punkte mit der Pyramide.

Alternative:
Im Grundriss wird klar, dass für $a = 0$ die Gerade g_0 parallel und oberhalb (im Abstand 2) zur x-Achse verläuft. Wird a größer, dann „schwenkt" die Gerade g_a um den Punkt Z immer weiter zunächst auf die Kante $\overline{AS}$ zu, bis die Geraden g_a die Pyramide zwischen den Mittelpunkten E und H der Seitenkanten $\overline{AS}$ und $\overline{DS}$ durch die Geraden $g_{0,5}$ und g_2 entlang der Strecke $\overline{EH}$ erreichen.

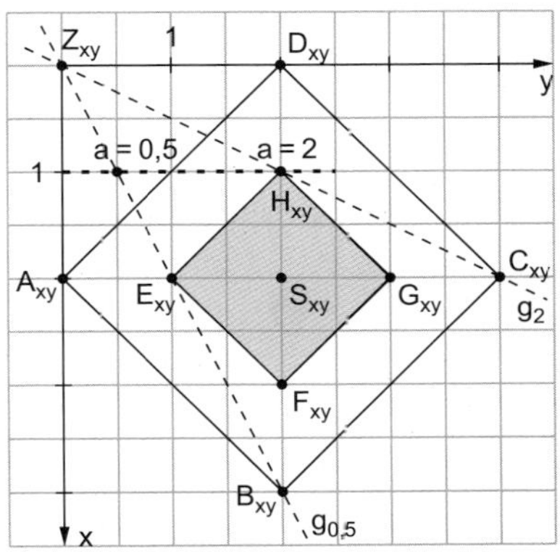

Die Werte $a = 0{,}5$ bzw. $a = 2$ lassen sich direkt aus der Grundrisszeichnung ablesen.

f) Weil der Mittelpunkt K der Kugel auf der Pyramidenhöhe, also der Strecke $\overline{MS}$ liegt, kennt man bereits seine x- und y-Koordinate: $K(2 \mid 2 \mid z)$ mit $0 \le z \le 4$

Der Ortsvektor wird unter der Variablen k(z) gespeichert.

Da die Entfernung von K zu A genauso groß sein muss wie die Entfernung von K zu S, wird z aus der Gleichung $|\overrightarrow{AK}| = |\overrightarrow{SK}|$ bestimmt. Dabei wird die Bedingung $0 \le z \le 4$ berücksichtigt. Ergebnis: $z = \frac{3}{2}$

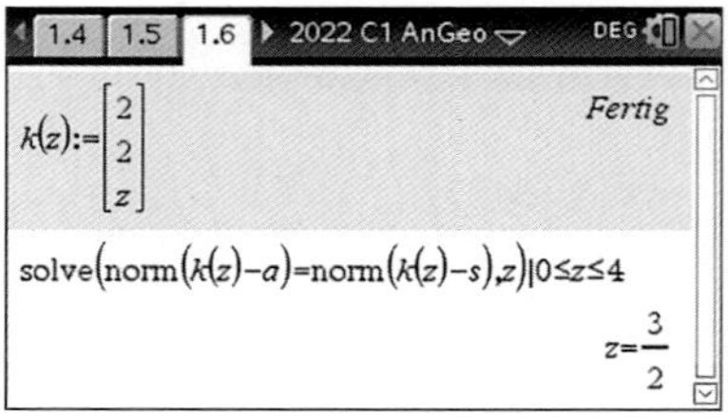

Die Koordinaten des Mittelpunktes K der Kugel lauten: $K\left(2 \mid 2 \mid \frac{3}{2}\right)$

g) Die Ebene durch die Punkte A, C und S halbiert das Pyramidenvolumen.
ε_1: $x = 2$

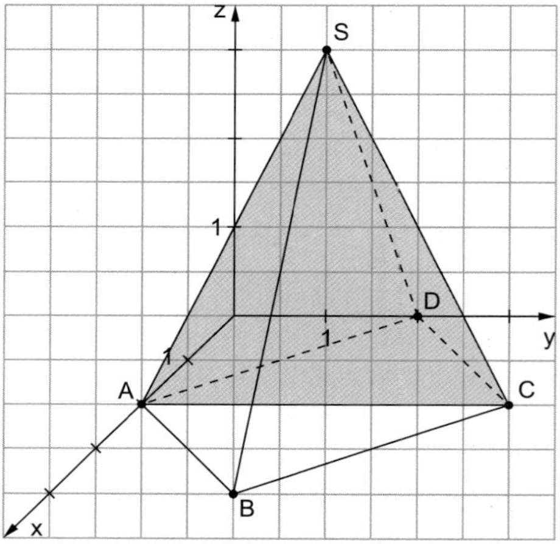

Die Ebene durch die Punkte B, D und S halbiert das Pyramidenvolumen.
ε_2: $y = 2$

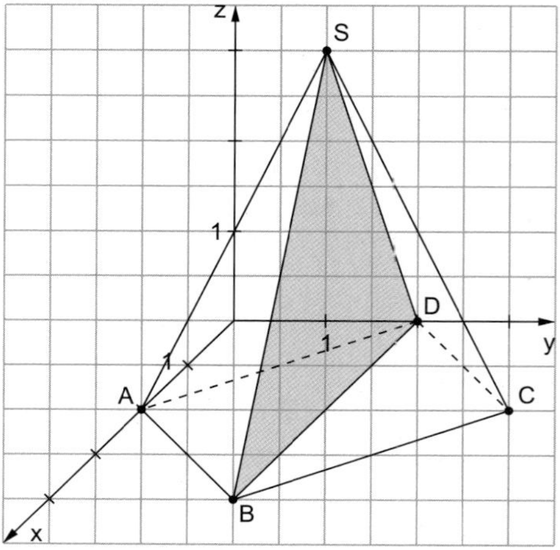

h) Wegen B = B' und C = C' wird die Pyramide um die Kante $\overline{BC}$ gekippt.

Zunächst wird nur die Umklappung „nach vorn“ betrachtet.

Weil S' in der xy-Ebene liegt, ist dann die Dreiecksfläche B'C'S' kongruent zur Seitenfläche BCS. Insbesondere folgt daraus, dass $\overline{PS} = \overline{PS'}$ gilt, wobei P der Mittelpunkt der Kante $\overline{BC}$ ist.

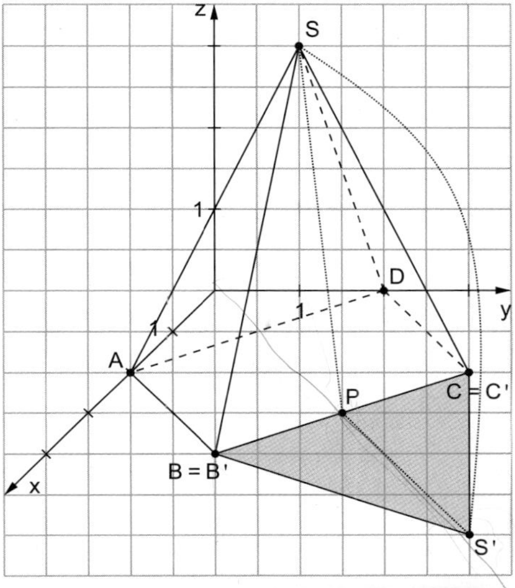

Die Koordinaten des Ortsvektors von P ergeben sich aus dem arithmetischen Mittel der Koordinaten der Ortsvektoren von B und C:

$$\overrightarrow{OP} = \frac{1}{2} \cdot (\overrightarrow{OB} + \overrightarrow{OC}) = \begin{pmatrix} 3 \\ 3 \\ 0 \end{pmatrix}$$

Damit wird $\overline{PS} = \overline{PS'} = 3 \cdot \sqrt{2}$.

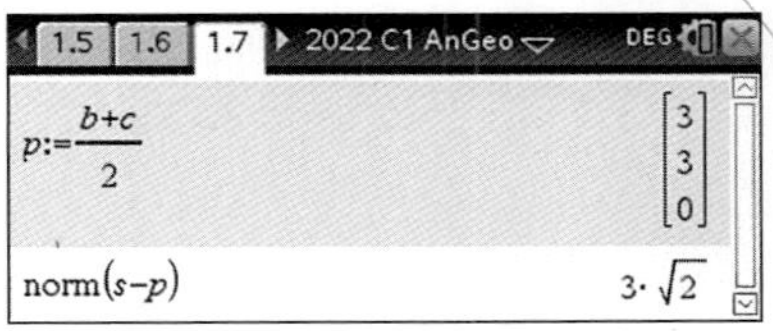

Alternative:
Die Länge von $\overline{PS}$ lässt sich an einem Stützdreieck wie in Teilaufgabe d berechnen. Es gilt nach dem Satz des Pythagoras:

$$\overline{PS} = \sqrt{(\sqrt{2})^2 + 4^2} = \sqrt{18} = 3 \cdot \sqrt{2}$$

Da die Dreiecksfläche B'C'S' in der xy-Ebene liegt, lohnt ein Blick auf den Grundriss der Situation nach dem Kippen der Pyramide.

Die Punkte P und S' liegen auf der Geraden y = x.
Der Punkt Q ergibt sich analog zur Herleitung für den Punkt P durch:

$$\overrightarrow{OQ} = \frac{1}{2} \cdot (\overrightarrow{OA} + \overrightarrow{OD}) = \begin{pmatrix} 1 \\ 1 \\ 0 \end{pmatrix}$$

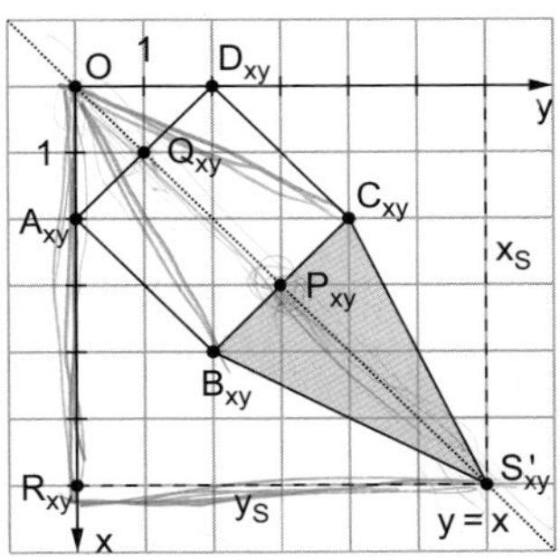

Die Länge der Strecke $\overline{OS'}$ ist die Summe der Längen von $\overline{OQ}$, $\overline{QP}$ und $\overline{PS'}$.
Man erhält $\overline{OS'} = 6 \cdot \sqrt{2}$.

Die Koordinaten x_S und y_S mit $x_S = y_S$ ergeben sich als Kathetenlängen im gleichschenklig-rechtwinkligen Dreieck ORS' mit dem Satz des Pythagoras:

$$x_S^2 + y_S^2 = \overline{OS'}^{\,2}$$
$$2 \cdot x_S^2 = (6 \cdot \sqrt{2})^2$$
$$x_S = 6$$

Der Punkt S' hat die Koordinaten $\underline{\underline{S'(6\,|\,6\,|\,0)}}$.

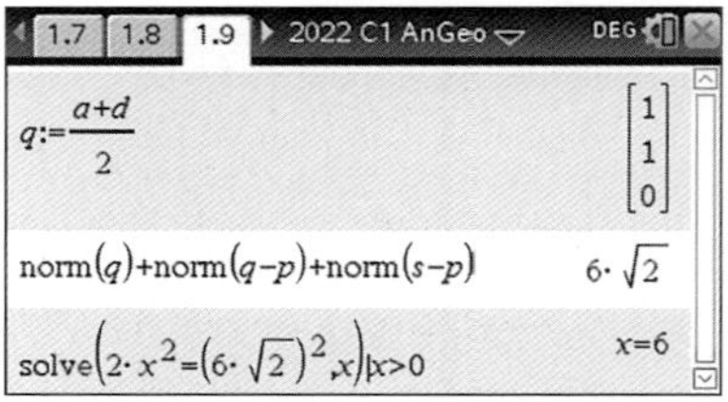

Beim Umklappen der Pyramide in entgegengesetzter Richtung „nach hinten" um die Kante $\overline{BC}$ ergibt sich auf analogem Wege $\underline{\underline{S'(0\,|\,0\,|\,0)}}$.

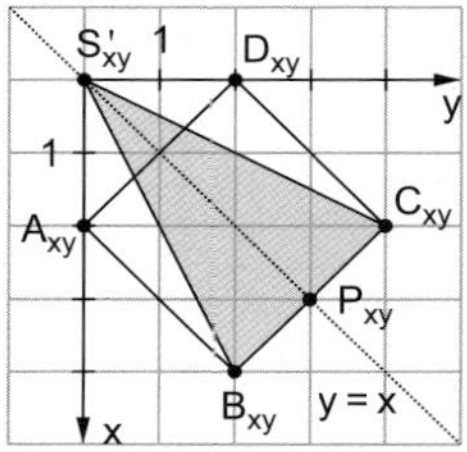

2. a) **Gründe für Binomialverteilung**

Auf die Frage, ob eine Person zweimal geimpft ist, kann man nur mit „Ja" oder „Nein" antworten. Das „Treffer-Niete-Modell" kann zugrunde gelegt werden.

Die zufällige Auswahl der Befragten sichert auch die Unabhängigkeit der Antworten.

In der Grundgesamtheit der Thüringerinnen und Thüringer sind 40,8 % mit einer Zweitimpfung angegeben, deshalb kann $p = 0{,}408$ als Wahrscheinlichkeit für eine Befragung auf einem Thüringer Wochenmarkt angenommen werden.

Grenze des Modells

Eine Grenze des Modells ist durch die unterschiedliche regionale Verteilung des Impfstatus gegeben. Auch das Publikum auf einem Wochenmarkt wäre sicher nicht repräsentativ für eine Stichprobe.

b) Die Zufallsgröße X beschreibt die Anzahl der Personen mit dem Impfstatus „zweimal geimpft".

Die Zufallsgröße X ist binomialverteilt mit $n = 100$ und $p = 0{,}408$.

$P(A) = P(X = 40) + P(X = 41) \approx \underline{\underline{0{,}1610}}$

$P(B) = P(X \geq 50) \approx \underline{\underline{0{,}0392}}$

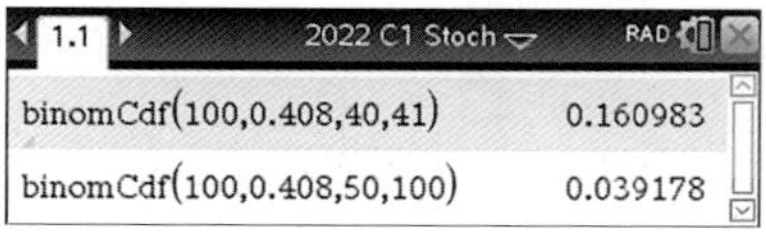

c) Es soll für den unbekannten Stichprobenumfang n und die Einzelwahrscheinlichkeit $p = 0{,}408$ herausgefunden werden, für welche kleinste natürliche Zahl n die Wahrscheinlichkeit $P(X_{n;\,0{,}408} \geq 80) > 0{,}8$ ist.

Das nebenstehende Bild macht das Vorgehen deutlich. Es müssen mindestens $\underline{\underline{n = 210}}$ Personen befragt werden.

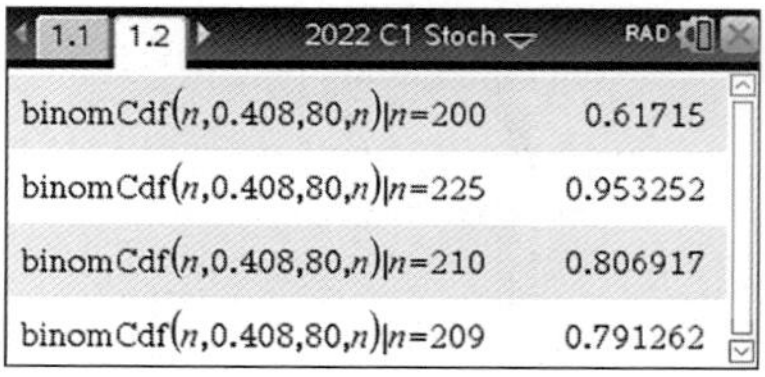

Lösungsvariante 1: Tabellenkalkulation
Spalte A: natürliche Zahlen von 81 bis zu einer oberen Grenze (hier: 230)

Die Startzahl 81 hängt damit zusammen, dass mindestens 80 Personen befragt werden sollen.

Zelle B1: = binomcdf(A1, 0.408, 80, A1)

Der Befehl aus B1 wird durch *Füllen* als relativer Zellbezug bis zur letzten in Spalte A eingetragenen Zahl in Spalte B nach unten übertragen.

Dann sucht man in Spalte B die Zelle, in der die aufsummierte Wahrscheinlichkeit erstmals größer als 0,8 ist. Dies ist für n = 210 der Fall.

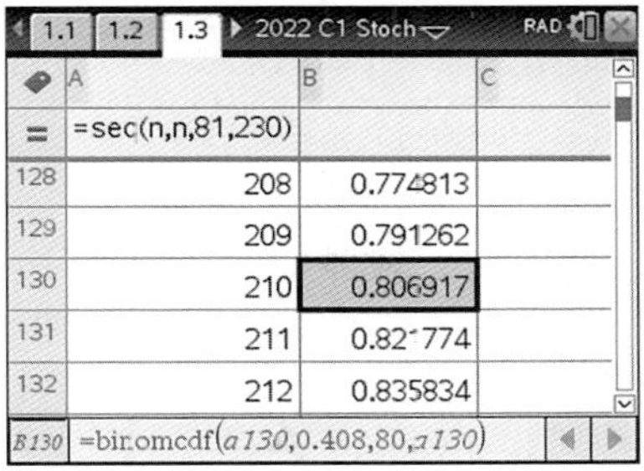

Lösungsvariante 2: invBinomN-Befehl
Hier ist darauf zu achten, dass $P(X_{n;\,0{,}408} \geq 80) > 0{,}8$ für diesen Befehl „übersetzt" werden muss zu $P(X_{n;\,0{,}408} \leq 79) \leq 0{,}2$.

Die ausgegebene Matrix zeigt an, dass diese Bedingung erstmals für n = 210 erfüllt ist.

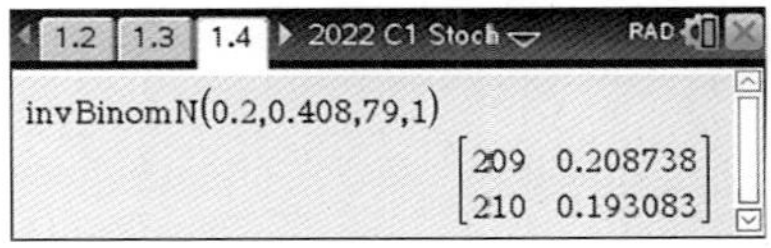

d) Nach der Formel von Bernoulli gilt für eine binomialverteilte Zufallsgröße mit den Kenngrößen n und p für die Wahrscheinlichkeit, mindestens k_1 und höchstens k_2 Treffer zu erzielen:

$$P(k_1 \leq X \leq k_2) = \sum_{k=k_1}^{k_2} \binom{n}{k} \cdot p^k \cdot (1-p)^{n-k}$$

Vergleicht man diese Angaben mit der im Aufgabentext gegebenen Summenformel, so lässt sich erkennen:
$n = 10$, $p = 0{,}408$, $1 - p = 1 - 0{,}408 = 0{,}592$ und k nimmt die Werte 5, 6 und 7 an.

Im vorliegenden Sachverhalt lässt sich für P(D) formulieren:
P(D) beschreibt die Wahrscheinlichkeit, dass von zehn Personen mindestens 5 und maximal 7 zweimal geimpft sind.

e) Wegen $n = 100$ und $p = 0{,}408$ sind die Standardabweichung $\sigma = \sqrt{n \cdot p \cdot (1-p)} \approx 4{,}91$ und der Erwartungswert $\mu = n \cdot p = 40{,}8$.

Damit kann das 2σ-Prognoseintervall zu $(\mu - 2\sigma;\, \mu + 2\sigma) \approx (31;\, 50)$ bestimmt werden. Da das Stichprobenergebnis 53 nicht in diesem 95 %-Prognoseintervall liegt, ist das Stichprobenergebnis nicht statistisch verträglich mit der Angabe, dass 40,8 % der Thüringer eine Zweitimpfung erhalten haben.

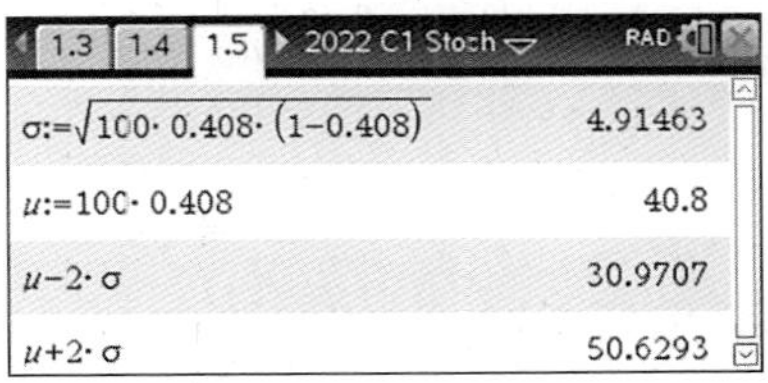

Eine Probe zeigt, dass $P(31, 50) \approx 0{,}9582$ ist, also ungefähr die geforderte Sicherheitswahrscheinlichkeit erreicht ist.
Hinweis: Die obere Grenze des 2σ-Prognoseintervalls auf 51 aufzurunden, würde die Sicherheitswahrscheinlichkeit weiter auf fast 97 % vergrößern, was im Sinne der Aufgabenstellung nicht zweckmäßig erscheint.

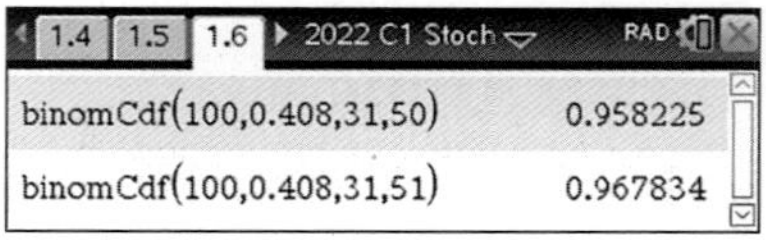

Kernfach Mathematik (Thüringen): Abiturprüfung 2022
Wahlaufgabe C2: Schwerpunkt Stochastik

1. Im März 2018 wurde eine Online-Umfrage zum Thema Plastikmüll durchgeführt.

Daten nach: Splendid Research

Es beantworteten 1016 Personen, die eine Plastiktüte beim Einkauf erhielten, die Frage „Wie oft verwenden Sie eine Plastiktüte üblicherweise?“.

Einige Ergebnisse der Befragung sind in folgender Tabelle dargestellt.

Häufigkeit der Nutzung	einmal	zwei- bis viermal	fünf- bis siebenmal	acht- bis zehnmal	mehr als zehnmal
Anteil der befragten Personen	16 %	37 %	15 %	7 %	

a) Berechnen Sie die Anzahl der Personen, die eine Plastiktüte üblicherweise sogar mehr als zehnmal nutzen.

Stellen Sie die Anteile in einem Säulendiagramm dar. (3 BE)

Die Anzahl der Personen, die eine Plastiktüte mehr als einmal benutzen, soll modellhaft als binomialverteilt angenommen werden.

b) In einem Modegeschäft lassen sich 50 Personen die Ware in Plastiktüten einpacken.

Bestimmen Sie die Wahrscheinlichkeit folgender Ereignisse:

A := „Genau 15 dieser Personen werden ihre Plastiktüte bereits nach diesem Einkauf wegwerfen.“

B := „Höchstens 10 % der Käufer werden diese Plastiktüten nicht noch einmal verwenden.“ (4 BE)

Für $n = 100$ ist folgende Grafik gegeben:

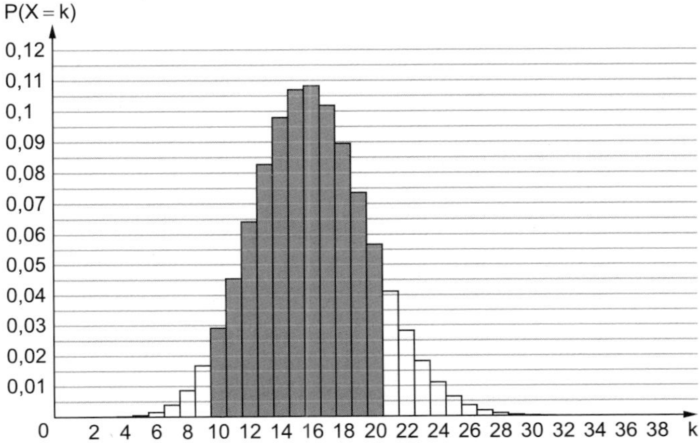

c) Beschreiben Sie im Sachzusammenhang ein Ereignis C für die in der Grafik grau markierte Fläche.

Geben Sie einen Term zur Berechnung der Wahrscheinlichkeit dieses Ereignisses mithilfe des Summenzeichens an. (4 BE)

d) Die angegebene Binomialverteilung soll durch eine Normalverteilung mit $\mu = 16$ und $\sigma = 3{,}67$ approximiert werden.
Das Ereignis D gibt an, dass mindestens 14 Personen ihre Plastiktüte nur einmal verwenden.

Berechnen Sie die Differenz der Wahrscheinlichkeiten des Ereignisses D nach dem Modell der Binomialverteilung und dem Modell der Normalverteilung. (4 BE)

Eine Schülergruppe plant, unter den 120 Lernenden der Oberstufe ihrer Schule den Anteil derer, die Plastiktüten mehrfach nutzen, zu bestimmen.

e) Berechnen Sie je ein 95 %-Prognoseintervall für die Anzahl derer, die Plastiktüten mehrfach nutzen, wenn von

(I) 84 % Mehrfachnutzern nach der Onlineumfrage
(II) 90 % erwarteten Mehrfachnutzern in der eigenen Schule

ausgegangen wird.

Beschreiben Sie die Bedeutung dieser Prognoseintervalle im Sachzusammenhang.

Bei einem Stichprobenumfang von 120 Personen ergab eine Befragung 105 Mehrfachnutzer.

Begründen Sie, dass dieses Ergebnis nicht eindeutig einem der Anteile 0,84 oder 0,9 zugeordnet werden kann. (7 BE)

f) Die 95 %-Prognoseintervalle für die relativen Häufigkeiten der Mehrfachnutzer für 84 % und 90 % sollen sich nicht überschneiden.

Berechnen Sie den Stichprobenumfang, der dafür mindestens notwendig ist. (3 BE)

2. Gegeben ist die Ebene ε_1 durch:
$2x + 5z = 10$

a) Berechnen Sie die Koordinaten der Durchstoßpunkte der x-Achse und der z-Achse durch ε_1.

Beschreiben Sie die besondere Lage der Ebene ε_1.

Der Punkt $P(-5 \mid 2 \mid z)$ liegt in der Ebene ε_1.

Geben Sie den Wert für z an. (4 BE)

b) Die Ebene μ entsteht durch Spiegelung von ε_1 an der xy-Ebene.
Die Ebene η entsteht durch Verschiebung von ε_1 um eine Einheit entlang der positiven z-Achse.

Bestimmen Sie je eine Gleichung für μ und η. (4 BE)

Gegeben ist die Schar von Ebenen ε_a durch

$2x + (a-1)y + 5z = 10 \quad (a \in \mathbb{R})$.

c) Berechnen Sie den Abstand des Koordinatenursprungs von ε_1.

Begründen Sie, dass der Koordinatenursprung von keiner anderen Ebene ε_a einen größeren Abstand besitzt. (4 BE)

d) Zu ε_2 gibt es eine senkrechte Ebene der Schar ε_a.

Bestimmen Sie für diese Ebene den Wert von a. (3 BE)

(40 BE)

Hinweise und Tipps

Aufgabe 1 a

- Berechnen Sie die fehlende Prozentzahl und damit die Anzahl der Personen, die eine Plastiktüte mehr als zehnmal nutzen.
- Für die Darstellung aller Anteile in einem Säulendiagramm können Sie ggf. zur Kontrolle die Darstellung des CAS-Rechners nutzen.

Aufgabe 1 b

- Nutzen Sie den CAS-Rechner zur Berechnung der Wahrscheinlichkeiten.
- Machen Sie sich klar, ob die Grenzen bei Redewendungen wie „höchstens" oder „mindestens" zum Intervall dazugehören.

Aufgabe 1 c

- Nutzen Sie zur Entscheidung, welcher der fünf Fälle dargestellt ist, den Erwartungswert für eine binomialverteilte Zufallsgröße.
- Beachten Sie, dass es um eine Summenwahrscheinlichkeit geht, und lesen Sie aus dem Diagramm die untere und die obere Grenze des grau markierten Bereichs ab.
- Die Wahrscheinlichkeit $P(X=k)$ bei einer binomialverteilten Zufallsgröße X mit den Parametern n und p wird durch $P(X=k)=\binom{n}{k}\cdot p^k\cdot(1-p)^{n-k}$ berechnet. Die rechte Seite der Gleichung muss dann noch in das Summenzeichen eingepasst werden.

Aufgabe 1 d

- Nutzen Sie den CAS-Rechner zur Berechnung der Wahrscheinlichkeiten für das Modell der Binomial- bzw. Normalverteilung.

Aufgabe 1 e

- Eine Sicherheitswahrscheinlichkeit von 95 % kann näherungsweise einer 2σ-Umgebung zugeordnet werden.
- Berechnen Sie für $n=120$ und $p=0{,}84$ bzw. $p=0{,}9$ die Prognoseintervalle für die 2σ-Umgebung zum Erwartungswert. Beachten Sie beim Runden, dass Sie möglichst in Richtung der Ungleichheitszeichen runden. Führen Sie eine Probe durch.
- Bei n Befragungen kann aufgrund der 2σ-Regel erwartet werden, dass ca. 95 % der Befragungen im Schnitt Ergebnisse im 95 %-Prognoseintervall liefern, falls die Annahme zutrifft.
- Untersuchen Sie, ob das Befragungsergebnis verträglich mit den Prognoseintervallen ist.

Aufgabe 1 f

- Eine Überschneidung der beiden Intervalle erfolgt nicht, wenn die obere Grenze des Intervalls für $p=0{,}84$ kleiner ist als die untere Grenze des Intervalls für $p=0{,}9$.
- Ermitteln Sie aus der sich ergebenden Ungleichung die gesuchte Mindeststichprobengröße.

Aufgabe 2 a

- Die Durchstoßpunkte können aus der Achsenabschnittsgleichung $\frac{x}{A}+\frac{y}{B}+\frac{z}{C}=1$ direkt abgelesen werden.
- Variante: Die Achsen sind Geraden. Berechnen Sie die Schnittpunkte der Ebene ε_1 mit den jeweiligen Geraden.
- Die besondere Lage erkennt man daran, dass in der Ebenengleichung eine Variable fehlt, d. h., es „fehlt“ ein Achsenabschnitt.
- Fertigen Sie eine Skizze an (oder nutzen Sie den 3D-Modus Ihres CAS) und beschreiben Sie dann die Lage.
- Setzen Sie die Koordinaten des Punktes P in die Ebenengleichung ein und berechnen Sie z.

Aufgabe 2 b

- Nutzen Sie zur Ermittlung der gesuchten Ebenen die besondere Lage der Ebene ε_1.
- Reduzieren Sie damit das dreidimensionale Problem auf ein zweidimensionales.
- Beachten Sie bei der Bestimmung der Ebene μ: Spiegelt man einen Punkt P an einer Koordinatenebene E, so gilt für den Spiegelpunkt P', dass die Gerade durch P und P' senkrecht zur Ebene E ist und dass der Schnittpunkt F der Geraden mit der Ebene die Verbindungsstrecke $\overline{PP'}$ halbiert.
- Bei der Spiegelung eines Punktes P an der xy-Ebene ändert sich nur das Vorzeichen der z-Koordinate.
- Beachten Sie bei der Bestimmung der Ebene η, dass die Ebene nicht in der Hesse'schen Normalform und nicht mit dem Normaleneinheitsvektor vorgegeben ist.

Aufgabe 2 c

- Stellen Sie eine Hesse'sche Normalengleichung der Ebene ε_a auf und nutzen Sie eine bekannte Abstandsformel (Tafelwerk!).
- Falls Sie die Abstandsformel nicht kennen, so nutzen Sie das Lotfußpunktverfahren: Stellen Sie eine Geradengleichung für die Gerade g auf, die durch den Koordinatenursprung und senkrecht zur Ebene ε_a verläuft, ermitteln Sie den Lotfußpunkt und damit den gesuchten Abstand.
- Bestimmen Sie das Maximum der allgemeinen Abstandsformel.

Aufgabe 2 d

- Zwei Ebenen E_1 und E_2 stehen genau dann senkrecht aufeinander, wenn das Skalarprodukt zweier Normalenvektoren der Ebenen 0 ergibt.

Lösungen

1. a) **Berechnung**

Bezeichnet man mit z den Anteil der Personen, die eine Plastiktüte mehr als zehnmal nutzen, dann gilt:

$z = 100\,\% - 16\,\% - 37\,\% - 15\,\% - 7\,\% = 25\,\%$

Hiermit kann die Anzahl $Z = 25\,\% \cdot 1016 = \underline{\underline{254}}$ berechnet werden.

Säulendiagramm

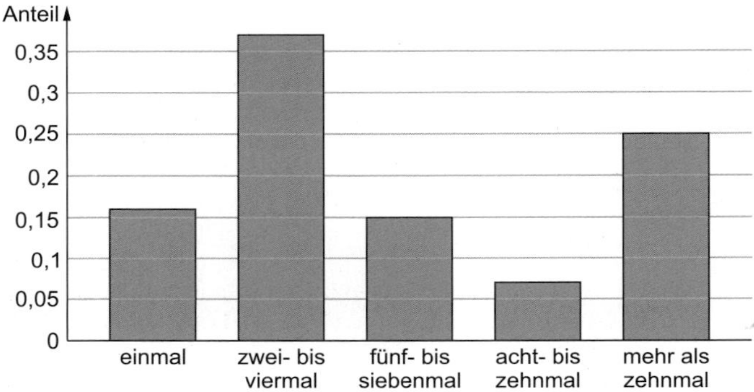

b) Berechnung der Wahrscheinlichkeiten:

$P(A) = B_{50;\,0,16}(X = 15) \approx \underline{\underline{0,0058}}$

$P(B) = B_{50;\,0,16}(X \leq 5) \approx \underline{\underline{0,1677}}$

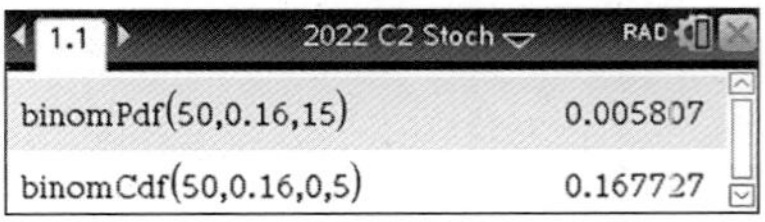

c) Der Erwartungswert μ kann aus dem Säulendiagramm abgelesen werden. Außerdem gilt für den Erwartungswert einer binomialverteilten Zufallsgröße $\mu = n \cdot p$. Für $n = 100$ kann hier nun nur $p = 0,16$ gelten, also $\mu = 16$.

Es gilt nämlich: Ist der Erwartungswert eine ganze Zahl, dann hat er von allen Trefferzahlen die größte Wahrscheinlichkeit. Diese Wahrscheinlichkeit ist das Maximum der Binomialverteilung.

Damit kann der Sachzusammenhang beschrieben werden: Von 100 Personen nutzen mindestens 10, aber höchstens 20 Personen die Plastiktüte nur ein einziges Mal.

Summenformel: $\underline{\underline{P(C) = \sum_{k=10}^{20} \binom{100}{k} \cdot 0,16^k \cdot 0,84^{100-k}}}$

d) **Binomialverteilung:** Die Zufallsvariable D_1 ist binomialverteilt mit $n = 100$ und $p = 0,16$.
$P(D_1) = B_{100;\,0,16}(X \geq 14) \approx 0,7469$

Normalverteilung: Die Zufallsvariable D_2 ist normalverteilt mit $\mu = 16$ und $\sigma = 3,67$.
$P(D_2) = N_{16;\,3,67}(X \geq 14) \approx 0,7071$

Differenz: $P(D_1) - P(D_2) \approx \underline{\underline{0,0398}}$

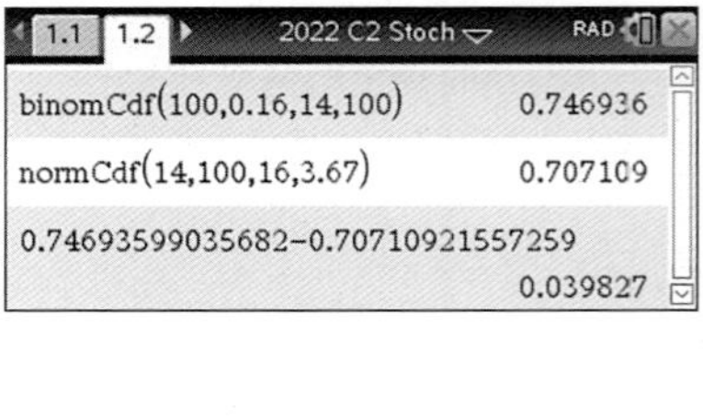

e) **Prognoseintervall (I)**

$[n \cdot p - 2\sqrt{np \cdot (1-p)}; n \cdot p + 2\sqrt{n \cdot p \cdot (1-p)}]$

mit $n = 120$ und $p_1 = 0{,}84$

Wenn man in Richtung der Ungleichheitszeichen rundet, so erhält man das Intervall $\underline{\underline{[93; 108]}}$.

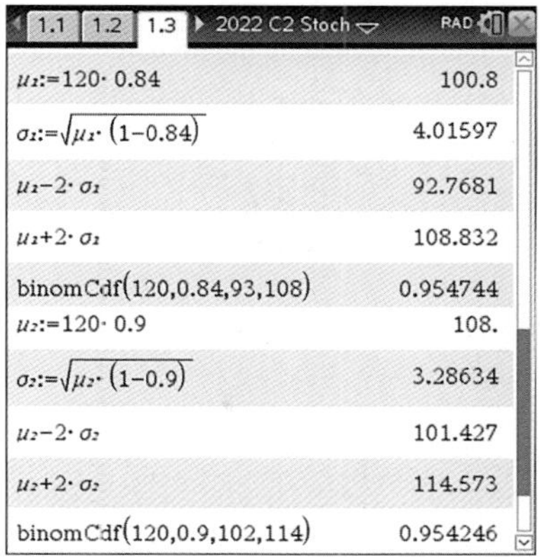

Eine Probe liefert: $P(93 \le X \le 108) \approx 0{,}9547$

Prognoseintervall (II)

$[n \cdot p - 2\sqrt{np \cdot (1-p)}; n \cdot p + 2\sqrt{n \cdot p \cdot (1-p)}]$

mit $n = 120$ und $p_2 = 0{,}9$

Wenn man in Richtung der Ungleichheitszeichen rundet, so erhält man das Intervall $\underline{\underline{[102; 114]}}$.

Eine Probe liefert: $P(102 \le X \le 114) \approx 0{,}9542$

Bedeutung im Sachzusammenhang
Geht man von 84 % Mehrfachnutzern aus:
Wenn diese Befragung unter gleichen Bedingungen z. B. 100-mal durchgeführt wird, dann kann man in ca. 95 Fällen erwarten, dass mindestens 93 und höchstens 108 Befragte angeben, Plastiktüten mehrfach zu nutzen.

Geht man von 90 % Mehrfachnutzern aus:
Wenn diese Befragung unter gleichen Bedingungen z. B. 100-mal durchgeführt wird, dann kann man in ca. 95 Fällen erwarten, dass mindestens 102 und höchstens 114 Befragte angeben, Plastiktüten mehrfach zu nutzen.

Begründung
Da 105 in beiden Prognoseintervallen liegt, kann keine eindeutige Zuordnung erfolgen.

f) Mit $p_1 = 0{,}84$ und $p_2 = 0{,}9$ muss die Ungleichung

$n \cdot p_1 + 2\sqrt{n \cdot p_1 \cdot (1-p_1)} < n \cdot p_2 - 2\sqrt{np_2 \cdot (1-p_2)}$

gelöst werden.

Man erhält: $n > 493{,}7\ldots$

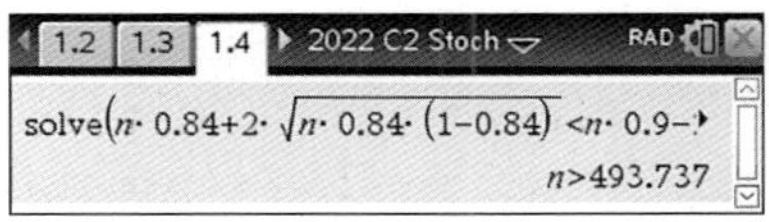

Damit benötigt man einen Stichprobenumfang von mindestens $\underline{\underline{494}}$ Personen.

Auch eine gleichzeitige Überprüfung des Ergebnisses im Grafikfenster ist möglich.

Hinweis: Man definiert die obere Grenze des Intervalls für $p = 0{,}84$ als „oben“ und die untere Grenze des Intervalls für $p = 0{,}9$ als „unten“ und stellt dann diese Werte grafisch als Relation dar.

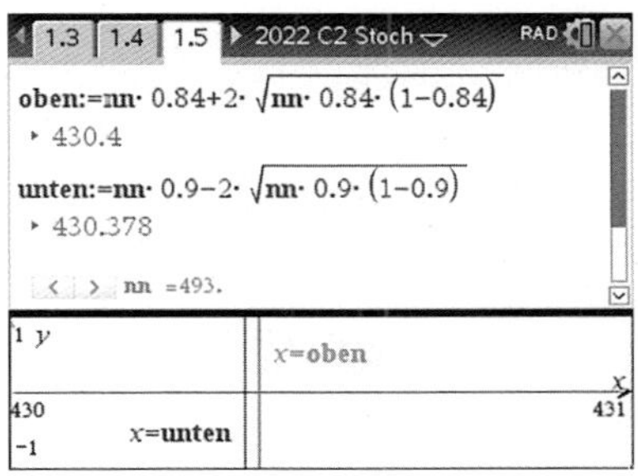

2. a) **Durchstoßpunkte**
Die Achsenabschnittsgleichung $\frac{x}{5}+\frac{z}{2}=1$ erhält man, nachdem man die gegebene Gleichung durch 10 dividiert.

Man erhält als Schnittpunkt mit der x-Achse $\underline{\underline{S_x(5|0|0)}}$ und als Schnittpunkt mit der z-Achse $\underline{\underline{S_z(0|0|2)}}$.

Die Variante mit Geradengleichungen für die Achsen führt zu den gleichen Lösungen.

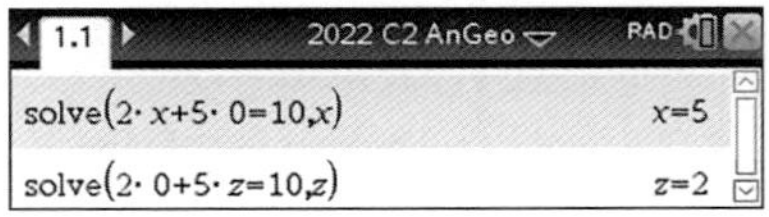

Besondere Lage
Da in der Koordinatengleichung die y-Variable fehlt, hat die Ebene keinen Schnittpunkt mit der y-Achse und ist demzufolge parallel zu dieser.

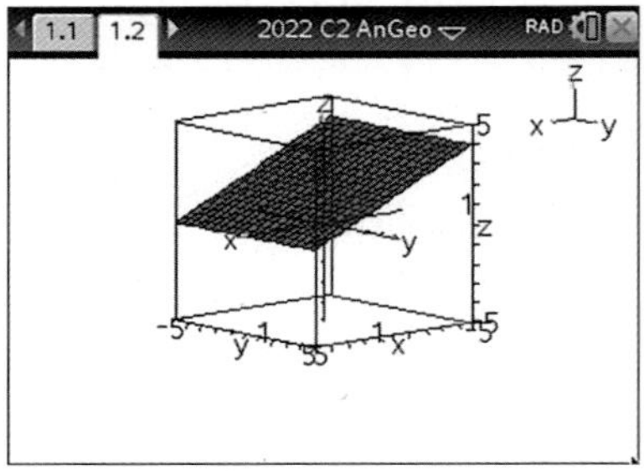

Wert für z
Einsetzen der Koordinaten des Punktes P(–5 | 2 | z) liefert die Gleichung:
$2\cdot(-5)+5z=10$
Man erhält $\underline{\underline{z=4}}$ als Lösung.

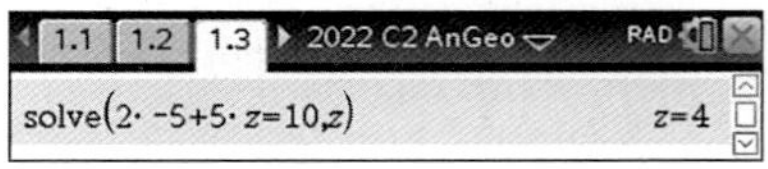

b) Aufgrund der besonderen Lage der Ebene ε_1 kann die Spiegelung an der xy-Ebene reduziert werden auf die Spiegelung der Spurgeraden g der Ebene ε_1 in der xz-Ebene an der x-Achse.
Für die Spiegelebene μ ergibt sich damit:
$\underline{\underline{2x-5z=10}}$

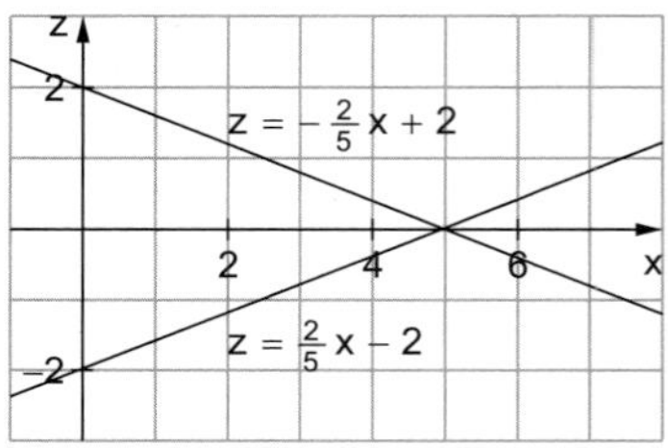

Die Ermittlung der Gleichung für die Ebene η erfolgt auf gleichem Weg:
Verschiebt man die Spurgerade g um eine Einheit in positive z-Richtung, verändern sich die Spurpunkte der neuen Ebene. Für die z-Achse ist der Spurpunkt $S_z(0|0|3)$ und für die x-Achse $S_x(7{,}5|0|0)$.

Die Achsenabschnittsgleichung lautet:

$\frac{x}{7{,}5}+\frac{z}{3}=1$ bzw. $\underline{\underline{2x+5z=15}}$

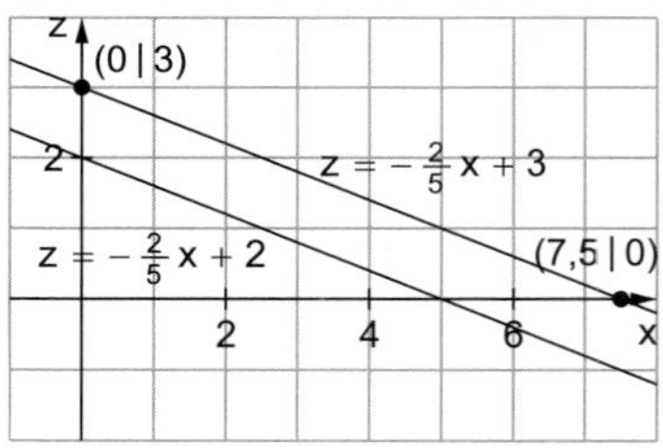

Lösungsvarianten:

Spiegelebene μ

Man spiegelt drei Punkte, welche nicht kollinear sein dürfen, der Ebene ε_1 an der xy-Ebene und bestimmt eine mögliche Ebenengleichung für μ.

Werden die Punkte A(5 | 0 | 0), B(0 | 0 | 2) bzw. C(–5 | 2 | 4) – siehe Teilaufgabe a – an der xy-Ebene gespiegelt, so erhält man A'(5 | 0 | 0), B'(0 | 0 | –2) bzw. C'(–5 | 2 | –4).

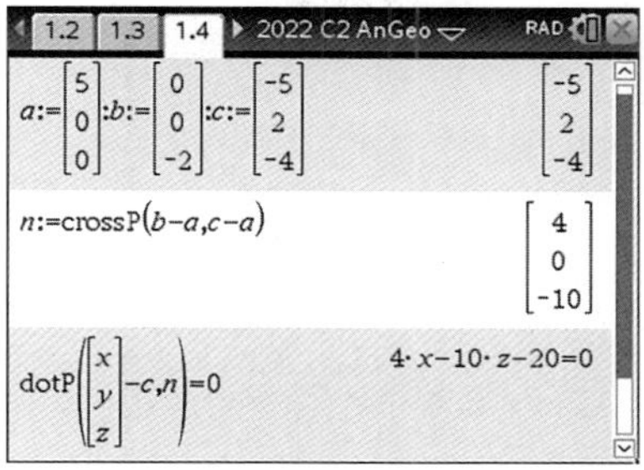

Bestimmt man nun z. B. die Ebenengleichung in Normalenform, nachdem man als einen Normalenvektor dieser Ebene z. B. $\vec{n} = \begin{pmatrix} 4 \\ 0 \\ -10 \end{pmatrix}$ ermittelt hat, so erhält man ebenfalls als Gleichung für μ: $2x - 5z = 10$

Verschobene Ebene η

Man verschiebt den Spurpunkt $S_z(0 | 0 | 2)$ um eine Einheit entlang der z-Achse, also $S_z(0 | 0 | 3)$, und bestimmt nun mit diesem Punkt und dem oben ermittelten Normalenvektor $\vec{n}$ der Ebene ε_1 eine Normalengleichung für die verschobene Ebene. Man erhält $4x - 10(z - 3) = 0$, womit dieselbe Ebene wie oben beschrieben wird.

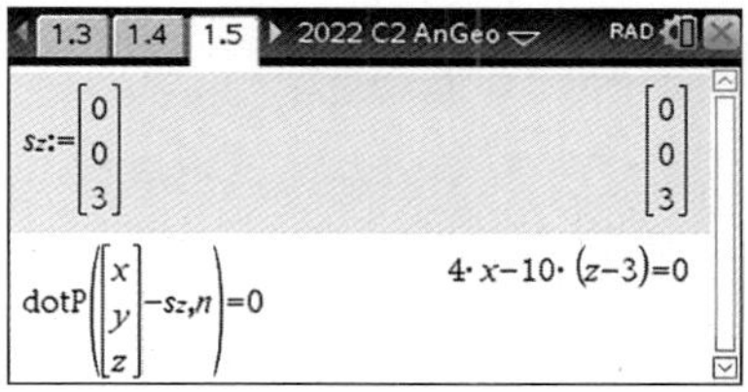

Kontrolle

Nutzen Sie den 3D-Modus, um die prinzipielle Richtigkeit der Lösungen abzuschätzen.

Spiegelung:

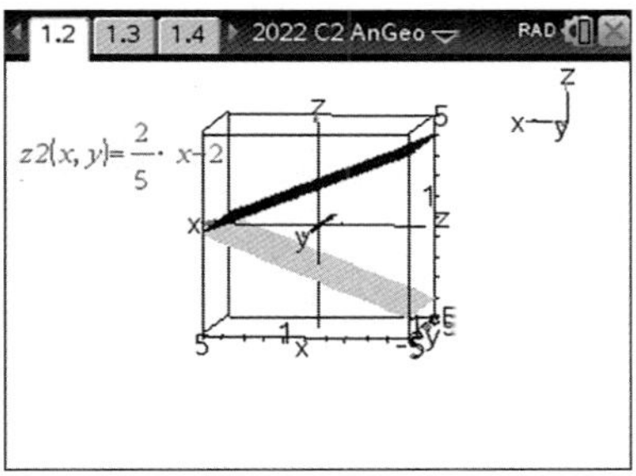

Verschiebung:

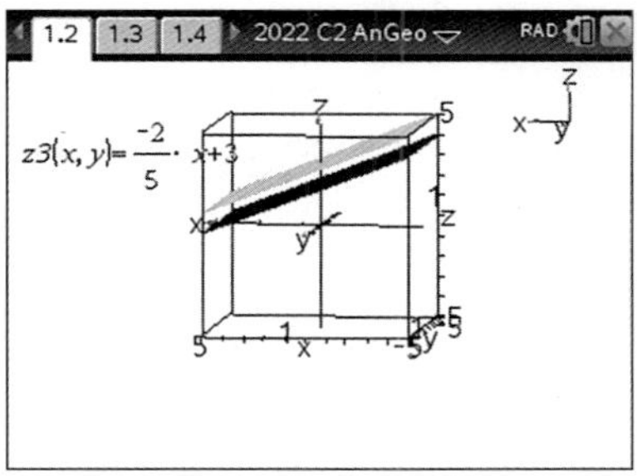

c) **Abstand**

Um die Abstandsformel $d(F, E) = |(\vec{p} - \vec{b}) \circ \vec{n}_0|$, die den Abstand des Punktes P von der Ebene E beschreibt, nutzen zu können, benötigt man einen beliebigen Punkt der Ebene E (hier wird der Punkt B(0 | 0 | 2) genutzt) und den Normaleneinheitsvektor $\vec{n}_0$.

Der Normalenvektor

$$\vec{n} = \begin{pmatrix} 2 \\ a-1 \\ 5 \end{pmatrix}$$

kann direkt aus der gegebenen Koordinatengleichung abgelesen werden.

Der Normaleneinheitsvektor

$$\vec{n}_0 = \frac{1}{\sqrt{a^2 - 2a + 30}} \cdot \begin{pmatrix} 2 \\ a-1 \\ 5 \end{pmatrix}$$

wird mit dem Befehl unitV() ermittelt.

Mit diesen Werten wird für den Abstand des Koordinatenursprungs, also des Punktes $P(0\,|\,0\,|\,0)$, von der Ebene ε_1 der Wert

$$d = \frac{10 \cdot \sqrt{29}}{29}$$

ermittelt.

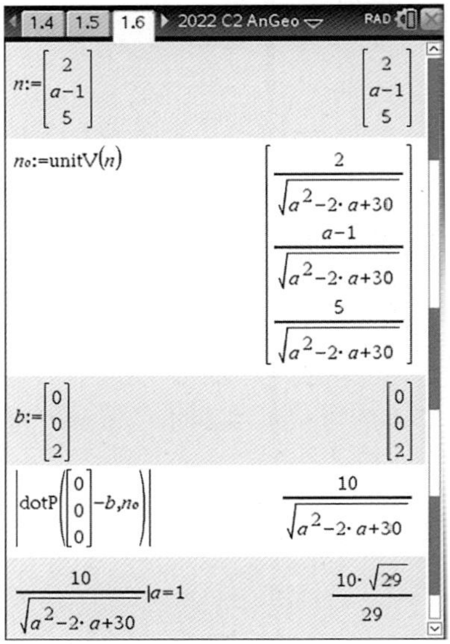

Variante: Lotfußpunktverfahren

Die Gerade

$$g\colon\ \vec{x} = \begin{pmatrix} 0 \\ 0 \\ 0 \end{pmatrix} + t \cdot \vec{n} \quad (t \in \mathbb{R})$$

wird mit der Ebene ε_1 zum Schnitt gebracht, wobei die jeweiligen Komponenten der Geradengleichung in die Ebenengleichung eingesetzt werden.

Mit $2x + 5z = 10$ ergibt sich $2 \cdot (2t) + 5 \cdot (5t) = 10$.

Es folgt $t = \frac{10}{29}$.

Als Lotfußpunkt ergibt sich $F\left(\frac{20}{29}\,\middle|\,0\,\middle|\,\frac{50}{29}\right)$.

Für den Abstand $d = |\overrightarrow{OF}|$ erhält man ebenfalls das Ergebnis

$$d = \frac{10 \cdot \sqrt{29}}{29}.$$

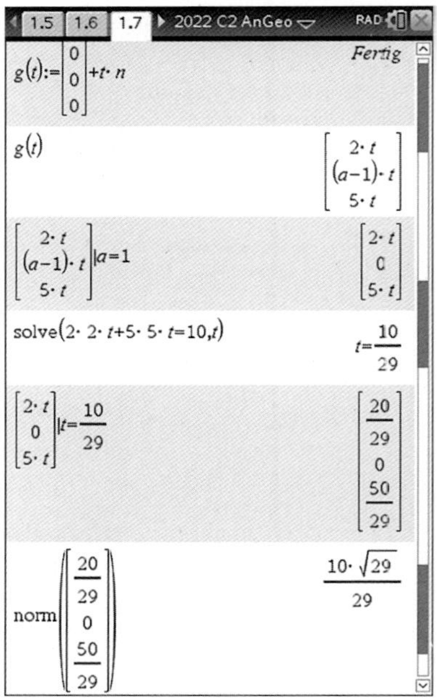

Begründung

Die allgemeine Abstandsformel

$$d(a) = \frac{10}{\sqrt{a^2 - 2a + 30}}$$

für ε_a, die oben ermittelt wurde, hat ihr Maximum bei $a = 1$; dies kann z. B. mit dem fMax()-Befehl ermittelt werden.

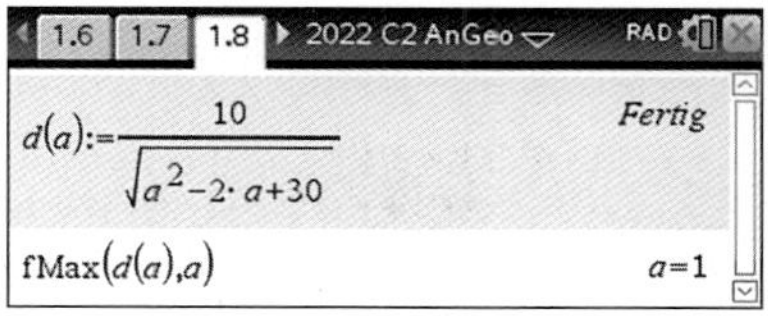

Weitere Begründungsmöglichkeiten:

- Die quadratische Funktion unter der Wurzel kann auch als $(a-1)^2 + 29$ geschrieben werden. Diese Funktion nimmt für $a = 1$ den kleinsten Wert an und der gesamte Term hat damit für $a = 1$ ein Maximum.
- Eine grafische Begründung ist auch denkbar.

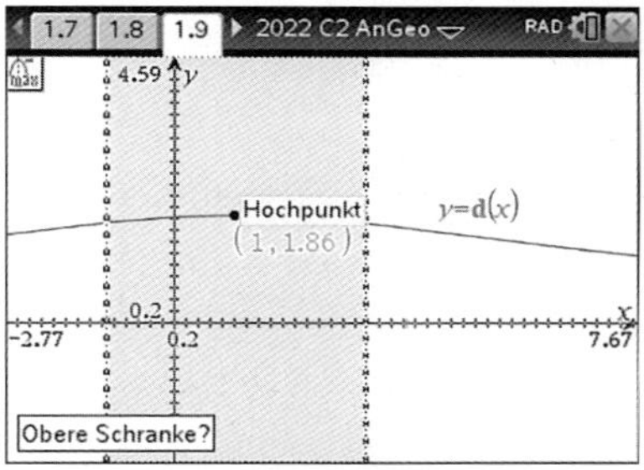

- Nutzung einer notwendigen und hinreichenden Bedingung zur Überprüfung des Maximums

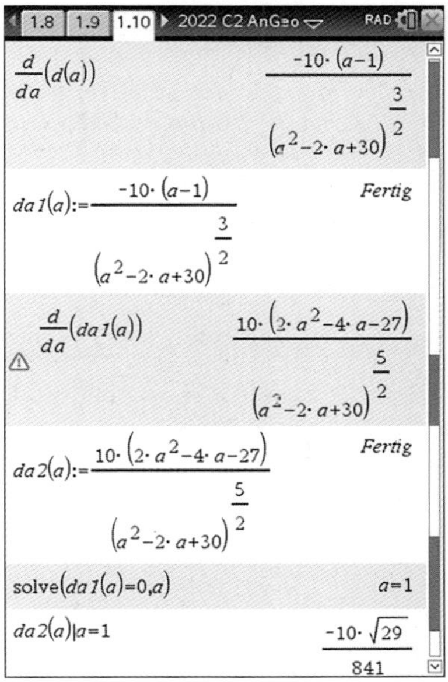

d) Für den allgemeinen Normalenvektor der Ebene ε_a gilt:

$$\vec{n} = \begin{pmatrix} 2 \\ a-1 \\ 5 \end{pmatrix}$$

Ein Normalenvektor der Ebene ε_2 ist also:

$$\vec{n}_2 = \begin{pmatrix} 2 \\ 1 \\ 5 \end{pmatrix}$$

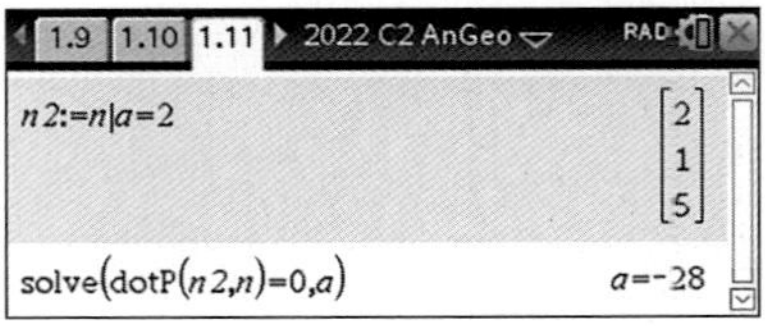

Das Skalarprodukt $\vec{n}_2 \circ \vec{n} = 4 + a - 1 + 25$ ergibt für $\underline{\underline{a = -28}}$ den Wert 0.